よく使われる非 SI 単位

単位	量	記号	SI 値
オングストローム	長さ	Å	10^{-10} m = 100 pm
ミクロン	長さ	μ	10^{-6} m
カロリー	エネルギー	cal	4.184 J(定義)
ハートリー	エネルギー	Eh	27.2114 eV
デバイ	双極子モーメント	D	3.3356×10^{-30} Cm
ガウス	磁場の強さ	G	10^{-4} T
アトム	圧力	atm	1.01325×10^5 Pa
			1.01325 bar

ギリシャ文字

アルファ	A	α	イオタ	I	ι	ロー	P	ρ
ベータ	B	β	カッパ	K	κ	シグマ	Σ	σ
ガンマ	Γ	γ	ラムダ	Λ	λ	タウ	T	τ
デルタ	Δ	δ	ミュー	M	μ	ウプシロン	Y	υ
イプシロン	E	ε	ニュー	N	ν	ファイ	Φ	ϕ
ゼータ	Z	ζ	グザイ	Ξ	ξ	カイ	X	χ
イータ	H	η	オミクロン	O	o	プサイ	Ψ	ψ
シータ	Θ	θ	パイ	Π	π	オメガ	Ω	ω

SI 接頭語

倍数	接頭語	記号	倍数	接頭語	記号
10^{-1}	デシ	d	10	デカ	da
10^{-2}	センチ	c	10^2	ヘクト	h
10^{-3}	ミリ	m	10^3	キロ	k
10^{-6}	マイクロ	μ	10^6	メガ	M
10^{-9}	ナノ	n	10^9	ギガ	G
10^{-12}	ピコ	p	10^{12}	テラ	T
10^{-15}	フェムト	f	10^{15}	ペタ	P
10^{-18}	アト	a	10^{18}	ヘクサ	E

Step-up 基礎化学

梶本興亜 [編]

石川春樹・石丸臣一・江川 徹

鈴木 正・若林知成 [共著]

培風館

本書の無断複写は，著作権法上での例外を除き，禁じられています。
本書を複写される場合は，その都度当社の許諾を得てください。

はじめに

　現代社会の生活は「化学」なしでは成り立たない。衣類もバッグもスマホも，化学が造りだした素材でできている。医薬品は人々の健康を守り，食品容器の進歩は食品の腐敗を追い払った。世界の将来にとって大切なエネルギーや水の問題を解決するためには，化学の力を借りる必要がある。皆さんは化学を学ぶことによって，地球の将来に貢献することができる。直接にもの作りに携わらなくとも，化学の知識をもつことで，人類の「持続可能な発展」に寄与できる的確な判断を下せるようになる。

　本書では，その化学の基礎となる考え方をやさしく述べている。加えて，本書が目指したものは，単に化学の知識をやさしく伝えるだけでなく，その知識に基づいて物事を考えられる力を育むことである。そのため，ちょっぴり難しく感じる所があるかも知れないが，例題・演習問題，そして Web を用いて理解を後押しするように作られている。

　本書は通年の基礎化学の教科書として使えるように項目を選び配列してある。理学部・工学部の化学系，あるいは生命系学部（医学・薬学・農学系）の人たちが大学に入って初めて習う化学の教科書として，また，高等専門学校の3，4年次の化学教科書として，あるいは，必ずしも化学を専門としない人たちが一般教養として化学を身につけるために使うことを念頭において書いた。

　化学には，物理化学・無機化学・有機化学・生物化学などの分野があり，さらに応用の見地からすれば，分析化学・物性科学（材料科学）・環境科学などの分野が加わる。これら総てを網羅しようとすれば，浅く広く記述しても膨大なページになるので，本書ではむしろ，それらの基礎に横たわる共通原理を学び，理解することを目指した。例えば，有機化学や無機化学，材料科学で扱う分子の性質を決めているのは，分子の中での電子の分布であることがわかっているので，電子分布について学べば，多くの分子の性質を理解したり予測したりすることが可能になる。また化学反応を理解するためには，反応する分子が，どの程度のエネルギーをもっているかを知ることが大切である。本書では，分子の中の電子の分布を理解すること（第1部　原子・分子の世界），種々の分子のもっているエネルギーを理解すること（第2部　原子・分子集団の世界），そして最後に，化学反応が進む速さを予測すること（第3部　化学反応）を三本の柱として展開していく。なお，序章で，高等学校で習った化学の中で重要と思われる事柄を復習し，さらに本書を読み進むための基本的な概念を導入した。また，本書全体で共

通して使われる数学の基礎知識や，誤差の問題については，付録をつけて自習できるようにしてある。

上記の三本の柱（第1部～第3部）が，応用化学の分野とどのように繋がっているかという点については，第4部に記述した。すなわち，<u>エネルギー問題，環境化学，材料化学，生命化学の各章を設けている</u>。これらの章は，工学系や生命化学系の学生にとって役立つであろう。その他にも，各章に適切なコラムを設けて興味深い関連事項を取り上げた。

本書の執筆にあたっては，各々の内容について最も適切と思われる著者が分担執筆し，全体を梶本がまとめて統一をとった。序章を江川，第1部を石川，第2部を石丸・若林，第3部を梶本，第4部は鈴木・石丸が担当した。各章は担当者の分担だけに任せず，よりわかりやすい記述をし，各章間の関連性がうまく理解できるように，全員で検討をおこなった。本書は二色刷となっており，読み進む際に重要度の大きな部分がすぐに目に付くように工夫している。本文に加えて，各章ごとにオリジナルな演習問題を，基礎レベルと発展レベルに分けて載せてある。また，より深く勉強したい人のために，参考文献を付けた。

さらに，本書のタイトルに入れた「Step-up」の文字は，<u>Web を閲覧することによって，自習しつつさらに高いレベルへと学習を進めることができるように工夫してある</u>ことを指している。第一に，演習問題のヒントと解答を Web で見て自習できるようにした。第二に，内容が発展的で，やや難解なものについて，自習のためのページを設けている。また，教科書中で式を導出せず結果だけ示したものは，式の導出を載せるようにした。これらの特長を生かして，専門レベルの知識へと進むことが可能である。Web のもう一つの活用法として，授業する先生方がパワーポイントなどを用いて説明する際に図をダウンロードして使えるようになっている。Web としては下記のアドレスを用いて閲覧できるようにした。Web は暫時改訂する予定であり，本書は時代を超えて何時までも使い続けることのできる教科書を目指している。

最後に，出版までの過程で，協力と叱咤激励をしていただいた培風館の斉藤淳氏と，度重なる修正を快く引き受けて下さった松本和宣氏に心よりお礼を申し上げます。

2015年3月　著者を代表して

梶 本 興 亜

http://www.baifukan.co.jp/shoseki/kanren.html

目次

序章　本論のための基礎知識　1

1. 物質の構成 ……………………………………………………… 2
    1.1　原子と同位体　2
    1.2　元素と単体　3
    1.3　化合物と分子・イオン　4
    1.4　純物質と混合物　6
    1.5　物質量とモル質量　6
    コラム：元素の起源　7
2. 物理量と単位 …………………………………………………… 7
    2.1　単位について　7
    コラム：基本単位をどのように決めるか　11
    2.2　数値の不確かさ　10
3. エネルギー ……………………………………………………… 11
4. ミクロとマクロ ………………………………………………… 13
    4.1　ミクロな視点　13
    4.2　マクロな視点　15
    ●化学を学ぶことの意味● …………………………………… 18

第 1 部　原子・分子の世界　21

1 章　ミクロな世界の規則 ── 量子の世界　22

1.1　光と物質における二重性 ………………………………… 22
    1.1.1　粒子としての光：光電効果　22
    1.1.2　波としての電子：物質波　24
    1.1.3　光を通してみる量子の世界　24
    コラム：光の奇妙な性質　26
1.2　量子化学入門 ……………………………………………… 28
    1.2.1　1次元箱の中の粒子　28
    1.2.2　（発展項目）トンネル現象　30
    コラム：量子の世界の基本原理 ── 不確定性原理　31
    コラム：分子・原子を直接みられるか？──
　　　　　　走査型トンネル顕微鏡　32
    コラム：マクロな世界とミクロな世界はつながるのか？　33

2章　原子の構造　　36

- 2.1 水素原子の構造 …… 37
  - コラム：原子軌道は軌道ではない!?　40
- 2.2 多電子原子 …… 41
  - 2.2.1 水素原子と多電子原子の違い　41
  - 2.2.2 スピン量子数　41
  - 2.2.3 電子配置――パウリの原理とフントの規則　42
- 2.3 元素の周期的な性質 …… 43
  - 2.3.1 元素の周期的な性質と電子配置の関係　43
  - 2.3.2 イオン化エネルギー　45
  - 2.3.3 電子親和力　45
  - コラム：周期表の歴史　46

3章　原子から分子へ――化学結合と分子の性質　　48

- 3.1 いろいろな化学結合と分子の構造 …… 48
  - 3.1.1 共有結合　48
  - 3.1.2 イオン結合と配位結合　50
  - 3.1.3 電子対の反発による分子構造の予測　50
- 3.2 分子の中の電子――分子軌道 …… 51
  - 3.2.1 水素分子の分子構造　51
  - 3.2.2 p軌道から作られる分子軌道　53
  - 3.2.3 多重結合　54
  - 3.2.4 混成軌道　54
  - 3.2.5 （発展項目）π軌道の共役　55
- 3.3 分子の状態とエネルギー …… 56
  - 3.3.1 分子の電子状態　56
  - 3.3.2 分子の運動　57
  - 3.3.3 分子による光の吸収と放出　59
- 3.4 分子の電気的性質 …… 61
  - コラム：分子構造の決定方法　62
- 3.5 分子の間に働く力 …… 64
  - 3.5.1 分子間相互作用　64
  - 3.5.2 レナード・ジョーンズポテンシャル　65
  - 3.5.3 水素結合　66
  - コラム：生体内で働く水素結合　67

第2部　原子・分子集団の世界　　69

4章　エネルギーと変化　　70

- 4.1 系と内部エネルギー …… 70
- 4.2 仕事と熱 …… 71
  - コラム：熱の仕事当量――ジュールの実験　74
- 4.3 状態関数と経路関数 …… 73
- 4.4 エンタルピー …… 75

4.5　反応エンタルピーと生成エンタルピー ── ヘスの法則 …… 76

5章　エントロピーと秩序　　　　　　　　　　　　　　　81
　5.1　エントロピー ……………………………………………… 81
　5.2　マクロ量とエントロピー ………………………………… 84
　5.3　ギブズエネルギーと系の変化 …………………………… 85
　　　　コラム：エントロピー増大の法則　87

6章　物質の変化　　　　　　　　　　　　　　　　　　　90
　6.1　物質の状態 ── 気体・液体・固体 ……………………… 90
　6.2　気体分子運動論 ── 圧力と体積 ………………………… 90
　6.3　状態方程式 ………………………………………………… 92
　　6.3.1　理想気体の状態方程式　92
　　6.3.2　ファン・デル・ワールスの状態方程式　93
　　　　コラム：気体分子の速度と猛烈な台風　95
　6.4　相平衡 ……………………………………………………… 95
　　6.4.1　相変化　95
　　　　コラム：分子構造と結晶構造 ── 氷の結晶を例に　97
　　6.4.2　相変化とギブズエネルギー　96
　　6.4.3　蒸気圧曲線：クラウジウス-クラペイロンの式　100
　6.5　化学平衡 …………………………………………………… 101
　　6.5.1　気相化学平衡とル・シャトリエの原理　102
　　6.5.2　酸塩基平衡・緩衝溶液　103
　　6.5.3　電　池　105

7章　溶　　液　　　　　　　　　　　　　　　　　　　　109
　7.1　ラウールの法則・ヘンリーの法則・溶解度 …………… 109
　　7.1.1　理想溶液（ラウールの法則）　109
　　7.1.2　非理想溶液　110
　　7.1.3　溶解度　111
　7.2　束一的性質 ………………………………………………… 112
　　（a）沸点上昇　112
　　（b）凝固点降下　113
　　（c）浸透圧　113
　　（d）電解質溶液の束一的性質　114
　7.3　電解質溶液 ………………………………………………… 115
　　（a）イオン伝導　115
　　（b）溶解度積　117
　7.4　コロイド …………………………………………………… 117
　　　　コラム：大気中の微粒子 ── PM2.5から宇宙塵まで ──　119

8章　固体と界面　　　　　　　　　　　　　　　　　　　121
　8.1　吸着平衡 ── 吸着等温式 ………………………………… 121
　8.2　結　晶 ……………………………………………………… 122

			(a)　結晶構造　122
				発展項目：結晶系と結晶格子——ブラヴェ格子——　123
				発展項目：結晶格子の組み合せ——化合物の結晶——　125
			(b)　結晶面　125
				コラム：イオン間距離とイオン結晶の融点の関係　127
			(c)　イオン半径　126
				コラム：新しい同素体——フラーレン・ナノチューブ・グラフェン　129
			(d)　結合の種類と融点・沸点　128
			(e)　液　晶　130
				コラム：結晶による光学分割　131
	8.3　金属と半導体 ………………………………………………………… 131
		8.3.1　金　属　132
		8.3.2　半導体　133

第3部　化学反応　137

9章　化学反応の速度と分子衝突　138

- 9.1　化学反応速度の解析 ………………………………………………… 138
    - (a)　二次反応　138
    - (b)　一次反応　139
    - (c)　逐次反応と定常状態　141
    - (d)　素反応　141
- 9.2　分子の衝突と反応速度 ……………………………………………… 142
    - (a)　単位時間当たりの反応分子どうしの衝突数　142
    - (b)　1衝突当たりの反応確率　144
    - (c)　活性化エネルギーと衝突エネルギー　144
    - (d)　反応速度定数　146
    - (e)　反応速度定数の温度依存性——頻度因子と活性化エネルギー　146
- 9.3　化学反応のポテンシャルエネルギー曲面 ………………………… 147

10章　化学反応の実際　150

- 10.1　溶液中の化学反応 …………………………………………………… 150
    - (a)　拡散と衝突——拡散律速反応　150
    - (b)　活性化エネルギーと溶媒効果——反応確率　151
- 10.2　酵素反応 ……………………………………………………………… 152
    - (a)　酵素反応の特異性　152
    - (b)　酵素反応の速度　153
- 10.3　大気化学反応 ………………………………………………………… 154
    - (a)　光化学反応　154
    - (b)　成層圏の大気化学　156
    - (c)　対流圏の大気化学　156
- 10.4　反応速度の測定法 …………………………………………………… 157

第 4 部　人と化学の関わり　　161

11 章　エネルギー　　162

- 11.1　エネルギーの種類とその相互変換 …………………… 162
- 11.2　種々のエネルギー源と消費量 …………………………… 163
- 11.3　発　電 ……………………………………………………… 164
  - 11.3.1　一次エネルギーによる発電　164
  - コラム：新しい化石燃料――シェールガス　165
  - 11.3.2　火力発電　165
  - 11.3.3　原子力発電　166
  - コラム：ベクレルとシーベルト　167
  - 11.3.4　再生可能資源による発電　168
- 11.4　電　池 ……………………………………………………… 169
  - 11.4.1　化学電池　169
  - 11.4.2　燃料電池　170

12 章　環境と化学　　172

- 12.1　地球大気 …………………………………………………… 172
  - コラム：エルニーニョ・南方振動　172
- 12.2　地球温暖化 ………………………………………………… 173
- 12.3　エアロゾル ………………………………………………… 175
  - コラム：日本人が見つけたオゾンホール　176
- 12.4　公害と環境汚染物質 ……………………………………… 177
  - 12.4.1　公　害　177
  - 12.4.2　残留性有機汚染物質（POPs）　178
  - 12.4.3　PRTR 制度（化学物質排出移動量届出制度）　179

13 章　材料の化学　　180

- 13.1　高分子材料 ………………………………………………… 180
  - 13.1.1　合成樹脂　180
  - 13.1.2　機能性高分子材料　181
  - コラム：重合反応　182
- 13.2　無機材料 …………………………………………………… 182
  - 13.2.1　伝統的ガラスと機能性ガラス　182
  - 13.2.2　半導体光材料　183
  - 13.2.3　多孔性材料　186
  - 13.2.4　金属および合金　187

14 章　生命化学　　190

- 14.1　タンパク質とアミノ酸 …………………………………… 190
- 14.2　酵素と酵素反応 …………………………………………… 194
- 14.3　DNA 二重らせんと水素結合 …………………………… 195
  - コラム：DNA と RNA の構造　196
- 14.4　再生医療――iPS 細胞 …………………………………… 198

巻末付録 201

付録 A 数学基礎 ……………………………………… 201
　　対数関数，指数関数，三角関数，極座標，微分と積分，
　　熱力学のための偏微分入門

付録 B 誤差と有効数字 ……………………………… 208
　　測定誤差，誤差の要因，不確かさの表現と有効数字，
　　有効数字の扱い

付録 C 熱力学データ集 ……………………………… 211
　　種々の物質の熱力学データ（単体，有機化合物，無機
　　化合物）水溶液中のイオンの熱力学データ

付録 D 原子の第 1 イオン化エネルギー …………… 214

章末問題の答え 215

索　引 221

序章　本論のための基礎知識

　本書は，高等学校新課程で修得した「化学」の知識を深めて，化学分野全般（物理化学・無機化学・有機化学・生化学・分析化学など）の基礎となっている考え方や実験事実を身につけることを目的としている。次章以下では，化学のどの専門分野においても必要とされる，**原子や分子の構造と性質**，**エネルギーやエントロピーの考え方**，**反応の進み方**について学んでいく。

　その準備として本章では，高校化学で学んだ事柄を復習するとともに，次章以下を読み進むための基本的な概念を学ぶ。すなわち，「物質の基本構成（身の回りのものは何でできているか）」「物理量と単位（森羅万象（しんらばんしょう）は七つの単位で表せる）」「エネルギー（すべてはエネルギーが支配する）」などの項目である。さらに，大学で学ぶ化学の理解に必要な「ミクロとマクロ」という二つの視点についても述べる。

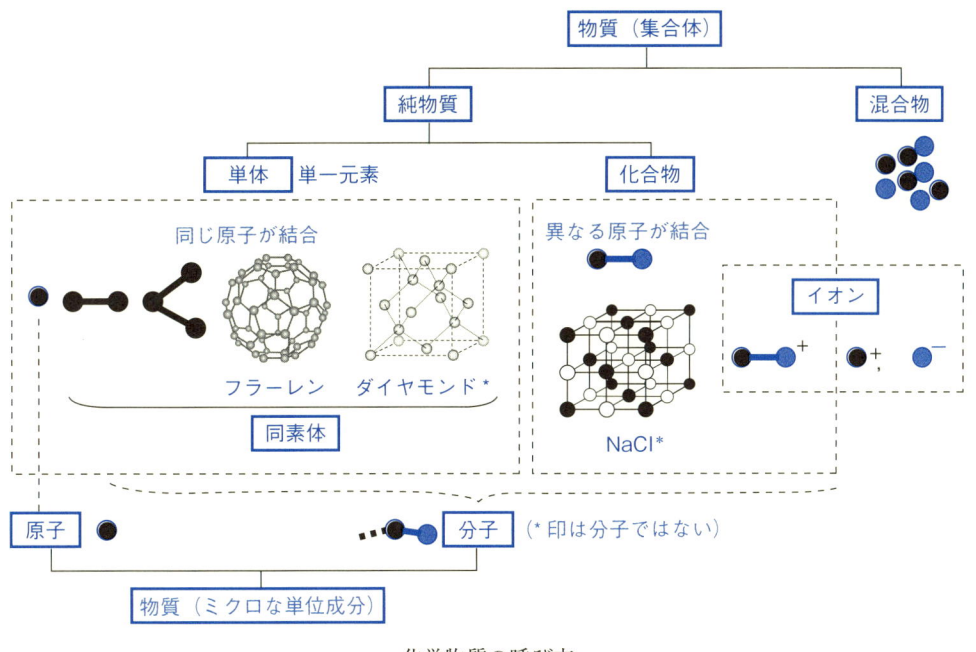

化学物質の呼び方

1 物質の構成——身の回りのものは何でできているか

物質とは，広い意味では「大きさと重さ（質量）をもつもの」であり，この定義に従えば電子や陽子のような微小な粒子も「物質」である。一方，化学においては，たとえば「物質の三態（固体・液体・気体）」という言葉が表すように，身の回りで，目で見たり手に触れたりできる程度の量を伴ったものを「物質」と呼ぶ場合が多い。本節では，後者の意味における「物質」について，その構成要素や，それに関係する用語についてのべる。

1.1 原子と同位体

物質の構成単位として**原子** (atom) が提案されたのは遙か 2400 年前のギリシャ時代であるが，実際にその実態が解ったのはほぼ 100 年前である。原子は**陽子** (proton) と**中性子** (neutron) からなる原子核の周囲を**電子** (electron) が取り囲む形になっているが，電子は 1897 年に J.J. トムソンによって，原子核は 1911 年に E. ラザフォードによって発見された。原子核の中の中性子に至ってはJ. チャドウイックが 1932 年にようやく発見している。電子は，質量が陽子や中性子と比べて 1/1840 しかないが，電荷の絶対値は陽子に等しい（表 1）。

表 1 電子，陽子，中性子

	電子	陽子	中性子
電荷	-1^*	$+1^*$	0
質量 /kg	9.10938×10^{-31}	1.67262×10^{-27}	1.67493×10^{-27}

*電気素量　$+1.602176 \times 10^{-19}$ C

原子の種類は上記の 3 種の粒子（陽子，中性子，電子）の数で区別できるが，これらの数字をそのまま使うのではなく，以下の 3 種の値を用いて表現する。原子の表記法を左に示したが，原子番号と元素の種類は 1 対 1 対応しているので，原子番号を省略することが多い。価数がゼロでないものをイオンとよぶ。また習慣で，価数の表記は 2+，1- のように数字が先で符号が後になり，さらに数字の 1 は省略される。図 2 の例で示せば $^{16}O^-$ となる。

- 原子番号（atomic number）（ = 陽子の数 ）
- 質 量 数（mass number）（ = 陽子の数 + 中性子の数 ）
- 価　　数（net charge）（ = 陽子の数 - 電子の数 ）

「原子の質量」とは，特に断りがなければイオンではない中性原子の質量をさす。またその際，kg を単位として用いるよりは，「^{12}C 原子 1 個の質量を 12.0 としたときの相対的な値」を用いることが普通である。これを「**相対原子質量** (relative atomic mass)」と呼ぶ。相対的な値（比）なので単位はつかない。^{12}C 原子の質量数がもともと 12 なので，この原子の質量を 12.0 とした相対原子質量の値は，質量数にかなり近い値になる[*1]。たとえば，^{1}H の相対原子質量は約 1.0078 であり，^{4}He の相対原子質量は約 4.0026 である（^{4}He の構成粒子数は陽子も中性子も電子もすべて ^{12}C の 1/3 であるが，相対原子質量は 12/3 = 4 にはならない。これは質量欠損[*1]のためである）。

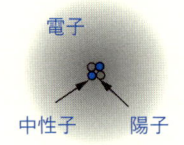

図 1 He 原子

ヘリウム（He）の原子核はα粒子とも呼ばれ，ラザフォードが好んで用いた粒子である。正の電荷をもつ 2 個の**陽子**と，電荷をもたない 2 個の**中性子**が集まってできている。

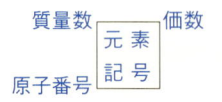

図 2 酸素の -1 価イオン

*1　原子の質量は質量数に厳密には比例しない。それは次の 2 つの理由による。
① 陽子と中性子の質量が厳密には異なり，電子の質量も 0 ではないこと。
② 原子の質量は，構成粒子の質量の単純な和にはならないこと。（**質量欠損** mass defect という，詳細は web 参照）

1　物質の構成──身の回りのものは何でできているか

表2　原子を構成する粒子の数と質量数

	H	He	Li	Be	B	C	N	O	F	Ne
電子	1	2	3	4	5	6	7	8	9	10
陽子	1	2	3	4	5	6	7	8	9	10
中性子	0	2	4	5	6	6	7	8	10	10
質量数[*1]	1	4	7	9	11	12	14	16	19	20
原子量	1.008	4.003	6.941	9.012	10.81	12.01	14.01	16.00	19.00	20.18

[*1] 複数の同位体をもつ原子の中性子数と質量数については，存在比の最も大きい同位体について示してある。

同 位 体　原子の性質は，ほとんど陽子の数で決まる。2つの原子があったとして，その陽子の数が等しく中性子の数が異なる場合（つまり原子番号が等しく質量数が異なる場合），その2つの原子は互いに**同位体**(isotope)の関係にあるという。同位体の関係にある原子どうしは，質量は異なるが性質はほぼ同じなので別々に分けることが難しく，自然界では，一定の存在比で混在している。

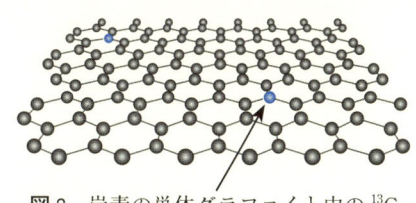

図3　炭素の単体グラファイト中の^{13}C

たとえば，陽子数が6の原子は炭素原子であるが，炭素原子には中性子の数が6のものと7のものがある。前者は質量数が12であるので「炭素12」と呼ばれ，記号を用いて^{12}Cと書かれる。後者は質量数が13になるので「炭素13」と呼ばれ，^{13}Cと書かれる。炭素12と炭素13の**存在比**(abundance)はほぼ99：1である。天然のダイヤモンドであろうと，我々の体を作っている蛋白質や脂質であろうと，それらを構成している炭素原子に関しては，図3のグラファイトの例が示すように，炭素12と炭素13が約99：1の割合で混在している。

同位体による性質の違いで最も大きなものは，「放射性の有無（放射線を出すか否か）」である。炭素12も炭素13も放射線を出さない（放射性ではない）。しかし中性子を8個もつ炭素14は長い間にはベータ線（高速の電子）を放出して，窒素の同位体の1つである窒素14に変化する。放射性をもたない同位体を**安定同位体**(stable isotope)，放射性をもつ同位体を**放射性同位体**(radio isotope)と呼ぶ。炭素14は，放射性であることを利用して，木材の年代測定に使われるし，ウランの放射性同位体であるウラン235は[*2]，原子力発電の燃料となる。

[*2] ウランは安定同位体をもたず，すべての同位体が放射性同位体である。

表3　同位体の例

	^{1}H（水素）	^{2}H（重水素D）	^{3}H*（トリチウムT）	^{12}C	^{13}C	^{14}C*	^{238}U*	^{235}U*	^{234}U*
電子	1	1	1	6	6	6	92	92	92
陽子	1	1	1	6	6	6	92	92	92
中性子	0	1	2	6	7	8	146	143	142
存在 %	99.985	0.015	12.33 y	98.93	1.07	5730 y	99.27 ($4×10^9$ y)	0.72 ($7×10^8$ y)	0.01 ($2×10^5$ y)

*放射性元素。存在の行には，定常的同位体％あるいは半減期(year 単位)を示してある。

1.2　元素と単体

上に述べた**原子**が実体としての粒子であるのに対して，**元素**(element)は，物質の構成要素の抽象的な概念である。陽子の数が同じ原子どうしを（中性子の数

*1 近年の測定技術の進歩により，必ずしも同位体の存在比が常に一定ではないことがわかってきた。たとえば水素には ^1H と ^2H の2種の安定同位体が存在するが，^2H の存在比は深海水中で 0.016 %，天然のエタノール中では 0.011 〜 0.012 %，合成試薬の中には 0.025 % を超えるものも存在する。このように存在比が調べる対象によって変動するので，水素の原子量の計算値にも，それに起因する不確かさが伴う。

が異なるか否かに関係なく）「**同じ元素の原子**」という。同位体どうしももちろん「同じ元素の原子」である。「水分子は水素原子と酸素原子から成る」というのは実態を示すいい方だが，「水という化合物は水素という元素と酸素という元素から成る」と言うのは概念的な言い方である。

元素の原子量　塩素には，陽子 17 個，中性子 18 個の ^{35}Cl と，陽子 17 個，中性子 20 個の ^{37}Cl の 2 種類の同位体が存在する。前述のように，自然界の同位体どうしは常に一定の割合で混在していると考えてよい*1。塩素の例でいえば，食卓の食塩であろうが，実験室の塩酸中であろうが，あるいは海水中であろうが，^{35}Cl と ^{37}Cl は 75.76 %：24.24 % という一定の存在比で含まれている。そこで，塩素を元素として含む物質における塩素原子の質量を考えるときは「^{35}Cl 原子と ^{37}Cl 原子の加重平均の質量をもつ 1 種類の原子」からなるものとして扱うのが普通である。このように安定同位体の相対原子質量を存在比で加重平均したものを**原子量** (atomic mass) と呼ぶ。原子量にも単位はつかない。

表 4　塩素の安定同位体

同位体	相対原子質量	存在比	塩素 Cl の原子量＝加重平均
^{35}Cl	34.97	75.76%	$34.97 \times 0.7576 + 36.97 \times 0.2424 = 35.45$
^{37}Cl	36.97	24.24%	

単　　体　同じ元素の原子だけが集まってできた物質を**単体** (simple substance) と呼ぶ。気体の酸素（O_2），金属結晶であるナトリウム（Na），常温で液体である水銀（Hg），炭素原子（C）が集まってできたダイヤモンドなどはどれも単体である。原子どうしは必ずしも結合している必要はなく，ヘリウムガスなども単体である。

同 素 体　同じ元素の原子が集まって単体を作る際，元素によっては集まり方が一通りでない場合がある。酸素原子からなる単体は酸素分子（O_2）以外に，オゾン（O_3）がある（図 4）。前者は酸素原子が 2 個結合しているが，後者は 3 個結合している。このような関係にある物質どうしを**同素体** (allotrope) と呼ぶ。酸素とオゾンは互いに同素体である。

　また，ダイヤモンドとグラファイトはどちらも多数の炭素原子が結合しているが，結合の仕方が異なるので同素体である。炭素の同素体にはさらに，フラーレン（C_{60}）がある。フラーレンはダイヤモンドやグラファイトとは異なり，60 個という決まった数の炭素原子が結合している（図 5 参照）。

1.3　化合物と分子・イオン

化 合 物　単体は同じ元素の原子だけからなるが，化合物 (compound) は<u>2 種以上の異なる元素の原子が結合してできている物質</u>である。化合物では，必ず原子間に結合が存在する。図 6 に示すように，たとえば水素と酸素の化合物である

図 4　同素体

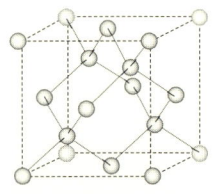

図 5　炭素の同素体

水（H_2O）では酸素原子と水素原子は**共有結合** (covalent bond)[*1] でつながれており、ナトリウムと塩素の化合物である食塩（NaCl）ではナトリウムイオンと塩素イオンのあいだに**イオン結合** (ionic bond) が存在する。これに対して、ヘリウムとアルゴンを原子数の比1:1で混合しても、原子間に結合は生じないので、化合物とは呼ばない。

[*1] 共有結合やイオン結合など、原子間の結合については3章で説明する。

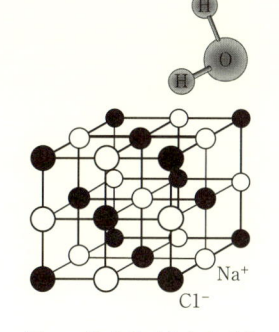

図6 化合物（水と食塩）

分　子　決まった数の原子が結合してできているものを**分子** (molecule) と呼ぶ[*2]。分子は単体である場合も化合物である場合もある。単体の例では、フラーレン C_{60} は60個という決まった数の炭素原子からできているので分子であるが、ダイヤモンドやグラファイトは多数の炭素原子の集まりで構成原子の数は決まっていないので分子ではない。化合物の場合でいえば、水は必ず1個の酸素原子と2個の水素原子からなると決まっているので分子だが、水晶（SiO_2）や食塩は、構成原子の個数の比がそれぞれ1:2や1:1と決まっているだけで、構成原子の総数は決まってはいない。よってこれらは分子ではない。

分子においては、構成原子間の結合は共有結合である。ただし逆は成り立たない。ダイヤモンドや水晶の原子間の結合も共有結合だが、これらは分子ではない。なお、分子中の構成原子の原子量の合計を**分子量**と呼ぶ[*3]。

[*2] 国際的な分子の定義では、この「決まった数」は1を含まないとされている。それに従えば、高校教科書でのヘリウム（He）やネオン（Ne）など希ガスの「単原子分子」という呼称は正しくないことになる。これら希ガスは「単原子気体」とも呼ばれるので、本書もそれにならうことにする。

イオン　前述の価数が0でない状態というのは、原子から1個またはそれ以上の電子が抜けたり、または原子が1個またはそれ以上の電子を取り込んだりした状態である。この状態では陽子と電子の数が等しくないので原子全体が電荷を帯びる。この状態が**イオン** (ion) である。正の電荷をもつもの（価数が正のもの）を**陽イオン** (cation)、負の電荷をもつもの（価数が負のもの）を**陰イオン** (anion) と呼ぶ。

[*3] 水を表す**化学式** H_2O は「水分子はH原子2個とO原子1個からなる」ということを表す。このような化学式を**分子式**と呼ぶ。これに対して、水晶の SiO_2 は、「水晶にはSi原子とO原子が1:2の個数の比で含まれる」ということを表す。このような化学式を**組成式**と呼ぶ。組成式の原子量の合計を**式量**と呼ぶ。

ナトリウム原子から電子が1個抜けたのがナトリウムイオン（Na^+）、硫黄原子が電子を2個取り込んだのが硫化物イオン（S^{2-}）である。これらは1個の原子がイオンになっているので、**原子イオン** (atomic ion) と呼ばれる。

これに対して、決まった数の原子の集まりが電荷を帯びたのが**分子イオン** (molecular ion) である。オキソニウムイオン（H_3O^+、図7）や水酸化物イオン（OH^-）などがある（これらは「分子がイオンになったもの」ではないことに注意して欲しい。H_3O や OH は安定な分子としては存在しない）。分子イオンにおいては、構成している原子のどれか1個が電荷を帯びているというのではなく、原子集団全体が電荷を帯びていると考えられる。

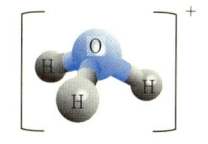

図7 オキソニウムイオン

1.4　純物質と混合物

純 物 質　1種類の単体または1種類の化合物だけで構成される物質を**純物質** (pure substance) という。純物質は固有の性質 (**融点**, **沸点**, **密度**など) をもつ。

混 合 物　純物質と対比される物質が**混合物** (mixture) である。混合物は, 2種類以上の純物質が, その間で結合を作らずに混在してできている。上述のヘリウムとアルゴンの混合気体や, 水に食塩を溶かした食塩水は混合物である。化合物では, 構成原子の比率が一定であるのに対し, 混合物では成分となる純物質の比率は一定ではない。ヘリウムとアルゴンの混合気体の混合比はいくらでも変えられるし, 食塩水の濃度も, 溶解度の限度内で変化させることができる。

1.5　物質量とモル質量

物 質 量　化合物において, たとえば水においては水素原子と酸素原子が2：1の比で存在し, 食塩においてはナトリウム原子と塩素原子が1：1で存在している。この場合の「比」は質量の比ではなく,「個数」の比である。水素と酸素から過不足なく水を合成するには, 両者を原子の個数の比で2：1で用意する必要がある。このように化学において物質を定量的に扱う際には, 個数に基づいた量を単位として用いるのが便利である。

そうは言っても, 我々は原子や分子を1個, 2個と数えることはできない。そこで, もっとずっと大きな数である $6.02\cdots\times10^{23}$ 個を単位として原子や分子の個数を表現する。ある物質の量を表すのに,「構成粒子の数が $6.02\cdots\times10^{23}$ 個の何倍か」で表したのが「**物質量** (amount of substance)」という**物理量**[*1]である。物質量の単位はモル (mol) である。つまり, 1 mol = $6.02\cdots\times10^{23}$ 個である (図8参照)。物質量から個数を計算するには, $6.02\cdots\times10^{23}$ mol^{-1} を掛ければよい。この, $6.02\cdots\times10^{23}$ mol^{-1} を**アボガドロ定数** (Avogadro constant) と呼ぶ (現在得られているアボガドロ定数は実際にはもっと桁数が多い[*2])。また, アボガドロ定数から単位を除いた, $6.02\cdots\times10^{23}$ という数値を「**アボガドロ数** (Avogadro's number)」と呼ぶ。なお, かつては「物質量」を「モル数」と呼んでいた。このような呼称は, たとえば「質量」を「グラム数」と呼ぶようなもので, 物理量の名称と単位の名称の混同からくる誤りである (日常生活において, しばしばこのような言い回しは用いられているが)。

モ ル 質 量　$6.02\cdots\times10^{23}$ 個を単位として表現する物質量は, しばしば12個を単位とする「ダース」に例えられるが, ダースが実際に数えられるのに対して, 分子や原子の $6.02\cdots\times10^{23}$ 個は実際には数えられない。そこで物質量を測定するには, 数を数えるのではなく質量を測定する。質量の値を,「何グラムが1 molに相当するか」の値で割れば物質量がわかる。この「何グラムが1 molか」の値を**モル質量** (molar mass) と呼ぶ。モル質量は物質ごとに異なる値をもつ。原子の相対質量が 12.0 である ^{12}C をアボガドロ数だけ集めると, 質量は正確に 12.0

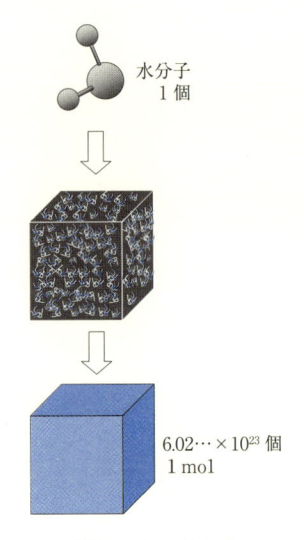

図8　1 molの水

[*1]　「物理量」については次節で説明する。

[*2]　現在推奨されている最新のアボガドロ数は, 6.02214129×10^{23} である。非常に純粋な単結晶シリコンの格子定数を測定することにより求められる。

g となる．ということは，^{12}C のモル質量は正確に 12.0 g mol^{-1} であるし，他の元素に関しても，原子量や分子量の数値（これらは単位をもたない値である）に「g mol^{-1}」という単位をつければ，それがその物質のモル質量である．

なお，炭素という「元素」のモル質量は正確に 12.0 g mol^{-1} ではない．なぜなら，同位体の所で説明したように天然の炭素は ^{12}C だけでなく ^{13}C が約 1 % 混在している．そのため炭素の原子量は約 12.01 であり，モル質量は約 12.01 g mol^{-1} である．

2 物理量と単位——森羅万象（しんらばんしょう）は七つの単位で表せる

化学では（特に物理化学では）質量や温度や濃度などの様々な量を扱うが，これらを総称して「**物理量** (physical quantity)」という．物理量とは，客観的な方法で測定できる量，あるいは他の物理量から算出できる量である．たとえば，鉱物などの硬さの指標であるモース硬度などは定量性がないので物理量でない．

物理量は，**数値**と**単位** (unit) の積である．たとえば，「この気体の体積 V は 0.1 m^3 である」といったときの，物理量（体積）V，数値 0.1，単位 m^3 の関係は，関係式 $V = 0.1$ m^3 で書けるように，「体積 V = 数値 0.1 × 単位 m^3」である[*1]．

0.1 m^3 の体積を表すのに，単位として L（リットル）を選べば数値は 100 になるし，cm^3 を選べば数値は 100000 になる．どの組み合わせであろうと，「数値 × 単位」が一定でさえあれば良い．本節では物理量の構成要素である単位と数値についてそれぞれ説明する．

2.1 単位について

国際単位系（SI 単位系）　　同じ物理量を表すのに色々な単位を使うことは，可

*1 「体積を V m^3 とすると・・・」という言い方や，高校教科書にあるような「体積 V (m^3)」という表記の仕方は誤りである．同じことだが，「体積を V とする」という言い方に対して，「V の単位は何か？」という問は無意味である．この場合は，単位は体積の次元（＝長さの三乗）をもってさえいれば何でもよい．

> **コラム　元素の起源**
>
> 現在知られている元素は 100 種類を超え，そのうち人工のものを除いても 100 種類近くはある．これらがどのようにしてできたものかについては，ここ数十年でかなりわかってきた．まず，いわゆる**ビッグバン**により水素（H）とヘリウム（He）が作られる．ビッグバン後，これらのガスが集まり，やがて一定の密度になると核反応により自ら光を発するようになる．これが**恒星**である．恒星内部では**核融合**反応により水素からヘリウム，炭素，酸素など，より原子番号が大きな元素が作られ，最終的には原子番号 26 の鉄（Fe）までが作られる．
>
> 太陽のような比較的軽い恒星の場合，寿命を終えると，内部に抱えていた元素を宇宙空間に放出する．もっと重い恒星の場合，その生涯の最後に**超新星爆発**と呼ばれる大爆発を起こし，その際に鉄よりも原子番号が大きな元素が生成される．地球や我々の身の回りのもの，そして我々自身も多くの種類の元素でできているが，これらは太陽の内部で作られたものではない．確かに太陽内部には多くの種類の元素が見出されているが，太陽自体の核反応はまだ水素からヘリウムを作る段階である．我々の身の回りの世界を構成している元素は，何十億年も前に寿命を終えて消滅してしまった恒星によって作られたものである．

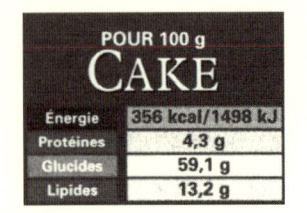

図9 フランス産のフルーツケーキのパッケージに書かれていた栄養表示．熱量（エネルギー）が kcal と kJ で併記されている

能ではあるが換算が面倒である．そこで，自然科学の世界では **SI 単位系**と呼ばれる一連の単位を使うことが共通のルールになっている．**SI** は国際単位系（Système International d'Unités）の略号であり，**IUPAC**（International Union of Pure and Applied Chemistry）によって推奨されている．実際には，国際単位系への移行は自然科学だけでなく，日常生活にも及んでいる．気象予報で圧力の単位がミリバール（mbar）からヘクトパスカル（hPa）に変わったのもその例である．ただし，1 mbar = 1 hPa なので，数値は同じである．図9の例が示すように，海外では食品の熱量の単位がカロリー（cal）からジュール（J）に変わりつつある（1 cal ≈ 4.18 J）．

SI 基本単位　国際単位系では，あらゆる物理量を，基本となる7種の単位か，その組合わせで表す．その7種を「**SI 基本単位 (base units)**」と呼ぶ．これらを表5に示す[*1]．

*1　これらの定義は web に掲載する．

表5　SI 基本単位の名称と記号

物理量	SI 単位の名称	SI 単位の記号
長さ（length）	メートル（metre）	m
質量（mass）	キログラム（kilogram）	kg
時間（time）	秒（second）	s
物質量（amount of substance）	モル（mole）	mol
熱力学温度（thermodynamic temperature）	ケルビン（kelvin）	K
電流（electric current）	アンペア（ampere）	A
光度（luminous intensity）	カンデラ（candela）	cd

SI 組立単位　上記7種に含まれない物理量（たとえば，力 (force) や圧力 (pressure)）は，7種の SI 基本単位を組合わせた単位を使えば表すことができる．このような単位を「**SI 組立単位 (derived units)**」と呼ぶ．よく使われる SI 組立単位には，固有の呼び名と記号が与えられている．力の単位ニュートン（N）の定義は「1ニュートンは，1 kg の質量の物体に働いて，1 m s^{-2} の加速度 (acceleration) を生じさせる力」であるので，1 N = 1 kg m s^{-2} である．圧力の単位パスカル（Pa）の定義は「パスカルは，1 m^2 の面積あたり 1 N の力が働いている状態の圧力」であるので，1 Pa = 1 N m^{-2} = 1 kg m^{-1} s^{-2} である．なお，ニュートンやパスカルのように，人名に由来する単位の記号は，大文字で始まるという原則がある．また，電気抵抗 (electric resistance) を表す単位であるオーム（Ω）のように，英語のアルファベットではない記号が使われることもある．いくつかの SI 組立単位の例を表6に示す．

表6に示した SI 組立単位の**換算係数** (conversion factor) は常に 1 である．このように，SI 単位による定義式に1以外の換算係数がつかない組単位を「一貫性のある組立単位」と呼ぶ．

異なる物理量を表す単位が，SI 基本単位で表現すると同じになる場合がある．たとえば，物体を回転させる力であるトルクの単位は N m であり，これは SI

2 物理量と単位——森羅万象(しんらばんしょう)は七つの単位で表せる

表6 おもな SI 組立単位の名称と記号

物理量	SI 単位の名称	SI 単位の記号	SI 基本単位による表現
周波数, 振動数	ヘルツ	Hz	s^{-1}
力	ニュートン	N	$m\ kg\ s^{-2}$
圧力	パスカル	Pa	$N\ m^{-2}\ (m^{-1}\ kg\ s^{-2})$
エネルギー	ジュール	J	$N\ m\ (m^2\ kg\ s^{-2})$ *1
仕事率	ワット	W	$J\ s^{-1}\ (m^2\ kg\ s^{-3})$ *1
電荷	クーロン	C	$A\ s$
電位(差), 電圧	ボルト	V	$J\ C^{-1}\ (m^2\ kg\ s^{-3}\ A^{-1})$ *1
電気抵抗	オーム	Ω	$V\ A^{-1}\ (m^2\ kg\ s^{-3}\ A^{-2})$
静電容量	ファラド	F	$C\ V^{-1}\ (m^{-2}\ kg^{-1}\ s^4\ A^2)$
セルシウス温度	セルシウス度	℃	$K\ (\theta/℃ = T/K - 273.15)$
平面角	ラジアン	rad	$1\ (m\ m^{-1})$
立体角	ステラジアン	sr	$1\ (m^2\ m^{-2})$

表7 非 SI 単位の名称と記号

物理量	非 SI 単位の名称	非 SI 単位の記号	SI 基本単位による表現
長さ	オングストローム	Å	$10^{-10}\ m$
	ミクロン	μ	$10^{-6}\ m$
体積	リットル	l, L	$dm^3 = 10^{-3}\ m^3$
質量	トン	t	$10^3\ kg$
加速度	ガル	Gal	$10^{-2}\ m\ s^{-2}$
力	キログラム重	kgf	$9.80665\ N$
エネルギー	電子ボルト	eV	$1.60218 \times 10^{-19}\ J$
	熱化学カロリー	cal_{th}	$4.184\ J$
	ハートリー	E_h	$4.35975 \times 10^{-18}\ J$
	ワット時	Wh	$3600\ J$ *2
圧力	気圧	atm	$101325\ Pa$
	トル	Torr	$133.322\ Pa$
	バール	bar	$10^5\ Pa$
濃度	モル毎リットル	M	$10^3\ mol\ m^{-3}$
粘性率	ポアズ	P	$10^{-1}\ Pa\ s$
	センチポアズ	cP	$mPa\ s$
電気双極子モーメント	デバイ	D	$3.33564 \times 10^{-30}\ C\ m$

*1 これらの単位のうち電気に関するものは, 日常生活において比較的身近である。たとえば乾電池の電圧は 1.5 V に過ぎないが, コンセントに供給されている電源電圧は 100 V である(感電した場合に命に関わる)。電圧と電流(SI 単位は A)の積が仕事率(SI 単位は W), 仕事率と時間(SI 単位は s)の積がエネルギー(SI 単位は J)である。つまり, 100 V のコンセントにつながれた 1000 W のヒーターには 10 A の電流が流れており, 1 秒あたり 1000 J の熱を発する。

*2 SI 単位においては, 仕事率 1 W で 1 秒間仕事をすれば 1 J のエネルギーが移動する。これに対して日常生活で比較的よく使われるのが,「仕事率 1 W で 1 時間仕事をしたときのエネルギー」で, これをワット時(記号は Wh)という。つまり,「ワット時」は電力(仕事率)の単位ではなく, ジュール同様, エネルギーの単位である。

基本単位で表すと $m^2\ kg\ s^{-2}$ なので, エネルギーの単位ジュール(J)と同じである。だからといって, たとえば「この回転軸には 5 J のトルクがかかっている」と表現するのは正しくない。ジュールはあくまでエネルギーを表すときの単位であり, トルクを表すときの単位は N m である。

非 SI 単位 表7 に示した単位は**非 SI 単位**(non-SI units)と呼ばれ, 使用しないことが推奨されているが現在も広く使われている。その理由は, 通常の実験条件下での物性定数を表す単位として用いた場合に, 数値が 0.1 – 1000 程度の扱いやすい大きさになるためである。たとえば, 圧力を表す SI 単位は Pa だが, 我々が暮らす地上の大気圧を Pa で表すと約 10^5 Pa (後述する接頭語を使うと

1000 hPa) となる．これに対して，地上の大気圧そのものを圧力の単位にするのは，自然な考え方である．これが「**気圧**（より正確には**標準気圧** standard atmosphere）」という単位で，atm という記号で表す．表 7 に示すように，1 atm = 101325 Pa である．

SI 接頭語 (SI prefix)　　ミリメートル（mm）の「ミリ，m」は「10^{-3} 倍」を表し，キログラム（kg）の「キロ，k」は「10^3 倍」を表す．このように，単位記号の前について 10 のべき乗倍を表す記号を「**接頭語**（または**接頭辞**）」と呼ぶ．SI 単位系で使うことのできる接頭語のうち，10^{-9} から 10^9 までを表 8 に示す[*1]．

表 8　SI 接頭語

分数	読み方	記号	倍数	読み方	記号
10^{-1}	デシ	d	10	デカ	da
10^{-2}	センチ	c	10^2	ヘクト	h
10^{-3}	ミリ	m	10^3	キロ	k
10^{-6}	マイクロ	μ	10^6	メガ	M
10^{-9}	ナノ	n	10^9	ギガ	G

[*1]　SI 単位系で使うことのできる接頭語は，10^{-24} から 10^{24} まである．それらすべては web に掲載する．

表記の約束事　　たとえば，アルファベットの m は，しばしば質量の変数の記号として用いられるが，長さの単位であるメートルや，10^{-3} を表すミリも，記号は m である．このような場合の混乱を避けるため，記号の使い方には次のような規則がある．

・物理量を表す変数の記号は斜体（イタリック）で書く．たとえば「質量を m とする」と書く．
・単位記号は立体（ローマン）で書く．たとえば「長さは 3 m」と書く．
・接頭語は立体（ローマン）で書く．続く単位記号との間は空けない．たとえば「質量は 2 mg」と書く．
・2 つ以上の接頭語を併用しない．たとえば，10^{-12} A を表すのに μμA と書くのは誤りであり，pA と書くのが正しい．また，SI 基本単位の kg の k は接頭語なので，これに更に接頭語をつけてはならない．たとえば，10^{-6} kg を表すのに μkg と書くのは誤りである．mg と書くのが正しい．

なお，リットルは英語で litre であり，人名由来ではない．よって「人名由来の単位記号は大文字で始まり，それ以外の単位記号は小文字で始まる」という規則に従えば単位記号はアルファベットの小文字の l になる．しかしこれでは数字の 1 と紛らわしいので[*2]，規則の例外として，リットルの表記には大文字の L を用いることが多い．

[*2]　古いタイプライターの中には，そもそも数字の 1 を打つためのキーが存在せず，小文字の l（エル）で代用していたものもあった．

2.2　数値の不確かさ[*3]

物理量の構成要素である数値は，それが測定によって得られた場合や，測定値を使って計算されたものであれば，常に「不確かさ」を伴う．数値の不確かさをもたらす要因には，測定値が真の値と異なること（**測定誤差** measurement

[*3]　測定誤差と有効数字については付録および web に掲載する．

error）や，第1節の水素の原子量を例に説明した同位体の存在比の変動幅のように，必ずしも対象が一定の物理量をもたないことなどがある．これに対して，単位の定義に用いられる数値には不確かさがない．たとえば，SI 基本単位のメートルの定義から明らかなように，光速は正確に 299792458 m s^{-1} であって，この数値は不確かさを含まない．数値に不確かさを含む物理量は，たとえば「ゲルマニウムの原子量は 72.64 ± 0.01 である」あるいは「72.64(1) である」のように，不確かさの幅を表現する[*1]．

3 エネルギー——すべてはエネルギーが支配する

物理化学では，「**エネルギー**」を基準に様々な現象を考えることが多い．たとえば，同じ3原子分子でも水（H_2O）が折れ曲がった形をしていて二酸化炭素（CO_2）が直線の形をしているのは，それぞれの分子がその形になっているときが最も**ポテンシャルエネルギー**が低いからである．また，アンモニアの合成反応（$N_2 + 3H_2 \rightarrow 2NH_3$）が途中で**平衡**に達してそれ以上進行しなくなるのは，その時点で系（粒子の集まり）の**ギブスエネルギー**[*2] が最小になるからである．

これらの現象をエネルギーという言葉抜きで説明することも可能ではある．分子がそれぞれ固有の形をとるのは，その形になったときに原子核に働く力がつり合っているからであり，反応がある時点で平衡に達するのは，正反応の速度と逆反応の速度がつり合っているから，と説明しても何ら間違いではない．しかし物

[*1] この例の場合，上から4桁目の数字である「4」が不確かなので，有効数字は4桁である．これに対して，光速の数値は一見有効数字が9桁に見えるが，不確かさを含まないので，最小桁の「8」の後に0が無限に続くと考える．よって有効数字の桁は無限大である．

[*2] 平衡やギブスエネルギーについては，第5章で詳しく説明する．

コラム　基本単位をどのように決めるか

SI 単位系の母体であるメートル法において，メートルや秒は，最初は地球という宇宙に1つしかない天体の大きさや自転周期を元に定義された．それが時代が進むにつれ，原子の発する光のような，いくらでも手に入るものを用いた定義に変わってきた．それでもなお，SI 基本単位の内，秒，ケルビン，モルの定義には，セシウム，水，炭素という特定の物質が使われており，キログラムの定義に至っては，国際キログラム原器という，世界に1つしかない人工物が使われている．そこで近年，より普遍的に，かつ単純に SI 基本単位を定義しなおすことが検討されている．かつては，秒とメートルは独立に定義されていたが，現在では光速を 299792458 m s^{-1} に固定することで，秒からメートルが誘導的に定義されている．このように物理定数をある値に固定すれば，特定の物質に依存せずに単位を定義することが可能になる．たとえば，もし仮にアボガドロ定数を 6.02214129×10^{23} mol^{-1} に固定すれば，モルを「モルは，6.02214129×10^{23} 個の要素粒子を含む系の物質量である」のように定義することができ，炭素という物質を使わずに済む．また同様に，もし仮に電子1個の電荷を $-1.602176565\times10^{-19}$ C に固定すれば，アンペアの定義は「アンペアは，電子1個の電荷が $-1.602176565\times10^{-19}$ A s となるような電流の単位である」というようになり，現行のものよりずっと単純になる．実際の取り組みとしては，キログラムについて，プランク定数 h（4.1 参照）の値を，たとえば 6.62606957×10^{-34} m^2 kg s^{-1} に固定することにより定義することが検討されている．

理化学においては，いろいろな事象をエネルギーによって説明することが多いので，皆さんもこの考え方に慣れて欲しい。

「エネルギー」と一口にいっても，物理学で扱う「運動エネルギー (kinetic energy)」や「ポテンシャルエネルギー（位置エネルギー potential energy）」の他に，化学では「熱エネルギー (thermal energy)」や「分子間相互作用エネルギー」などを扱う。しかし，化学が扱うエネルギーは，たどってゆけばほとんどすべてが構成粒子の運動エネルギーと，構成粒子間の静電エネルギー（electrostatic energy クーロンエネルギー）になる。他のエネルギーのほとんどは，この2種の組み合わせである。たとえば高温のヘリウムガスがもつ熱エネルギーは，個々のヘリウム原子の運動エネルギーの総和である。窒素（N_2）のような2原子分子の熱エネルギーには，結合の伸び縮みによるエネルギーも含まれるが，そこには分子を構成する電子や原子核の間の静電エネルギーが寄与している。

自然界には，ポテンシャルエネルギーとして，静電エネルギーの他に**万有引力**のポテンシャルエネルギーや，**核力**のポテンシャルエネルギーが存在する[*1]。このうち万有引力は，分子の世界では無視できるほど小さい[*2]。一方，核力のポテンシャルエネルギーは，原子核を構成する粒子（陽子と中性子）どうしをつなぎ止める働きをしている。このエネルギーは，通常の化学反応や状態変化（例えば固体の融解など）においては変化がないが，核反応（核分裂や核融合）では変化（たいていは減少）し，その分が熱などの形で放出される。核反応は例外と考えると，原子分子の世界では，ポテンシャルエネルギーとして静電エネルギーのみを考えておけばよいと言うことになる。

本書に登場するであろう各種のエネルギーの基本要素である，運動エネルギーと静電エネルギーについて以下に解説する。

運動エネルギー　質量 m の粒子が，速度 v で運動しているとき（図10），その粒子のもつ運動エネルギーは

$$\frac{1}{2}mv^2$$

である。式の形からわかるように，運動エネルギーは負の値を取ることはない。

静電エネルギー　電荷 q_1 の粒子と電荷 q_2 の粒子が距離 r だけ離れて存在しているとき（図11），この2粒子間のクーロン相互作用によるポテンシャルエネルギーが静電エネルギーであり，その大きさは

$$\frac{1}{4\pi\varepsilon_0}\frac{q_1 q_2}{r}$$

である。ここで π は円周率，ε_0 は電気定数 (electric constant) である[*3]。電荷の値は正負があるので，運動エネルギーと異なり静電エネルギーは正負どちらの値も取り得る。電荷が同符号で反発力が働いているときは静電エネルギーは正の値をとり，電荷が異符号で引力が働いているときは静電エネルギーは負の値をとる。静電エネルギーが0となるのは，2粒子の少なくともどちらかの電荷が0の

[*1] 力とエネルギーの関係は以下の発展項目を参照。

[*2] これは，日常生活のスケールでは感覚的には理解しにくいかも知れない。本書を机から持ち上げるにもある程度の力が必要で，これはもちろん地球と本書の間に働く万有引力による。しかしこれに対して，たとえば本書を閉じたまま上下に引っ張って千切ろうとすれば，本を持ち上げるのとは比較にならない大きな力が必要である。この，「身の回りの物体を引き裂くのに必要な力」の元こそが，その物体を構成している電子と陽子の間に働く静電引力に他ならない。

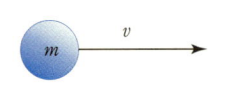

図10　運動エネルギー

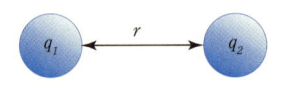

図11　静電エネルギー

[*3] かつては真空の誘電率と呼ばれていた。

場合，または，2粒子間の距離 r が無限大になったときである。

発展項目：ポテンシャルエネルギーと力　「静電エネルギー」に対して「静電気力」という言葉があるように，ポテンシャルエネルギーにはそれに対応する力（より正確には保存力）が存在する。両者は積分と微分の関係にある。簡単のために1次元で考える。今仮に，座標 x で表される点に粒子が存在しているとして，その粒子のもっているポテンシャルエネルギーが $V(x)$ であるとする。ポテンシャルエネルギーは静電気力によるものであっても，万有引力によるものであってもかまわない。このとき，この粒子には力（静電気力や万有引力）が働いている。力も位置 x の関数である。これを $f(x)$ と書くと，力 $f(x)$ とポテンシャルエネルギー $V(x)$ の関係は次式で表される。

$$f(x) = -\frac{dV(x)}{dx} \qquad V(x) = -\int_{x_0}^{x} f(x)\,dx$$

ここで x_0 は，ポテンシャルエネルギーの基準になる点，すなわち，$V(x_0) = 0$ となる点である[*1]。

4　ミクロとマクロ

現代の化学が対象としているのは，原子や分子といった「ミクロ」な粒子と，それらが多数集まった，我々が目で見て手で触れることのできる「マクロ」な物質の両方である。この両者は全く異なる性質をもつ。マクロな対象の運動を記述する力学（**古典力学** classical mechanics）の**運動方程式**（たとえばニュートンの運動方程式）の質量に，ミクロな粒子の微小な質量を代入しただけでは，これらの粒子の運動を表せない。ミクロな対象の運動の記述に用いられるのは**量子力学** (quantum mechanics) と呼ばれる力学である。逆にミクロな粒子がただ集まっただけと考えても，マクロな対象の性質は説明できない。そこで，化学を学ぶためには，「ミクロな視点」と「マクロな視点」の両方をもつ必要がある。

4.1　ミクロな視点

1個の電子や原子のようなミクロな粒子と，我々が日常的に手に触れることのできる「粒子（たとえば砂糖や食塩の粉末）」の性質の決定的な違いは，前者は粒子としての性質に加えて，<u>「波」としての性質が無視できない</u>という点である。

真空中で電子を加速して電子ビームを作る。加速した後で何の力も加えなければ，電子は等速直線運動を続ける。この電子ビームの経路の途中に図12に示したような「二重スリット」を置く。単純に考えれば，二重スリットの一方の穴を通過した電子と，もう一方の穴を通過した電子は，別々の経路に沿って飛行するので，経路の先に蛍光板を置けば，蛍光板上で，二重スリットのそれぞれの穴に対応した部分が光る

[*1]　一例を挙げると，1次元空間上の座標原点（位置 $x = 0$ の点）に電荷 q_1，位置 x の点に電荷 q_2 がある時，ポテンシャルエネルギー $V(x)$ は，x が正負の値を取り得る事を考慮すると

$$V(x) = \frac{q_1 q_2}{4\pi\varepsilon_0} \frac{1}{\sqrt{x^2}}$$

と書ける。これを用いると，電荷 q_2 が受ける力 $f(x)$ は，

$$f(x) = -\frac{d}{dx}\left(\frac{1}{4\pi\varepsilon_0}\frac{q_1 q_2}{\sqrt{x^2}}\right)$$
$$= \frac{1}{4\pi\varepsilon_0}\frac{1}{x^2}\frac{x}{\sqrt{x^2}}q_1 q_2$$

となる。これは別の書き方をすると，$x > 0$ の場合は

$$f(x) = \frac{1}{4\pi\varepsilon_0}\frac{q_1 q_2}{x^2}$$

$x < 0$ の場合は

$$f(x) = -\frac{1}{4\pi\varepsilon_0}\frac{q_1 q_2}{x^2}$$

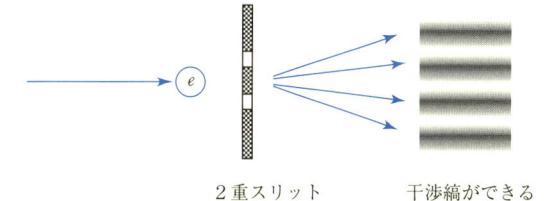

ということである。

図12　電子の波動性

2重スリット　　干渉縞ができる

はずである。しかし実際には，蛍光板上に現れるのは図のような縞模様である。この模様は，単色の光を二重スリットに通したときにも見られる**干渉縞**である。つまり，電子は二重スリットを通る際に「波」としての性質を示し，そのために，スリットの2つの穴を通った**波の干渉** (interference) により，このような模様が現れたというわけである。このような「波」を「**物質波** (matter wave)」と呼ぶ。「波」と一口にいっても，音波や電磁波とは全く別のものである[*1]。

ミクロな粒子がこのような波としての性質をもっている以上，その運動を記述する運動方程式も，マクロな粒子の運動方程式とは全く異なる。簡単のため，粒子が1次元空間を運動していると仮定する。マクロな粒子の運動を記述するニュートンの運動方程式は，粒子の位置を x，質量を m，ポテンシャルエネルギーを $V(x)$ とすると次のように書ける。

$$m\frac{\mathrm{d}^2 x(t)}{\mathrm{d}t^2} = -\frac{\mathrm{d}V(x)}{\mathrm{d}x}$$

これに対してミクロな粒子の運動を記述する方程式は次のように書ける[*2]。

$$-\frac{1}{2m}\left(\frac{h}{2\pi}\right)^2 \frac{\mathrm{d}^2 \psi(x)}{\mathrm{d}x^2} + V(x)\psi(x) = E\psi(x)$$

ここで，h は**プランク定数** (Planck's constant) と呼ばれる定数，$\psi(x)$ はこの粒子の**波動関数** (wave function) とよばれ，E はこの粒子のエネルギーである。この式を**シュレーディンガー方程式** (Schrödinger equation) と呼ぶ。ここで出てきた波動関数 $\psi(x)$ は，「$\psi(x)$ の二乗（より正しくは，絶対値の二乗）が，位置 x の地点でこの粒子を見いだす確率を表す」という性質の関数である。

上記の2つの式を比べると，古典力学と量子力学ではそもそも粒子の運動の記述の仕方が全く異なっていることがわかる。マクロの世界の古典力学においては，「物質の波動性」などは考えていないので，ある時刻における粒子の位置は空間上の1点に決まっていて，それが時間と共に変化する。よって，粒子の運動を記述するということは，粒子の位置 x を時間 t の関数として求めること，すなわち関数 $x(t)$ を求めることになる。図13 は，1次元空間上の限られた区間を往復する粒子を例にとり，t と $x(t)$ の関係を図示したものである。粒子は等速運動で区間内を進み，端まで行ったら弾き返されて向きを変え，同じ速さで区間内を進む。よって $x(t)$ はこの図のようになる。

それに対して，ミクロの世界の量子力学では，粒子の位置を空間上の1点に決めることができない。その代わり，「粒子が空間上のある位置 x に見いだされる確率」を x の関数として求めることになる。その確率を表す関数が $|\psi(x)|^2 (= \psi(x)^* \psi(x))$，つまり $\psi(x)$ の絶対値の二乗である。図14 は，上の例と同じ運動

[*1] 音波は，それを伝える物質（たとえば空気）の密度に濃淡が生じ，それが波のように伝わるものであり，光（電磁波）は，空間における電場と磁場の強度の変化が波のように伝わるものである。電磁波は音と異なり，伝える物質（媒質）を必ずしも必要とせず，その点では物質波と同じである。

[*2] ミクロな粒子をどんどん大きくしていったら，ある大きさを境に適用される運動方程式が切り替わる，というわけではない。ミクロな粒子の方程式はマクロな粒子にも適用可能である。ただし，適用した結果として出てくる波としての性質は，事実上無視できるほど小さい（p.33 のコラム参照）。

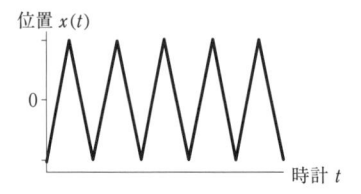

図13 マクロの世界の運動の記述

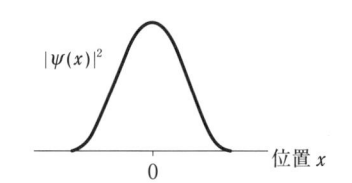

図14 ミクロの世界の運動の記述

についての，x と $|\psi(x)|^2$ の関係を図示したものである．量子力学によるミクロな粒子の運動については，第1章で詳しく説明する．

4.2 マクロな視点

次に，マクロな系の性質を考える．ミクロな系の本質が「波としての性質」であるのに対して，マクロな系の本質は，単に「大きいために波としての性質が埋もれてしまった系」というものではない．マクロな系であっても，その構成要素はミクロな原子である．マクロな系の本質は「圧倒的に多数の粒子の集まりであること」である[*1]．これがどういうことを意味するか，例を示す．

直方体の容器に気体分子が入っているとする．簡単のために分子間の相互作用は無いとする．図15のように直方体の体積を正確に左右に2分する目に見えない境界面を考え，ある瞬間における右半分と左半分の分子数を比べる．「容器の右半分にいる分子と左半分にいる分子の数は常に等しいか？」という問に対する答は，もしも分子の数が10個程度であれば「No」である．たまたまある瞬間に，10個のうちのたとえば7個までもが右側にあるということすら，確率的には充分にあり得る．

しかし，分子の数が多くなるとどうなるか．実際に，「全分子の50.001 % 以上が右側に存在する確率」を計算してみる．分子数が 10^8 個の場合は確率は42 % もあるが，10^{10} 個で2 %，10^{11} 個で 10^{-8} %，10^{12} 個で 3×10^{-87} %，すなわち事実上0である[*2]．つまりマクロなスケールにおいて，「容器の右半分にいる分子と左半分にいる分子の数は常に等しいか？」の答は，「Yes」である．

もう一つ例を示す．ある重さの物体が床に落下するという現象を考える．自由落下とは，ポテンシャルエネルギーが運動エネルギーに変換される過程である．この2種のエネルギーの変換は，逆変換も可能である．物体を上に向かって投げ上げれば，それは運動エネルギーがポテンシャルエネルギーに変換される過程になる．では，自由落下した物体が床に落ちたときには何が起こるだろうか？ 床に当たる直前にはこの物体は運動エネルギーをもっているが，床に当たった直後は静止状態になり，運動エネルギーは0になる．直前までもっていたエネルギーがどこへ行ったのかといえば，熱エネルギーに変わったのである．落下直後，床と物体のエネルギーはわずかに上昇している[*3]．

ではこの「運動エネルギーから熱エネルギーへの変換」の逆過程は起こり得るだろうか？ 「床や物体を加熱したら，その熱エネルギーを使って物体が飛び上がり，それと同時に，使われた熱エネルギーに相当するだけ床や物体の温度が低下する」という過程は，エネルギー保存則に抵触しないにもかかわらず，決して起きない．エネルギーの「自然な」変換は常に「運動エネルギー → 熱エネルギー」の一方通行である[*4]．何故か？

物体が床に当たる直前にもっていた運動エネルギーはマクロなスケールでの運動エネルギーであり，これは，物体の構成粒子の運動が一斉に下に向いていることによるエネルギーである．より正確に言えば，構成粒子の一見バラバラな運動量の平均が0ではなく，下向きにある値をもっていることによるエネルギーであ

[*1] 前述の物質量とアボガドロ定数の話を思い起こして欲しい．たとえば，コップ一杯（180 mL）の水の物質量は10 mol なので，コップの中には，およそ 6×10^{24} 個の水分子がある．これは全宇宙の星（恒星）の数より2桁多い．

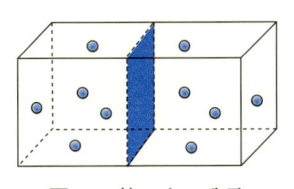

図 15 箱の中の分子

[*2] 全部で n 個の粒子のうち m 個が箱の右側にある確率は，
$$\left(\frac{1}{2}\right)^n \frac{n!}{(n-m)!\,m!}$$
である．

[*3] このように，エネルギーが形を変えても総量が一定であることをエネルギー保存則と呼ぶ．

[*4] 熱エネルギーから運動エネルギーへの変換は不可能ではないが，たとえば蒸気機関のような特別な仕掛けが必要である．

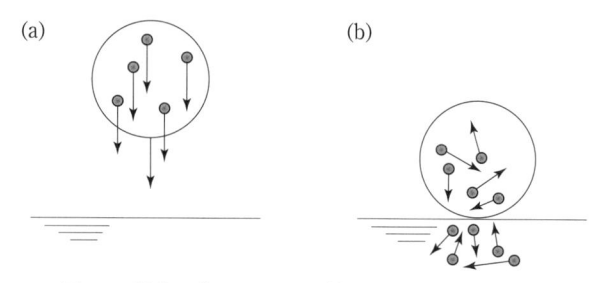

図 16 運動エネルギーから熱エネルギーへの変換

る（図 16 (a)）。これに対して，物体が床に衝突した直後にもつ熱エネルギーは，完全に構成粒子のバラバラな向きの運動によるエネルギーである（図 16 (b)）。つまり，物体が床に落下した際の運動エネルギーから熱エネルギーへの変換は，向きの揃った運動から向きのバラバラな運動への変換と見ることができる。

　もしも床を構成する粒子の運動でその上の物体を上に跳ね上げようとしたら，ある瞬間にその粒子の運動量の平均が 0 でなく上向きの値をもつ必要がある。粒子の数が 10 個程度ならその様なことはあり得るかも知れない。しかしマクロなスケールの粒子数なら，そのようなことは「ありそうにない」のではなく「あり得ない」。向きの揃った運動エネルギーから向きのバラバラな運動エネルギーへの変換はありえても，逆はあり得ない。これが，後述する「**熱力学第二法則 (second law of thermodynamics)**」の本質である[*1]。

　系の状態を表す物理量である**体積** V，**圧力** P，**温度** T は，マクロな系において初めて意味をもつ量である。たとえば，容器に入れられた気体分子は器壁への衝突を繰り返しているが，ミクロな視点で見れば，それぞれの分子が衝突に際して壁に与える衝撃は分子ごとに異なる。その衝撃を平均したものが圧力である。よって圧力は多数の粒子が存在して初めて定義できる。系が気体の場合，これら 3 つの物理量に系の物質量 n を加えた 4 つの物理量の関係を表した式を「**気体の状態方程式 (equation of state)**」と呼ぶ。よく知られた「**理想気体の式 (ideal gas law)**」

$$PV = nRT \quad (R は気体定数)$$

も状態方程式の 1 種であるが，実際の気体（**実在気体** real gas）は必ずしもこの式に従わない。実在気体についての「気体の状態方程式」は，幾つか提案されている。それらについては第 6 章で詳しく説明する。

[*1] このような，粒子の数が多いことに伴う性質を扱う自然科学の手法が**統計力学**である。統計力学を用いた多粒子系の扱いは第 5 章で詳しく説明する。

参考図書

1. 高校教科書 「化学Ⅰ」または「化学基礎」ならびに「物理Ⅰ」または「物理基礎」
   本書を読み始めるにあたって，高校の化学と物理の教科書に一度目を通しておくことを強くお薦めする。
2. 「万物の尺度を求めて メートル法を定めた子午線大計測」ケン・オールダー著，吉田三知世訳，早川書房（2006）。
   「1m」を決めるため，18世紀末のフランスで，フランス北端のダンケルクからスペイン領内のバルセロナまでの1000 km余りの距離を精密測定した天文学者達の，苦闘の物語。
3. 「物理化学で用いられる量・単位・記号（第3版）」E. R. Cohenら著，（独）産業技術総合研究所 計量標準総合センター訳，講談社（2009）。
   タイトルが示す通り，物理化学で用いられるあらゆる単位と，主要な物理定数を記載した本。通称「グリーンブック」。座右に置いておけば，たとえば非SI単位を含む単位の換算などに，何かと便利である。なお，現在では下記のwebサイトよりダウンロードも可能である。
   https：//www.nmij.jp/public/report/translation/IUPAC/

序章 章末問題

1 物質の構成
(1) ポリエチレンなど「高分子」と呼ばれる物質は，厳密には分子とは言い難い。なぜか。

2 物理量と単位
2.1 単位について
(2) 7種類あるSI基本単位は必ずしも互いに独立ではない。たとえばモルの定義にはキログラムが用いられているので，キログラムの不確定さはモルの不確定さに影響する。それでは，同じくSI基本単位の1つである「秒」の不確定さに影響を受けるのは，他のSI基本単位のうちのどれか。

2.2 数値について
(3) 銅には2つの安定同位体，^{63}Cuと^{65}Cuがあり，これらの相対原子質量はいずれも有効数字9桁という精度で求められている。しかし銅の原子量は有効数字が5桁しかない。何故か。

3 エネルギー
(4) あなたが健康のために数kmのランニングをしたとする。その際あなたの体内では，あなたが摂取した食物のエネルギーが数kJ消費される。一方，ランニングの前後のあなたを比べると，スタート前もゴール後も静止状態なので運動エネルギーは変化していないし，同じ場所に戻ってくるのだから位置エネルギーも変化していない。あなたが消費した数kJのエネルギーは，元をたどるとどこから来て，ランニングによってどこにいってしまったのか。

4 ミクロとマクロ
4.1 ミクロな視点
(5) 図14の$|\psi(x)|^2$の意味を正確に書けば「粒子を微小区間$[x, x+dx]$の中に見出す確率が$|\psi(x)|^2 dx$である」ということになる。粒子の位置はこのように確率的にしかわからないが，しかし粒子が消滅する訳ではないので一次元空間上を隅から隅まで探せば必ず見つかる。このことを数式で表すとどうなるか。

4.2 マクロな視点
(6) 図15において，箱の中に粒子が全部で4個しか存在しない場合，左右2個ずつにならない確率はどれだけか。

化学を学ぶことの意味

ここで改めて，必ずしも本書の内容の範囲に限定せず，「化学を学ぶことの意味」あるいは「化学という学問の存在意義」についてのべてみたい。説明の順番は我々の一番身近な所（すなわち我々自身の身体）から範囲を広げ，宇宙へと進めていくが，化学という学問の守備範囲が，高等学校で学ぶ理科の科目にあてはめると，物理，生物，地学をも含む幅広いものであることを理解してほしい。

1 我々の身体

生命の働きの多くは化学反応と見ることができる（心の働きまで「化学反応」で説明できるかについては議論があるが）。我々は食物として取り込んだ物質を消化し，分解し，それを元に活動のためのエネルギーを取り出し，ありいは体を構成する物質を合成している（この一連の過程を代謝と呼ぶ）。この過程の全てが化学反応である。また，生体内での「情報伝達」や，次世代への遺伝情報の伝達も，化学物質によってなされている。

生体内での化学反応の特徴の一つは，関与する分子の構造（形）が重要な役割を果たしているということである。たとえば，我々が特定の化学物質の「味やにおい」を感じるのは，それらの特定の分子が，我々の舌や鼻の受容体の分子と結合しやすい形をしているためである。また，DNA の塩基対のアデニンがチミンと結合し，グアニンがシトシンと結合するのも，それぞれの塩基対が結合しやすい形をしているためである。生命活動に関与する分子の立体的な構造は，生体の働きを知るための重要な情報である。

生体内での化学反応のもう一つの特徴は，たとえば試験管やビーカーでの反応と異なり，決して平衡状態にならないということである。第 6 章で詳しく説明するが，平衡とは見かけ上反応や状態変化が停止した状態（微視的に見れば一方の変化と，逆方向の変化が釣り合った状態）である。生体ではこのような状態は起こらない。

2 身の回りの素材

人類が，化学反応を利用して生活に役立つ素材を作るようになったのは，おそらく有史以前の青銅器や鉄器の製作にさかのぼる。金属の精錬は還元反応である。道具のための素材だけではなく飲食物にまで範囲を広げて考えれば，古代から行われているアルコール発酵も化学反応の利用である。石けんやガラスといった「化学工業製品」も紀元前から存在していた。つまり，化学の教科書に化学の応用の成果としてしばしば反応式や組成式とともに紹介されているこれらの物質は，実は化学の知識なしに作られてきた。むしろ，現在我々がもっている化学の知識が，これらの太古からの「もの作り」の積み重ねの結果として得られた。

化学の知識ともの作りの技術の，このような関係が逆転したのは，歴史的に見れば最近である。現在のもの作りには，化学の知識が欠かせない。たとえば，高性能のコンピューターを用いた薬品の分子設計，といったことが行われるようになっている。上で説明したように，生体内の化学反応において，分子の幾何学的な形が重要な要素である。一方，分子のもつ様々な性質のうち，幾何学的構造は，理論計算による予測が比較的容易である。そこで，コンピューターを用いた理論計算であらかじめ色々な分子の構造を推定しておけば，どのような分子を合成すれば目的とす

る薬効が得られるかを，ある程度予測することができる。

3　地球環境

最近，「持続可能な開発」「持続可能な社会」といった言葉を目にする機会が増えた。「持続可能な」というのは，英語の "sustainable" の訳語である。「限りある資源を使い切ることのない」「環境に回復不可能な悪影響を与えない」といったような意味の言葉である。要するに，環境破壊を起こさない，ということである。

「環境破壊」というと，我々人類の，特に産業革命以降の経済活動による大気汚染，水質汚染などがまっ先に思い浮かぶが，地球規模の環境破壊は決して人類だけの「特技」ではない。地球の歴史上，生物による環境破壊の最も大規模なものは，植物の誕生による大気組成の変化である。数十億年前，海中に生まれた植物が盛んに光合成を行った結果，それまで二酸化炭素と窒素が主成分だった大気が酸素によって「汚染」され，これによって一部の生物は絶滅した。もっと局所的に見れば，ある地域でのある生物種の繁栄が，別の種を絶滅させた例は枚挙にいとまがないと思われる。つまり，人類に限らずあらゆる生物が，環境の影響を受けると同時に，不可避的に環境に影響を与えている。

とは言うものの，現在の人類が与えうる地球環境への影響は，そのスピードにおいて，上記の例とはケタ違いである。現在の日本人の平均的生活レベルを全人類が享受しようとしたら，あっという間に地球の資源を使い切ると言われている。我々は，少し間違えれば回復不可能なダメージを地球に与え得る立場にいる。

このような問題を解決するためのあらゆる局面で，化学の知識は必須である。自動車の排気ガス中の有害物質を劇的に減少させたのも，大気中に放たれたフロンガスが地球規模でどのような影響を与えるかを解明するのも，自然環境中で分解されるプラスチックを開発するのも，電気自動車用の高性能のバッテリーを開発するのも，化学が果たしてきた，あるいはこれからも果たしていく役割である。

ただし地球環境そのものは，観測の対象にはなり得ても，通常の化学の手法である実験の対象にはならない。そのため，我々が目にする地球環境に関する説明には多かれ少なかれ推測が混ざっていることには留意する必要がある。推測である以上，その確度には高いものも低いものもある。一例を挙げれば，筆者たちが皆さんのような大学生だった頃，「石油は20世紀末には枯渇する」という説を聞かされた。地球全体の石油を絞り出してみることが不可能である以上，これは「推測」以上のものではない。そして現在我々は，この推測が全くの誤りであったことを知っている。

4　宇宙

最近数十年の電波天文学の進歩により，宇宙空間の星（恒星）と星の間の，一見何もない空間（星間空間）に様々な分子が存在していることがわかってきた。これまでに発見された分子の中には，水やアンモニア，シアン化水素（HCN）のような簡単なものだけでなく，炭素数の少ないアルコール，アルデヒド，ケトン，カルボン酸などの有機化合物も含まれる。19世紀の前半にヴェーラーが人工的にシアン酸アンモニウム（NH_4OCN）から尿素を合成するまで，有機化合物は生体内でのみ合成されると考えられていたが，宇宙空間もまた，有機化合物の合成の場であることがわかった。

これらの化合物は，もちろん，宇宙の誕生の瞬間から存在していたわけではなく，原子状態やイオン状態の水素や炭素を元にして，徐々に「合成」されてきた。このような合成が宇宙空間でどのように行われているかについては，たとえば水のような単純な分子は文字通りの空間で合成されたと考えられているが，メタノールのような有機化合物は宇宙空間を漂う微細な宇宙塵を覆っている氷（ただし，規則正しい結晶状態の氷ではなく，水分子が不規則に並んだアモルファス状態の氷）の表面でできたのではないかといわれている。

　これら宇宙におけるいわば化学進化について，次第に詳しいことがわかってきたのは，天文学だけでなく，電波望遠鏡で捉えられた電磁波がどのような分子から発せられたものかを調べたり，宇宙塵表面の氷に近いものを実験装置内に作り，表面での反応を追跡するなど，化学（理論，実験の両方）の寄与が大きい。

第1部　原子・分子の世界

　私たちの周りにはいろいろな物質があり，その中には酸素や水など私たちが生きていくために不可欠なものもたくさんある。物質は固有の性質を持ち，例えば，水は常温で液体であり，1 atm の下では0℃で凍って100℃で沸騰する。液体の水は非常に多くの数の水分子（H_2O）の集合であるが，1個の水分子は1つの酸素原子に2つの水素原子が結合した二等辺三角形の構造（形）をしていることをすでに学んでいると思う。普段の生活では液体の水の中で水分子1個1個がどうなっているかは気にとめることはないと思うが，実はマクロな世界の液体の水の性質はミクロな世界の水分子の性質によって決まっていることが多い。特に，水分子と水分子の間の水素結合は非常に重要である。さらに細かく見ると，水分子を構成している水素原子（H）と酸素原子（O）は陽子と中性子からなる原子核と電子から構成されているが，陽子や電子の数の違いが原子の性質を決め，その結果として水素結合が生まれている。

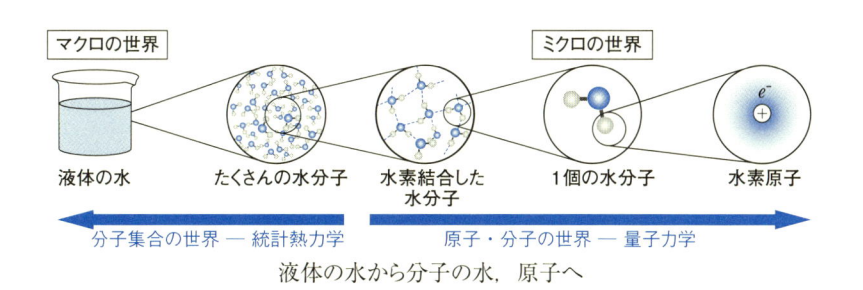

液体の水から分子の水，原子へ

　原子や分子1個1個を取り扱うためには，量子力学とよばれる考え方を用いる必要がある。この第1部では量子力学の紹介からスタートし，原子や分子のエネルギーや構造がどのようになっているか，分子と分子の間に働く力にはどのようなものがあるのかを順に学んでいく。それらを基礎として，第2部の分子集合の世界──我々の身の回りの世界──を科学的に理解することができる。

1 ミクロな世界の規則——量子の世界

　序章では，原子や分子のようなミクロな物質の世界では，我々の周囲のマクロな世界とは異なる規則が成り立っていることを述べた。このことがわかったのは，今から100年前の20世紀初めである。最初に，波だと思われていた光が粒子の性質をもつことがわかり，やがて粒子と思われていた電子が波の性質をもつことが見出された。光の二重性を見出したのはプランクやアインシュタインであり，粒子の二重性を予言したのはド・ブローイであった。これらをもとにして，量子の世界の二重性 (duality) を統一的に定式化したのは，ハイゼンベルグとシュレーディンガーであった。序章でも簡単なシュレーディンガーの方程式を示したが，本章では，ミクロな世界を旅する上で最低限必要な数学的な道具を，シュレーディンガーの方程式 (Schrödinger equation) を使って導いていく。まずは，波と考えられている光が粒子の性質を示す実験を見ていこう。

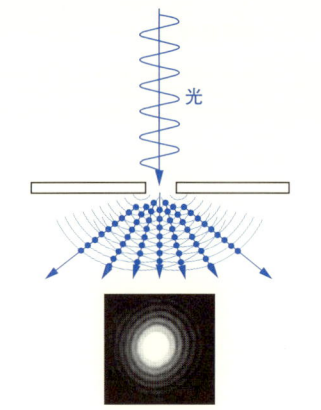

1.1 光と物質が示す二重性

　光が波であることは，マクロの世界においてよく知られている。光の波は連続的で，池に石を投げたときの波紋のように空間を伝わっていく。光は細い穴を通った後，直進するばかりでなく，穴の裏側にも回り込むことができる。この現象は回折 (diffraction) とよばれている。ピンホールを通った光はピンホールの縁で回折を起こし，互いに干渉し回折像とよばれる縞模様を作る。これらの現象は光が波であることを示す良い例である。

　一方ミクロの世界では，光の波長が λ，振動数 (frequency) が ν であれば，光は

$$E = h\nu = \frac{hc}{\lambda} \tag{1-1}$$

で表されるエネルギーをもった粒子のように振る舞うことが20世紀の初めにプランクによって示された。ここで，h は**プランク定数** (Planck's constant) とよばれる定数であり，c は光速である。この「光は粒子であり，1個1個の光の粒子（**光子** photon）がもつエネルギー E（強度ではない）は振動数つまり波長の逆数に比例する。」というプランクの量子仮説 (quantum hypothesis) はいろいろな実験で確認することができる。その1つを次に見ていこう。

1.1.1 粒子としての光：光電効果

　アインシュタインは相対性理論で有名であるが，ノーベル賞は**光電効果**の研究に対して与えられた。金属に光を照射すると，金属から電子が放出される。これが**光電効果** (photoelectric effect) である（図1.1）。照射する光の波長を長波長から短波長へ変えていくと，ある波長（しきい波長）よりも短波長になったときに

電子の放出 (emission of electron) が起こる。照射する光の波長がしきい波長よりも長いと，どんなに光の強度を大きくしても電子は放出されない。さらに，放出された電子の最大運動エネルギー KE は，照射した光が短波長になるほど大きくなるが，照射する光の強度には依存しない。

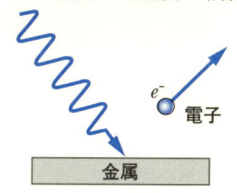

アインシュタインは，これらの現象を以下のように説明した。まず，金属が電子を放出するためには**仕事関数** W (work function) とよばれる金属ごとに固有のエネルギーが必要であり，光のエネルギー E が仕事関数 W よりも大きいときにのみ電子の放出が起こる。

プランクの量子仮説によると，光（光子）のエネルギーは波長が短くなると大きくなるので，しきい波長は，$E = W$ の条件を満たす光の波長と考えることができる。また，放出された電子の最大運動エネルギー KE は照射した光子のエネルギー E から仕事関数 W を引いた残りのエネルギーになる[*1]。

$$KE = h\nu - W \tag{1-2}$$

このように，光電効果は「光は光子という粒子の集まり」であることを示していることになる。光が，波でありながら粒子としての性質も合わせもっていることを，**波と粒子の二重性**とよぶ。

図 1.1 光電効果

[*1] 光電効果で測定される運動エネルギーは金属固体表面から放出された電子のものである。金属固体の内部でできた電子は，表面まで出てくるために運動エネルギーを消費するので，(1-2) 式で与えられる KE よりも小さな値になる。

【例題 1.1】 ナトリウムは光電効果を示し，しきい波長は 525 nm（緑色の光）である。ナトリウムの仕事関数を J 単位および eV 単位で表してみよう。

【解答】 (1-1) 式より波長 525 nm の光子のもつエネルギー E は

$$E = \frac{hc}{\lambda} = \frac{(6.63 \times 10^{-34}\,\text{Js}) \cdot (3.00 \times 10^{8}\,\text{ms}^{-1})}{(525 \times 10^{-9}\,\text{m})} = 3.79 \times 10^{-19}\,\text{J}$$

となる。したがって，仕事関数は $W = 3.79 \times 10^{-19}$ J である。このように原子・分子のエネルギーを J 単位で表すと非常に小さくなってしまう。そこで，この量を eV 単位で表すと 2.36 eV となり，扱いやすい大きさの数値になる。表 1.1 および図 1.2 に主な金属のしきい波長と仕事関数を示したので，参考にしてほしい。

1×10^{-18} J = 6.2415 eV

表 1.1 主な金属の仕事関数（化学便覧 基礎編 改訂 5 版より）

金属	Li	Na	K	Cs	Mg	Ag	Cu	Au	Fe
しきい波長 / nm	430	525	540	635	335	310	270	243	268
仕事関数 / eV	2.9	2.36	2.30	1.95	3.7	4.0	4.6	5.1	4.62

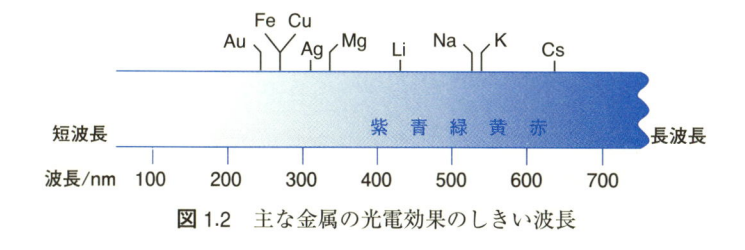

図 1.2 主な金属の光電効果のしきい波長

Louis de Broglie (1892–1987)

1.1.2 波としての粒子：物質波

前節で光が波と粒子の二重性を示すことを紹介した。コラムでもとりあげるように，粒子としての光である**光子**は質量のない特別な粒子 (particle) なので，この二重性は光に特有の性質と思われるかもしれない。しかし，この波と粒子の二重性という性質は，すべての物質がもっている性質であることがド・ブローイによって提案された。例えば，電子は粒子であるが，序章で示されたように回折という波の性質を示すので，電子も波の性質をもっていることが実験的に明らかになっている。

質量 m，速さ v で運動している物体は $p = mv$ で表される大きさの運動量 (momentum) をもっている。ド・ブローイは，この物体が**物質波** (matter wave) とよばれる波の性質をもち，その波長は

$$\lambda = \frac{h}{p} \tag{1-3}$$

で与えられることを示した。電子線の回折パターンから求められる電子のド・ブローイ波長 (de Broglie wavelength) はこの式で表されることが確かめられている。ただし，例題 1.2 で示すように，我々の周囲のマクロな世界の物質に対して波の性質は無視することができ，粒子としての性質のみを考えればよい。

【例題 1.2】 我々が認識できるマクロな世界でも，粒子と波の二重性を見ることができるだろうか？ 例えば 1 kg の物体が 1 m s^{-1} の速度で運動しているときのド・ブローイ波長を計算して考えてみよう。

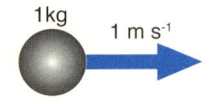

【解答】 このときの運動量 p は，$p = 1 \text{ kg} \times 1 \text{ m s}^{-1} = 1 \text{ kg m s}^{-1}$ である。(1-3) 式を用いてド・ブローイ波長を計算すると

$$\lambda = \frac{h}{p} = \frac{6.626 \times 10^{-34} \text{ Js}}{1.0 \text{ kg m s}^{-1}} = 6.626 \times 10^{-34} \text{ m}$$

となり，非常に短い波長の波であることがわかる[*1]。この波長の波を測定することはできないので，波の性質は無視される。

[*1] ここで，$1 \text{ J} = 1 \text{ kg m}^2 \text{ s}^{-2}$ の関係を用いた。

1.1.3 光を通して見る量子の世界：水素原子の発光スペクトル

原子や分子のミクロな世界とマクロな世界との大きな違いは，すべての物質が「波と粒子の二重性」を示すことであるが，もう 1 つの大きな違いが物質のエネルギーに現れる。その違いは光を通して知ることができる。ここでは，その例として水素原子 (hydrogen atom) の発光スペクトルを紹介しよう。

図 1.3 に水素原子の発光スペクトル (emission spectrum) の測定方法を示した。水素放電管に封入された水素分子気体に高電圧をかけると放電管 (discharge

1.1 光と物質が示す二重性

tube）が光を発する．放電管の中では電極から放出された高速の電子が水素分子に衝突して，高いエネルギーをもった水素原子が生成する．生成した水素原子は光を放出してエネルギーの低い状態に変わる．放電管が光って見えるのは，そのためである．水素原子が放出した光（発光とよぶ）をレンズで集めて，回折格子 (diffractive grating) やプリズムなどの分光素子[*1]を用いて波長ごとに発光の強度を測定したものを発光スペクトルとよぶ．

[*1] 回折格子は波の干渉，プリズムは波の屈折を利用して光の波長を分けることができる．このように光の波長を分ける機能があるものを分光素子とよぶ．

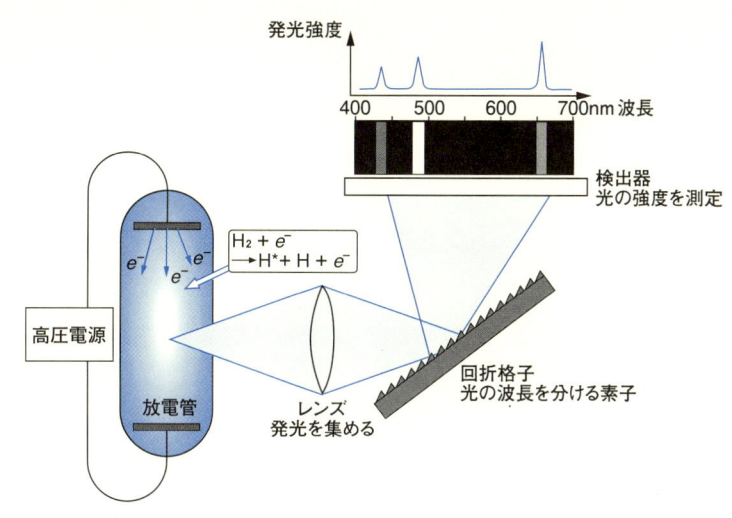

図 1.3 水素原子の発光スペクトルの測定の模式図

図 1.4 に水素原子の可視領域（400 nm ～ 700 nm）の発光スペクトルを示した．スペクトルの横軸は放出された光の波長である．スペクトルを一見して水素原子は非常に限られた波長の光（**輝線**とよぶ）しか放出していないということがわかる．この輝線スペクトルから水素原子の構造についての情報を得ることができる．

たとえば図 1.5 のように，2 つの状態のエネルギーをそれぞれ E_0，E_1（$E_1 > E_0$）とする．原子や分子が光を放出したり，逆に光を吸収したりするときには，光のエネルギー分だけ原子や分子のエネルギーが増減する．この関係は

$$\Delta E = h\nu = E_1 - E_0 \tag{1-4}$$

と表される．ΔE は光の吸収 (absorption) や放出 (emission) の際の原子や分子のエネルギーの変化分，ν は光の振動数，h はプランク定数である．このように原子や分子が光を吸収したり放出したりして状態が変化することを**遷移する** (transition) という．

図 1.4 に示したように，水素原子の発光スペクトルに数本の輝線しか現れないということは，水素原子が取り得るエネルギーに制限があることを示している．実際，水素原子の取り得るエネルギーは 1 以上の整数 n を用いて

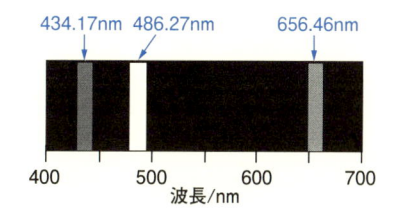

図 1.4 水素原子の発光スペクトル

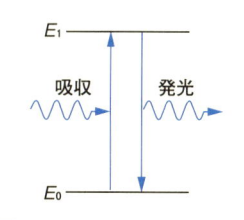

図 1.5 原子，分子による光の吸収と発光

$$E_n = -\frac{hcR_\infty}{n^2}, \quad n = 1, 2, 3, \ldots \tag{1-5}$$

と簡単な式で表されることがわかっている。R_∞は**リュードベリ定数**(Rydberg constant) とよばれる定数である[*1]。エネルギーが自然数nを用いて表されることは，水素原子が取り得るエネルギーが飛び飛びの値であることを示している。この整数nを**主量子数**(principal quantum number) とよび，エネルギーの決まった状態を**エネルギー準位**(energy level) または単に準位とよぶ。このように，<u>エネルギーが連続的に変化せず，**とびとびの値**になることが，量子の世界の特徴の1つである</u>。

水素原子のエネルギー準位の様子を図1.6に示した。(1-5) 式によると水素原子のエネルギーはすべて負の値をとる。これはエネルギーが相対的なもので，水素原子中の陽子と電子が無限に遠くまで離れた状態のエネルギーを0として基準にとっているためである。水素原子では，$n=1$準位のエネルギーが一番低く，

[*1] $R_\infty = 1.097 \times 10^7 \, \text{m}^{-1}$

Arthur Holly Compton
(1892–1962)

IKAROS の詳細について
http://www.isas.jaxa.jp/j/enterp/missions/ikaros/index.shtml

> **コラム　光の奇妙な性質：光子は質量がないのに運動量をもっている!?**
>
> マクロな世界では速度vで直線運動している粒子の運動量pは，$p = mv$で与えられる。粒子が運動量をもっていると，他の粒子と衝突したときに他の粒子を動かすことができる。ビリヤードを考えるとよいだろう（下図(a)参照）。ところが量子の世界では，運動量はド・ブロイ波長λを用いて(1-3)式から$p = h/\lambda$で与えられることになっている。つまり，量子の世界では運動量は質量と無関係であるということになる。これが正しければ，質量を持たない光の粒子（光子）も運動量をもっており，運動量があるということは物質に当たったときにその物質を動かすことができるということである。はたして質量がないものが，物質を動かすことができるのだろうか？　答えはYesであり，有名な実験がコンプトンによってなされた。
>
> 波長の短い光（電磁波）であるX線を電子に照射すると，電子がはじかれ，X線は進む向きが変わるとともに波長が長くなる（$\lambda < \lambda'$）ことが観測された（図(b)参照）。これは，入射したX線の運動量が一部電子に渡された結果，電子がはじかれるとともにX線は運動量が減少し，その分波長が長くなったことを示している。この実験結果は，**コンプトン効果**(Compton effect)，あるいはコンプトン散乱とよばれ，光子が運動量をもっていることを明白に示したものである。
>
> (a) 球の衝突　　(b) X線と電子の衝突 コンプトン散乱
>
> コンプトン効果は光が当たると力を受けるということを示しており，光による圧力を**放射圧**(radiation pressure)とよぶ。2010年に宇宙航空研究開発機構(JAXA)により打ち上げられた IKAROS とよばれる宇宙船が，太陽光による放射圧を利用した宇宙空間の航行を実証している。

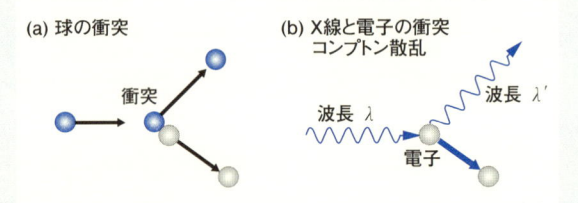

1.1 光と物質が示す二重性

n が大きくなるほどエネルギーが高くなる。図 1.6 からもわかるように，n が増えるにつれて，エネルギー準位の間隔は小さくなっていくことに注意しよう。

図 1.4 には可視領域のスペクトルを示したが，この他に水素原子は紫外領域や，赤外領域にも輝線 (emission line) を示す。これらの輝線はいくつかの系列（規則的な仲間）に分類されており，紫外領域の**ライマン系列** (Lyman series)，紫外から可視領域の**バルマー系列** (Balmer series)，赤外領域の**パッシェン系列** (Paschen series) などが知られている。図 1.4 の 3 本の輝線はバルマー系列に分類されている。図 1.6 の水素原子のエネルギー準位図に 3 つの発光系列を併せて示している。発光によって水素原子がエネルギーの高い準位から低い準位へ変わる（遷移する）様子を矢印で表している。図からわかるように，発光後に同一の状態になる遷移が 1 つの系列を構成している。水素原子のエネルギーが (1-5) 式で表されているので，水素原子の発光スペクトルに現れる輝線の波長も簡単に表すことができる。

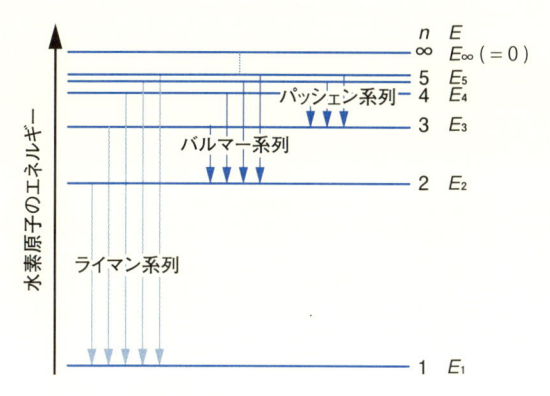

図 1.6 水素原子のエネルギー準位図と発光系列

たとえば，可視領域のバルマー系列では遷移後の状態が $n = 2$ なので，3 本の輝線の波長 λ は，リュードベリ定数を R_∞，発光前（遷移前）の準位の主量子数を n とすると次の式で表される。

$$\frac{1}{\lambda} = R_\infty \left(\frac{1}{2^2} - \frac{1}{n^2} \right), \quad (n = 3, 4, 5) \tag{1-6}$$

ここで紹介した水素原子のエネルギーを求めるためには，量子力学の考え方が不可欠である。1.2 節でその初歩を学んだ後，第 2 章でより詳しく原子を取り扱う。

【**例題 1.3**】 水素原子のバルマー系列の中では $n = 3$ 準位からの遷移が最も長波長に現れる。その遷移の波長を計算してみよう。

【**解答**】 (1-6) 式を用いる。ここで問題とする遷移は遷移前の準位が $n = 3$ なので，(1-6) 式にそのまま代入すればよい。

$$\frac{1}{\lambda} = R_\infty \left(\frac{1}{2^2} - \frac{1}{3^2} \right) = (1.097 \times 10^7 \, \text{m}^{-1}) \times 0.1389 = 1.524 \times 10^6 \, \text{m}^{-1}$$

したがって

$$\lambda = \frac{1}{1.524 \times 10^6 \, \text{m}^{-1}} = 6.563 \times 10^{-7} \, \text{m} = 656.3 \, \text{nm}$$

となり，赤色の光に相当する。

1.2 量子化学入門

前節では，原子や分子のミクロの世界では，物質が波と粒子の二重の性質をもっていること，さらに，物質のもつエネルギーが連続でなく，とびとびの値をもつことを見てきた。これらの性質を，マクロな世界を取り扱うときに用いられるニュートン力学（古典力学[*1]）では正しく表すことができない。

ミクロの世界を支配する方程式は，1925年にハイゼンベルグ，1926年にシュレーディンガーによって異なる形式で提案された（後に2つの形式は同等であることが示された）。基本となる方程式の確立によって，ミクロの世界を支配する力学は**量子力学** (quantum mechanics) と呼ばれるようになった。ニュートンの運動方程式が物質の位置や速度を計算するのに対して，シュレーディンガーの方程式からは，物質の存在確率とエネルギーが計算される。本節では，シュレーディンガー方程式に基づいて，最も簡単な粒子の直線運動がどのように表されるかを見ていこう。

簡単のために，質量 m の粒子が直線の上だけで左右に行ったり来たりする場合（これを1次元の運動とよぶ）を考えよう。このときのシュレーディンガー方程式は

$$-\frac{\hbar^2}{2m}\frac{\mathrm{d}^2}{\mathrm{d}x^2}\psi(x) + V(x)\psi(x) = E\psi(x) \tag{1-7}$$

となる。ここで，$\hbar$ はプランク定数を 2π で割ったもので[*2]，量子力学でよく用いられる表記である。$\psi(x)$ は**波動関数** (wave function) とよばれる関数で，原子や分子の状態を表す波に対応する。左辺の第1項は粒子の**運動エネルギー**を，第2項は**ポテンシャルエネルギー**をそれぞれ表している。右辺の E は全エネルギーを表しているので，

$$\text{運動エネルギー} + \text{ポテンシャルエネルギー} = \text{全エネルギー}$$

となり，**シュレーディンガー方程式はエネルギー保存則に対応する方程式**と考えるとわかりやすい。波動関数 $\psi(x)$ の意味を考えるために，以下，具体的な例をとりあげてみよう。

1.2.1 1次元箱の中の粒子

量子化学の入門としてよく取り扱われるのが，1次元箱の中の粒子である。1次元箱とよばれるポテンシャルエネルギー関数を図1.7に示した。このポテンシャルの壁の中に閉じ込められた質量 m の粒子の運動を考える。横軸に粒子の座標 x を，縦軸にはその位置におけるポテンシャルエネルギーをプロットしたグラフである。$0 < x < L$ の領域ではポテンシャルエネルギーが0で，その両側ではポテンシャルエネルギーが無限大になっている。

図1.7に示したように，粒子が $0 < x < L$ の限られた領域で x 軸に沿った直線的往復運動をしている様子をイメージして欲しい。この系のシュレーディンガー方程式は

[*1] 量子力学の成立後，それまでのマクロな系に対する力学のことを古典力学 (classical mechanics) と呼ぶようになった。

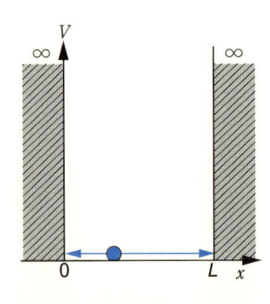

[*2] $\hbar = \dfrac{h}{2\pi}$

図1.7 1次元箱のポテンシャル．縦軸はポテンシャルエネルギーの大きさを示しており，高さは無限大である．図中の粒子の絵はわかりやすくするために大きく示している．矢印で示した範囲で粒子が運動する．

1.2 量子化学入門

$$-\frac{\hbar^2}{2m}\frac{d^2}{dx^2}\psi(x)+V(x)\psi(x)=E\psi(x), \quad V(x)=\begin{cases} 0 & (0<x<L) \\ \infty & (x\geq L, x\leq 0) \end{cases} \quad (1\text{-}8)$$

である。この方程式を満足する（成立させる）エネルギー E を**固有値** (eigen value)，その固有値に対応する波動関数 $\psi(x)$ を**固有関数** (eigen function) とよぶ。E は 1 以上の整数 n を用いて

$$E_n=\frac{n^2h^2}{8mL^2}, \quad (n=1, 2, 3, \cdots) \quad (1\text{-}9)$$

と表される。ここで，n は**量子数** (quantum number) とよばれ，粒子の状態を指定する整数[*1]である。この場合は n の上限は存在しない。固有値 E_n は系の全エネルギー（運動エネルギーとポテンシャルエネルギーの和）を表している。(1-9)式で表されるように，1 次元箱の中の粒子のエネルギーは飛び飛びの値となり，この中間のエネルギーをもつ粒子は存在しない。各エネルギー固有値に対応した状態を**エネルギー準位**とよぶ。

図 1.8 にエネルギー準位を示したが，図からわかるようにエネルギー準位の間隔は n が大きくなるにつれてどんどん広くなっていく。量子数と固有値，固有関数は 1 対 1 に対応するので，量子数はエネルギー準位を指定する際にも用いることができる。

1 次元箱の中の粒子の固有関数は

$$\psi_n(x)=\left(\frac{2}{L}\right)^{1/2}\sin\left(\frac{n\pi x}{L}\right), \quad (n=1, 2, \cdots) \quad (1\text{-}10)$$

で与えられ，固有値と同じ量子数 n で指定される。固有関数の具体的な形を図 1.9 に示した。固有関数には正の値の部分と負の値の部分がある。この符号は**位相** (phase) とよばれている。sin 関数は 1 と -1 の間で振動する関数なので，固有関数の位相の違いは単に符号の違いであり，位相が正の部分と負の部分の絶対値は等しいことに注意しよう。

[*1] 量子数は扱う系によって，整数の場合もあれば，1/2, 3/2, 5/2, ... という半整数の場合もあるが，いずれの場合も値は 1 ずつ変わる。第 2 章で半整数の量子数をもつ系を紹介する。

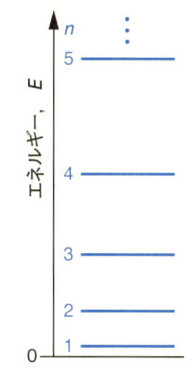

図 1.8 1 次元箱の中の粒子のエネルギー準位図

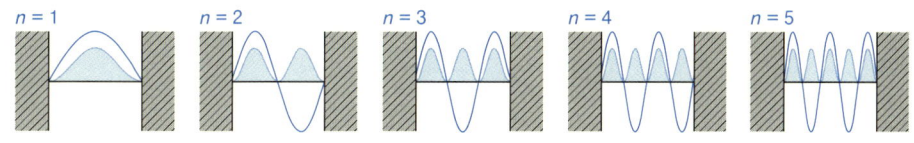

図 1.9 1 次元箱の中の粒子の $n=5$ までの固有関数および確率密度。両者の違いがわかるように固有関数の値は青の実線で，確率密度は背景を青くして示している。

固有関数の 2 乗 $|\psi(x)|^2$ は粒子が x の位置に見出される確率を表し，**確率密度** (probability density) とよばれる[*2]。確率密度も図 1.9 に併せて示した。確率はすべての場合を足し合わせると 1 になる。同様に確率密度をすべての領域に渡って積分すると 1 にならなければいけない。この条件を固有関数の**規格化条件** (normalization condition) とよぶ。

$$\int_{-\infty}^{\infty}|\psi_n(x)|^2 dx=1 \quad (1\text{-}11)$$

[*2] 固有関数（波動関数）の 2 乗を $\psi(x)^2$ ではなく，$|\psi(x)|^2$ と書いているのは，系によって固有関数が複素数の場合もあるからである。複素数の絶対値の 2 乗は，$\psi(x)^*\psi(x)$ のように複素共役との積をとるのが定義である。

1次元箱の粒子の場合は $x \leq 0$, $x \geq L$ の領域では $\psi_n(x) = 0$ なので，規格化条件の積分は

$$\int_0^L |\psi_n(x)|^2 \, dx = 1 \tag{1-12}$$

とおきかえることができる。確率密度は x の位置に粒子を見出す確率を表すので，$|\psi_n(x)|^2$ が 0 の場所では粒子は見いだすことができないということを表している。また，n が異なる固有関数についてそれらの積の積分をとると，

$$\int_0^L |\psi_n(x)\psi_m(x)| \, dx = 0, \quad (n \neq m) \tag{1-13}$$

となる。この関係を**直交条件** (orthogonality condition) とよぶ[*1]。

*1 一般の複素数の波動関数における直交条件は
$$\int_{-\infty}^{\infty} \psi_n^*(x)\psi_m(x) \, dx = 0$$
$$(n \neq m)$$
である。

固有関数にも量子数に関係した特徴がある。一番エネルギーが低い $n = 1$ 準位の固有関数は両端でのみ 0 になっているが，$0 < x < L$ の範囲では固有関数および確率密度の値が 0 になることはない。$n = 2$ の準位では両端の他に $x = L/2$ のときに固有関数および確率密度の値が 0 をとる。このように固有関数の値が 0 になる場所を**固有関数の節** (node) とよぶ。図 1.9 を見るとわかるように，固有関数の節の数は $n-1$ である。確率密度を考えると粒子が存在しない場所があるということは奇妙に思われるかもしれないが，これは量子力学を用いるミクロの世界では粒子が波の性質をもっていることに由来する。

ポテンシャルエネルギーの最小値は 0 であるが，準位エネルギーの最小値（ゼロ点エネルギー）は $E_1 = h^2/8mL^2$ であって 0 ではない。これは，エネルギーが最小の準位でも粒子が常に運動していることを意味している。その理由は，次のコラムに書いた**不確定性原理** (uncertainty principle) とよばれる原理にしたがっているためである。

1.2.2 （発展項目）量子の世界の不思議なふるまい：トンネル現象

前項目で 1 次元箱の中の粒子の運動を量子力学的に取り扱った。この系を少し変化させると，量子の世界の奇妙なふるまいが見られるようになる。すなわち，図 1.10 のように 1 次元箱のポテンシャル関数を有限の高さ V_0 にする。中心部分のポテンシャルエ

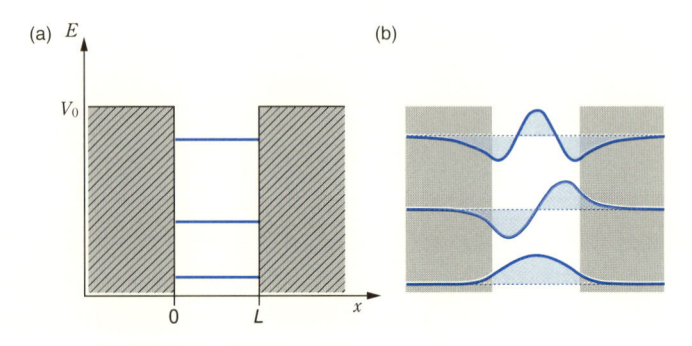

図 1.10 (a) 1 次元井戸型ポテンシャルと (b) 固有関数。(a) 固有エネルギーを青線で示している。(b) の左右の灰色の背景はポテンシャルの壁の内側を示している。固有関数がポテンシャルの中までしみだしていることに注意。

1.2 量子化学入門

ネルギーが低くなっているので，1次元井戸型ポテンシャルともよばれる。図 1.10 に井戸の中つまりエネルギーが V_0 以下の固有状態の波動関数（固有関数）の一例を示したが，ここで注目してもらいたいのは，波動関数がポテンシャルの壁の中でも 0 でない値をとっていることである。マクロの世界を表す古典力学では粒子がもっているエネルギーがポテンシャルエネルギーよりも低い場合にはポテンシャルの壁の中へ入り込むことはできない。

しかしながら，図 1.10 が示すように量子の世界では，古典的に運動が許されない範囲まで粒子が入り込むことができる。この現象は**波動関数のしみだし**とよばれる。しみだしの量は粒子のエネルギーがポテンシャルの壁の頂上に近づくにつれて大きくなるこ

コラム　量子の世界の基本原理 ── 不確定性原理

量子力学の基本原理の 1 つに不確定性原理がある。これは「ある粒子の位置 x と運動量 p に対して，その両方を同時に全く不確かさなしで決定することができない」というものである。それぞれの不確かさを Δx, Δp で表すと

$$\Delta x \cdot \Delta p \geq \frac{h}{4\pi} \quad (h \text{ はプランク定数})$$

となり，位置の正確さが高くなればなるほど，運動量の正確さは悪くなるという関係を表している。この原理に基づくと，非常に奇妙ではあるが，「粒子はずっと止まったままではいられない」ということになる。粒子がずっと止まったままということは，粒子の速さ v が 0，つまり運動量 p も 0 という確定値をとるが，このとき位置の不確かさは非常に大きくなり，位置を正確に決められないというわけである[*1]。

しかし，現実には止まっている粒子（物質）はいっぱいあるじゃないか，不確定性原理は本当に正しいの？ と思うかもしれない。それは，この不確定性原理がミクロな世界になって初めてその効果が大きく現れるためである。例えば，質量が 1 kg の球が止まっている状態を考えてみよう。球が止まっており（$v = 0$），その速さの不確かさが 1.0×10^{-8} m s^{-1}（1秒間に1億分の1 m 移動する速さに相当する誤差）であるとき，不確定性原理は，球の位置が少なくとも 5.3×10^{-27} m の誤差を持つと主張するわけである。しかしながら，この程度の誤差があったとしても，われわれのマクロな世界では，この球は止まっているとしても全く問題は生じない。

一方，ミクロな世界では状況が大きく変わってくる。水素原子を例に考えてみよう。水素原子の質量は約 1.7×10^{-27} kg である。その速さの不確かさが 1.0×10^{-18} m s^{-1}（1秒間に水素原子の直径の1億分の1の距離を移動する速さに相当する誤差）であるとき，運動量の不確かさは 1.7×10^{-45} kg m s^{-1} となる。このとき不確定性原理によると，位置の不確かさは 3.1×10^{10} m となり，水素原子の直径の 3×10^{20} 倍となる。この誤差では，水素原子の位置を決めることは全くできない。このように，ミクロな世界では不確定性原理が大きく影響するのである。

1 次元箱の中の粒子の最低のエネルギーが 0 であると，粒子は完全に止まることになる[*2]が，不確定性原理により，位置の不確かさが箱の大きさを超えてしまう。したがって，1 次元箱の中の粒子の最低のエネルギーが 0 でないことは，粒子が止まることなく，不確定性原理[*3]に反することを避けることに対応しているのである。

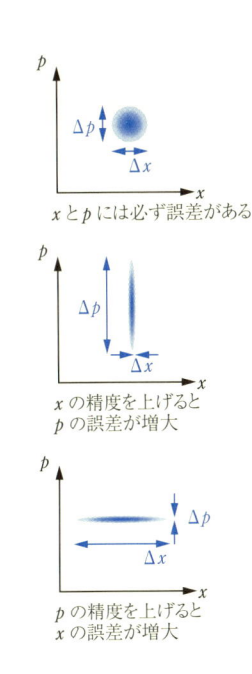

---

x と p には必ず誤差がある

x の精度を上げると p の誤差が増大

p の精度を上げると x の誤差が増大

[*1] ただし，1 次元の運動（直線運動）の場合に限る。

[*2] エネルギーと運動量は $E = p^2/(2m)$ の関係があるので，$E = 0$ のとき $p = 0$ となり，粒子は止まっていることになる。

[*3] 同じような不確定性原理を示す物理量の組としてエネルギーと時間がある。

$$\Delta E \cdot \Delta t \geq \frac{h}{4\pi}$$

コラム　分子・原子を直接見られるか？──走査型トンネル顕微鏡

　顕微鏡で原子や分子を直接に見ることは，科学者の長年の夢だった。光学顕微鏡 (optical microscope) では，赤血球や大きなバクテリアを見ることはできるが，可視光の波長の数倍 (約 1 μ = 1 mm の 1/1000) 程度が最小であり，原子分子の大きさ (1 mm の 1/1000000) にはとても及ばない。光の代わりに電子を使う電子顕微鏡 (electron microscope) では，(1.3) 式からわかるように電子の運動量が大きいと波長が短くなるので，高電圧をかけて電子を加速すると短い波長の波が得られる。電圧を 15000 V にすると理論上は波長が原子・分子の大きさになるが，実際の分解能は悪くベンゼン環がかろうじて見える程度である。

　1982 年にビーニヒ (G. Binnig) とローラー (H. Rohrer) が製作した走査型トンネル顕微鏡 (scanning tunneling microscope, STM) は，量子効果であるトンネル効果を巧みに利用して原子が見える分解能を実現したものである。非常に先のとがった導電性の探針に電圧をかけ，真空中で固体表面に近づけていくと，探針が表面に接触する直前でも電流が流れる。これは，探針と固体表面の間の真空が電子の運動に対するポテンシャルの壁として働いていると考えれば理解できる。つまり，針が表面から離れていてポテンシャルの壁が厚いと電子はポテンシャルの壁を通り抜けることができず電流は流れないが，ある程度近づくとポテンシャルの壁が薄くなってトンネル現象が起こり，電流が流れるようになると考えてよい。(図 1.12 参照) この電流を**トンネル電流** (tunnel current) とよぶ。

図 1.12　トンネル電流および走査型トンネル顕微鏡の概念図。探針と固体表面原子の大きさはわかりやすくするために，正しいスケールにはなっていない。

　トンネル電流の電流量は，原子サイズのような非常に小さな距離の変化でも大きく変化するので，トンネル電流の増減で探針と表面との距離が原子レベルの細かさで測定できる。図 1.12 のように探針を横方向に少しずつ動かし，トンネル電流が一定になるときの上下方向の移動量を調べることで，表面の凹凸をなぞることができ，さらに走査する軸を少しずつずらして繰り返すことで，固体表面上の 2 次元的な原子配列の様子を詳細に調べることができる。

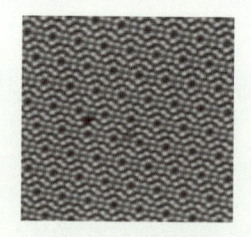

Si (111) 表面
(株式会社ユニソク提供)

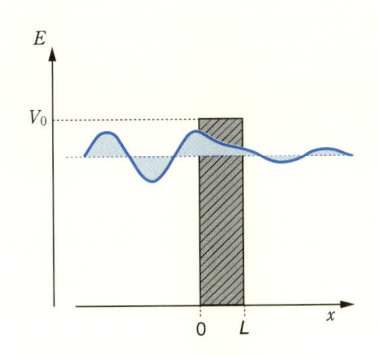

1.2 量子化学入門

図1.11 トンネル現象。青色の図は波動関数の例を示している。ポテンシャルの壁の両側に波動関数が広がっている。

とが特徴である。この波動関数のしみだしによる効果を紹介しよう。

先程のポテンシャル関数とは逆に中央部分が飛び出したポテンシャル関数（図1.11）を考えてみよう。壁の左側の波動関数が壁の中にしみだし，壁の中で波動関数が徐々に小さくなる。しかし0になる前に壁を抜ければ，波動関数がポテンシャルの壁の両側に

コラム　マクロな世界とミクロな世界はつながるのか？

ここまで，原子や分子のミクロな世界を考えるために必要な量子力学の取り扱いを紹介してきた。我々が通常感じているマクロな世界を取り扱う古典力学との間には大きな違いがあるように思われる。古典力学と量子力学は異なるものなのか，それとも実は同じものなのか疑問に思うかもしれない。例題1.1では，量子の世界の特徴である波と粒子の二重性のうち，マクロな世界では物質のもつ波の性質を無視できることがわかった。それでは，もう1つの量子の世界の特徴である，飛び飛びのエネルギーはどうなるのだろう？

たとえば，1次元箱の中の粒子の問題を再び考えてみよう。準位エネルギーは(1-9)式で与えられたように，

$$E_n = \frac{n^2 h^2}{8mL^2}, \quad (n = 1, 2, 3, \cdots)$$

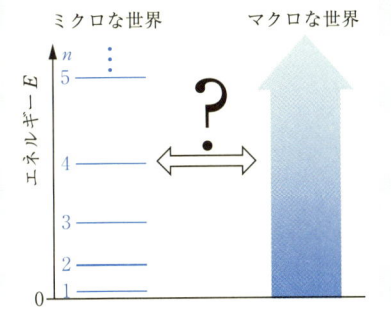

である。ここで，質量 m や箱の大きさ（長さ L）にマクロな数値を代入してみよう。質量が $m = 1$ kg，長さが $L = 1$ m とすると，

$$E_n = 5.5 \times 10^{-68} \times n^2 \text{ J}$$

という値になる。準位エネルギーの間隔は n が大きくなるとどんどん大きくなるが，仮に $n = 1000000$ としても $n = 1000001$ との間隔はおよそ 1×10^{-61} J となる。この値はマクロな世界では（ミクロな世界でも）当然無視できるほど小さく，測定することは全く不可能である。したがって，マクロな世界ではエネルギーは飛び飛びではなく連続的に変化すると考えても全く問題がないわけである。

この見積りはかなり大雑把なものであるが，マクロな世界はミクロな世界の長さ，重さ，エネルギーのスケールを無限大に大きくしたものと考えられるだろう。

広がることになる（図中に波動関数の例を示した）。波動関数の2乗が確率密度を表すことを考えると，このふるまいは，ポテンシャルの壁を越えるエネルギーをもっていなくてもポテンシャルの壁をすり抜けることができることを表している。この量子の世界の不思議な現象を**トンネル現象**とよぶ。ポテンシャルの壁の左側から入ってきた粒子が右側へ抜ける確率を透過率とよぶが，透過率は粒子の質量（m），ポテンシャルの壁の厚さ（L），高さ（V_0）と粒子のもつエネルギーに依存する。粒子の質量が小さいほど起こりやすくなるため，電子や水素原子などでよく見られる現象である。

1章　章末問題

基礎的問題

1.1 紫外光（$\lambda = 250$ nm），可視光（$\lambda = 500$ nm），赤外光（$\lambda = 4$ μm）の光について，振動数 ν，光子のエネルギー E をそれぞれ求めなさい。

1.2 人間の目に見える光（可視光）の波長はおよそ400〜700 nm である。波長 400 nm の光子は波長 700 nm の光子の何倍のエネルギーをもつか計算しなさい。

1.3 $c = 3.00 \times 10^8$ m s^{-1} で進む光について，光が 1 m 進むのにかかる時間 t を求めなさい（ヒント：光を粒子として考えるとわかりやすい）。

1.4 ナトリウムに 500 nm の光を照射すると光電子を放出する。この光電子の運動エネルギーを求めなさい。ただし，ナトリウムの仕事関数を 3.69×10^{-19} J とする。

1.5 電子（質量 $m_e = 9.11 \times 10^{-31}$ kg）が 1 m s^{-1} の速さで運動している。この電子のド・ブローイ波長を求めなさい。

1.6 例題3で水素原子のバルマー系列のうち最も長波長の輝線の波長を求めた。(1-6) 式を用いて，2番目，3番目の輝線の波長を計算してみよう。

1.7 ある波の式を $y = \sin 2\pi(t/\tau - x/\lambda)$ とする。$t = 0$ と $t = \tau$ における波形が同じになることを示しなさい。

1.8 1次元箱の中の粒子の $n = 1$ 準位のエネルギー（固有値）が 2.0×10^{-23} J であるとき，$n = 2$，$n = 3$ 準位のエネルギーを求めなさい。

1.9 図に1次元箱の中の粒子のある固有状態の固有関数を示した。この準位の量子数 n を決定しなさい。

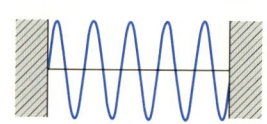

発展問題

1.10 カリウムに 500 nm の光を照射したときに放出された光電子の速度が 2.65×10^5 m s^{-1} であった。光子のエネルギーが仕事関数と放出された光電子の運動エネルギーにのみ使われたと仮定するとき，カリウムの仕事関数 W を求めなさい。

1.11 ド・ブローイ波長を 1 nm まで測定できる機械があったとする。速度 1 m s^{-1} で運動する粒子の中でド・ブローイ波長が測定可能な最も重い粒子の質量を求めなさい。

1.12 $y_1 = \sin x$ と $y_2 = \sin (x + \delta)$ の2つの波を $\delta = 0$，$\pi/2$，π のそれぞれに場合について重ね合わせた波形（$y_1 + y_2$）がどう変わるかグラフを描いて確かめなさい。

1.13 水素原子のライマン系列で最も長波長の輝線の波長を求めなさい。その光子のエネルギーはバルマー系列で最も長波長の輝線の光子のエネルギーの何倍になるか計算しなさい。

1.14 1次元箱の中の粒子の固有エネルギーとして，$11.3a$，$20.0a$，$31.2a$ の3つの値が得られた。ここで，a はエネルギーの次元をもつ定数である。この3つの準位の量子数 n を決定しなさい。

1.15 ある1次元箱 A（長さ L）の中に質量 m の粒子が，もう1つの1次元箱 B の中には質量 $2m$ の粒子がそれぞれ入っている。この2つの1次元箱の中の粒子の固有エネルギーは各 n において等しい値をとることがわかっ

た。このとき1次元箱Bの長さを求めなさい。

1.16 1次元箱（長さL）の中の粒子の$n = 1$準位と$n = 2$準位の固有関数について，それぞれ規格化が成り立つことを示しなさい。

1.17 1次元箱（長さL）の中の粒子の$n = 1$準位と$n = 2$準位の固有関数の間に直交性が成り立つことを示しなさい。

1.18 1次元箱の中の粒子の位置xの平均値（期待値）は

$$\langle x \rangle = \int_0^L x |\psi_n(x)|^2 \, dx$$

で与えられる。$n = 1$準位および$n = 2$準位について$\langle x \rangle$を求めなさい。

2 原子の構造

原子は，原子核を取り囲むように電子が広く分布する（古典的には電子が飛び回っている）構造をしていることは皆さんも知っているだろう。原子核は正の電荷をもち，電子は負の電荷をもっている。電子は原子核に比べて非常に軽く，水素原子の原子核（陽子）に比べると電子の質量は約1840分の1しかない。原子核の大きさはおよそ$10^{-15} \sim 10^{-14}$ mであるが，原子全体の直径はその10000倍も大きくおよそ10^{-10} mである。この「原子の大きさ」は電子の存在する広がり（飛び回っている空間の大きさ）に対応する。この大きな広がりの故に，原子および分子の化学的な性質は，原子の中の電子の状態によるところが大きい。この第2章，続く第3章では主に原子や分子の中の電子の状態とそれに関わる原子や分子の性質について考えていく。

原子の中の原子核のまわりにどのように電子が存在するのか，電子の状態によるエネルギーはどのくらいなのか，など原子の状態は，第1章で紹介されたシュレーディンガー方程式を解くことによって知ることができる。この章では，最初に最も単純な水素原子を例にして，原子の中の電子の状態を表すために必要な**原子軌道** (atomic orbital) の概念を学ぶ。図2.1に原子軌道の概略図を示した。座標の原点に原子核があり，電子の広がりのようすを表している。続いて，より一般的な多電子原子 (many-electron atom) へ議論を拡張し，よく知られている原子の周期的な性質 (periodic property) を取り扱う。

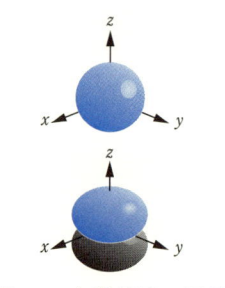

図 2.1 水素原子の原子軌道の例

【例題 2.1】 水素原子の構造を実感してみよう。

水素原子は陽子と電子により構成されている。陽子の直径はおよそ2.4×10^{-15} mであり，電子の存在確率が最も大きな距離は約5.3×10^{-11} mである。この距離を水素原子の半径とみなすと，水素原子の直径は約1.1×10^{-10} mである。

ここで陽子を直径約7.0 cmの野球のボールの大きさだと考えてみると，水素原子の大きさはどのくらいになるだろうか？

【解答】 陽子の直径2.4×10^{-15} mを直径7.0 cmのボールに見立てるには

$$\frac{7.0 \times 10^{-2} \text{m}}{2.4 \times 10^{-15} \text{m}} = 2.9 \times 10^{13}$$

なので2.9×10^{13}倍にしなければならない。したがって，水素原子の直径は

$$1.1 \times 10^{-10} \text{m} \times 2.9 \times 10^{13} = 3.2 \times 10^{13} \text{m} = 3.2 \text{km}$$

となり，直径約3.2 kmの球に対応する。直径3.2 kmの円の面積は東京ドームの面積の170倍に相当するので，原子がいかに「すかすかな構造」であるかが想像できるだろう。

2.1 水素原子の構造

まずはじめに，最も単純な原子である水素原子 (hydrogen atom) を取り扱う。水素原子の中の電子の運動はシュレーディンガー方程式で表される。図2.2のように原子核（陽子）の質量を m_N，電子の質量を m_e，原子核と電子の間の距離を r とする。第1章の1次元箱の中の粒子の例と異なるのは，原子核と電子の間に静電的クーロン引力が働くことである。水素原子ではシュレーディンガー方程式におけるポテンシャルエネルギーの項 $V(r)$ が，このクーロン相互作用 (coulomb interaction) になる。

$$V(r) = -\frac{e^2}{4\pi\varepsilon_0 r}$$

したがって，シュレーディンガー方程式は次の式で与えられる。

$$-\frac{\hbar^2}{2m_e}\nabla^2\psi_n - \frac{e^2}{4\pi\varepsilon_0 r}\psi_n = E_n\psi_n \tag{2-1}$$

ここで，m_e は電子の質量[*1]，e は電気素量 (elementary charge)，ε_0 は電気定数である。この式は，電子の運動エネルギーと電子と陽子の間に働くクーロン力を与えるポテンシャルエネルギーの和が一定であることに対応している。左辺の第1項は電子の運動エネルギーに対応し，∇^2 の記号は1次元の問題の場合の d^2/dx^2 の項を3次元の運動に拡張したものである。第2項は電子と陽子の間に働くクーロン相互作用を表すポテンシャルエネルギーである。水素原子にはこのシュレーディンガー方程式を満足するいくつもの（無限個）固有関数，固有値の組が存在する。固有値は量子数 n を用いて次のように表すことができる。

$$E_n = -\frac{m_e e^4}{8\varepsilon_0^2 h^2 n^2} \tag{2-2}$$

この固有値は水素原子における電子の運動に由来するエネルギーなので，水素原子の**電子エネルギー** (electronic energy) とよび，対応する状態を**電子状態** (electronic state) とよぶ。水素原子では電子エネルギーが量子数 n にのみ依存していることがわかる。量子数 n はエネルギーを決定し，水素原子における電子の状態を表す重要なものなので，**主量子数**とよばれる。水素原子のエネルギー準位を図2.3に示した。主量子数 n が大きくなるほど準位の間隔が狭くなっていき，最終的に $E = 0$ に近づいていく。$E = 0$ は原子核と電子が無限遠まで離れたときのエネルギーに対応している。

水素原子の中の電子の分布は，1次元箱の場合と異なり3次元空間を考える必要がある。そのため，電子状態を指定するための量子数は3つになる。エネルギーを決める**主量数** n 以外に**方位量子数**，**磁気量子数**の2つの量子数が必要となる[*2]。ここで新しく導入された量子数は，電子分布の形状の違いを表すものである。それぞれの量子数が取ることができる値は以下の通りである。

主量子数 (principal quantum number)　　$n : n = 1, 2, 3, \cdots$

方位量子数 (azimuthal quantum number)　　$\ell : \ell = 0, 1, \cdots, n-1$

磁気量子数 (magnetic quantum number)　　$m_\ell : m_\ell = -\ell, -\ell+1, \cdots, \ell-1, \ell$

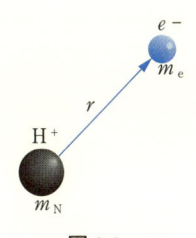

図 2.2

[*1] 厳密には電子の質量ではなく，電子の原子核に対する換算質量 (reduced mass) とよばれる相対的な質量を用いる。

$$\mu = \frac{m_N \cdot m_e}{m_N + m_e}$$

これは，電子の運動により重心がわずかながら動くためである。ただし，通常 $\mu \approx m_e$ なので厳密な場合を除いて μ の代わりに m_e を用いても差し支えはない。

$$\nabla^2 = \frac{\partial^2}{\partial x^2} + \frac{\partial^2}{\partial y^2} + \frac{\partial^2}{\partial z^2}$$

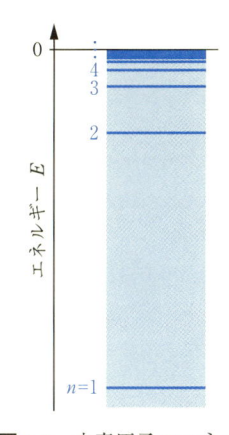

ラプラシアンまたはナブラ2乗と読む。

図 2.3　水素原子のエネルギー準位図

[*2] 方位量子数や磁気量子数は角運動と呼ばれる回転運動に関係した物理量である。角運動量の性質についてはWebに補足を掲載している。

原子における電子状態の固有関数を特に**原子軌道**とよぶ。原子軌道についてはすぐ後で紹介するが，先に水素原子の原子軌道と，対応する量子数を表1.1にまとめておこう。高校の化学で学んだ電子殻K，L，M殻などは，主量子数と対応している。K殻以外は同じ主量子数をもつ複数の軌道から構成されている。軌道の呼び方は主量子数nと方位量子数ℓを用いる。nはそのまま数字を使い，$\ell = 0, 1, 2, 3$に対してs, p, d, fとラベルをつける。たとえば，$n=1$, $\ell=0$の軌道は1s軌道，$n=2$, $\ell=1$の軌道は2p軌道とよぶ。

表2.1 原子軌道と量子数

殻	K	L		M			N			
主量子数 n	1	2		3			4			
方位量子数 ℓ	0	0	1	0	1	2	0	1	2	3
磁気量子数 m_ℓ	0	0	0, ±1	0	0, ±1	0, ±1, ±2	0	0, ±1	0, ±1, ±2	0, ±1, ±2, ±3
軌道の呼び方	1s	2s	2p	3s	3p	3d	4s	4p	4d	4f

表2.1にまとめたように$n=1$のK殻以外は同じ主量子数nをもつ異なる軌道が複数個存在する。同じnをもつ異なる軌道は，エネルギーは同じであるが，固有関数つまり電子の分布のようすが異なっている。このように同じエネルギーでありながら異なる状態が存在することを<u>縮重 (degeneracy)</u> とよぶ。

原子の中の電子の座標は，直交するxyz軸に沿った(x, y, z)座標を用いても表すことができるが，図2.4に示した**極座標** (polar coordinate) を用いるとわかりやすい。極座標では，中心（原子核）からの距離と2つの角度で座標を表す。この後，順に軌道の特徴について見ていくが，軌道の形状も<u>原子核からの距離 r（動径とよぶ）に関する**動径部分** (radial part) と，(θ, ϕ) に関する**角度部分** (angular part) の形状にわけて考えるとわかりやすい。</u>

図2.5にs軌道の固有関数の角度部分を示した。原子軌道の図としてこのような図がよく使われるが，これは，原子軌道の角度方向の形状を表したもので，原子核から見て色が付いている部分に電子が存在する確率が高いことを示している。図に示した球の中にのみ電子が存在しているわけではないことに注意しよう。$\ell=0$であるs軌道の固有関数は主量子数nによらず，どれも図2.5のように原子核のまわりに**球対称な形** (spherical symmetry) の分布をとる。

次に$\ell=1$に対応するp軌道であるが，図2.6を見るとわかるように，<u>3つの軌道</u>があり，各々の軌道は2つの対称的な部分からなっている。図の軌道の色の違いは固有関数の位相が逆位相，つまり固有関数の符号が逆になっていることを示している。p_z軌道を見ると，xy平面内には分布を持たずxy平面が節になってい

$\begin{cases} x = r\sin\theta\cos\phi \\ y = r\sin\theta\sin\phi \\ z = r\cos\theta \end{cases}$

図2.4 極座標の取り方

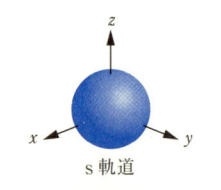

図2.5 s軌道の固有関数の角度部分

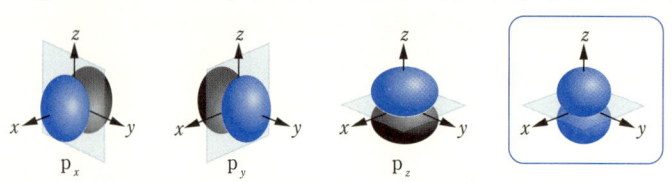

図2.6 p軌道の固有関数の角度部分。右の囲んだ図はp_z軌道における電子の確率密度を表している[*1]。

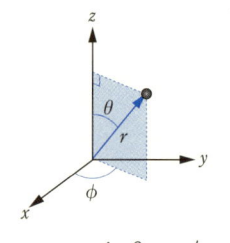

*1 図にはx, y, zを用いた軌道の呼び方が描かれているが，これは，立体的にわかりやすいように軌道を図示したものである。磁気量子数の値とは必ずしも1対1対応はしないが，軌道の数は同じである。

2.1 水素原子の構造

る。電子の分布（確率密度）は固有関数の2乗で表されるので，図2.6の右端の図のように p_z 軌道では，xy 平面の上下で電子の分布は同じ大きさになっていることに注意しよう。3つのp軌道はそれらの形状は同じで向きだけが異なっている。軌道の数は磁気量子数の値の数（$\ell = 1$ であれば，$m_\ell = -1, 0, 1$ の3つ）に対応している。

$\ell = 2$ であるd軌道を図2.7に示した。一見して，s軌道やp軌道と異なる形をしていることがわかる。d軌道に属するどの軌道も2つの節面をもち，対称的な形をしている。s，p，d軌道を比べると固有関数の角度部分は ℓ 個の節面をもつという共通の性質があることがわかる。このように，新たに加わった<u>量子数 ℓ と m_ℓ は軌道の角度部分の違いを表す</u>ことがわかる。

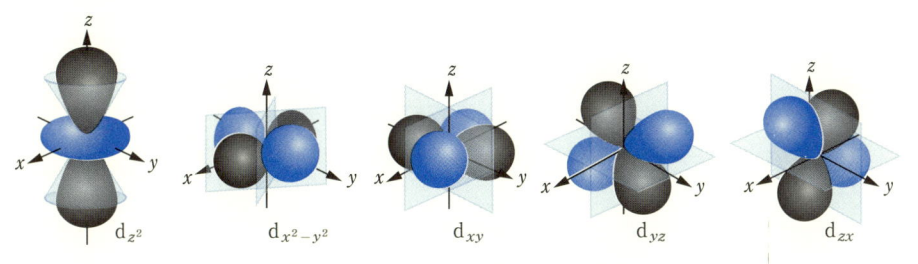

| d_{z^2} | $d_{x^2-y^2}$ | d_{xy} | d_{yz} | d_{zx} |

図 2.7 d 軌道の固有関数の角度部分

では，n が変わると軌道の何が変わるのだろうか？ 実は，<u>n は原子核からの距離（動径）に対する固有関数の形状に違いをもたらす</u>[*1]。図2.6，2.7に示した固有関数の角度部分では，位相の違いを示すために固有（波動）関数を示したが，ここでは，より違いがわかるように固有関数の2乗である確率密度の動径に依存する部分（**動径分布関数**とよぶ）を比較する。図2.8に動径分布関数 (radial distribution function) を示した。これは，原子核から距離 r の球面上に電子を見いだす確率に対応する。

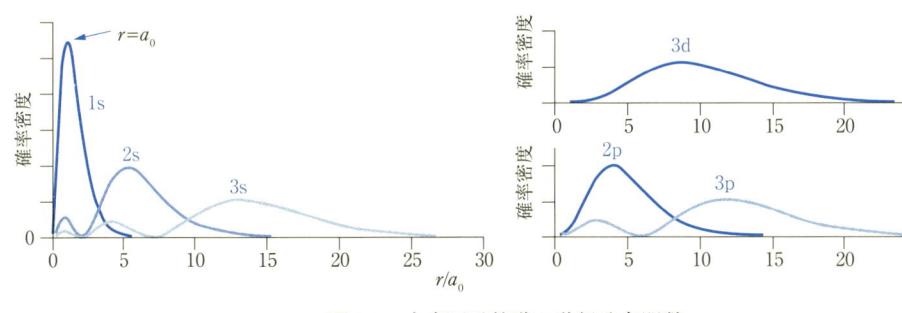

*1 固有関数の形と量子数
$\begin{cases} n : r \text{（動径）方向の形} \\ \ell \text{ と } m_\ell : \text{角度方向の形} \end{cases}$
を決める。

図 2.8 水素原子軌道の動径分布関数

グラフの縦軸は確率密度を表している。1s軌道の動径分布関数は r が小さいところで大きな確率密度をもっていることがわかる。1s軌道の確率密度が最大になるときの r の値を a_0 と表し，**ボーア半径** (Bohr radius) とよぶ。a_0 は約53 pm である。図2.8のグラフの横軸は r を a_0 で割った値になっている。1s軌道では確率密度は単調に増えて $r = a_0$ で最大となった後，単調に減少する。2s軌道，3s軌道になると確率密度が最大となる r が n にしたがって大きくなることがわ

かる。これは，1s軌道よりも2s軌道が，2s軌道よりも3s軌道が空間的に広がっていることを示している。さらに，2s軌道では確率密度が$r=2a_0$で一度0になって，また増えている。これは，固有関数がこの位置で**節** (node) をもっていることに対応する。3s軌道では$r=1.9a_0$と$7.1a_0$付近の2か所に節がある。

p軌道やd軌道の動径分布関数も図2.8に示している。s軌道と同様にnが大きくなると軌道が大きく広がるようすがわかる。固有関数の節の数は，p軌道で

【例題 2.2】 水素原子の1s軌道の大きさを求めてみよう。

電子は原子核を中心として広がった分布なので，1s軌道の大きさ（半径）を厳密に決めることはできない。しかしながら，図2.8に示した動径分布関数の最大値を与える距離が水素原子の1s軌道の大きさの目安となるだろう。水素原子の1s軌道の動径分布関数を表す式は

$$P_{1s}(r) = C_{1s} r^2 e^{-2r/a_0} \quad (C_{1s} \text{は定数})$$

で与えられる。この式を用いて動径分布関数の最大値を与えるrが確かにa_0となることを確かめてみよう。

【解答】 $P_{1s}(r)$をrで微分し，それを0とすると

$$\frac{d}{dr} P_{1s}(r) = C_{1s} \left\{ 2re^{-2r/a_0} - \frac{2}{a_0} r^2 e^{-2r/a_0} \right\} = 0$$

$$\therefore C_{1s} e^{-2r/a_0} 2r \left(1 - \frac{r}{a_0}\right) = 0$$

となる。e^{-2r/a_0}は0とならないので，この左辺が0になるのは$r=0$または，$r=a_0$の場合である。図2.5からもわかるように，$r=0$は最大値ではないので，最大値を与えるrはa_0となることが確かめられた。

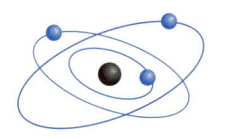

上の図のように原子核の周りを電子が周回するイメージは正しくない。下の図のようにぼんやりとした電子の雲が覆っているイメージに近いが，完全に正しい図にすることはできない。

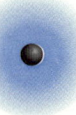

コラム　原子軌道は軌道ではない!?

電子状態の固有関数を原子軌道とよぶのは，核のまわりを電子が周回運動する古典的なイメージと結びつけたられたものである。しかしながら，たとえば惑星の公転のような古典的あるいはマクロな周回軌道と原子軌道は大きく意味が異なることに注意しよう。マクロな軌道はある時刻における速度と運動量がわかっていれば，あらゆる時刻（過去でも未来でも）における物質の位置と運動量を正確に予測できる。一方，原子軌道とはあくまで電子状態の固有関数である。つまり，その2乗が確率密度を与えるだけで，いつどこに電子がいるかを予測することはできない。確率密度は電子がその場所に見出される（存在する）確率を与えるだけである。

英語ではマクロな軌道はorbitであり，量子の世界の軌道はorbitalと異なる単語を用いる。残念ながら，日本語訳ではどちらも軌道と訳されるため，間違ったイメージを与えているかもしれない。日本語でも軌道の代わりにオービタルとそのまま使う場合も見られるようになっている。

は $n-2$ 個であり，d 軌道では $n-3$ 個となる．また，同じ n で比べると，確率密度が最大となる r が s 軌道 ＞ p 軌道 ＞ d 軌道の順で大きくなっている．つまり軌道が広がっていることがわかる．軌道のイメージとして，図 2.5 から図 2.7 のような固有関数の角度部分の図が良く用いられるが，動径分布関数の特徴も覚えておこう．

2.2 多電子原子

2.2.1 水素原子と多電子原子の違い

ここまで，水素原子のエネルギーと原子軌道を考えてきた．水素原子は陽子 1 個と電子 1 個からなり，最も単純な構造をもつ原子である．次に，より一般的な多電子原子を見ていこう．**多電子原子** (many-electron atom) とは文字通り複数個の電子をもつ原子である．原子の性質の多くは，電子がどのように原子軌道へ入っているかによるところが多い．この電子の軌道への入り方を**電子配置**とよぶ．ここでは，各原子の電子配置 (electron configuration) の決め方を紹介し，その後，電子配置に基づいた原子の性質の説明と周期表 (periodic table) に見られる原子の周期的な性質を考える．

多電子原子の原子軌道も水素原子の場合と同じように，シュレーディンガー方程式を解いて求めることができる．しかし，複数個の電子があるため，電子と電子の間のクーロン反発を考慮する必要があり，その解法は格段に難しいものとなる．この困難を避けるために，着目する電子以外の電子からのクーロン反発の影響を平均化し，核—電子間クーロン引力への**遮蔽効果** (shielding effect) と考える近似を用いる（図 2.9）．このように考えると，遮蔽されて実効的に電荷の小さくなった原子核と 1 個の電子からなる水素類似原子についてシュレーディンガー方程式を解けばよいことになり，前節の水素原子の原子軌道を（核電荷の値のみを変えて）使うことが出来る．すなわち，核電荷を $+Ze$ そのものではなく，実効的な電荷 $+Z_{\text{eff}}e$ (**有効核電荷**, effective nuclear charge) で置き換えた水素原子の固有関数を用いることにすれば，これまで通り水素原子に似た軌道を用いることが出来る．

2.2.2 スピン量子数

電子配置を考えていく際に，もう 1 つだけ新しい考え方を導入する必要がある．それが**スピン** (spin) である．スピンは古典的には電子の回転のようなイメージであり，原子，分子や物質の磁気的性質の源になるものである．量子力学的にはその大きさは**スピン量子数** (spin quantum number) で与えられる．電子や原子核はそれぞれ固有のスピン量子数をもっている．電子のスピン量子数 (s で表す) は $s=1/2$ である．どんな電子でも同じ $1/2$ のスピン量子数をもっている．方位量子数 ℓ に対して磁気量子数 m_ℓ があったように，スピン量子数に対しても**スピン磁気量子数** m_s があり，電子スピンの場合は $m_s = \pm 1/2$ の 2 つの値に限られる．この 2 つの値は電子スピンの状態が 2 通りあることに対応し，それぞれ上向きス

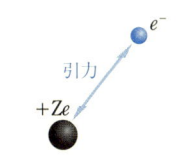

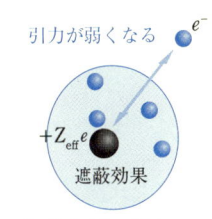

図 2.9 多電子原子における遮蔽効果のイメージ

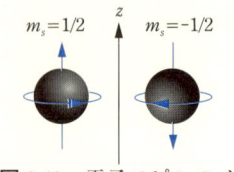

図 2.10 電子スピンのイメージとスピン磁気量子数の符号

*1 原子核にもスピンがあり，核スピンは I で表す。水素原子核（陽子）は $I=1/2$ であるが，同位体の重水素（^{2}H）原子核は $I=1$ である。原子核は同位体によって異なるスピン量子数をもつところが電子と異なる。

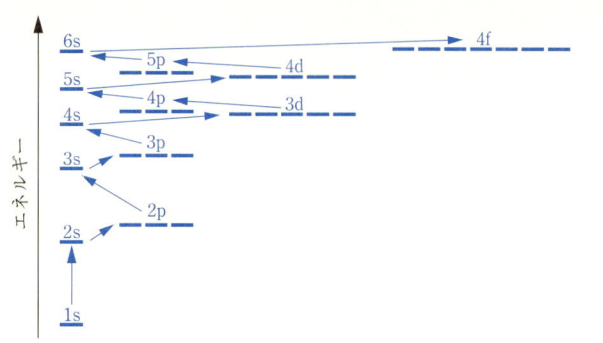

図 2.11 多電子原子の原子軌道エネルギー

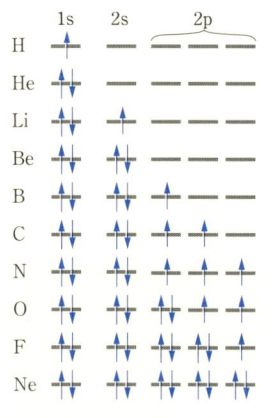

図 2.12 H から Ne までの原子の基底状態の電子配置

ピン，下向きスピンを表している（図 2.10 参照）。正確な表現ではないが，電子は小さな磁石であり，m_s は磁石の N 極がどの方向を向いているかを表しているというイメージをもつとよいだろう*1。

2.2.3 電子配置——パウリの原理とフントの規則

それでは原子軌道に電子を入れていくことを考えてみよう。基本的に原子のエネルギーは電子が入っている軌道のエネルギーを合計したものになる。したがって，安定な状態（エネルギーの最も低い状態，これを**基底状態** (ground state) とよぶ。）の電子配置を決めるためには，エネルギーの低い軌道から順に電子を入れていけばよい。

図 2.11 に模式的な原子軌道のエネルギーを示した。実際のエネルギーは原子核の種類に依存するが，エネルギーの大小関係は同じである。水素原子の軌道エネルギーは主量子数 n のみで決まり，2s 軌道と 2p 軌道のエネルギーは同じであった。しかし，多電子原子の場合は，他の電子の影響が入ってくるために，n が同じでも方位量子数 ℓ が異なると原子軌道のエネルギーに差が生じる。その結果，3d 軌道は n が 1 つ大きな 4s 軌道よりもエネルギーが高くなる。同じことが 4d 軌道と 5s 軌道でもあらわれる。

原子軌道に電子を入れる入れ方にもルールがある。まず，**パウリの原理**あるいは**パウリの排他原理** (Pauli exclusion principle) とよばれているもので「1 つの原子の中に複数の電子が存在するとき，全く同じ状態をとることができない。」というものである。電子の状態は，電子のもつ量子数の組 (n, ℓ, m_ℓ, m_s) で表される。電子スピンがあるため，量子数 (n, ℓ, m_ℓ) が同じ電子軌道でもスピン磁気量子数 m_s が $+1/2$ と $-1/2$ の 2 つの電子が入ることができる。これが，原子軌道に電子を詰めていく場合の大原則であり，この原則を破ることはできない。

次に考えることは，基底状態の電子配置を決めるために必要なもう 1 つのルールである。2p 軌道には m_ℓ が異なる 3 つの軌道が含まれており，それらのエネルギーは等しく縮重している。この 3 つの軌道へ複数個の電子を詰めていくときにどうすればよいかの指針を与えてくれるものが**フントの規則** (Hund's rule) である。フントの規則は「等価な軌道については，スピンを同じ向きにして（つまりスピン磁気量子数をそろえて）なるべく 1 個ずつ配置するというものである。上で述べた大原則のパウリの原理とこの規則にしたがって得られる電子配置を H 原子から Ne 原子まで図 2.12 に示した。C 原子では 3 つの 2p 軌道に 2 つの電子を入れることになるが，この場合は 3 つの軌道のうち 2 つの軌道に 1 つずつスピンの向きを同じにして入れればよいということになる。他の原子の場合もパウリの原理とフントの規則に従って順に電子を入れていくと，基底状態にある電子配置を得ることができる。

2.3 元素の周期的な性質

【例題 2.3】 パウリの原理とフントの規則を用いて電子を配置してみよう。図 2-12 に Ne 原子までの原子の電子配置が示されているが，他の原子はどうなっているだろうか？ここでは，硫黄原子 S を例に考えてみよう。

【解答】 S 原子は原子番号が 16 なので，電子は 16 個ある。1s 軌道から順に電子を入れていくが，10 個までは図 2.12 の Ne 原子の場合と同じように入る。

```
        1s   2s    2p       3s    3p
    S   ↑↓  ↑↓  ↑↓↑↓↑↓  ──  ── ── ──
```

残りの 6 個の電子を 3s 軌道，3p 軌道に順に入れていこう。パウリの原理に従い，1 つの軌道には 2 個の電子だけが入るので，3s 軌道に 2 個の電子を入れる。このとき，電子スピンは上向きと下向きのペアで入る。

```
        1s   2s    2p       3s    3p
    S   ↑↓  ↑↓  ↑↓↑↓↑↓  ↑↓  ── ── ──
```

残りの電子は 4 個であるが，軌道は 3p 軌道の 3 つなので，そのうちの 1 つには電子 2 個がペアで入り，残りの電子 2 個はフントの規則に従って，スピンの向きをそろえて残っている 2 つの軌道に 1 個ずつ入る。

```
        1s   2s    2p       3s    3p
    S   ↑↓  ↑↓  ↑↓↑↓↑↓  ↑↓  ↑↓ ↑  ↑
```

このようにして S 原子の電子配置を決定することができる。

2.3 元素の周期的な性質

2.3.1 元素の周期的な性質と電子配置の関係

高校の化学でも学んだように，原子番号が増えていくと，同じような性質を示す元素が周期的に現れる。それらが縦に並ぶように配置した表が**周期表**である。表 2.2 にその一部を示した。周期表に縦に並んでいる元素の集まりを**族** (group) とよび，周期表の左から右へ順番に 1 族から 18 族と名付けられている。同じ族の元素が似たような性質を示すことは，その元素の原子の電子配置を考えるとわかりやすい。そこで，電子配置を基にして原子の周期性を考えてみよう。

各原子の磁気的な性質を考える際には，前節で紹介したように各電子のスピンの向きまで考慮する必要があるが，<u>一般的な性質の場合は，各軌道に入っている電子の数で説明できる</u>ことが多い。電子配置は，1s, 2s, などの原子軌道への電子の入り方を示すために，

$$(1s)^2(2s)^2(2p)^6(3s)^1$$

のように表記する。上の例は，1s 軌道に 2 個，2s 軌道に 2 個，2p 軌道に 6 個，3s 軌道に 1 個の電子が入っていることを表している。原子番号が大きくなると電子数と電子が入る軌道の数が増えるため，表記が長くなってしまう。そこで，その電子配置の内殻部分で希ガス原子の電子配置と共通する部分を希ガス原子で表す方法がよく用いられる。たとえば，上の電子配置の場合は $(1s)^2(2s)^2(2p)^6$ 部分がネオン Ne の電子配置と一致するので，

表 2.2 多電子原子の電子配置と周期性

族\周期	1	2	3	4	5	6	7	8	9	10	11	12	13	14	15	16	17	18
1	$_1$H $(1s)^1$																	$_2$He $(1s)^2$
2	$_3$Li [He]$(2s)^n$	$_4$Be			$(1s)^2(2s)^2(2p)^6(3s)^2(3p)^6(3d)^{10}(4s)^2(4p)^6$ [He] [Ne] [Ar]								$_5$B [He]$(2s)^2(2p)^n$	$_6$C	$_7$N	$_8$O	$_9$F	$_{10}$Ne
3	$_{11}$Na [Ne]$(3s)^n$	$_{12}$Mg											$_{13}$Al [Ne]$(3s)^2(3p)^n$	$_{14}$Si	$_{15}$P	$_{16}$S	$_{17}$Cl	$_{18}$Ar
4	$_{19}$K [Ar]$(4s)^n$	$_{20}$Ca	$_{21}$Sc [Ar]$(3d)^n(4s)^2$, Cr, Cuのみ [Ar]$(3d)^n(4s)^1$	$_{22}$Ti	$_{23}$V	$_{24}$Cr $(4s)^1$	$_{25}$Mn	$_{26}$Fe	$_{27}$Co	$_{28}$Ni	$_{29}$Cu $(4s)^1$	$_{30}$Zn	$_{31}$Ga [Ar]$(3d)^{10}(4s)^2(4p)^n$	$_{32}$Ge	$_{33}$As	$_{34}$Se	$_{35}$Br	$_{36}$Kr

$$[\text{Ne}](3s)^1$$

と簡略化して表すことができる．表 2.2 の周期表に，スピンを考慮しない各原子の電子配置も併せて図示してある．この電子配置の図では見やすくするために軌道を円で描いているが，先に示したとおり，古典的な周回軌道が存在するわけではないことを注意しておきたい．

まず，電子配置について見てみよう．K 殻（$n=1$）の 1s 軌道に電子が 2 個入り，次に L 殻（$n=2$）の 2s 軌道，2p 軌道の順に電子が入っていく．M 殻（$n=3$）では 3s 軌道，3p 軌道に合わせて電子が 8 個入ると，次は同じ M 殻の 3d 軌道ではなく，N 殻（$n=4$）の 4s 軌道に電子が入る．これは，3d 軌道と 4s 軌道のエネルギーが近接しており，4s 軌道に入った方が原子全体のエネルギーが安定になるためである．4s 軌道に 2 個電子が入ると，次に 3d 軌道に電子が入っていく．クロム Cr と銅 Cu では，電子間の影響によって 4s 軌道に 1 個だけ電子が入った状態で原子全体が安定になるため，電子配置が前後の元素と異なることに注意しよう．4s 軌道に 2 個，3d 軌道に 10 個電子が入っていっぱいになると，次に 4p 軌道へ電子が入る．

周期表と電子配置を見比べて，いくつかの性質を確認しよう．**アルカリ金属** (alkali metal) とよばれる 1 族の原子はかならず最外殻の s 軌道に 1 個だけ電子が入っており，2 族の原子（**アルカリ土類金属**，alkaline earth metal）は最外殻の s 軌道に 2 個電子が入る．17 族の原子（**ハロゲン**，halogen）では最外殻の s 軌道に 2 個，p 軌道に 5 個の合わせて 7 個の電子が入っている．このように，最外殻の電子配置が同じ元素は，その性質が似かよっている．周期表の縦（族）ごとに性質が似ており，隣の族とは性質が異なる元素は**典型元素** (main group elements) とよばれている．1，2 および 12 ～ 18 族が典型元素にあたる[*1]．一方

[*1] 12 族元素（Zn, Cd, Hg）は遷移元素とされる場合もある．

で，3族から11族までの元素は，最外殻のs軌道の電子数が1，または2で，内側のd軌道の電子数が異なるだけなので，隣り合う族の原子で性質が似かよっている。これらの元素は典型元素に対して**遷移元素** (transition elements) とよばれる。

では，原子が示す周期的な性質を順番に見ていこう。

2.3.2 イオン化エネルギー[*1]

原子から最外殻の電子を1個無限遠まで引き離す際に必要なエネルギーが**イオン化エネルギー** (ionization energy) である。イオン化エネルギーはおおよそ引き離される電子が入っていた原子軌道のエネルギーに対応する[*2]。図2.13を見てわかるとおり，イオン化エネルギーの値は原子番号に対して周期的に変化する。

同じ周期の元素では原子番号の大きな元素ほどイオン化エネルギーが大きく，希ガス原子が最大のイオン化エネルギーをもっている。これは，同じ周期の元素の最外殻電子は，原子核からの距離が同程度なので，原子番号が大きくなって原子核の正電荷が1つずつ増えていくと，原子核から受ける引力が大きくなるためである。各周期の最初の元素であるアルカリ金属原子では，内側の電子殻は2個または8個で閉じているので遮蔽効果がよく働き，最外殻電子が原子核から受ける引力が小さくなり，イオン化エネルギーが最少になる。

周期番号が大きくなるとイオン化エネルギーが小さくなるのは，最外殻の軌道の主量子数が大きくなり，原子核からの距離が遠くなるためである。このように，電子配置がわかると元素の周期的な性質を説明することができる。

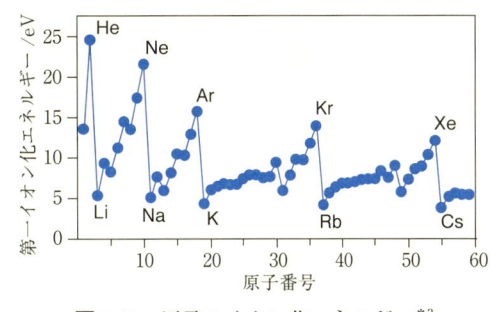

図2.13 原子のイオン化エネルギー[*3]

2.3.3 電子親和力

イオン化エネルギーは中性の原子から電子を1つ引き離すために必要なエネルギーであったが，**電子親和力** (electron affinity, EA) は逆に電子を1つ加えたときに原子がより安定な状態になることで放出されるエネルギーのことである[*4]。表2.3に原子の電子親和力を示した。電子親和力が正の値をとる原子は電子1個を受け入れても安定に存在できるが，負の値をとる原子は電子を受け取ると不安定状態になる。そのため大きな負の値を示す原子の電子親和力は実測されていない（表では＜0と示してある）。2族のアルカリ土類金属原子はns軌道に電子を2個，18族の希ガス原子はnsとnp軌道に合わせて8個ちょうど入った状態なので，余分な電子が入ると不安定になる。

一方，17族のハロゲン原子は電子を1つ受け取るとnsとnp軌道が全部で8個（閉殻）になり安定となるため，大きな正の電子親和力をもつ。1族のアルカリ金属原子は，イオン化エネルギーが小さく電子を放出しやすいだけでなく，ns軌道に1個余裕があるため，電子を受け取ることができることに注意しよう。これはイオン化エネルギーと電子親和力は言わば逆の過程に対応するが，その大き

[*1] イオン化ポテンシャル (ionization potential, IP) と言われることが多いが，IUPACはイオン化エネルギーを推奨している。

[*2] 原子軌道のエネルギーは原子核から電子が無限遠まで離れたときのエネルギーを基準にとることを思い出そう。

[*3] イオン化エネルギーの数値は巻末の付録の表に示してある。

[*4] 電子親和力は1価のアニオンから電子を1つ引き離すために必要なエネルギーと考えることもできる。

表2.3 原子の電子親和力（単位はeV）（出典：化学便覧 基礎編，改訂5版）

H							He
0.754							< 0
Li	Be	B	C	N	O	F	Ne
0.618	< 0	0.277	1.263	−0.07	1.461	3.399	< 0
Na	Mg	Al	Si	P	S	Cl	Ar
0.548	< 0	0.441	1.385	0.747	2.077	3.617	< 0
K	Ca					Br	Kr
0.501	< 0					3.365	< 0

さが逆の関係になっているのではなく，あくまで電子配置で決まることを示している。

ここでは，イオン化エネルギーおよび電子親和力を例に，原子の性質が原子の最外殻の電子配置でよく説明されることを示した。このことは，最外殻よりも内側の軌道に入っている電子は，ほとんど原子の性質に寄与していないということも意味している。これは，内側の軌道に入っている電子は，原子核の正電荷に強く引きつけられていて，外界との相互作用をしないためである。次の章で化学結合を考えるが，その際にもやはり分子を構成する各原子の最外殻電子 (outermost electron) が化学結合の形成に寄与することになることをここで強調しておきたい。原子の最外殻のs軌道とp軌道に合わせて8個の電子が入ると安定になることは，化学結合の形成でも基本的で重要な指針となり，**オクテット則** (octet rule) とよばれる。

John Alexander Reina Newlands (1838–1898)

Julius Lothar Meyer (1830–1895)

Dmitri Mendeleev (1834–1907)

コラム　周期表の歴史

周期表を確立した人物としてロシアのメンデレーエフが有名である。しかし，元素の周期性を発見したのはメンデレーエフに限らない。元素の周期性の発見は1860年代に始まる。その端緒となるのはニューランズによって提唱されたオクターブ則とも言われている。イギリスのニューランズは元素を原子量の順番に並べると8番目ごとに類似の性質をもつ元素が並ぶことを指摘したが，当時はあまり受け入れられなかった。その後，ドイツのマイヤーは，原子量と単体の原子1 molの体積を表す原子容との間の周期的関係を見出した。同時期にメンデレーエフは元素の化学的性質（水素化物や酸化物の化学組成やその性質など）にも着目し，現在のものに近い周期表を発表した。

メンデレーエフの周期表が受け入れられた大きな要因は，未発見の元素の予測にある。メンデレーエフが周期表を発表した1870年頃には60個程度の元素しか見つかっていなかった（当時は希ガスも未発見であった）。メンデレーエフの周期表には空欄がいくつかあり，そこに入るべき元素の物理的化学的性質を予測していた。周期表の発表から10数年の間に存在が予測された元素が発見され，メンデレーエフの予測が非常に良く合っていたことから，周期表が広く受入れられるようになった。しかし，なぜ元素が周期性を示すかという問題が解決されたのは量子力学によって原子の構造が理解されるようになってからである。

2章　章末問題

基礎的問題

2.1 例題でとりあげた水素原子の大きさの問題を今度は別のもので例えてみよう。陽子が半径 10 mm の球であったとする。(1 円玉の半径がちょうど 10 mm である。) このとき，水素原子の半径はいくらになるか求めなさい。

2.2 (2-2) 式と (1-5) 式を比較して，リュードベリ定数 R_∞ を表す式を求めなさい。

2.3 水素原子のイオン化エネルギーを計算しなさい。

2.4 水素原子の $n=2$ と $n=3$ の軌道のエネルギー差を計算しなさい。

2.5 3d 軌道の主量子数 n，方位量子数 ℓ を答えなさい。

2.6 主量子数 $n=5$ のとき，最大の方位量子数 ℓ と，その ℓ に対する磁気量子数 m_ℓ の取り得る値を答えなさい。

2.7 次の図はある原子軌道の動径分布関数と固有関数の角度部分を模式的に示したものである。対応する軌道の主量子数 n および方位量子数 ℓ を答えなさい。

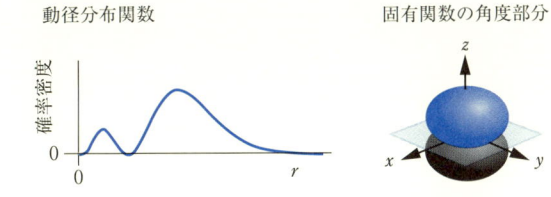

動径分布関数　　　　　固有関数の角度部分

2.8 例題 2.3 にならって Na 原子の電子配置をかきなさい。

2.9 例題 2.3 にならって P 原子の電子配置をかきなさい。

発展問題

2.10 水素原子において陽子と電子の間の換算質量 μ を計算し，その値が m_e とほぼ同じであることを確認しなさい。

2.11 極座標 (r, θ, ϕ) における r, $\cos\theta$, $\sin\phi$ を直交座標 (x, y, z) を用いて表しなさい。

2.12 水素原子の 2s 軌道の動径分布関数 $P_{2s}(r)$ は
$$P_{2s}(r) = C_{2s} r^2 \left(2 - \frac{r}{a_0}\right)^2 e^{-r/a_0}$$
で与えられる。ただし，C_{2s} は比例定数である。このとき，$P_{2s}(r)$ が 0 をとる r を求めなさい。

2.13 前問で与えられた水素原子の 2s 軌道の動径分布関数 $P_{2s}(r)$ が極大値をとる r を求めなさい。

2.14 図 2.8 に示した水素原子軌道の動径分布関数の図をみると，1s, 2s, 3s となるにつれて，分布の最大値が小さくなっていることがわかる。この理由を説明しなさい。

2.15 Li 原子の 2s 軌道のエネルギーは有効核電荷 $Z_{\text{eff}} = 1.2792$ を用いて，近似的に $E_{2s} = -hcR_\infty \dfrac{Z_{\text{eff}}^2}{n^2}$ と表すことができる。この式を用いて Li 原子のイオン化エネルギーを計算し，実測値（513.3 kJ mol^{-1}）と比較しなさい。

2.16 1 価のカチオンからさらに電子を 1 つ取り去るために必要なエネルギーを第 2 イオン化エネルギーとよぶ。第 2 周期の元素の中で第 2 イオン化エネルギーが最も大きいと予想される元素を理由とともに答えなさい。

3 原子から分子へ
——化学結合と分子の性質

ここからは，分子について調べていくことにしよう。分子の中の原子核は互いにある距離を保って存在しており，分子ごとに決まった構造をもっている。たとえば最も小さな分子である水素分子（H_2）では，2つの水素原子核（陽子）の間の距離（核間距離）はおよそ 74 pm である。2つの陽子はどちらも正の電荷（$+e$）をもっていて，その間には強いクーロン反発力が働くはずなのに，どうして2つの陽子は 74 pm の距離で安定に存在し続けるのだろうか。それは陽子の周りにある2つの電子の働きである。電子がなければ化学結合はできない。

分子の場合の電子の分布は，原子の場合の原子軌道に対応する**分子軌道**(molecular orbital) を用いて表すことができる。この節では，まず化学結合の種類について述べた後，分子軌道を用いて分子の電子状態を説明する。さらに，化学結合の性質，分子の運動，最後に分子間の相互作用について見ていく。

*1　e は電気素量であり，電子1個がもつ電荷の大きさを表す。
陽子の電荷は電子の電荷と同じ大きさで符号が逆である。したがって，陽子の電荷が $+e$，電子の電荷が $-e$ と表される。

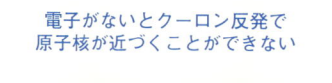

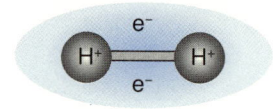

3.1　いろいろな化学結合と分子の構造

第2章で，原子は最外電子殻に電子が8個入ると安定になるというオクテット則を学んだ。このオクテット則に基づいたルイス構造を用いると，化学結合 (chemical bond) の種類をわかりやすく分類することができる。この節では，ルイス構造に基づいて，次節では分子軌道を用いて，化学結合を考えていこう。

3.1.1　共有結合

ルイス構造 (Lewis structure) は電子式 (electronic formula) ともよばれる考え方で，化学結合の生成には，構成原子の最外殻電子が使われるという考え方に基

図 3.1　ルイス構造の例。
(a) いくつかの原子のルイス構造式，(b) H_2 分子の共有結合，(c) HF 原子の共有結合

3.1 いろいろな化学結合と分子の構造

づいている。以下順に説明して行こう。

H原子は最外殻電子 (outermost electron) を1つだけもっている。それを図3.1(a)のように元素記号に点を1個つけて表す。他の原子でも，最外殻電子の数だけ点をつける。たとえば，C原子の電子配置は $(1s)^2(2s)^2(2p)^2$ であり，最外殻電子は2s, 2p軌道に入る4個であるので，図3.1(a)のように点を4つつける。ルイス構造では，分子中にある各原子が8個の電子によるオクテット（HとHeのみ2個のダブレット）を完成して安定になるように結合が生成されると考える。

まず，水素分子を表してみよう。2つのH原子はそれぞれ1つずつ電子をもっているので，結合を作ったときに両方のH原子が2個の電子をもつためには，図3.1(b)で各H原子を○で囲んで示したように，それぞれの原子の1個の電子を共有すればよい。つまり，2つの電子がどちらも両方のH原子に属すると考えるわけである。このように2つの原子が電子を共有することによって形成される結合を**共有結合** (covalent bond) とよび，共有結合をつくる2つの電子の組を**共有電子対** (shared electron pair) または**結合電子対**とよぶ。2つの原子が1本の共有結合で結合しているものを**単結合** (single bond) とよぶ。共有結合を表すために図3.1(b)の右のように結合対を直線で表すことも多い。

次にHF分子を考えてみよう。図3.1(a)にはF原子のルイス構造も示している。F原子は最外殻の2s, 2p軌道に7個の電子をもっている。図3.1(c)のように，H原子，F原子からそれぞれ1個の電子を出して共有すると，H原子についてダブレット，F原子についてオクテットが完成する。F原子には共有結合に使われていない電子が6個残っている。これらの電子は2個が組となり，**非共有電子対** (unshared electron pair) を3組つくっている。非共有電子対は**孤立電子対** (lone pair) ともよばれている。分子軌道で考えると，結合に関与しない分子軌道に電子が2個入っている状態になる。ルイス構造式では，非共有電子対を書く場合と省略する場合がある。（図3.1(c)の中央と右図参照）

【例題 3.1】 メタン CH_4 分子のルイス構造式をつくろう。

$$\cdot \overset{\cdot}{\underset{\cdot}{C}} \cdot + 4H \cdot \Longrightarrow \ ?$$

【解答】 C原子は最外殻に4個の電子をもっており，H原子は1原子あたり1個の電子をもっているので，全部で電子は8個である。ルイス構造はC原子にはオクテット，H原子に対しては1原子ごとにダブレットをつくるように，共有電子対を構成すればよい。右の図のように，C原子の電子について，それぞれ1個の電子を1つのH原子と共有して4本の共有結合をつくると考えると，H原子に2個，C原子には8個の電子が入ってオクテットが完成する。

3.1.2 イオン結合と配位結合

共有結合では，2つの原子からそれぞれ電子を出し合いそれを共有して結合をつくったが，化学結合には他の形成の仕方もある。2つの原子からの電子の授受の方法は異なるが，オクテット則にしたがって考えるところは共有結合と同じである。

1つめは**イオン結合** (ionic bond) である。1族のアルカリ金属原子は最外殻電子が1個なので，その電子を取り去るとオクテットができるため[*1]，イオン化エネルギーが小さい。逆に，17族のハロゲン原子は最外殻電子が7個なので，1個電子を受け取るとオクテットができるので，電子親和力が大きい。たとえばNaとClの場合，図3.2 (a) のようにNaが電子を1個放出してNa$^+$となり，その電子をClが受け取ってCl$^-$になると，両方の原子がオクテットを完成する。Na$^+$とCl$^-$の間には強いクーロン引力 (Coulomb attraction) が働き，化学結合を形成する。このように電子を共有するのではなく，電子を受け渡すことで，両方の原子にオクテットをつくり安定になる化学結合を**イオン結合**とよぶ。イオン結合は基本的に正電荷と負電荷の間のクーロン力によるものなので，NaClがたくさんあると，互いにクーロン力で引き合い，結晶構造になりやすい。

[*1] Naの電子配置は $(1s)^2(2s)^2(2p)^6(3s)$ であるので，3s電子を取り去ると，$(2s)^2(2p)^6$ のオクテットになる。

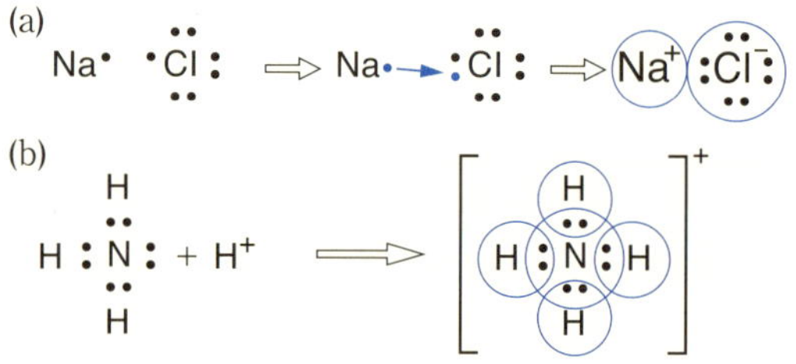

図3.2 (a) イオン結合と (b) 配位結合のルイス構造式

2つめは**配位結合** (coordination bond) である。図3.2 (b) のように，NH$_3$分子は3組のNH結合の共有電子対と非共有電子対を1組もちオクテットを完成させている。ここにH$^+$を近づけると，非共有電子対だった電子対をN原子とH原子で共有し新たにNH結合を生成する。このとき，N原子もH原子もそれぞれオクテット，ダブレットが完成する。このように，非共有電子対であった電子対を共有してできる結合を**配位結合**とよぶ。生成したNH$_4^+$は正イオンではあるが，電子的には閉殻になり安定な分子である。いったん配位結合が生成すると，もともとあった共有結合とは区別ができなくなるので，配位結合は共有結合の一種であるとみなすこともできる。実際NH$_4^+$分子の4つのNH結合はすべて同等である。

3.1.3 電子対の反発による分子構造の予測

ルイス構造の利点は原子間の結合様式だけではなく，分子構造 (molecular structure) についての予想もできることである。メタンCH$_4$分子を例に説明しよう。CH$_4$のルイス構造は，例題3.1で考えたように図3.3(a) のようになる。ルイス構造式は結合の仕方を表しているだけであることに注意しよう。図(a) のように書くと，CH$_4$が(b) のような平面4角形 (square planar) のように思えるが，この構造では，各結合電子対の間のクーロン反発が大きくなり不安定である。図(c) のようにCH$_4$の4つのH原子を正4面体の頂点に置き，正4面体の重心にC原子をおいた構造では4つの結合が空間的に最も離れた状態になるため，クーロン反発 (Coulomb repulsion) が軽減され分子が安定になる（図3.3 (d) 参照）。こ

3.2 分子の中の電子──分子軌道　51

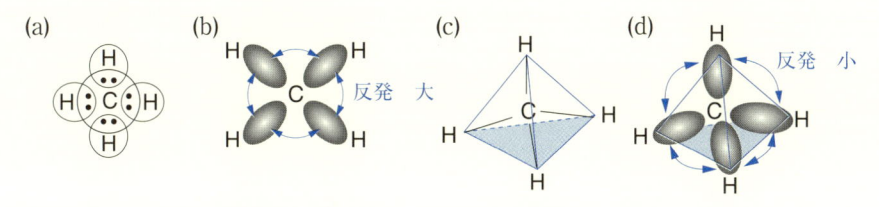

図 3.3　CH₄ 分子のルイス構造式と分子構造

のような構造を**正 4 面体構造** (tetrahedral structure) とよぶ。実験でも CH₄ 分子の構造が正 4 面体であることが確かめられている。このように，ルイス構造式で得られた電子対の反発が軽減されるように分子の構造が決まる場合が多く，この考え方は良く用いられている。

ここまで，ルイス構造を用いた結合の取り扱いを見てきたが，次節からは量子化学的な考え方の**分子軌道**に基づいた取り扱いを紹介する。

3.2　分子の中の電子 ── 分子軌道

3.2.1　水素分子の分子軌道

第 2 章で学んだように，原子の性質の多くは原子の中の電子の状態によって説明され，その状態は原子軌道への電子の入り方で表された。分子の場合も分子の中の電子の状態によって分子の化学的性質の多くが説明される。原子における原子軌道と同じように，分子においても**分子軌道** (molecular orbital) を考えて，そこへの電子の入り方で分子内の電子の状態を考えることができる。

原子核と電子の質量，原子核−電子間および電子−電子間のクーロン相互作用を含んだシュレーディンガー方程式を解いて原子軌道を求めたように，分子軌道も分子の中の原子核や電子の質量やクーロン相互作用を含んだシュレーディンガー方程式を解くことによって求められる。しかしここでは，原子軌道から分子軌道を作り上げるイメージを説明するにとどめる。

まず初めに最も簡単な分子である H₂ を例に考えていこう。図 3.4 のように 2 つの水素原子が十分に離れている場合，電子はそれぞれの原子核のまわりに存在しており，その分布は H 原子の 1s 軌道の波動関数にほかならない。2 つの原子核を徐々に近づけていくとどうなるだろうか？　図 3.4 (b) のように波動関数の裾が重なるところまで近づくと，電子の波が重なりあって波動関数が 1 つにつながる。さらに水素分子の平均の核間距離まで近づくと図 3.4 (c) のようになる。このとき 2 つの原子核の間に電子が存在する確率が高くなり，電子−核間の引力的クーロン相互作用によって，2 つの核間のクーロン反発が抑えられ，核を一定の距離にとどめることが可能になる。もちろん，この説明は非常に簡略化したものであるが，原子軌道から分子軌道ができあがり，分子軌道の中の電子の効果によって原子核が近づいた状態で存在できる，つまり化学結合ができるという直観的なイメージをもつ助けになるだろう。このような分子軌道は化学結合の形成に重要であり，**結合性軌道** (bonding orbital) とよばれる。ここで説明したように，

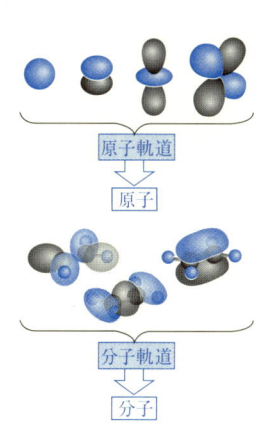

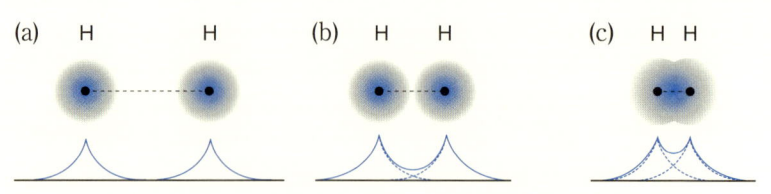

図 3.4 2つのH原子の1s軌道からH₂分子の**結合性軌道**を構成する模式図。
(a), (b), (c)の下段は核間軸に沿った波動関数の断面図を表している。

*¹ LCAO とは Linear Combination of Atomic Orbitals（原子軌道の線形結合）の略である。

原子軌道から分子軌道を組み立てる方法を LCAO 法*¹ とよぶ。

上の説明では，2つのH原子の1s原子軌道からH₂分子の軌道を1つ作ったが，実は2つの1s軌道からもう1つの分子軌道がつくられる。図3.5のように2つの1s軌道の位相を逆の状態で重ね合わせると電子分布の打ち消し合いが起こり，2つの原子核の間に節面をもつ分子軌道が得られる。この軌道の節面上では電子の存在確率は0である。その結果，原子核の間の電子の存在確率が小さくなり，この分子軌道に入った電子は化学結合の形成に役立たない。このような軌道を**反結合性軌道** (antibonding orbital) とよぶ。このように2つの原子軌道から新しい2つの分子軌道を作り出すことを数学的には**線形結合** (linear combination) を取るという。

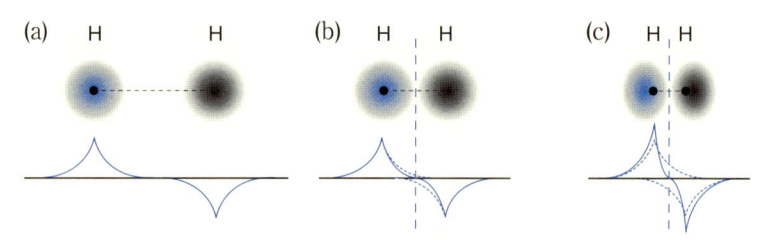

図 3.5 2つのH原子の1s軌道からH₂分子の**反結合性軌道**を構成する模式図。(a), (b), (c)の上段は色を変えて波動関数の位相の違いを表している。下段は核間軸に沿った波動関数の断面図で，位相の違いは上下で表している。(b), (c)における縦の破線は波動関数の節面を示している。

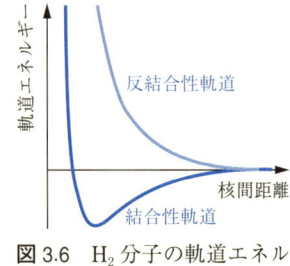

図 3.6 H₂分子の軌道エネルギー

共有結合したH₂分子は，2つのH原子の1s軌道からできた結合性軌道に，2個の電子が入った状態である。結合性軌道と反結合性軌道の違いはエネルギーの面から見ると理解しやすい。H₂分子の結合性軌道，及び反結合性軌道のエネルギーは核間距離 (internuclear distance) に依存して変化する。そのようすを図3.6に示した。縦軸のエネルギーは2つの水素原子が互いの影響を全く受けないくらい遠く離れた距離にある場合の軌道エネルギーを0にとっている。結合性軌道に電子が入ると，H₂分子として存在した方が，H原子2個で存在するよりも安定になり，エネルギーが負になる。一方，反結合性軌道では，2つのH原子が近づくと軌道エネルギーが増加するため化学結合の形成に寄与しない。これが反結合性とよばれる理由である。

これらの軌道の性質は表3.1のように H_2^+（水素分子カチオン），H_2，H_2^-（水素分子アニオン）

表 3.1 分子の電子配置と結合エネルギー

	H_2^+	H_2	H_2^-
反結合性軌道	——	——	↑
結合性軌道	↑	↑↓	↑↓
結合エネルギー	255	432	100～200 kJ/mol

3.2 分子の中の電子—分子軌道

の3つの分子の電子配置と結合エネルギーを比較するとよくわかる。結合性軌道に入っている電子の数が多い H_2 の方が H_2^+ よりも結合が強くなっているが，反結合性軌道に電子が加わった H_2^- では結合エネルギー (bond energy) は 100~200 kJ mol^{-1} と小さくなってしまう[*1]。

*1 H_2^- は結合が弱く不安定なため，H_2^+ や H_2 のような正確な結合エネルギーの測定が難しい。

3.2.2 p軌道から作られる分子軌道

H_2 分子では s 軌道のみから分子軌道を構成したが，第2周期の原子になると p 軌道にも電子が入ってくる。そこで，次に2つの 2p 軌道を使って分子軌道を作ってみよう。原子の 2p 軌道は x, y, z の3方向に広がっているが，図 3.7 (a) のように2つの原子核を結ぶ軸を z 軸に，x, y 軸をそれに垂直にとることにする。先ほどの 1s 軌道の場合と同様に，2つの $2p_z$ 軌道を近づけていくと図 3.7 (b) のように2つの原子核の間に節面を持たない結合性軌道と節面をもつ反結合性軌道の2つが得られる。

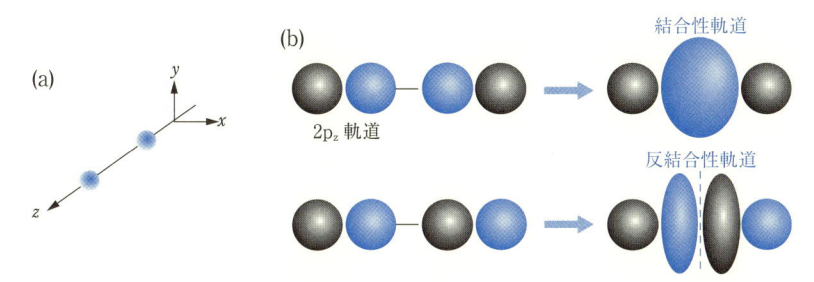

図 3.7 2つの $2p_z$ 軌道から分子軌道を構成する模式図。(a) は軸の取り方，(b) は結合軸の横方向から見た図を表す。

次に $2p_y$ 軌道2つから分子軌道を作ってみると，先ほどとは異なる形の分子軌道が得られる[*2]。図 3.8 (a) のように近づけていくと結合性軌道が，(b) のように近づけていくと反結合性軌道が得られる。図からわかるように，1s 軌道や $2p_z$ 軌道から作った分子軌道とは形状に違いがある。これらの軌道はもともと zx 平面上に存在確率のない $2p_y$ 軌道から構成されているため，分子軌道になっても結合軸 (bond axis) を含む zx 平面上には電子の存在確率は0のままであり，zx 平面が節面 (nodal plane) となる。$2p_x$ 軌道から分子軌道を作る場合も $2p_y$ の場合と同様であり，節面が結合軸に関して90度回転した形になる。

1s，$2p_z$ 軌道から作った分子軌道と $2p_x$，$2p_y$ から作った分子軌道の形状の違い

*2 方向の異なる2組の p 軌道（たとえば $2p_y$ と $2p_z$ 軌道）はお互い重ならないので分子軌道を形成しない。

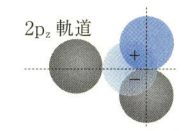

図から解るように，対称性によって，＋の重なりと－の重なりが常にうち消しあってゼロとなる。

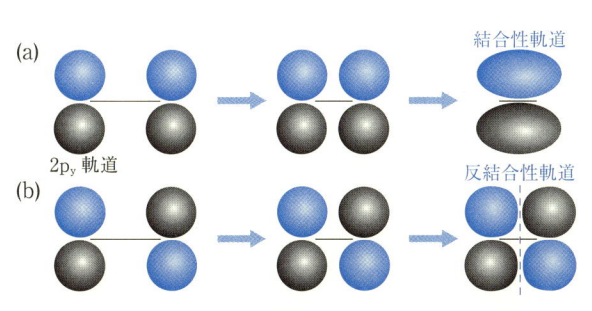

図 3.8 2つの $2p_y$ 軌道から分子軌道を構成する模式図。(a) は結合性軌道，(b) は反結合性軌道を表す。

*1 反結合性軌道がもつ節面は分子軸に垂直なので，図3.9のように分子軸方向から見ると結合性軌道と反結合性軌道の違いはわからない。

は，分子軌道を分子軸方向から見るとよくわかる。図3.9に示したように，前者では分子軸に対して軸対称な形状をしているが，後者は結合軸を含む節面を1つもっている[*1]。この形状の特徴は原子軌道におけるs軌道，p軌道と似ているので，s，pに対応するギリシャ文字を使って軸対称な軌道をσ軌道，節面を1つもつ軌道をπ軌道とよび，反結合性軌道の場合は*をつけて，σ^*，π^*軌道と表される。また，σ軌道，π軌道 (π orbital) からできる化学結合をそれぞれσ結合，π結合 (π bond) とよぶことが多い。

1s—1s　　2p$_z$—2p$_z$　　2p$_y$—2p$_y$　　2p$_x$—2p$_x$

σ軌道　　　　　　　　　　π軌道

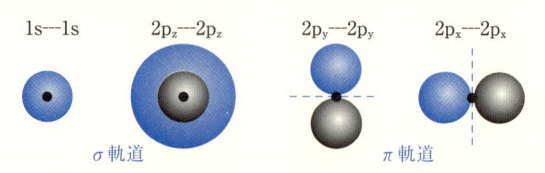

図3.9　σ軌道とπ軌道の違い。分子軸方向から見た軌道の図。

3.2.3 多重結合

次に**エチレン**C_2H_4分子について考えてみよう。C_2H_4は図3.10 (a) に示したような**平面分子**(planar molecule)である。C_2H_4分子のC原子間の距離は134 pmで，エタンC_2H_6分子の154 pmに比べると約20 pm短くなっている。これは，C原子間に2本の共有結合があり，C_2H_4のC原子どうしがC_2H_6に比べて強く引きつけ合っているためである。このように，原子間に複数の共有結合がある場合を**多重結合** (multiple bond) とよび，C_2H_4の場合は**二重結合** (double bond) とよぶ。分子軌道で考えると，二重結合のうち1つはσ結合で，もう1つはπ結合である[*2]。

アセチレンC_2H_2分子は，図3.10 (b) のような直線型分子で，C原子間距離は121 pmとC_2H_4よりもさらに短くなっている。これは，C_2H_2のC原子間の結合が**三重結合** (triple bond) になっているからである。三重結合は1つのσ結合と2つのπ結合から構成される。この場合，π軌道が2つあり，電子間の反発が大きくなると考えるかもしれないが，2つのπ軌道は結合軸に対して90度ずれているため，電子間の反発が抑えられている。C_2H_4やC_2H_2の分子構造は次節の混成軌道を考えるとわかりやすい。

3.2.4 混成軌道

ここまで，3.1.3節でCH_4，3.2.3節ではC_2H_4，C_2H_2分子の結合のようすと分子構造を見てきたが，これらを原子軌道の観点からもう一度考えてみよう。CH_4分子の4つのCH共有結合は等価なので，CH結合を表す分子軌道も向きが異なるだけで軌道の大きさやエネルギーは等しいはずである。しかし，もともとC原子が単独で存在している場合には，最外殻電子は2s軌道に2個，2p軌道に2個入っているので，そこから形成されるCH結合の軌道（σ軌道）にはC原子の2s軌道からできたものと2p軌道からできたものの2種類できそうである。2種類の原子軌道からどうして等価 (equivalent) な結合ができるのかについては以下のように説明される。

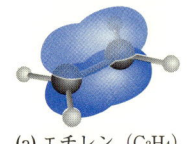

(a) エチレン（C_2H_4）

(b) アセチレン（C_2H_2）

図3.10 (a) エチレンおよび(b) アセチレンの構造と多重結合にかかわるπ軌道。アセチレンでは，2つのπ軌道を色を変えて示している。

*2 σ軌道では結合軸上に電子が分布していることを思い出すと，もし，σ結合が2本あると，電子間の反発が非常に強くなることが予想される。π軌道では結合軸上に電子分布はないため，σ軌道の電子とπ軌道の電子間の反発は抑えられる。そのため，二重結合はσ結合とπ結合から構成される。

3.2 分子の中の電子――分子軌道

C原子と4つのH原子からCH$_4$が生成する際には，C原子の2s軌道，2p$_x$，2p$_y$，2p$_z$軌道，合計4つの軌道から**4つの等価な原子軌道**を作り，それぞれH原子の1s軌道と4つの等価な結合性軌道を作る。このように考えて組み替えられてできた原子軌道を**混成軌道**(hybrid orbital)とよぶ。混成軌道は第2周期の原子でよく見られるもので，特にC原子では3種類の混成軌道が知られている。CH$_4$の場合はs軌道とp軌道3つから構成される混成軌道であり，sp^3**混成**とよばれている（図3.11参照）。

C$_2$H$_4$分子の構造は図3.10 (a)のようにすべての原子が1つの平面に乗っている平面構造である。1つのC原子につき3本のσ軌道（CC結合の1つ，CH結合の2つ）があり，120度ずつ離れた形になっている。この場合は，C原子の2s軌道と2つの2p軌道から図3.11のように平面内に互いに120度の角度で広がる3つの軌道を考えるとよい。この混成をsp^2**混成**とよぶ。

一方，C$_2$H$_2$分子の構造は図3.10 (b)のように直線型であるが，この場合は，2s軌道と1つの2p軌道から図3.11のように直線上で逆向きに広がる2つの混成軌道をつくり，それらがCC結合とCH結合におけるσ軌道の形成に使われる。この混成をsp**混成**とよぶ。

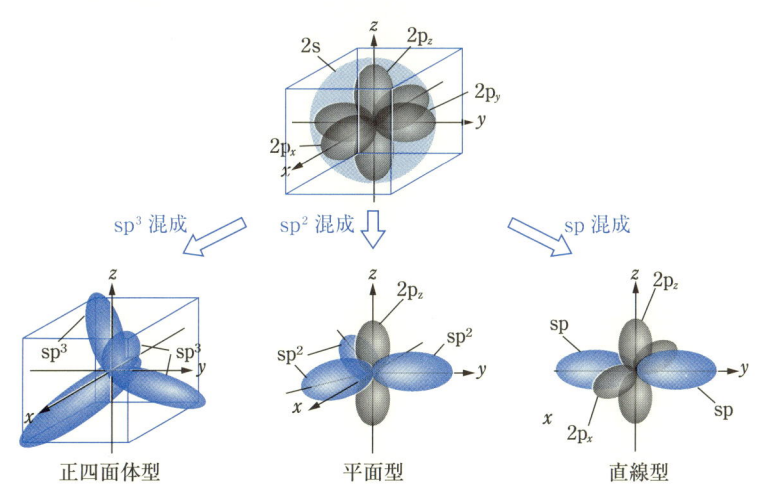

図3.11 2s，2p軌道からつくられる混成軌道の模式図。左のsp^{3}混成では2s軌道と2p軌道3つが混成し，4つの等価な軌道ができる。4つのsp^{3}軌道はCH$_4$の4つのCH結合軌道の形成に使われる。同様に中央は2s軌道と2つの2p軌道から3つの等価な軌道がsp^{2}混成により構成され，その3つの軌道が平面型になるようすを表している。右は2s軌道と2p$_y$軌道がsp混成により直線上の2つの等価な軌道になるようすを表している。

混成軌道の考え方は特に有機化合物の構造を考える上で便利なものである。しかしこれは，原子軌道を基に分子軌道を考えたときの概念的なもので，C原子の状態で混成軌道をつくる訳ではないことに注意しよう。

3.2.5 （発展項目）π軌道の共役

発展的内容として，1つの分子の中に2つ以上のπ結合（二重結合）がある場合を考えてみよう。**1,3-ブタジエン**分子は右に示したように，二重結合と単結合が交互に並んだ平面構造(planar structure)をとっている。二重結合の結合距離は135 pmでエチレンとほぼ同じであるが，単結合の結合距離は147 pmとエタンやプロパンのCC結合距離（154 pm）に比べると短くなっている。これは，ブタジエンのCC単結合が純粋な単結

1,3-ブタジエン

合でなく，二重結合性を帯びていることに由来する．別の見方をすると，2つの二重結合が独立ではなく，その間に相互作用が働いていると考えることができる．以下説明をしよう．

4つのC原子はsp²混成をとってC-C間のσ軌道を形成する．各C原子の残りの2p軌道から二重結合をつくるπ軌道が形成される．分子軌道を求めると，図3.12に示したように，4種類のπ軌道が得られる．図中の軌道はエネルギーが低い順に(1)〜(4)まで並べてある．エネルギーが高くなるにつれて，図中に示した節面の数が増えていく．(1)の軌道を見るとわかるように，構造式で書くと単結合になっている部分も含めて，炭素鎖全体にπ軌道が広がっていることがわかる．このため，1,3-ブタジエンの中心の単結合は純粋な単結合ではなく，π軌道の影響で少し二重結合性を帯びるために結合距離が短くなっていると理解される．このように，π軌道が炭素鎖全体に広がることをπ軌道が**共役** (conjugate) するという．

このようなπ軌道の共役はさらに炭素鎖が伸びても同様に起こる．図3.13のような構造をもつ分子を**共役ポリエン**（ポリはたくさんという意味）とよぶ．共役ポリエンにはニンジンの赤色の基になるβ-カロテンや視覚で重要な働きをするレチナールなど身近な分子もあり，光を吸収するなどの興味ある性質をもっている．詳細はWeb補足に紹介している．

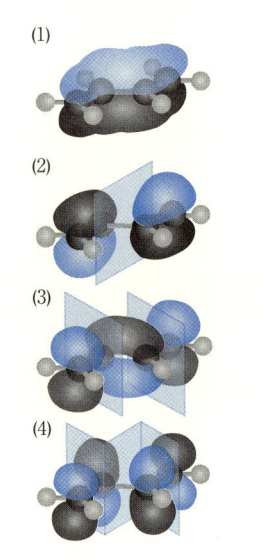

図3.12 1,3-ブタジエンのπ軌道

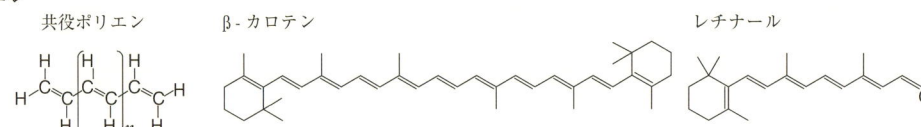

図3.13 共役ポリエンの例

3.3 分子の状態とエネルギー

ここまで，主に分子軌道による化学結合の取り扱いを見てきた．これから先，分子の化学的性質を考える際には分子の電子状態とそのエネルギーについて知っておく必要がある．この節では分子がどのような状態をとるのかについて考えていく．

3.3.1 分子の電子状態

分子の状態は分子の中の電子の分布（電子の運動に対応する）と分子自体の運動（主として核の運動）で表される．まずは電子の分布（**電子状態**, electronic state）から見ていこう．

前節で，分子軌道の概念を説明したが，この分子軌道に電子を入れていくことで，分子における電子の状態を表すことができる．原子軌道の場合と同様に，**パウリの排他則**にしたがって，1つの軌道に最大でスピン状態が異なる2つの電子が入る．原子の場合と同様に，分子軌道への電子の入り方（**電子配置**）が異なると，分子がもっているエネルギーや分子の性質が異なってくる．電子配置が違う状態は**電子状態**が異なるという．電子配

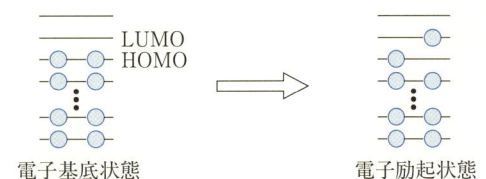

図3.14 電子状態における電子配置の例

3.3 分子の状態とエネルギー

置に応じてたくさんの電子状態が存在するが,最もエネルギーが低い,つまり最も安定な電子状態を**電子基底状態** (electronic ground state) とよぶ。それに対して,エネルギーが高い電子配置をもつ電子状態を**電子励起状態** (electronic excited state) とよぶ。電子状態の違いは原子核のまわりの電子の分布の違い,つまり電子の運動の状態が違うことに対応している。

図 3.14 の左側は,分子軌道のエネルギーが低い所から順に 2 個ずつ電子が詰まっているので,全体のエネルギーは最も小さくなる。この状態が電子基底状態である。この時,電子が入っている分子軌道の中で,エネルギーが最も高い軌道を,**最高被占軌道**(HOMO)とよぶ。また,電子が入っていない分子軌道の中で,もっともエネルギーが低い軌道は**最低空軌道**(LUMO)とよばれる[*1]。図 3.14 右側のように,電子基底状態で HOMO にあった電子が LUMO へと移動した電子状態は最もエネルギーの低い電子励起状態であるが,これを**第一電子励起状態**という。電子基底状態とのエネルギー差は化学結合のオーダーである。これは,化学結合が電子によって形成されていることに対応している。

[*1] HOMO は highest occupied molecular orbital, LUMO は lowest unoccupied molecular orbital の略語である。

3.3.2 分子の運動

次は分子の運動(構造の変化)を取り上げよう。皆さんは,たとえば水分子の二等辺三角形構造はがっちりとしたものであると思っているかもしれない。しかし,分子における核間距離や結合角はある平均値の付近で微小な変動をしている。便覧などに書いてある分子の構造は,変動している構造の平均値である。平均構造のまわりでの原子核の位置の微小変化を**分子振動** (molecular vibration) とよぶ。原子核がバネでつながったものをイメージするとよいだろう。バネに相当するのが,電子による化学結合である。ミクロな世界では分子の振動もとびとびのエネルギーをとる[*2]。

地球温暖化問題で CO_2 が温暖化ガスとして注目されている。CO_2 の振動は図 3.15 に示したような 4 つの動きの組み合わせで表すことができる。それぞれの動き(**振動モード** vibrational mode とよぶ)は固有の振動数 ν(単位は s^{-1})をもっており,そのエネルギーは光の場合と同様に $E=h\nu$ で与えられる。**分子振動のエネルギーは 0.1〜50 kJ mol^{-1} 程度であり,電子状態のエネルギーに比べると 1〜3 桁も小さい**。分子振動に対応する光の波長は 2.5〜100 μm の赤外領域 (infrared region) にあたり,光の波数で表すと 10〜4000 cm^{-1} となる。分子振動のエネルギーは慣習的に波数 (wavenumber) で表す場合が多い[*3]。CO_2 の各振動モードの振動エネルギーも図中に示している。

[*2] 分子振動の良いモデルに調和振動子がある。調和振動子については,Web 補足で説明している。

[*3] 振動エネルギーを波数単位で表したものを $\tilde{E}$, ジュール単位で表したものを E とすると $E=hc\tilde{E}$ となり,比例関係になる。したがって,波数をエネルギーの単位として用いることができる。波数の単位である cm^{-1} は wavenumber あるいは reciprocal cm と読む。

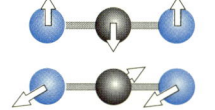

(a) 対称 CO 伸縮振動
1333 cm^{-1} (16 kJ mol^{-1})

(b) 逆対称 CO 伸縮振動
2349 cm^{-1} (28 kJ mol^{-1})

(c) 変角振動
667 cm^{-1} (8 kJ mol^{-1})

図 3.15 CO_2 分子の振動モードにおける各原子の動きと振動エネルギー

> **【例題 3.2】** 分子の振動エネルギーはどのくらいの大きさなのか？
> 例として CO_2 分子の逆対称 CO 伸縮振動を考えてみよう。この振動のエネルギーは図 3.15 にあるように約 28 kJ mol^{-1} である。つまり 1 mol の CO_2 分子がこの振動をすると 28 kJ になるということである。このエネルギーで 1 リットルの水の温度は何度上昇するだろうか？ 1 atm，20 ℃の水の定圧熱容量は 4.2 J K^{-1} g^{-1} とする。
>
> **【解答】** 与えられた定圧熱容量は，1 リットルつまり 1 kg の水の温度を 1 K 上昇させるために 4.2 kJ のエネルギーが必要であることを表している。したがって，CO_2 分子 1 mol あたりの逆対称 CO 伸縮振動のエネルギーである 28 kJ のエネルギーを使うと，28 kJ ÷ 4.2 kJ = 6.66⋯ つまり，1 リットルの水の温度を約 6.7 ℃ 上昇させることができる。皆さんがどのくらいの温度上昇を予想していたかわからないが，思ったよりも温度が高くなると感じた人が多いのではないだろうか。

気体分子が示すこの他の運動には，並進運動と回転運動がある。**並進運動** (translational motion) とは分子が空間の中を飛び回る直線運動であり，第 2 部で取り扱う。**回転運動** (rotational motion) とは分子が構造を変えないで空間内で向きを変える運動である。図 3.16 に示したように，並進，回転運動はマクロな物体の運動と同じでイメージしやすいであろう。回転運動のエネルギーは分子の構造に関係しているが，その詳細は専門の教科書を参考にしてほしい。

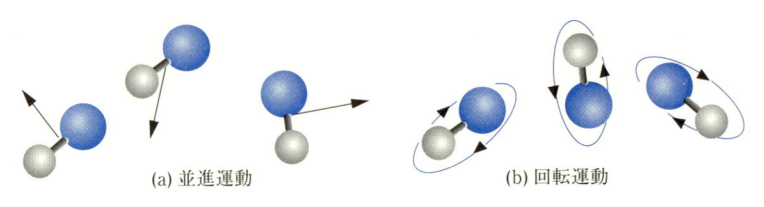

(a) 並進運動   (b) 回転運動

図 3.16 並進運動と回転運動のイメージ

並進・振動・回転および電子の運動は，対応するエネルギーの大きさが大きく異なる（図 3.17）。これらのうち，室温程度の熱エネルギー (thermal energy) で状態がかわるものは，並進と回転運動である。第 2 部で分子集団の状態を考える際には，分子の並進・回転の効果を主として考えることになる。

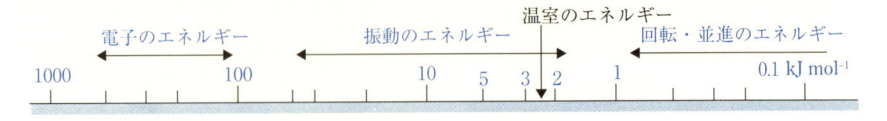

図 3.17 各種エネルギーの大きさ

3.3.3 分子による光の吸収と放出

(a) 吸収分光法

第 1 章で水素原子の発光スペクトルの例を紹介したが，分子も光の吸収や放出でその状態が変化する。状態の変化を知る測定方法の一つが**吸収分光法** (absorption spectroscopy) である。図 3.18 にその概念図を示した。

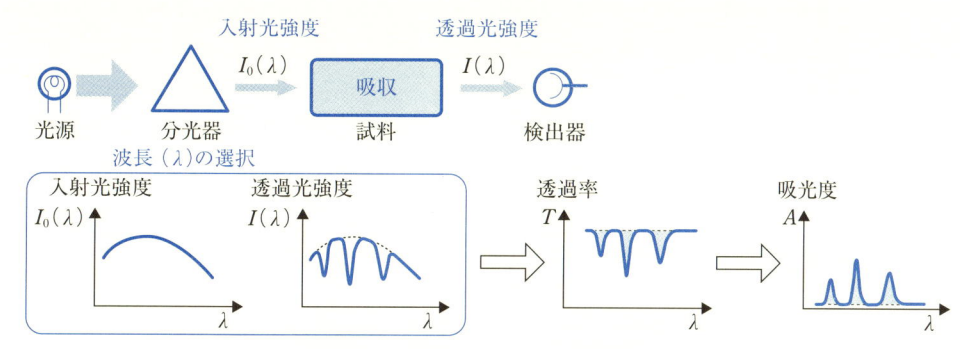

図 3.18 吸収スペクトルの測定原理

広い波長分布をもつ光源から出た光は分光器 (monochromator) によって波長を選択された後，試料が入ったセルへ導入される。試料に入る前の光の強度を入射光強度 $I_0(\lambda)$ とする（強度は波長 λ の関数である）。試料は気体の場合もあれば，液体，固体の場合もある。試料を通り抜けた後の強度（透過光強度，intensity of transmitted light）を $I(\lambda)$ とする。試料によって光の吸収が起こった場合は $I(\lambda) < I_0(\lambda)$ となる。入射光強度 (intensity of incident light)，透過光強度を波長に対してプロットすると，図 3.18 下段の左側の 2 つのグラフとなる。この 2 つを比較することでも，吸収の有無を知ることはできるが，よりわかりやすくするために，透過率 $T = I(\lambda)/I_0(\lambda)$ でプロットしたり，さらに**吸光度** (absorbance) とよばれる $A = -\log T$ を縦軸にしてプロットしたりする場合が多い。原子や分子による光の吸収では**ランベルト - ベールの法則** (Beer-Lambert law) とよばれる関係がある。

$$\frac{I(\lambda)}{I_0(\lambda)} = 10^{-\varepsilon(\lambda)cl} \quad \text{あるいは} \quad A = \log\left(\frac{I_0(\lambda)}{I(\lambda)}\right) = \varepsilon(\lambda)\,c\,l \tag{3-1}$$

ここで，$\varepsilon(\lambda)$ は**モル吸光係数** (molar absorption coefficient) とよばれ，分子がどの波長でどのくらい光を吸収するかを表す量である。c は試料の濃度，l は試料セルの長さ，つまり光路長 (path length) である。吸光度 A は (3-1) 式からモル吸光係数に比例する量であることがわかる。吸光度でプロットすると吸収のない波長では $A = 0$ なのでピークがわかりやすい。

(b) 電子状態間の光吸収

一般に分子の電子状態の変化に伴って吸収，放出される光の波長は，可視から紫外領域に対応する。たとえば，ベンゼン C_6H_6 分子は図 3.19 に示したように紫外領域 (ultraviolet region) の波長の光を吸収する。図中のピークは分子振動に関係した構造であり，電子状態の変化としては，どれも電子基底状態から第一電子

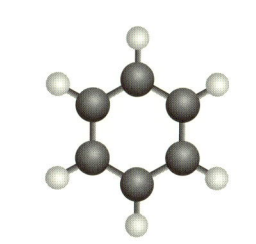

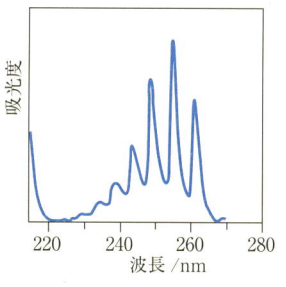

図 3.19 ベンゼン分子とその吸収スペクトル

*1 光吸収などによって分子の状態が変化することを「遷移する」という。

*2 ベンゼン環のπ軌道と置換基の軌道が共役すると300 nm よりも長波長に吸収がシフトする場合がある。

励起状態への**遷移**(transition)*1 である。ベンゼン環などの特徴的な構造(官能基, functional group, という)は, それ自体が特有の波長領域の吸収を示すため, 吸収スペクトルから分子の中にどのような官能基が含まれているかについての情報が得られる。たとえばトルエンなどのベンゼン誘導体では 300 nm から短波長の紫外領域に強い吸収を示すものが多い*2。

分子が複雑になっても特徴的な吸収を示すものは多い。例としてクロロフィル(chlorophyll)の吸収波長を図に示した。クロロフィルの可視光(visible light)の吸収によって植物の**光合成**(photosynthesis)が開始されるため, 光吸収は非常に重要な過程である。図3.20にクロロフィルのうち広く植物に存在するクロロフィル a の構造と吸収スペクトルを示した。スペクトルには 650 nm から 700 nm あたりと 450 nm 付近より短波長側の 2 か所に特徴的な吸収が現れている。可視光のうち 500 nm から 550 nm にかけての緑の光が吸収されず反射されることが, 植物が緑に見える理由となっている。

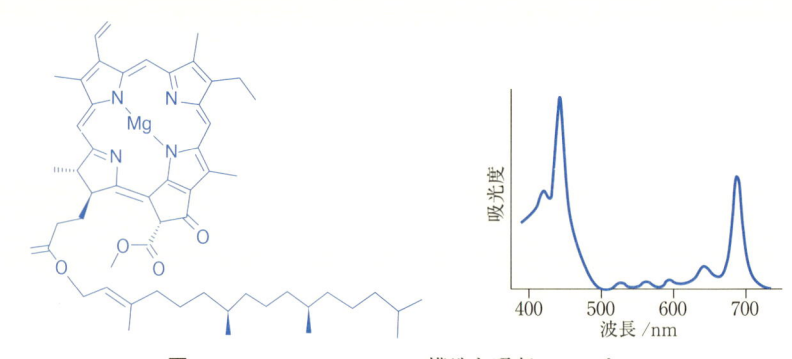

図 3.20 クロロフィル a の構造と吸収スペクトル

(c) 光吸収による分子振動の変化

次に, 分子の振動についてみてみよう。振動状態の変化で吸収や放出される光の波長は赤外領域にあたり, そのエネルギーは熱エネルギーの大きさである*1。CO_2 が**地球温暖化**(global warming)問題における温室効果(greenhouse effect)を示すのは, 地球からの赤外線の放熱をその振動に吸収して, 再び地上の空気を暖めるためである。詳しくは第 12 章で紹介する。

分子振動の振動数(エネルギー)は分子の中の部分的な構造(たとえば CH 結合, C−C 単結合, C=C 二重結合や, カルボニル基 C=O, メチル基 CH_3, アミノ基 NH_2 などの**官能基**。)に関係している。したがって, 分子の振動数を測定することで, 分子の中にある官能基を知ることができる。

その例として, 図 3.21 にアセトン, 2-プロパノールの分子構造と赤外吸収スペクトル(infrared absorption spectrum)を示した。図の横軸は赤外光の波数であるが, 分子振動の波数に対応する。スペクトルを見ると, ある限られた波数のところでだけ吸収が起こっていることがわかる。アセトンと 2-プロパノールは構造が似ているが, 中央の CO 部分が C=O 二重結合か C−O−H の単結合になっているかが異なっている。それに応じてアセトンではカルボニル基の CO 伸縮が

*1 熱エネルギーは 300K では約 2.5 kJ mol^{-1} となる。波数で表すと 200 cm^{-1} 程度である。

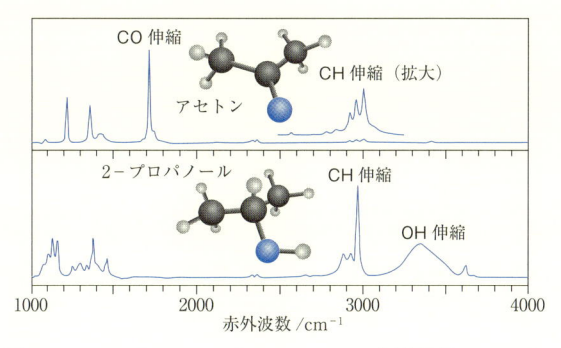

図 3.21 アセトン，2-プロパノールの赤外吸収スペクトル

1700 cm^{-1} 付近に強く表れているのに対し，2-プロパノールでは 3000 cm^{-1} より高波数側に OH 伸縮振動 (stretching vibration) の信号が現れている。どちらの分子も CH$_3$ 基をもっているが，その振動は，どちらも 3000 cm^{-1} 付近のほぼ同じ位置に現れている。このように分子の構造に特有の振動は，分子が異なってもほぼ同じ波数を示すため，分子振動の測定は分子の中の官能基などの部分的な構造の存在を確認するために用いられる。詳細はより専門的な教科書を参考にしてもらいたい。

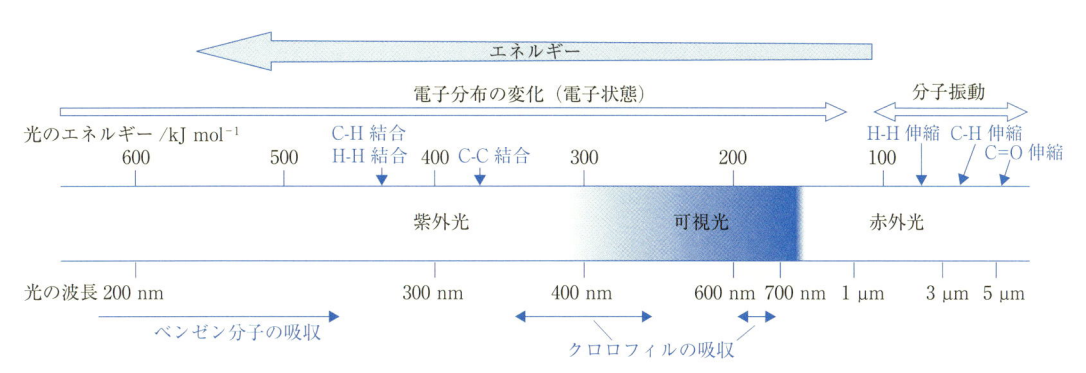

図 3.22 光のエネルギーと分子の状態変化，吸収波長の関係。図の横軸はエネルギーに比例し，左へ行くほどエネルギーが大きくなる。

この節のまとめとして光のエネルギーと分子の状態や吸収波長の関係を図 3.22 に示した。上述のベンゼンの電子状態に関わる紫外吸収と振動に関わる赤外吸収では，光の波長やエネルギーが大きく異なっている。図には代表的な C-C 単結合や水素分子の結合エネルギーも示した。電子分布の変化に対応する紫外・可視吸収のエネルギーが結合エネルギーに相当することがわかるだろう。

3.4 分子の電気的性質

共有結合では，結合 1 本当たり 2 つの電子が 2 つの原子の間で共有されている。2 原子分子，たとえば H$_2$，N$_2$ や F$_2$ 分子は 2 つの原子核が等しいので**等核 2 原子分子** (homonuclear diatomic molecule) とよばれる。等核 2 原子分子では 2 つの原子核における内殻の電子の分布も等しいので，共有されている電子の分布

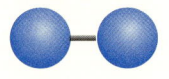

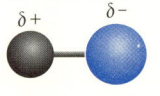

等核2原子分子

異核2原子分子
δ+ δ−

分子の極性を部分電荷で表す。

は2つの原子核に対して対称に分布している。

一方，HF分子のように異なる原子からなる2原子分子を**異核2原子分子** (heteronuclear diatomic molecule) とよぶ。2つの原子核がもつ正電荷の大きさは異なるが，分子全体の正電荷の大きさ（2つの原子核の正電荷の和）と負電荷の大きさ（電子の合計数）は等しいのでHFのような異核2原子分子でも分子全体は電気的に中性である。しかし，共有されている電子が2つの原子核から受けるクーロン引力が異なるために，分子内の電子の分布に偏りが生じる。この電気的な偏りが生じることを結合が**分極する** (polarize) といい，分子全体に電気的な

> **コラム　分子構造の決定方法**
>
> 現在，2原子分子から分子量が数万におよぶタンパク質に至るまで非常に多くの分子や分子集合体の結合距離や結合角などの分子構造が決定されている。1つ1つの化学結合の長さは100〜150 pm程度なので，普通の顕微鏡（光学顕微鏡とよぶ）ではどんなに倍率を上げても結合を直接見ることはできない。第1章のコラムで紹介したような特殊な装置を用いる必要がある。分子の構造を決定する手法の1つとして用いられているものに，**X線結晶構造解析法** (X-ray crystallography) がある。これは光の波の性質を利用したもので，分子が整列した結晶にX線を当てると分子中の各原子でX線が散乱され，その散乱された波の干渉パターンから原子の配列を決定するものである。図3.23にX線結晶構造解析で求められたアミノ酸の1つであるヒスチジンの結晶中の分子配列の図を示している。 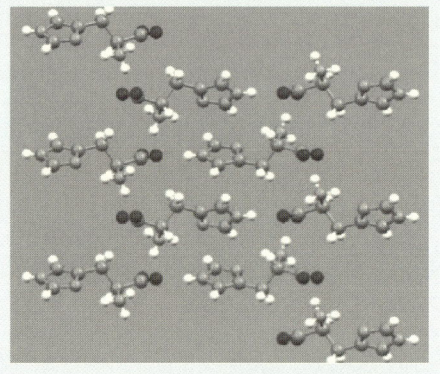
>
> **図3.23　ヒスチジン結晶中の分子配列**
>
> 液体や気体のように動き回っている分子に対してはX線結晶構造解析法の適用は難しい。液体や気体中の分子の状態を調べるためには，分子による光の吸収や放出を利用した分光学的手法や気体電子回折法 (electron diffraction)[*1] などが用いられている。分光学的手法はレーザー技術の進歩により，10^{-13}〜10^{-15}秒の非常に短い時間の原子や分子の挙動を調べることができるようになってきている。
>
> 理論的には分子構造は分子軌道計算[*2]によって求めることができる。近年，コンピューターの性能の飛躍的な向上と計算技術の進歩によって，かなりの精度で分子構造を求めることができるようになった。現在では，ソフトウェアの開発も進み，理論化学の専門家でなくても比較的簡単に計算することができるようになっている。今では上述のような実験と理論計算の両者を併用することによって，分子構造が決定されている。

*1　電子線回折法とも呼ばれていた。

*2　分子軌道計算 (molecular orbital calculation) については，Webに掲載する。

3.4 分子の電気的性質

偏りがあることを分子が**極性** (polarity) をもつという。この偏りを表すために少しだけ部分的に電荷が生じているという意味で，右図のように元素記号に $\delta+$，$\delta-$ とつけて書くことが多い。

共有結合を形成したときに，各原子核がどのくらい共有電子を引き付けるかを表す量として，**電気陰性度** χ (electronegativity) が定義されている。各原子の電気陰性度を表に示した。電気陰性度は，マリケンの定義[*1]とポーリングの定義の2通りの数値がよく用いられている。ポーリングの電気陰性度 χ_P は化学結合エネルギーを基に定義されたものである。異核2原子分子中の2つの原子の電気陰性度の値を比較すると，それらの原子間の共有結合における**分極** (polarization) を予想することができる。たとえば，アルカリ金属原子は比較的小さな値（$\chi_P < 1$）をもち，ハロゲン原子は大きな値（$\chi_P > 3$）をもつため，電子はハロゲン原子のほうに引きつけられ，これらの間の結合は大きな極性をもつ。すなわち，ハロゲン原子が $\delta-$，アルカリ金属原子が $\delta+$ の部分電荷をもって分極することになる。

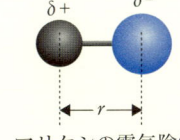

*1 マリケンの電気陰性度はイオン化エネルギー (I) と電子親和力 (E_{ea})（それぞれ eV 単位）を用いて，
$$\chi_M = \frac{I + E_{ea}}{2}$$
と定義される。

表 3.1 ポーリング (Pauling) の電気陰性度 χ_P

H 2.20							He —
Li 0.98	Be 1.57	B 2.04	C 2.55	N 3.04	O 3.44	F 3.98	Ne —
Na 0.93	Mg 1.31	Al 1.61	Si 1.90	P 2.19	S 2.58	Cl 3.16	Ar —
K 0.82	Ca 1.00						

出典　化学便覧 基礎編　改訂5版

電磁気学ではある距離だけ離れた正負の電荷の間に生じる電気的な偏りを**電気双極子** (electric dipole) とよぶ。異核2原子分子は，多かれ少なかれ結合に分極を生じるため，電気双極子をもっている。電気双極子は電荷と同様に電磁気的な相互作用を生じるので，後に学ぶ分子間の相互作用を考える際に重要な因子となる。電気双極子の大きさを μ とすると，μ は部分電荷 (partial charge) δ と核間距離 r の積で与えられる。

$$\mu = \delta r \tag{3-2}$$

したがって逆に，電気双極子の大きさと核間距離がわかっていれば部分電荷を求めることができる。また，**多原子分子** (polyatomic molecule) の場合は，各結合における双極子モーメントをベクトル的に足し合わせると分子全体の双極子モーメントを求めることができ，メタンのように対称性の良い分子は双極子モーメントをもたない。表 3.2 にいくつかの分子の双極子モーメントの大きさをまとめた。

表 3.2　分子の電気双極子モーメント（$\mu / 10^{-30}$ C m）

分子式	μ	分子式	μ	分子式	μ
HF	6.09	H_2O	6.19	CH_4	0
HCl	3.70	NH_3	4.91	C_2H_4	0
HBr	2.76	NF_3	0.78	BF_3	0

出典：化学便覧 基礎編 改訂5版に記載の値から単位を変換して掲載した。

【例題 3.3】 2原子分子の分極はどのくらいイオン的なのか？
異核2原子分子の部分電荷の大きさを電子の電荷と比較すると，結合がど

のくらいイオン性をもっているかを見積もることができる。HF 分子の結合距離は 91.7 pm であることを用いて，部分電荷 δ を求めてみよう。

【解答】 HF 分子の電気双極子モーメントの大きさは表 3.2 に与えられているように，$\mu = 6.09 \times 10^{-30}$ C m である。(3-2) 式を用いると，

$$\delta = \frac{\mu}{r} = \frac{6.09 \times 10^{-30} \text{Cm}}{91.7 \times 10^{-12} \text{m}} = 6.64 \times 10^{-20} \text{C}$$

と求めることができる。この部分電荷の値は，電子の電荷 1.60×10^{-19} C と比較すると，41.5% に相当することがわかる。つまり，HF 分子の共有結合は 4 割強のイオン性をもっているということができる。HCl 分子の場合は，結合距離が 128 pm であるので，同様に部分電荷を求めると，$\delta = 2.89 \times 10^{-20}$ C となり，イオン性は 18.1% であり，HF のイオン性がかなり高いことがわかる。

3.5 分子の間に働く力

3.5.1 分子間相互作用

ここまでは分子 1 個を考えてきたが，実際の物質中には非常に多数の分子が存在しており，それら分子と分子の間には **分子間相互作用** (intermolecular interaction)[*1] が働いている。原子から分子が生成するときも，原子核と電子の間の引力，電子と電子の間の反発力によって，結合に関わる軌道が決定されていた。分子間に働く力の源も分子のもつ電気的磁気的な性質による。磁気的な相互作用は弱いので，ここでは電気的な性質による分子間相互作用を紹介する。

分子あるいは原子が電荷をもっているかどうか，すなわちイオン（カチオン，アニオン）であるかどうか，中性分子の場合でも **極性分子** (polar molecule) であるかどうかによって分子（原子）間に働く相互作用の大きさは大きく異なる。また，分子間の距離や向きにも依存する。表 3.3 に代表的な分子間相互作用のエネルギーをまとめている。

*1 分子間相互作用と分子間力は同じような意味で使われることがあるが，分子間相互作用は分子と分子が近づくことにより生じるポテンシャルエネルギーを表す。一方，分子間力はまさに分子と分子の間に働く力を表す。分子間相互作用を分子間距離で微分すると分子間力となる。

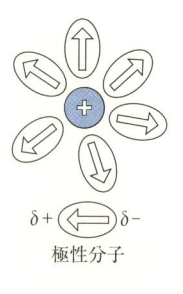

表 3.3 分子間相互作用の代表的エネルギー

相互作用のタイプ	エネルギー / (kJ mol^{-1})	相互作用のタイプ	エネルギー / (kJ mol^{-1})
イオン―イオン	250	分　散	2
イオン―双極子	15	水素結合	20
双極子―双極子	0.3		

分子間相互作用の例をいくつか紹介しよう。塩化ナトリウムなどの塩を水に溶かすと電離して，カチオンとアニオンが生成する。カチオンとアニオンの間には非常に強いクーロン引力が働くので，そのままでは再び結合して塩に戻るはずである。しかし，実際には右図のようにカチオンやアニオンの周りに **イオン―双極子相互作用** (ion-dipole interaction) によって水分子が取り囲んでいるために，再

$\delta+ \Leftarrow \delta-$
極性分子

結合 (recombination) をおこさず溶液中にイオンとして存在できる。

電荷も電気双極子も持たない無極性中性分子間にも働く相互作用が**分散相互作用** (dispersion interaction) である。無極性分子 (nonpolar molecule) の近くにイオンや極性分子が近づくと，それらの電気的な力で一時的な電気双極子が無極性分子に生じる。この一時的な電気双極子は**誘起電気双極子** (induced electric dipole) と呼ばれる。2つの無極性分子が近くにあるとき，一方の無極性分子にたまたま誘起電気双極子が生じるとその双極子によって，もう一方の分子にも誘起電気双極子が生じる。その間の相互作用が**分散相互作用**であり，この相互作用による力は**分散力** (dispersion force)[*1]または最初にこの力を明らかにした研究者にちなんで**ロンドン力** (London force) と呼ばれる。

*1 ファンデルワールス力は分散力と同義に用いられることが多いが，元々実在気体の状態方程式のために導入されたもので，狭義には閉殻分子間に働く引力を指す。

3.5.2 レナード・ジョーンズポテンシャル

分子間には上で紹介したような相互作用が総合的に働いている。電荷をもたない中性分子の分子間相互作用の距離依存性は，特別なものを除いて同じ振る舞いとなることが解っている。分子どうしが離れていると相互作用の大きさは当然小さくなり，十分に離れた距離では0となる。分子どうしが近づいてくると，徐々に引力的相互作用が大きくなる。**引力的相互作用** (attractive interaction) は負の値で表される。分子どうしが更に近づいてくると，分子を取り囲む電子どうしの反発が大きくなる。この**反発的相互作用** (repulsive interaction) は分子間距離 (intermolecular distance) に対して急激な変化を示す。この振る舞いを図3.24に表した。この変化をよく表す関数として，**レナード・ジョーンズポテンシャル** (Lennard-Jones potential) が知られている。

$$V(r) = 4\varepsilon\left\{\left(\frac{\sigma}{r}\right)^{12} - \left(\frac{\sigma}{r}\right)^{6}\right\} \tag{3-3}$$

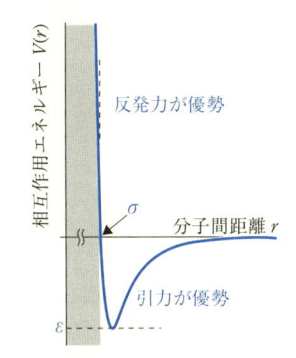

図3.24 レナード・ジョーンズポテンシャル

この式は分子間距離 r の -12 乗で表される反発的相互作用と r の -6 乗で表される引力的相互作用の和で全体の相互作用が表されており，式中の ε はポテンシャルの深さを，σ は相互作用が近距離で0になる距離を表している。分子間距離が σ よりも小さいと反発力が優勢で分子がそれ以上近づくことができない距離とみなすことができる。

分子の大きさは電子が分布をもっているため，厳密に決めることはできないが，反発力でこれ以上近づくことができない距離 σ も分子の大きさの1つの目安となる。表3.4にいくつかの原子・分子のレナード・ジョーンズパラメーターをまとめた。

表3.4 種々の原子・分子のレナード・ジョーンズパラメーター
(ε の単位は kJ mol^{-1}，σ の単位は pm)

分子	ε	σ	分子	ε	σ	原子	ε	σ
H$_2$	0.496	283	CO	0.762	369	He	0.085	255
N$_2$	0.594	380	CO$_2$	1.62	394	Ne	0.273	282
O$_2$	0.887	347	CH$_4$	1.24	376	Ar	0.776	354

出典：Reid, Prausnitz, Poling, "The Properties of Gases & Liquids, Fourth Edition", 1988

3.5.3 水素結合

最後に分子間相互作用の中でも特に強い**水素結合** (hydrogen bond) を紹介しよう。電気陰性度の高い原子 (O, N, F など) の間に水素原子が介在するもので，OH⋯O や OH⋯N と表されることが多い。水の性質が他の有機溶媒と異なる理由の1つに水分子間の水素結合が挙げられる。水素結合は先に示した分子間相互作用に比べると分子間距離が近いところでのみ生じ，分子の向きにも大きく依存することがその特徴である。

たとえば，水分子間の水素結合では O−H⋯O の角度が 180°に近いほど相互作用が強くなる。水分子は非共有電子対を2つもち，水素結合をすることができる水素原子も2つもっているため，図 3.25 に示したようにたくさんの水が水素結合で複雑につながったネットワーク構造 (network structure) を取ることが知られている。代表的な水素結合のエネルギーは 20 kJ mol^{-1} であり，先に示した分子間相互作用と比べると強い分子間相互作用である。しかしながら，一般的な共有結合（単結合）のエネルギー（200 − 500 kJ mol^{-1}）と比べると1桁以上小さい。

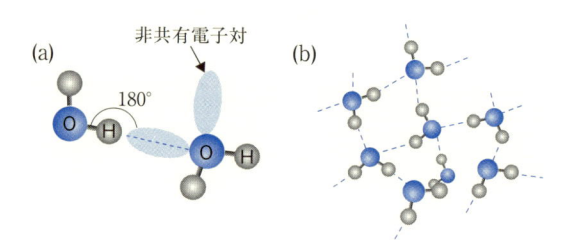

図 3.25 (a) 水素結合および (b) 水素結合ネットワークの模式図

水の結晶である氷は，図 3.26 に示すように，典型的な水素結合骨格をもっている。図からもわかるように，結晶内部にはかなり大きな空間があり，水分子は最密の充填にはなっていない。大多数の物質では固体の方が液体より密度が大きいのに対し，水は 4℃の液体が最大の密度をもつことはよく知られているが，その理由は，このような結晶構造にある。氷の密度が液体より低いことによって，水は表面から凍ることになる。このため，海や湖沼の深部は比較的暖かく，水中生物にとっては理想的な環境を提供している。

水素結合は，生体にとって非常に重要な働きをしているが，典型的なものは DNA の構造である。これについては以下のコラムおよび 14 章に詳しく記述されている。

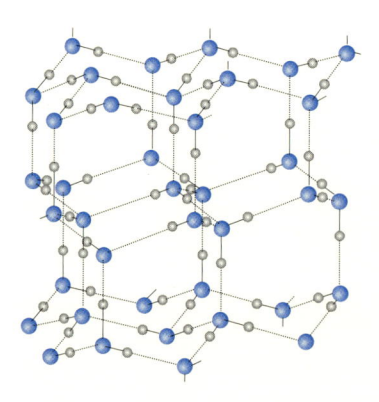

図 3.26 水素結合が骨格を作る「Ice-I」の結晶構造

コラム　生体内で働く水素結合

　水素結合が働く重要でよく知られた例はDNAの二重らせん構造である。図にDNAの二重らせん構造の模式図を示した。DNAはリン酸とデオキシリボースとよばれる糖がつながった鎖になっており，デオキシリボースには4種類の核酸塩基（チミン，アデニン，シトシン，グアニン）のいずれかが結合している。図3.27 (a)のように，チミンとアデニン，シトシンとグアニンが向かい合って2本または3本の水素結合を形成する。水素結合が近距離の相互作用で向きに大きく依存する性質であるため，この組み合わせのみが選択的に結合する。DNAは，この核酸塩基間の水素結合で結合した2本の鎖（図3.27 (b)）がさらにねじれた二重らせん構造をつくっている（図3.27 (c)）。水素結合が生体内で重要な役割を果たす一因にその結合エネルギーの大きさがあげられる。生体内における分子間の構造・配置は時と場合に応じて変化する必要があり，柔軟でなければならない。水素結合は共有結合よりは十分に弱いけれど，分子間の構造・配置をある程度保つくらいには強いため，分子間の構造・配置に柔軟性を与え，生体内での機能に貢献している。

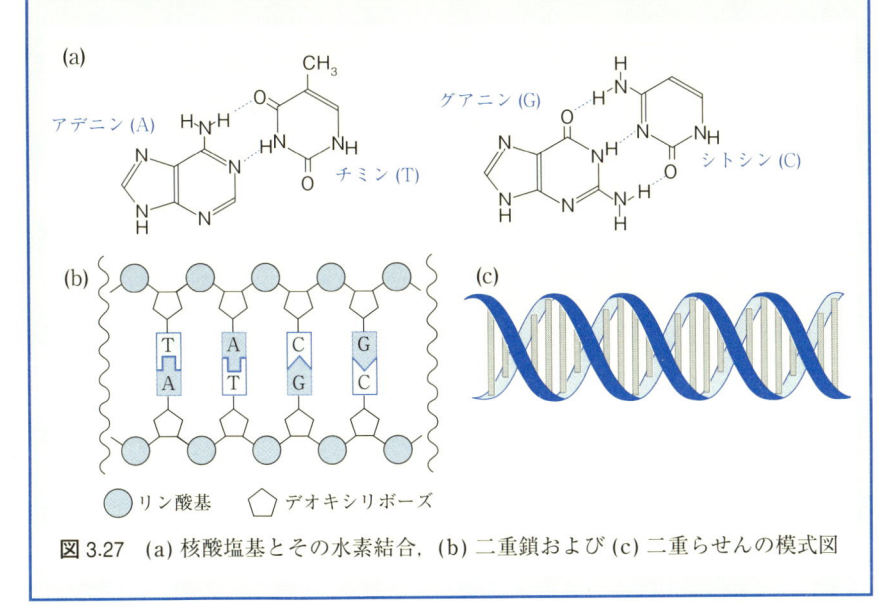

図3.27　(a) 核酸塩基とその水素結合，(b) 二重鎖および (c) 二重らせんの模式図

3章　章末問題

基礎的問題

3.1　F_2，HCl，N_2 のルイス構造式をかきなさい。

3.2　電子対反発に基づき，BF_3 の構造を推定しなさい。

3.3　電子対反発に基づき，NH_3 の構造を推定しなさい。

3.4　プロペン（プロピレン）C_3H_6，プロピン（メチルアセチレン）C_3H_4 に含まれる多重結合の種類を答えなさい。

3.5　HBrの双極子モーメントは $\mu = 2.76 \times 10^{-30}$ C m であり，核間距離は $r = 141$ pm である。HBrの部分電荷 δ を求めるとともに，結合のイオン性を求めなさい。

3.6　ヨウ素 I_2 分子の結合エネルギーは 149 kJ mol^{-1} である。ヨウ素分子が 500 nm の光を吸収したときに，結合の解離が起こるかどうか考えなさい。

3.7　二酸化炭素 CO_2 の逆対称 CO 伸縮振動の波数は 2349 cm^{-1} である。対応する赤外光の波長を求めなさい。

3.8 濃度が 0.010 mol dm^{-3} のある物質の吸収スペクトルを光路長 0.10 cm のセルを用いて測定したところ，500 nm の波長で吸光度が 0.3 であった。この物質の 500 nm におけるモル吸光係数（単位は dm^3 mol^{-1} cm^{-1}）を求めなさい。

3.9 水素分子の結合距離は 74 pm である。分子間距離が結合距離の 10 倍の 740 pm のときに H$_2$ 分子間に働く相互作用がどのくらいになるか，レナード-ジョーンズポテンシャルに基づいて計算しなさい。

発展問題

3.10 クロロホルム CHCl$_3$ の Cl-C-Cl 結合角はメタン CH$_4$ の H-C-H 結合角に比べてどうなるか予想しなさい。

3.11 プロピレン C$_3$H$_6$ の 3 つの C 原子軌道における混成のようすを説明しなさい。

3.12 アレン C$_3$H$_4$ の中心 C 原子の軌道の混成を説明しなさい。

3.13 1,3-ブタジエン C$_4$H$_6$ の π 軌道の概略図を下図に示した。これにならって 1,3,5-ヘキサトリエン C$_6$H$_8$ の π 軌道の概略図を節面の数と場所に注意してエネルギーの低いものからすべてかきなさい。

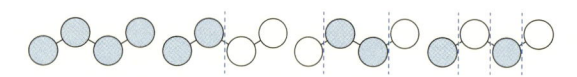

3.14 共役ポリエンの π 軌道エネルギーは 1 次元箱の中の粒子をモデルとして求めることができる。1,3-ブタジエンの平均の CC 結合距離を 139 pm とすると全体の炭素鎖の長さは 3×139 pm = 417 pm となる。これに，両端の炭素原子から外側に広がる軌道部分（結合距離の半分と考え，これの 2 つ分）を加えた 556 pm が 1 次元箱の長さ L に対応する。電子の質量を用いて，$n=1$ から 4 までの固有エネルギーを求めなさい。

3.15 H$_2$O 分子の双極子モーメントは 6.47×10^{-30} C m である。分子の双極子モーメントが 2 つの OH 結合部分の双極子モーメントのベクトル和で表されると考えたとき，OH 結合部分の双極子モーメントの大きさを求めなさい。ただし，H$_2$O の結合角を 104.5° とする。

3.16 NF$_3$ 分子の双極子モーメントは 0.78×10^{-30} C m であるが，BF$_3$ 分子の双極子モーメントは 0 である。いずれの結合も分極していることに注意して，双極子モーメントの違いを分子構造の観点から説明しなさい。

3.17 アントラセン C$_{14}$H$_{10}$ のモル吸光係数は 375 nm で $\varepsilon = 7.1 \times 10^3$ dm^3 mol^{-1} cm^{-1} である。光路長 0.10 cm のセルを用いた場合に 375 nm における透過率が $T = 0.5$ になるようにアントラセン溶液の濃度を調整したい。濃度を何 mol dm^{-3} にすればよいか計算しなさい。

3.18 共役ポリエンの電子基底状態から第一電子励起状態への遷移は HOMO の π 軌道から LUMO π 軌道への遷移に対応し，遷移エネルギーは HOMO と LUMO のエネルギー差に近似できる。1,3-ブタジエンの場合，この電子遷移は 217 nm に現れ，そのエネルギーは 9.15×10^{-19} J に相当する。3.14 の問題で求めた 1,3-ブタジエンの $n=2$ の固有状態が HOMO に，$n=3$ の固有状態が LUMO に対応する。3.14 の結果を用いて HOMO から LUMO への遷移エネルギーを計算し，実測値と比較しなさい。

3.19 (3-3) 式を用いて，レナード-ジョーンズポテンシャルの最安定点を与える核間距離を r_0 とすると，$r_0 = 2^{1/6}\sigma$，$V(r_0) = -\varepsilon$ となることを示しなさい。

第 2 部　原子・分子集団の世界

　第1部では原子と，複数の原子が結合してできる分子について学んできた。この第2部では多数の分子が集まった集団の性質について考えていきたい。序章4.2節で学んだように，個々の原子や分子に注目した場合と，多数の原子・分子の集団ではその振る舞いが異なる。序章では，落下する物体が床に衝突してその運動エネルギーを熱エネルギーに変えることはあっても，床に静止した物体が周りから熱エネルギーを吸収して飛び上ることはないという例を見たが，個々の分子のようなミクロな系では，ポテンシャルエネルギーと運動エネルギーの和が常に一定になるように運動し続ける。これは，個々の分子ではポテンシャルエネルギーと運動エネルギーがまったく等価で互いに変換可能である（双方向に変化できる）のに対して，分子の巨大集団を考えたときには，運動エネルギー　→　熱エネルギーという一方向の変化のみが起こることを表している。

　第4章では，分子集団における熱エネルギーとは何なのかについて考え，さらに第5章でなぜ逆向きの変化が起こらないのかについて詳しく見ていきたい。

　また，第2部後半では，4,5章の考え方を基礎として現実の物質の挙動についての理解を深める。6章では物質の三態と相変化，化学平衡，7章では希薄溶液の性質やコロイド，8章では結晶と界面の性質，吸着平衡などについて考える。

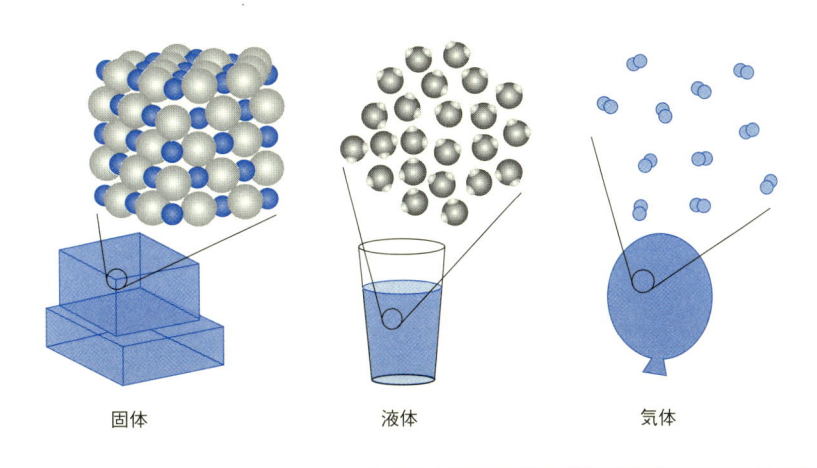

固体　　　　液体　　　　気体

4 エネルギーと変化

　水は高いところから低いところへ流れる。これは誰でも知っていることだろう。では，なぜ高いところから低いところへ流れようとするのかといえば，高い場所ほど地球の重力による位置エネルギー（ポテンシャルエネルギー）が大きいからである。いい換えると，分子集団においてはエネルギーの高いところから低いところへと物事は変化して行こうとするということである。この章では，エネルギーについて詳しく考えていきたい。

4.1　系と内部エネルギー

　この宇宙の中のある特定の部分を切り取って考えるとき，これを**系**（system）という。考えている系が，たとえばコップの中に入った水を考えたときのように，周り（**外界**）と物質（水分子）のやり取りが可能な場合，このような系を**開いた系**とよぶ。逆に，水の入ったコップにラップで蓋をして，物質の出入りをできなくしたような系は**閉じた系**とよばれる。閉じた系のうち，特に外界から完全に隔絶されており，物質（分子）の出入りも，エネルギーの出入りもできないとき，このような系を**孤立系**という。たとえば，コップの代わりに外部との熱のやり取りを完全に防ぐことのできる理想的な保温容器に入れて密封した水は孤立系にあるといえる。以降，この章では，簡単のため閉じた系について考えていくことにしよう。

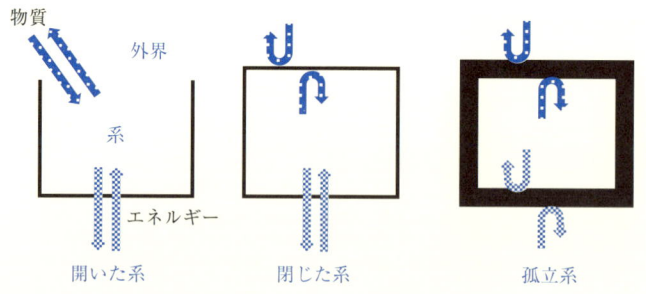

図 4.1　開いた系 (open system) では含まれている物質もエネルギーも外部とのやり取りが可能。閉じた系 (closed system) はエネルギーのやり取りのみ可能。孤立系 (isolated system) では物質もエネルギーも外部とのやり取りはできない。

内部エネルギー (internal energy)　　系がもっているエネルギーの総量を**内部エネルギー**とよび，記号 U で表す。ただし，たとえば注目している系が「ある速度で運動している金属の塊」のような場合，金属の塊全体の運動エネルギーは内部エネルギーの一部とは考えない。内部エネルギーとは，あくまで分子集団を形

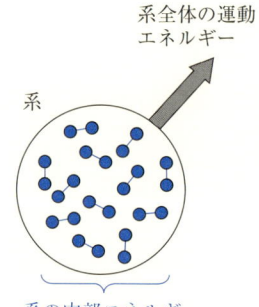

成する個々の分子のランダムなエネルギーである．固体，液体，気体を問わず，系が静止状態にあってもそれを構成する原子・分子は常に運動している．そのことによる運動エネルギーや，個々の分子の変形による分子内ポテンシャルエネルギー，さらに分子を構成する原子間の結合エネルギーなどの総和がその系の内部エネルギーである．核エネルギーなども内部エネルギーに含まれるが，化学では核反応を直接扱うことは少ないので，この教科書では考えないことにする．

熱エネルギー (thermal energy) 　上記の内部エネルギーのうち，熱の移動によってその大きさが変化するエネルギー，特に室温付近以下では主に熱運動[*1]によるものを，その系の**熱エネルギー**とよぶ．系が気体の場合は，熱エネルギーの実体は分子の重心の移動（並進）に伴う運動エネルギー，分子の回転に伴う回転エネルギー，分子の変形に伴う振動エネルギー[*2]であり，最後の振動エネルギーはさらに，振動運動による運動エネルギーと，変形による分子内ポテンシャルエネルギーからなっている．系が固体の場合は，構成原子の運動が束縛されているので，熱エネルギーは主に結晶全体の振動エネルギー（格子振動エネルギー）となる．

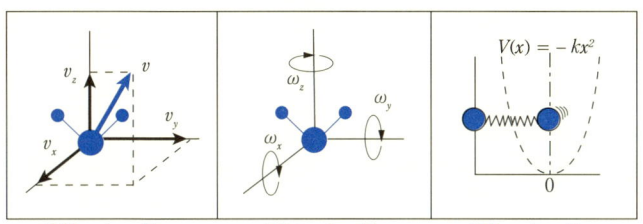

*1　熱平衡にある物質中で，温度の上昇によって激しくなる原子や分子の運動を熱運動とよぶ．したがって絶対零度ではすべての熱運動は止まってしまう．振動については絶対零度でも完全に止まることがなく，これをゼロ点振動とよぶ．ゼロ点振動は熱運動には含まれない．

*2　分子内振動のエネルギーは室温の熱エネルギー（2.5 kJ mol^{-1}程度）よりずっと大きいので，室温では分子内振動ほとんど基底状態にあって，熱エネルギーに寄与しない．一方，結晶全体の格子振動は低温でも励起されるので，熱エネルギーに寄与する．

並進エネルギー　　　　　　回転エネルギー　　　　　　振動エネルギー
(v は分子の重心の速度)　(ω は分子回転の角運動量)　(運動エネルギー ＋ ポテンシャルエネルギー)

```
           ┌ 外部エネルギー    系全体の運動エネルギーや回転エネルギー
           │                    ┌ 運動エネルギー
           │                    │ 回転エネルギー
           │            ┌ 分子 ─┤ 振動エネルギー ┌ 原子の運動エネルギー
           │ 内部エネルギー     │                 └ 原子間ポテンシャルエネルギー
           │            │       └ 原子間の結合エネルギー
           └            └ 分子間ポテンシャルエネルギー
```

4.2　仕事と熱

　エネルギー保存則は常に成り立つので，閉じた系の内部エネルギーの変化 ΔU は，系と外部とのエネルギーのやり取りによって生じる．この外部とやり取りされるエネルギーは，大きく分けて**仕事** (work) w と**熱** (heat) q に分類することができる．つまり，

$$\Delta U = w + q \tag{4-1}$$

となる．マクロな立場から熱を扱う学問領域を**熱力学** (thermodynamics) とよぶが，熱力学ではこのエネルギー保存則から導かれる関係を特に**第一法則** (the first law)とよぶ．ここで，仕事とは物体を力(force)に逆らって動かすときに必要なエネルギーのことである．もし，かかっている力が一定であれば，仕事は$w =$ (力F×移動した距離r) で与えられる．

たとえば，壁の一つの面だけが自由に動けるピストンになっているような容器の内部に入っている気体を一つの系とした場合を考えよう．外界の圧力(pressure)を一定に保ったまま，系の中の気体を暖めて膨張させたときの仕事を考えると，この仕事はピストンに加わっている力にピストンの移動距離をかければ求めることができる（図4.2）．圧力は，単位面積当りにかかっている力のことなので，外界の圧力Pによってピストンに加わっている力は，ピストンの断面積Aと圧力Pの積，$F = P \cdot A$となる．したがって，系の内部の気体が膨張(expansion)して，ピストンが距離rだけ移動するとき，系がされた仕事は

$$w = F \cdot r = P \cdot A \cdot r = -P\Delta V \tag{4-2}$$

である（ピストンの断面積Aに移動距離rをかけたものは，気体が膨張して変化した体積ΔVに他ならない）．また，式の右辺にマイナスがついているのは，系が膨張する（つまり，体積が増加する＝体積変化ΔVがプラスになる）ときに，系が外部に仕事をして系の内部エネルギーが減少することを表している[*1]（図4.3(a)）．

系の圧力が一定ではない場合でも事情は同じである．今度は，最初$(P, V) = (P_1, V_1)$から，最初の圧力P_1を保って$V_2 = V_1 + \Delta_1 V$まで膨張し，次いで体積を変えずに圧力をP_2に変化させた後，今度はP_2を保ったままで$V_3 = V_2 + \Delta_2 V$まで膨張する経路を考えよう．まず，最初の過程$(P_1, V_1) \rightarrow (P_1, V_2)$だけを考えれば，先ほどの一定圧力に対する仕事とまったく同じであるから，このとき系がさ

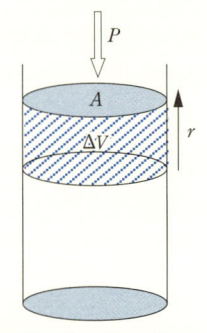

図 4.2 外圧Pに対して，内部の気体が断面積Aのピストンをrだけ押し上げるような膨張

[*1] 熱力学関数の数値の正負は，人間が実際に観測する値ではなく，系の熱力学関数の増減を表していることに注意．系が外部に仕事をすれば，系のエネルギーはその分減少するので，wは負の値となる．同様に燃焼を考えると，燃焼熱は燃焼によって生じる熱を表すので常に正であるが，系は熱を放出した分だけエネルギーを失うことになるので系のエネルギー変化は負となる．

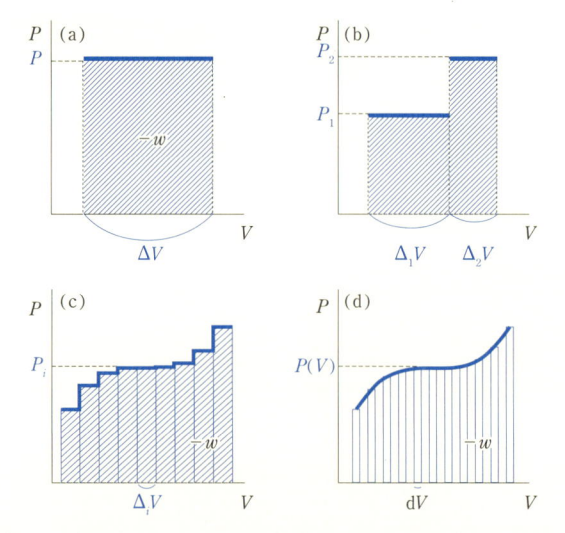

図 4.3 (a) 気体が一定圧力Pの下でその体積がΔVだけ膨張する過程．(b) 圧力P_1の下で体積が$\Delta_1 V$だけ膨張し，次いで体積一定のままで圧力をP_2まで上昇させてからP_2を保ったまま$\Delta_2 V$だけ膨張させる過程．(c) n回の膨張を繰り返す多段階過程．i番目の膨張過程では圧力P_iの下で体積を$\Delta_i V$だけ膨張させる．(d) 無限に細かく分割された膨張過程．ある体積Vのときに，圧力$P(V)$を保ったまま体積を微小量dVだけ膨張させ，続いて圧力を微小量だけ変化させて$P(V) + dP$とする過程の繰り返し．

れる仕事は $w_1 = -P_1\Delta_1 V$ である。次に $(P_1, V_2) \rightarrow (P_2, V_2)$ の過程では，圧力は変化しているが，体積は変わってないので，物体の移動は起こっていない。したがって，この過程では仕事は生じていないことになる。最後に $(P_2, V_2) \rightarrow (P_2, V_3)$ の過程では，再び一定圧力に対する膨張なので，系にされた仕事は $w_2 = -P_2\Delta_2 V$ となる。したがって，全過程を通して系がされた仕事は

$$w = w_1 + w_2 = -P_1\Delta_1 V - P_2\Delta_2 V \tag{4-3}$$

となる（図 4.3(b)）。もっと細かく過程を分割していき，全部で i 回の膨張過程がある場合には，それぞれの膨張でなされる仕事の合計

$$w = w_1 + w_2 + \cdots + w_i = \sum_i w_i = -\sum_i P_i \Delta_i V \tag{4-4}$$

となる（図 4.3(c)）。さらに，この分割を無限に細かくしてしまったと考えて，各微小な変化過程における体積変化 ΔV をすべて同じ $\mathrm{d}V$ になるようにすると，この変化過程は極めてわずかな変化しかしていないので，一つの過程内における圧力の変化は無視できて（ただし，異なる過程間の圧力は同じではない），この一つの微小変化に対応する微小な仕事 $\mathrm{d}w$ は，ある体積 V のときの圧力 $P(V)$ を用いて，$\mathrm{d}w = -P(V)\,\mathrm{d}V$ と書ける。全過程での仕事の和は，

$$w = \sum \mathrm{d}w = -\int_{V_i}^{V_f} P(V)\,\mathrm{d}V \tag{4-5}$$

となる。（積分とは，ある関数を無限に細かく分割した区間についてすべての和をとる操作に他ならない）このことは，図に示したように V-P の変化を表すグラフを書いたときに，その曲線の下部分の面積が仕事に相当することを表している（図 4.3(d)）。

　一方，熱とは温度の違いによって移動するエネルギーの形態である。孤立系ではない閉じた系の外側に，電熱線を巻いて電流を流したり，系よりも高温のお湯に浸して温めたりした場合，熱は外界から系に移動したということができる。

　逆に，系よりも低温の氷水などで系を冷やしてやれば，熱は系から外界に移動することになる。系に与えられた熱は，系が外界にする仕事や，系の温度の変化，系を構成する物質の状態変化（融解や蒸発など）として観測される。

内部エネルギー U ＝分子の運動エネルギー＋ポテンシャルエネルギー
外界とのエネルギーのやり取り ΔU ┤仕事 w：力に逆らって物体を移動させるのに必要なエネルギー*1／熱 q：温度差によって移動するエネルギー

*1 様々な仕事
熱力学は蒸気機関の発達にともなって発展してきた学問である。このため，多くの教科書では仕事としていわゆる力学的な仕事を考えており，この教科書も例外ではない。ところが，内部エネルギーの変化，すなわち系と外界とのエネルギーのやり取りを，熱と仕事の二つに分けた場合，仕事には力学的仕事以外の様々な形態が存在する。たとえば，電池は電気エネルギーの形で外界にエネルギーを放出する装置である。熱力学ではこの電気エネルギーのようなエネルギーについても，熱以外の形でやり取りされるエネルギーはすべて仕事と呼んでいる。第 2 章 (p.59) で見たように，二酸化炭素などの分子は赤外線を吸収する性質をもつ。分子に吸収された赤外線のエネルギーは分子の振動エネルギーとなり，さらにこの分子が他の分子と衝突を繰り返して系全体にエネルギーが拡散していく。拡散してしまったエネルギーは最終的には系の熱エネルギーに変わったことになるが，照射された赤外線のエネルギー自体は仕事の一種である。

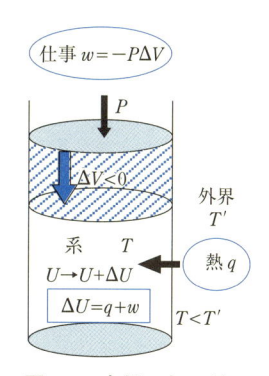

図 4.4　内部エネルギーのまとめ

4.3　状態関数と経路関数

　内部エネルギーは既に書いた通り，系に含まれている全粒子の運動エネルギーとポテンシャルエネルギーの総和で表すことができる。詳しくは 6.2 気体の分子運動論で説明するが，理想気体の場合には，分子と分子，分子と壁の間にはなんの相互作用も働かないので，ポテンシャルエネルギーは常に 0 であり，また

James Prescott Joule
(1818-1889)

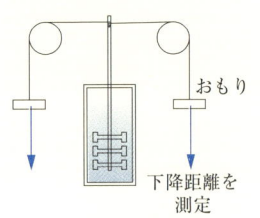

ジュールの実験装置

*1 この数値は15℃の水を1℃上昇させるのに必要な熱を 1 cal とした場合（15℃ cal）。現在の熱力学 cal の定義では
$$w/\text{J} = 4.184 \times q/\text{cal}$$

*2 密度 $\frac{n}{V}$ の気体 1 分子が占める体積は $\frac{V}{nN_A}$ なので、この体積を占める立方体の中心に分子が存在すると仮定すれば，平均分子間距離は
$$l = \left(\frac{V}{nN_A}\right)^{1/3}$$

コラム 熱の仕事当量――ジュールの実験

　本来，熱とは物質の温度を上昇させるのに必要ななんらかの物理量と定義されていたが，その正体は明確ではなかった。イギリスの物理学者ジュールは自ら工夫した実験装置を用いて熱と仕事（エネルギー）が等価であることを証明した。ジュールの実験では，両側の滑車に取り付けたおもりが重力によって下降するのに連動して，水を満たした断熱容器（熱が外部に逃げないようにした容器）の中の羽根車が回転して中の水をかき混ぜるようにし，この時の水温上昇を測定した。この実験ではおもりが下降することによって失う位置エネルギー，すなわちおもりが水に対して為した仕事が，水をかき混ぜることによって生じる摩擦熱となって水温を上昇させることになる。当時の定義では，1 g の水の温度を 1℃ 上昇させるのに必要な熱量を 1 cal としていた。一方，おもりが水に対して行う仕事は，（おもりが受ける重力）×（下降した距離）によって求めることができる。ジュールは精密な実験を繰り返して行い，おもりが為す仕事 w と容器中の水温上昇が比例関係にあることを突き止めた。現在のエネルギー（＝仕事）の単位を用いて表せば，この関係は

$$w/\text{J} = 4.19 \times q/\text{cal}\,^{*1}$$

と表される。この式は形だけを見るなら cal と J という二つの単位の換算式に過ぎない（しかもカロリーという単位が駆逐されつつある現在ではなおさらその換算係数としての 4.19 という数値の意味は失われつつある）が，熱が仕事と等価であるということを示した重要な結果である。また，ジュールは電流による発熱についても精密な実験を行っており，力学的な仕事と，電気的なエネルギー，および熱がいずれもエネルギーの一種であり，相互変換可能であることを明確に示した。

1 mol あたりの運動エネルギーは温度のみに依存する関数となる。一方，系を構成するのが理想気体以外の場合には，ポテンシャルエネルギーについても考える必要が出てくるが，こちらは分子間距離によって決まる値である。平均分子間距離は密度 $\frac{n}{V}$ で決まってしまうので*2，平均ポテンシャルエネルギーも体積 V が決まれば決まってしまうことになる。つまり，内部エネルギーは系の状態を表す変数 P, V, T（これらを状態変数という）が決まれば決まってしまう量である。このように系の状態だけで値が決まる関数のことを**状態関数** (state function) とよぶ。

　つぎに，ある状態 1 (P_1, V_1, T_1) から別の状態 2 (P_2, V_2, T_2) への変化を考えよう。既に述べたように，内部エネルギー U は状態関数であり，最初の状態 1 における内部エネルギー U_1 と最終状態 2 における内部エネルギー U_2 はそれぞれの状態のみで決まるので，その差 $\Delta U = U_2 - U_1$ は途中どのような変化をさせるのかによらずに決まる値である。一方，この変化の途中は P, V だけでなく温度 T も自由に変化させてよいので，V-P 変化曲線はいろいろな形をとってよいことになる。4.2 で説明したように，V-P 曲線が変われば，グラフ上での曲線の下の部分の面積，つまり仕事 w も変化してしまう。したがって，仕事は変化の経路によって変わる量であり，このような関数を**経路関数** (process function, path function) という。内部エネルギー変化は一定なので，経路によって系になされる仕事の量

4.4 エンタルピー

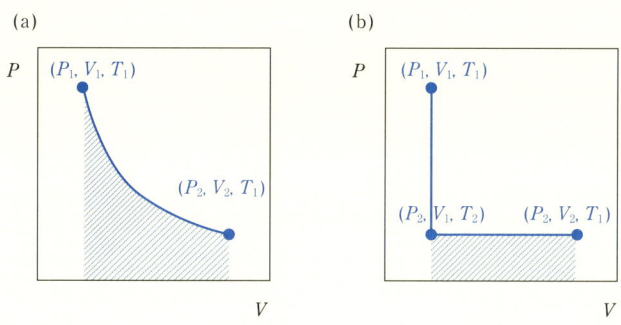

図 4.5 (a) 理想気体を (P_1, V_1, T_1) から温度を T_1 に保ったまま (P_2, V_2, T_1) まで膨張させる過程。(b) (P_1, V_1, T_1) から体積を V_1 に保ったままで温度を T_2 まで下げて圧力を P_2 まで減少させ，次いで圧力一定のままで温度を T_1 に戻して体積を V_2 まで膨張させる過程。(a), (b) 2 つの異なる過程では，初状態と終状態は同じであるが，経路が違うために V–P 曲線の下の影のついた部分の面積が異なるので，気体になされた仕事 w の大きさが異なる。

が変化した分は，系に加えられる熱の量の変化によって相殺される。したがって，熱もまた経路関数となる。

ここで，図 4.5(a) の変化について考えてみよう。等温変化であるから，系の内部エネルギー U は変化しない。すなわち，$\Delta U = 0$。したがって，(4-1) 式より，

$$q = \Delta U - w = -w \tag{4-6}$$

なので，系が圧縮によって外から仕事をされると，その分のエネルギーは熱として系外に放出される。逆に系外から熱が加えられると，系は膨張して (外に向かって仕事をして) 系外にエネルギーを逃がす。いずれの場合も，仕事 w は (4-5) 式より，

$$w = -\int_{V_i}^{V_f} P(V)\, dV = -\int_{V_1}^{V_2} \frac{nRT_1}{V} dV = -nRT_1 \int_{V_1}^{V_2} \frac{dV}{V} = -nRT_1 \ln \frac{V_2}{V_1} \tag{4-7}$$

となる。ここで，理想気体の状態方程式 $PV = nRT$ を用いている。(4-7) を (4-6) に代入すると，膨張によって系が失ったエネルギーは，熱として得たエネルギーに等しく，

$$q = -w = nRT_1 \ln \frac{V_2}{V_1} = nRT_1 \ln \frac{P_1}{P_2} \quad \text{(理想気体の等温変化)} \tag{4-8}$$

である。圧縮の場合には $V_2 < V_1$ であるから $q < 0$ となって，熱は系外に逃げ，逆に膨張の場合には系に入ってくる。

4.4 エンタルピー

系の体積変化がない場合，仕事は生じないので系と外界の熱のやり取りはすべて系の内部エネルギーの変化 ΔU となる。

$$q = \Delta U \quad \text{(体積一定のとき)} \tag{4-9}$$

ところが，現実の世界では，温度やその他の条件が変化したときに，体積変化が起こらないことはまず考えられないだろう[*1]。この場合，エネルギー保存則を考

*1 体積一定で系の変化が起こる場合を「**定積変化** (isochoric process)」，圧力一定の状態で系に変化が起こる場合を「**定圧変化** (isobaric process)」とよぶ。我々の周囲で起こる変化のほとんどは，大気圧下で起こるので定圧変化である。したがって，ΔU よりも ΔH を用いる機会が多い。定積変化は定容変化とも呼ばれるが，現在では定積変化の方がよく用いられる。

えれば，系の内部エネルギーを ΔU 変化させるためには，系の内部エネルギー変化分の ΔU のみでなく，系が外にする仕事 $-w$ を加えてやる必要がある。

たとえば，理想気体に熱を加えてある特定の温度まで上昇させるとき，体積一定であれば，必要な熱は (4-9) 式で表されるが，一定圧力の下で気体の膨張が許されているのであれば，同じ温度まで上昇させるのに必要な熱は

$$q = \Delta U - w = \Delta U + P\Delta V \tag{4-10}$$

となる（理想気体の内部エネルギーは温度のみに依存するので，上昇させる温度が同じであれば体積変化があってもなくても ΔU は同じである）。このため，現実的な系の熱の出入り，たとえば水を沸騰させて水蒸気に変えるのに必要な熱や，アルコールの燃焼によって生じる熱などを考えるときには，内部エネルギー U の代わりに，U に PV という項を加えた量

$$H = U + PV \tag{4-11}$$

を考えるのが便利である。この H を**エンタルピー** (enthalpy) とよぶ。H を用いると，一定圧力の下では，系への熱の出入りは，

$$q = \Delta H \quad （圧力一定の時） \tag{4-12}$$

と簡単に表される。エンタルピーは，状態関数である内部エネルギーに，状態変数 P と V の積を加えたものなので，U と同じく状態変数の値が決まれば決まる量，すなわち状態関数である。

4.5 反応エンタルピーと生成エンタルピー ── ヘスの法則

(4-12) 式からわかるように，物質のエンタルピー変化は，定圧下でその物質に出入りする熱を測定することで決定することができる。一定圧力下で物質の温度を 1 K 上昇させるのに必要な熱は，**定圧熱容量** C_P (isobaric heat capacity) とよばれる。様々な物質についての C_P の測定値が報告されており，代表的な物質については化学便覧 基礎編などを見ると調べることができる。C_P に温度による変化がなければ，物質の温度を ΔT だけ上昇させたときの物質のエンタルピー変化 ΔH は，

$$\Delta H = C_P \Delta T \tag{4-13}$$

と表される。実際には C_P は温度によって変化する関数 $C_P(T)$ であるので，厳密に考える必要があるときには，積分をとって

$$\Delta H = \int_{T_1}^{T_2} C_P(T)\, dT \tag{4-14}$$

とする必要がある。

物質のエンタルピー変化を求めるために最もよく使われるのは**燃焼熱**[*1]の測定である。まず燃焼反応による物質のエンタルピー変化（燃焼エンタルピー）を

Germain Henri Hess
（1802-1850）

[*1] 燃焼熱 (heat of combustion) は，一定量の試料を大過剰の酸素と共に断熱性のよい容器に入れ，電気的に着火して，試料の燃焼に伴う温度上昇を求めることのより測定される。燃焼熱は，多くの物質について測定可能であるので，物質の標準生成エンタルピー（後述）を求める際の基礎的データとなる。

4.5 反応エンタルピーと生成エンタルピー ── ヘスの法則

表 4.1 物質の定圧熱容量 C_P（1 atm, 単位は JK^{-1}mol^{-1} *は1500Kの値 **Rは気体定数）

物質		Ar	H$_2$	N$_2$	O$_2$	Cl$_2$	Cu	Fe	CO	CO$_2$	エタン	ベンゼン
熱容量	298.15 K	20.79	28.84	29.12	29.38	33.95	24.43	25.0	29.19	37.53	52.70	81.64
	2000 K	20.79	34.28	35.97	37.10	38.25	32.6	46.0(l)	36.24	58.38	146.0*	241.3*
	(R 単位)**	2.5	4.12	4.33	4.46	4.60	3.9	5.5	4.36	7.02	17.56	29.0

求める。次に示すのは（図 4.6），メタンの燃焼エンタルピーの例である（25℃，1×10^5 Pa）。

$$\text{CH}_4(\text{g}) + 2\text{O}_2(\text{g}) \rightarrow \text{CO}_2(\text{g}) + 2\text{H}_2\text{O(l)} \quad \Delta H = -890.36 \text{ kJ mol}^{-1} \quad (4\text{-}15)$$

気をつけないといけないのは，高校で学習する熱化学方程式の場合，反応で生じる熱，つまり系から外界へ出ていく熱を考えているが，熱力学では系のエンタルピー変化を考えるので，符号が逆転するということである。いい換えると，<u>ΔH が負のときに発熱 (exotherm)，正のときに吸熱 (endotherm) が起こる</u>ということを表している。

<u>エンタルピーは状態関数であるので，原料となる物質からどのような反応経路を経て目的とする物質を合成したとしても，原料と生成物との間のエンタルピー差は同じでなければいけない</u>。この事実は**ヘスの法則** (Hess's law) として古くから知られている。この法則を用いると，測定が困難な反応エンタルピーを既に知られている他の反応のエンタルピー変化から計算によって求めることができる。たとえば，グラファイトへの水素付加 (hydrogenation) によってメタンを生成する反応

$$\text{C(graphite)} + 2\text{H}_2(\text{g}) \rightarrow \text{CH}_4(\text{g})$$

図 4.6 メタンの燃焼エンタルピー

の**反応エンタルピー** $\Delta_f H(\text{CH}_4, \text{g})$ を知りたい場合，メタンの燃焼エンタルピーが (4-15) のように知られており，またグラファイトと水素のそれぞれの燃焼実験から，それぞれの燃焼エンタルピーが以下のように知られていることを用いれば，

$$\text{C(graphite)} + \text{O}_2(\text{g}) \rightarrow \text{CO}_2(\text{g}) \quad \Delta H = -393.51 \text{ kJ mol}^{-1} \quad (4\text{-}16)$$

$$\text{H}_2(\text{g}) + \frac{1}{2}\text{O}_2(\text{g}) \rightarrow \text{H}_2\text{O(l)} \quad \Delta H = -285.83 \text{ kJ mol}^{-1} \quad (4\text{-}17)$$

$$\Delta_f H(\text{CH}_4, \text{g}) = (-393.51 \text{ kJ mol}^{-1}) + 2 \times (-285.83 \text{ kJ mol}^{-1})$$
$$- (-890.36 \text{ kJ mol}^{-1}) = -74.81 \text{ kJ mol}^{-1}$$

図 4.7

と求めることができる。この計算手順自体は高校化学で学ぶ熱化学方程式の解き方とまったく同じである（例題 4.1 参照）。

さて，ここまでで見てきたように，実際の反応熱の測定からエンタルピーの変化量を決めることは可能であり，ヘスの法則を用いて既にわかっているエンタルピー変化量から未知の反応のエンタルピー変化を求めることもできることがわかった。しかしながら，これだけの情報では，ある状態からのエンタルピー変化が求められるだけで，エンタルピーそのものの値を決めることはできない。これは大変不便なことである。

たとえば，学校の場所を聞かれたときに，「ボクの家から東に 5 km のところで

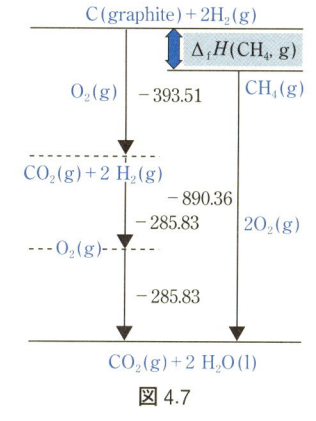

*1 標準圧力は2014年現在，IUPAC（国際純正・応用化学連合）によって $P = 1 \times 10^5$ Pa とすることが推奨されているが，以前は $P = 1$ atm $= 1.01325 \times 10^5$ Pa が用いられており，現在でも数値表にはこの古いデータが用いられていることが多いので注意が必要である。

*2 いろいろなエンタルピー変化
化学変化，物理変化におけるエンタルピーの変化は，その変化を表す英単語の頭文字を変化を表す Δ の下に付けて表すことが多い。以下によく用いられるエンタルピー変化の記号を示す。
生成 (formation)
  エンタルピー $\Delta_f H$
燃焼 (combustion)
  エンタルピー $\Delta_c H$
反応 (reaction)
  エンタルピー $\Delta_r H$
融解 (fusion)
  エンタルピー $\Delta_{fus} H$
蒸発 (vaporization)
  エンタルピー $\Delta_{vap} H$
また，生成エンタルピーでは生成する物質とその状態を特定する必要があるので，括弧書きで $\Delta_f H(CH_4, g)$ のように示す。

す」という答えが果たして妥当であろうか。残念ながら「ボクの家」の場所を知らない相手にとってはこの答えが何の意味もなさないことはすぐにわかるであろう。物質のエンタルピーの場合も同じことで，基準を定めずに様々な反応のエンタルピー変化だけから，求めたい任意の反応のエンタルピー変化量を得ようとすると，膨大な量の反応熱データが必要となってしまう。

そこで，まずエンタルピーの基準として，指定された温度で標準圧力*1 $P°$ のときの，もっとも安定な元素単体から物質が生成される反応のエンタルピー変化を**標準生成エンタルピー** $\Delta_f H°$ と定義する*2。様々な物質についてこの標準生成エンタルピー (standard enthalpy of formation) の値を化学便覧などのデータ集で数表として与えている。データとして与えられる数値は断りがなければ 298.15 K でのデータである。これ以外の温度での標準生成エンタルピーは，各物質の C_P が分かっていれば (4-14) 式を用いて計算できる。最も安定な元素単体の標準生成エンタルピーはいかなる温度であっても，定義から必ず 0 kJ mol^{-1} となる。またこれとは別に，水溶液中のイオンについては，水素イオンの生成エンタルピー $\Delta_f H°$ (H$^+$, aq) を 0 kJ mol^{-1} と定義して決められる。

【例題 4.1】 エチレンの水素付加反応の標準反応エンタルピーを求めよ。

【解答】 エチレンの水素付加を化学反応式で表すと，
$$C_2H_4 + H_2 \rightarrow C_2H_6$$
巻末の表より，エチレン（気）とエタン（気）の標準生成エンタルピーはそれぞれ，

 2C(graphite) + 2H$_2$(g) → C$_2$H$_4$(g) $\Delta_f H°$ = 52.26 kJ mol^{-1} ①
 2C(graphite) + 3H$_2$(g) → C$_2$H$_6$(g) $\Delta_f H°$ = −84.68 kJ mol^{-1} ②

であるので，② − ①

 C$_2$H$_4$(g) + H$_2$(g) → C$_2$H$_6$(g) $\Delta_r H°$ = −136.94 kJ mol^{-1}

ここで，反応によるエンタルピー変化 $\Delta_r H°$ が負の値であることは，この反応が発熱反応であることを表している。図で示すと以下のようになる。

$$\Delta_r H = \Delta_f H(C_2H_6) - [\Delta_f H(C_2H_4) + \Delta_f H(H_2)]$$

【例題 4.2】 メタノールの燃焼エンタルピー（25℃，1×10^5 Pa）を求めよ。

【解答】 メタノールの燃焼反応を化学反応式で表せば，
$$CH_3OH + \frac{3}{2} O_2 \rightarrow CO_2 + 2H_2O$$
巻末の表より，メタノール（液），二酸化炭素（気），水（液）の標準生成エ

ンタルピーはそれぞれ，

C(graphite) + 2H$_2$(g) + $\frac{1}{2}$ O$_2$(g) → CH$_3$OH(l)　　$\Delta_f H°$ = −238.66 kJ mol^{-1}　①

C(graphite) + O$_2$(g) → CO$_2$(g)　　$\Delta_f H°$ = −393.51 kJ mol^{-1}　②

H$_2$(g) + $\frac{1}{2}$ O$_2$(g) → H$_2$O(l)　　$\Delta_f H°$ = −285.83 kJ mol^{-1}　③

であるので，($\Delta_f H°$(O$_2$, gas) = 0 である。)

② + ③ × 2 − ①

　　CH$_3$OH(l) + $\frac{3}{2}$ O$_2$(g) → CO$_2$(g) + 2H$_2$O(l)

　　$\Delta_c H°$ = −393.51 + (−285.83 × 2) − (−238.66) = −726.51 kJ mol^{-1}

4章　章末問題

基礎的問題

4.1 25℃の水 1 kg をピストン付きの容器に入れ，1気圧を保ったままで 1000 kJ の熱を加えた。水が外界になす仕事はいくらになるか。ただし，液体の水の体積は無視できるとし，水の定圧モル熱容量を C_P = 75.29 J K^{-1} mol^{-1}，100℃ 1気圧における蒸発エンタルピーを 40.66 kJ mol^{-1} として計算せよ。

4.2 体重 60 kg，20歳の男性の消費カロリーは1日およそ 2500 kcal ≅ 10^4 kJ である。
(a) この人物が孤立系であって，消費したカロリーがすべて熱に変わるとすると，1日に何度体温が上昇するか。ただし，人間の定圧熱容量を C_P = 4.2 kJ K^{-1} kg^{-1} とする。
(b) 実際には人間は開放系であり，主に汗や呼吸器からの水の蒸発で熱が損失する。水の蒸発によってのみ熱が失われるとすると，この人物の体温を一定に保つためには1日にどのくらいの水が蒸発しなければならないか。ただし，水の蒸発エンタルピーは体温付近で 2400 kJ kg^{-1} である。

4.3 体積膨張率 α (温度を 1 K 上げたときに増加する体積の割合) は以下のように定義される。

$$\alpha = \frac{1}{V}\left(\frac{\Delta V}{\Delta T}\right)$$

25℃における水銀の体積膨張率を α = 1.82 × 10^{-4} K^{-1}，密度 ρ = 13.5 g cm^{-3}，定圧モル熱容量 C_P = 27.98 J K^{-1} mol^{-1} として，1気圧下 (101325 Pa) で水銀 100 g を 25℃ から 1℃ 上昇させたときのエンタルピー変化と内部エネルギー変化を求めよ。ただし，温度変化の幅が小さいので α, ρ, C_P の温度変化は無視できるものとする。

4.4 頑丈な容器に 0℃ の単原子理想気体 1 mol を圧力 P = 1.00 × 10^5 Pa となるように入れ，体積一定のままで温度を上げて 100℃ にした。このとき，この理想気体からなる系が (a) 外界からされた仕事 w，(b) 外界から受け取った熱 q，および (c) 内部エネルギー変化 ΔU，(d) エンタルピー変化 ΔH を求めよ。ただし，単原子理想気体の定積モル熱容量 (体積一定で 1 mol の物質の温度を 1 K 上昇させるのに必要な熱) は $C_V = \frac{3}{2}R$ (R は気体定数) であるとせよ。

4.5 ピストン付きの容器に入れた 0℃ の単原子理想気体 1 mol を圧力 P = 1.00 × 10^5 Pa を一定に保ちつつ温度を上げて 100℃ にした。このとき，この理想気体からなる系が (a) 外界からされた仕事 w，(b) 外界から受け取った熱 q，および (c) 内部エネルギー変化 ΔU，(d) エンタルピー変化 ΔH を求めよ。ただし，単原子理想気体の定圧モル熱容量 (圧力一定で 1 mol の物質の温度を 1 K 上昇させるのに必要な熱) は $C_P = \frac{5}{2}R$ である。

4.6 ピストン付きの容器に入れた 0℃ の理想気体 1 mol を体積 20 L から温度を一定に保ちつつ 10 L まで圧縮した。この過程で，この理想気体からなる系が外界からされた仕事 w を理想気体の状態方程式から積分を用いて導け。

4.7 ピストン付きの容器に入れた単原子理想気体 1 mol を，外界との熱の出入りができない (断熱) 状態で P_1 = 1.00 × 10^6 Pa, V_1 = 2.24 L から瞬間的に圧力を P_2 = 1.00 × 10^5 Pa にして体積 V_2 まで膨張させた。
(a) 系が外界からなされた仕事 w と内部エネルギー変化 ΔU を P_2, V_1, V_2 を用いて表せ。
(b) 理想気体の内部エネルギーは温度にのみ依存することを用いて，気体のモル定積熱容量を C_V，膨張後の気体の温度を T_2 として内部エネルギー変化 ΔU を C_V と T_1, T_2 を用いて表せ。
(c) $C_V = \frac{3}{2}R$ とし，終状態の気体の温度 T_2 および体積 V_2 を求めよ。

4.8 エタン，エチレン，アセチレンの燃焼エンタルピーは，それぞれ -1560 kJ mol^{-1}，-1411 kJ mol^{-1}，-1300 kJ mol^{-1} である．エタン，エチレン，アセチレンの生成エンタルピーを求めよ．

4.9 頑丈なボンベ中で燃焼実験を行えば，定容条件での燃焼熱を実験で求めることができる．25℃におけるメタンの燃焼

$$CH_4(g) + 2O_2(g) \rightarrow CO_2(g) + 2H_2O(l)$$

の定積燃焼熱を計算から求めよ．ただし，生成した水は液体とし，体積への寄与は無視できるものとする．

4.10 巻末のデータを用いて標準圧力下における塩化水素の溶解熱を求めよ．

4.11 希塩酸と薄い水酸化ナトリウム水溶液の中和反応熱，および固体水酸化ナトリウムと希塩酸の反応熱を求めよ．

4.12 実在の CO_2 の定圧モル熱容量は，理想気体とは異なり温度に対して一定ではなく，以下の式で近似される．

$$C_P / JK^{-1} mol^{-1} = 19.80 + 7.344 \times 10^{-2} T - 5.602 \times 10^{-5} T^2$$

この式を用いて二酸化炭素を 0℃ から 80℃ まで温度を上昇させたときのモルエンタルピー変化を計算せよ．

発展問題

4.13 問題 4.6 の圧縮過程を 100 分割して考えてみる．(a) 体積 20 L における圧力 P_{20} を求めよ．(b) 体積 10 L における圧力 P_{10} を求めよ．(c) 体積を 20 L から 10 L まで 0.1 L ずつ 100 回に分けて圧縮したときのそれぞれの体積における圧力を表計算ソフトを用いて計算せよ．(d) 100 分割したそれぞれの圧縮過程で，計算した圧力で一定のまま体積を 0.1 L 減少させたと考えて，それぞれについて $P\Delta V$ を求め，さらに 100 回の合計 $\Sigma P\Delta V$ を求めよ．得られた値と問題 4.6 で求めた仕事 w を比較せよ．

4.14 水 36 g を 1 気圧下で -50℃ から 150℃ まで温度を上昇させたときのエンタルピー変化を求めよ．ただし，氷，液体の水，水蒸気の定圧モル熱容量はそれぞれ 37.1 J K^{-1} mol^{-1}，75.3 J K^{-1} mol^{-1}，33.6 J K^{-1} mol^{-1} とし，モル融解エンタルピーを 6.00 kJ mol^{-1}，モル蒸発エンタルピーを 40.6 kJ mol^{-1} として計算せよ．

4.15 オクタン 1 mol を燃料として用いたときのガソリンエンジンのなす仕事を求めよ．ただし，オクタン（液）の蒸発エンタルピーを 35 kJ mol^{-1} とし，また，エンジンの熱効率を標準圧力下におけるオクタンの燃焼熱に対して 30%，オクタンはエンジン内で気化して燃焼するものとせよ．

4.16 圧力 1.013×10^5 Pa の下で 0℃ の氷 1 mol が溶けてすべて液体の水（0℃）になったときの内部エネルギー変化を求めよ．ただし，1.013×10^5 Pa における水の融解エンタルピーを 6.01 kJ mol^{-1}，0℃ の氷と水の密度をそれぞれ 0.9168 g cm^{-3} および 0.9998 g cm^{-3} として計算せよ．

4.17 圧力 1.013×10^5 Pa の下で 100℃ の水 1 mol がすべて水蒸気（100℃）になったときの内部エネルギー変化を求めよ．ただし，1.013×10^5 Pa における水の蒸発エンタルピーを 40.66 kJ mol^{-1}，100℃ の水の密度を 0.9584 g cm^{-3} とし，水蒸気は理想気体と近似して計算せよ．

4.18 塩化水素とアンモニアの気相反応によって塩化アンモニウムが生じる反応の標準反応エンタルピーと，希塩酸と希アンモニア水の反応によって塩化アンモニウム水溶液ができる反応の標準反応エンタルピーをそれぞれ求めよ．

4.19 単原子理想気体 1 mol を右の図の状態 $A(V_0, P_0)$ から B, C, D を経て A に戻すサイクルを考える．
(a) A の温度を T_0 とすると，B, C, D の温度はそれぞれどう表されるか．
(b) $A \rightarrow B$，$B \rightarrow C$，$C \rightarrow D$，$D \rightarrow A$ の各過程において系に外界から加えられた熱量を求めよ．（問題 4, 5 参照）
(c) このサイクルが一周したときに，系が外部へなす全仕事を求めよ．

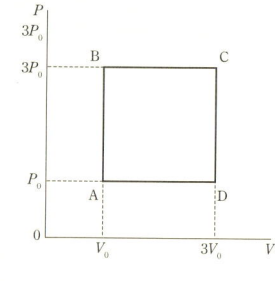

4.20 (a) 巻末表のメタンの $\Delta_f H$ の値を用いて C-H 結合の平均結合エンタルピー（結合を切断するのに必要なエンタルピー）を求めよ．(b) 求めた C-H 結合のエンタルピーを一定として，エタン，エチレン，アセチレン，ベンゼンの炭素-炭素結合のエンタルピーを求めて比較せよ．

4.21 重合反応によって原料から高分子が生成するときのエンタルピー変化を重合エンタルピーという．スチレン $C_6H_5CH=CH_2$ を重合してポリスチレンを生成する反応における重合エンタルピーは，25℃，1 気圧において -73.39 kJ mol^{-1} である．25℃ で 1 kg のスチレンを重合させたときに温度を 25℃ を超えないようにするのに必要な 15℃ の冷却水の最小質量を求めよ．ただし，水の熱容量は 75.291 J mol^{-1} K^{-1} とせよ．

5 エントロピーと秩序

5.1 エントロピー

　ここまでは，物質の内部エネルギーおよびエンタルピーについて考えてきた。イメージ的には，物事の変化はエンタルピーが大きい状態から小さい状態に向かって起こるような気がするが，本当にそれでいいのだろうか？　いくつかの簡単な例を考えてみよう。

例1)　コイントス

　コインを投げあげて，裏が出るか表が出るかで賭けをすることをコイントスという。いま，10枚のすべて表向きのコインを次々に投げあげてキャッチしたとき，コインの向きはどうなっているであろうか？　再びすべてが表向きであったなら，おそらく投げ手はイカサマを疑われるであろう。

例2)　箱に入った2種類のボール

　たくさんの大きさも重さも等しい白と黒のボールを用意し，きれいに並べて入れた箱を考えてみよう。ふたをした箱を激しく振ってからふたを開けて中を見てみるとどうなっているであろうか。最初の状態を白が下になるように置いてもよいし，黒が下でもよい。また，白と黒が綺麗に互い違いに並ぶように並べてもいいだろう。だが，箱を振った後はどうだろう。100回同じ操作をしてみて，1回でも最初の状態のような，完全にきれいに並んだ状態が箱を振った後に出現するだろうか？　きっと，そんなことはなく，何度やっても白と黒のボールがごちゃまぜになった状態が実現されることだろう。

例3)　塩化ナトリウムの溶解

　25℃における塩化ナトリウムの水への溶解エンタルピーは，$\Delta H = 3.88$ kJ mol^{-1}である。ΔHが正の値ということは，この変化は吸熱であることを示している。ということは，塩化ナトリウムは水に溶けている状態よりも，結晶の状態にあるほうがエネルギー的には安定な状態であるということである。にもかかわらず，塩化ナトリウムは比較的水に溶けやすい物質であることを我々はよく知っている。

例4)　水の蒸発

　室内に置かれたコップの水は，自然に蒸発して減っていく。液体の水では，水分子は互いに水素結合で結ばれており，これを引き離してばらばらの気体の状態にするにはエネルギーが必要なことはわかるであろう。このことは，蒸発エンタルピーが正の値をもつことからもわかる。それでも水は「自発的に

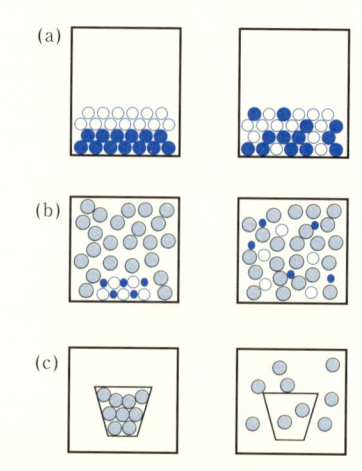

図 5.1 系の変化の方向とエントロピー。(a) 箱の中に白いボールと青いボールが同数ずつ入れてある。箱を揺さぶると白・青の配列はばらばらになり，元のようなきれいに整列した状態には戻らない。(b) 水 (◯) の中に塩化ナトリウム (◯●) の結晶を入れる。エネルギー的には損をする(吸熱)が，塩化ナトリウムは水に溶ける。(c) 液体の水の入ったコップを箱に入れて放置する。水は水分子同士の引力を断ち切って水蒸気となる。

(spontaneously)」蒸発していってしまう。

　さて，上の4つの例はいずれの場合もエネルギーまたはエンタルピーが減少するわけではない方向に自発変化 (spontaneous change) が起きている。これはなぜか。もっとも単純な例が最初の例1と例2であろう。この場合，コインの裏と表，白と黒のボールは見た目以外まったく同じものであるので，コインの裏が出るか表が出るか，またはある位置に白のボールが入るか，黒のボールが入るかはエネルギー的な違いはなく，単純に確率 (probability) の問題となる。すべてのコインが同じ向きになる確率，箱の中の下半分の領域が白または黒一色となる確率は，コインの数やボールの数が多ければ多いほど小さくなっていくだろう。実は，例3や例4も，状況が多少複雑になっているだけで，例1, 2の場合と同じことである。物質を構成している粒子（ナトリウムイオン，塩化物イオン，水分子）を例2のボールと考えれば，例2との違いはこのボールどうしの間に力が働いているという条件が付け加わったことである。例3では最初，ナトリウムイオンのボールと塩化物イオンのボールが規則正しく交互に並んだ塊があり，その周りを水分子のボールが取り囲んでいる状態（結晶と水が分離した状態）だったものが，3つのボールがバラバラに混在する状態（溶液）へと変化することを表しているし，例4では最初，水分子のボールが空間の中のある領域にだけに集まって存在していたものが，空間全体に散らばっている状態に変化したことを表している。つまり，どの場合でも最初の状態と，変化が進んでいく先の状態には，大きな確率の違いがあるということである。一方，いくら確率の差が大きくても，変化に必要なエネルギーが大きければ勝手に変化が起こることはない。たとえば，金属の鉄をばらばらの原子にして気体にするには非常に大きなエネルギーが必要とされるので，鉄の塊を放置していても勝手に蒸発してなくなってしまうこ

5.1 エントロピー

とはない。

さて，それではこの確率による系の変化の方向を考えていくためにもう少し定量的に (quantitatively) 考えを進めていこう。ある状態が出現する確率は，その状態を実現する「場合の数」に比例する。例1で考えれば，イカサマでない限りコインの裏が出る確率と表が出る確率はどちらも2分の1である。10枚のコインを投げた場合，それぞれのコインは裏か表かの2通りの向きがあるので，すべての場合の数は $2 \times 2 \times 2 \times 2 \times 2 \times 2 \times 2 \times 2 \times 2 \times 2 = 2^{10} = 1024$ 通りである。投げたコインがすべて表または裏になる場合はそれぞれ1通りしかないので，このどちらかが実現される確率は $2/1024$。一方，1枚でも裏と表が混在する確率は，全場合の数からすべて表の場合とすべて裏の場合の2通りを引いた $1022/1024$ となる。たった10枚のコインの裏表でも，完全に裏表がそろった状態が出現する確率は，それ以外の状態が出る確率の500分の1しかないことになる。さて，実際の物質を考えた場合，コインの代わりとなるのは個々の分子である。たとえば，1.0 gの水を考えた場合にはこの中に含まれる水分子の数は，

$$\frac{1.0 \text{g}}{18 \text{g mol}^{-1}} \times (6.0 \times 10^{23} \text{ 個 mol}^{-1}) = 3.3 \times 10^{22} \text{ 個}$$

という膨大な数になる。たとえ1個の分子が取り得る状態がコインの裏表のように2通りしかなかったとしても，その場合の数はとんでもなく巨大な数になってしまう。このような巨大な数を扱う場合，その値の対数をとると取り扱いやすい値となる。そこで「場合の数」の対数をとって，変化の方向を決めるであろう関数，**エントロピー** (entropy) S を定義する[*1]。

$$S = k \ln W \tag{5-1}$$

W はある状態を実現する「場合の数」，k は比例定数である。エントロピーは例1, 2でわかるように，より不揃いな状態ほど大きな値（すなわち場合の数）をとることになるので，乱雑さ (randomness) とよばれることもある。エネルギー状態が同じであれば，系はよりエントロピーの大きな状態を確率的にとりやすいということがいえる。5.2で詳しく説明するが，比例定数 k はボルツマン定数（k_B）に等しくなる。

[*1] 統計力学に基づくこの定義はボルツマンが1877年に提唱したものである。ボルツマンの墓石にはこの式が刻んである。

【例題5.1】 コイントスを考えたとき，コイン1枚のエントロピーとコイン10枚のエントロピーを求めよ。

【解答】 コイン1枚が取り得る場合の数は，裏と表の2通り。したがって $W = 2$。エントロピーは $S = k \ln W = k \ln 2$。
コイン10枚では本文中にあるように $W = 2^{10}$
したがって，エントロピーは $S = k \ln W = k \ln 2^{10} = 10 k \ln 2$
この結果から，場合の数 W は対象とする粒子の数が増えるとその数のべき乗となるが，対数をとることで単純に粒子の数を掛けてやればよい値とな

り，エントロピー S は体積やエネルギーと同じく粒子数に比例する物理量になっていることがわかる。

【例題 5.2】 一酸化二窒素は NNO の直線構造をもち，結晶中で隣り合った分子は，(NNO　NNO)，(NNO　ONN) の両方の配列を取り得る（分子を矢印で表せば，1つの分子が→と←の2つの状態をとることができるということに等しい）。分子にはこれ以外の乱れは存在しないと考えて，分子1個あたり，および 1 mol あたりのエントロピーを求めよ。

【解答】 分子1個は右向きと左向きの2通りのみが許されるので，コイントスと同じく，

$$S = k_B \ln 2 = 1.38 \times 10^{-23} \text{ J K}^{-1} \ln 2 = 9.57 \times 10^{-24} \text{ J K}^{-1}$$

1 mol あたりでは[*1]，

$$S = k_B \ln W^{N_A} = k_B \times N_A \ln W = 1.38 \times 10^{-23} \text{ J K}^{-1} \times 6.02 \times 10^{23} \text{ mol}^{-1} \times \ln 2$$
$$= 8.314 \text{ J K}^{-1} \text{ mol}^{-1} \times \ln 2 = 5.76 \text{ J K}^{-1} \text{ mol}^{-1}$$

[*1] ボルツマン定数 k_B とアボガドロ定数 (N_A) との積は気体定数 $k_B \times N_A = R$ となることを覚えておくとよい。

5.2 マクロ量とエントロピー

エントロピーをミクロな視点から眺めてきたが，P, V, T といったマクロな状態量との関係を考えてみよう。まず，理想気体の体積を等温的に V_1 から V_2 に変化させたときのエントロピー変化を考える[*2]。3次元空間内で1個の分子を置くことのできる位置の数は体積に比例して多くなるので，10個の分子を V_1, V_2 にそれぞれ置く場合の「場合の数 W」の比は，$V_1^{10} : V_2^{10}$ となる。もし n モルの分子（$n \times N_A$ 個にあたる）があれば，その比は $V_1^{n \times N_A} : V_2^{n \times N_A}$ である。比例定数を c として (5-1) 式を用いると，

$$\Delta S = S_2 - S_1 = k \ln W_2 - k \ln W_1 = k \ln cV_2^{n \times N_A} - k \ln cV_1^{n \times N_A} = k \ln(V_2/V_1)^{n \times N_A}$$
$$= n \times N_A \times k \ln(V_2/V_1) = nR \ln(V_2/V_1)$$

[*2] ここでは W に対する空間の寄与だけを単純に考えているが，より詳細な議論は Web に与えられている。

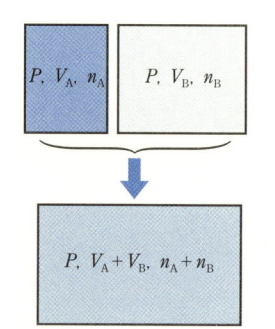

したがって，n mol の理想気体の等温変化（isothermal change，一定温度での体積あるいは圧力変化）におけるエントロピーの変化は，

$$\Delta S = S_2 - S_1 = nR \ln \frac{V_2}{V_1} = nR \ln \frac{P_1}{P_2} \tag{5-2}$$

と表すことができる。

また，この結果を利用すると，2種類の気体の圧力を一定のままで混合したときのエントロピーの変化は（左図と問題 5.11 参照），

$$\Delta S = -n_A R \ln x_A - n_B R \ln x_B \tag{5-3}$$

と表される。ここで，n_A, n_B は気体物質 A および B の物質量，x_A, x_B は A, B のモル分率

$$x_A = \frac{n_A}{n_A + n_B}\left(= \frac{V_A}{V_A + V_B}\right), \quad x_B = \frac{n_B}{n_A + n_B}$$

を表す。(5-3) 式は気体だけではなく，理想的な混合が起きる場合には常に成り立つ。

クラウジウスのエントロピーと熱力学第二法則

実際の系では，含まれる原子・分子が取り得る状態の数は非常に大きな数となるので，場合の数 W を考えられるのは例題 5.2 のようなごく限られた状況のみになる。したがって，S の値を議論するのは困難なように思えるが，ある状態からのエントロピーの変化 ΔS は，熱力学的には平衡状態を保ったまま系に**可逆的**[*1]に加えられた熱 q_{rev} を用いて

$$\Delta S = \frac{q_{rev}}{T} \tag{5-4}$$

と表される。ここで，系に加えられた熱に関して，「可逆的に (reversible)」という条件が付いていることに注意してもらいたい。可逆的ではない場合には，エントロピー変化と加えられた熱 q の間には $\Delta S > \frac{q}{T}$ という不等式が成り立つ。したがって，加えられた熱とエントロピー変化の間には常に

$$\Delta S \geq \frac{q}{T} \tag{5-5}$$

という関係が成り立つことになる。この関係式を**クラウジウスの不等式**とよび，**熱力学の第二法則**を表す式として知られている。第二法則については 5.3 節のコラムでもう一度議論しよう。

熱力学の第三法則 (the third law of thermodynamics)

さて，S の値を直接知ることは困難であるが，ある状態からの変化量 $\Delta S = \frac{q_{rev}}{T}$ は加えた熱の量 q_{rev} を通して実測が可能な量である。そこで，4.5 節でエンタルピー H について最も安定な元素単体の生成エンタルピーを 0 としたのと同じように，S の基準値をどこかに定めてやれば S の絶対値の議論も可能となる。乱れのない完全な結晶[*2]は原子の並び方が一つしかないので，統計学的にエントロピーは 0 となる。これを元にして 0 K における最も安定な元素単体のエントロピーを 0 と定義する。ここから導かれる結果を**熱力学の第三法則**とよぶ。任意の状態の物質のエントロピーはこの定義と $\Delta S = \frac{q_{rev}}{T}$ の関係を用いて，実験的に決めることができる。このようにして実験的に求められるエントロピーを**第三法則エントロピー**とよぶ。

5.3 ギブズエネルギーと系の変化

再びボールの入った箱を考えてみよう。箱を静かに置いているときには，もちろんボールは勝手に動き回ることなく，最初の位置を保ち続けるであろう（図 5.2(a)）。箱を軽く揺すると，ボールはその位置の周りで振動を始める（図

---

*1 変化に伴ってエネルギーのロスを全く生じない変化を**可逆的**という。気体の可逆的な膨張・圧縮では，ピストンの摩擦がなく，常に気体の圧力と外圧を等しく保ったままの理想的な変化を示す。摩擦があるとピストンの移動によって摩擦熱が外界に逃げてしまうので，エネルギーを使わずにピストンを元の位置に戻すことはできない。

Rudolf Julius Emmanuel Clausius (1822 – 1888)

*2 完全結晶以外の固体では絶対零度でもエントロピーが存在する。これを残余エントロピーと呼ぶ。詳しくは Web 参照。

Josiah Willard Gibbs
(1839 - 1903)

5.2(b))。少し強く箱を揺さぶってやれば，ボールは依然として箱の下側にあるものの，上部にあるボールの中には飛び上るものも出てくる（図5.2(c)）。さらに激しく揺さぶりをかけてやると，箱の中のボールは箱の中全体を自由に飛び回ることになるだろう（図5.2(d)）。つまり，揺さぶりが激しいほどボールの存在できる場所が増えていき，エントロピーは増大していく。さて，ボールを分子に置き換えて考えた場合，このゆさぶりの強さ，すなわち分子（ボール）の運動の激しさはその系の温度に相当する。図5.2では，$T_a = 0 < T_b < T_c < T_d$ に相当している。このことは，温度が高くなるほどエネルギー（このボールの例では重力による位置エネルギー）の大きな状態が出現しやすくなり，エントロピーの大きな状態が実現されることを表している。

より実際的な例である5.1の例4を考えよう。この変化（水→水蒸気）も上の例と同じく温度が高くなるほど顕著になり，逆に温度が低くなれば起こりにくくなることはすでに知っているであろう。水分子どうしの間に働く力は温度には関係しないので，液体の水の体積変化が無視できるならば，液体の水から分子がばらばらになった気体の状態へのエンタルピー変化 ΔH（すなわち気化に必要なエネルギー）はほとんど温度には依存しないと考えられる。ところが，実際には温度によって系の変化が顕著に起こるわけであるので，エントロピーが系の変化の温度依存する部分と密接に関係すると考えてよいであろう。

エンタルピーは小さくなるほど系はエネルギー的に安定化するので，変化の方向としてはまずエンタルピーが減少する方向に進むと考えられる。一方，異なる2つの状態のエンタルピーが等しい場合，エントロピーが大きくなるほど，つまり場合の数が大きいほど実現されやすく，またエンタルピーが異なる場合でも温度が高くなるほどエントロピーの大きな状態が出現しやすくなるので，実際の変化の方向を決める関数として

$$\Delta G = \Delta H - T\Delta S \qquad (5\text{-}6)$$

という関数を導入しよう。$T\Delta S$ と ΔG は ΔH と同じ単位，つまりエネルギーの

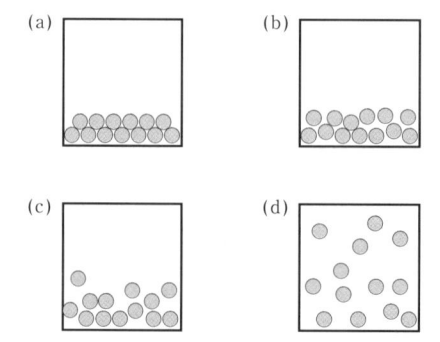

図5.2 ボールの入った箱とゆさぶりの強さ。(a) 箱を静置している状態。ボールは整然と並んで静止している。(b) 箱を軽く揺さぶっている状態。ボールは(a)の静止した状態の周りでわずかに振動している。(c) 箱を少し強く揺さぶっている状態。ボールの大半は箱の下部にあるが，少し飛び上がるものも出てくる。(d) 箱を激しく揺さぶっている状態。ボールは箱の中全体を激しく運動している。

単位をもつ必要がある。G をある種のエネルギーと考えて、$\Delta G < 0$ のときに系は自発変化を起こし、逆に $\Delta G > 0$ のときには系の外からエネルギーを加えてやらないと変化が起こらないとすれば、「水は必ず高いところから低いところへ流れる」というのと同じエネルギーの大小で変化の方向を考えることができる。このように決めた ΔG を満たすように (5-1) 式の係数 k を決めてやると、k はボルツマン定数に等しくなる。ここで定義したエネルギーの単位をもつ関数 G は、ギブズエネルギー (Gibb's energy) または自由エネルギーとよばれる関数であり、

$$G = H - TS \tag{5-7}$$

と書くことができる。関数 G と S はどちらも状態関数であり、系の変化に伴うギブズエネルギー変化 ΔG は、その変化によって系から取り出し得る最大仕事量に等しい。

> **コラム　エントロピー増大の法則**
>
> 　熱力学第二法則は、しばしばエントロピー増大の法則という言葉で紹介される。これは、自発変化が生じるときには常にエントロピーが増大するということを表している。ところが、寒い日には水は凍って最もエントロピーの低い結晶状態になってしまう。これは第二法則に矛盾しないのだろうか？
>
> 　本文中では系の自発変化の方向を示す (5-6) 式を導くのに、エンタルピーとエントロピーという二つの量の変化の兼ね合いとして考えた。しかしながら、これはもっと単純な理解をすることが可能である。(5-6) 式の両辺を T で割ると
>
> $$\frac{\Delta G}{T} = \frac{\Delta H}{T} - \Delta S \tag{5-8}$$
>
> と変形できる。絶対温度 T は常に正の値をとるので、(5-8) 式が負の値をとる方向に自発変化が起きるという関係は変わらない。4.4 節で述べたように、定圧過程の ΔH は外界 (surroundings) から系に加えられた熱に等しい。一般に外界は考えている系に比べてはるかに巨大であり、系に熱が移動しても外界の平衡は保たれていると考えてよい。したがって、ΔH は外界が可逆的に失った熱とみなせるので、$\frac{\Delta H}{T}$ は (5-4) 式から外界のエントロピー変化の逆符号 $-\Delta S_{\text{surr}}$ に等しいことになる。つまり、自発変化 (spontaneous change) が起こる条件は、
>
> $$\frac{\Delta G}{T} = -\Delta S_{\text{surr}} - \Delta S < 0$$
>
> すなわち、
>
> $$\Delta S + \Delta S_{\text{surr}} > 0$$
>
> となる。この式は、自発変化が生じるときには常に系と外界を合わせた「全宇宙」のエントロピーが増大することを表している。つまり、最初の例で矛盾しているように見えたのは熱の移動が可能な宇宙全体ではなく、その一部しか考えていなかったためである。エントロピー増大の法則を単純に受け入れると、この宇宙は最終的にはすべてのエネルギーが平均化され、何の変化も起こらない熱的死を迎えると考えられる。ところが最近の宇宙論では、宇宙自体が膨張を続けているため、エントロピーが増大し続けても熱平衡状態（均一な状態）に達することはないと言われている。

熱力学関数（状態関数）のまとめ			
関数	記号	定義	
内部エネルギー	U	$\Delta U = w + q$	原子・分子のもつエネルギー全体
エンタルピー	H	$H = U + PV$	ΔHは一定圧力下で出入りするエネルギー量を表す。
エントロピー	S	—	系の乱雑さを表す。
ギブズエネルギー	G	$G = H - TS$	ΔGは系の変化の方向，取り出し得る最大仕事量を表す。

参考文献

1. 「ゼロから学ぶエントロピー」西野友年著，講談社（2004）

5章 章末問題

基礎的問題

5.1 100個のサイコロを同時に振ったとき，すべての出目の組み合わせの場合の数と全部のサイコロが同じ出目になる場合の数を答えよ。

5.2 サイコロ1個のエントロピーを求めよ。

5.3 100℃の水2 molに5 kJの熱を可逆的に加えたところ，温度一定のままで水の一部が水蒸気となった。水のエントロピーは全体でどれだけ変化したか。

5.4 ある物質の定圧熱容量が測定温度の範囲内で一定の値C_pを取るとする。温度をT_1からT_2まで上昇させたときのこの物質のエントロピー変化を求めよ。

5.5 式(5-3)は気体だけではなく，液体でも固体でも理想的な混合が起こる場合には常に成り立つ。次のそれぞれの場合の混合エントロピーを求めよ。

(a) 25℃，1.0×10^5 Paの窒素80 Lと酸素20 Lの混合
(b) ベンゼン100 gとトルエン50 gの混合
(c) 質量数133のセシウム1 gと，質量数137のセシウム1 gの混合

5.6 エタン，エチレン，アセチレンの標準燃焼ギブズエネルギー変化を求めよ。

5.7 塩化ナトリウム，塩化水素，水酸化ナトリウムの標準溶解ギブズエネルギー変化を求めよ。

5.8 圧力1.00×10^5 Paの理想気体1 molを温度一定のまま体積が半分になるまで圧縮した。このときの内部エネルギー変化ΔU，エンタルピー変化ΔH，エントロピー変化ΔS，ギブズエネルギー変化ΔGを求めよ。ただし，温度は300 Kとする。

発展問題

5.9 亜硝酸ナトリウム$NaNO_2$は436 Kで相転移を起こし，低温で向きを揃えていたNO_2^-イオンが，高温相では2つの向きを無秩序にとることが知られている。この相転移でのエントロピー変化と，転移エンタルピーを予想せよ。

5.10 理想気体の場合の数Wが体積に比例すると考えて，体積を温度一定のままでV_1からV_2に変化させたとき，n molの気体のエントロピー変化が(5-2)式で表されることを示せ。

5.11 式(5-2)を用いて，一定圧力の下で物質量n_Aの気体Aと物質量n_Bの気体Bを混合したときのエントロピー変化が

$$\Delta S = -n_A R \ln x_A - n_B R \ln x_B$$

と表されることを示せ。ただし，

$$x_A = \frac{n_A}{n_A + n_B}, \quad x_B = \frac{n_B}{n_A + n_B}$$

はA, Bのモル分率である。

5.12 理想気体の等温可逆膨張を考えて，式(5-2)から

熱力学的なエントロピー変化の式 $\Delta S = \dfrac{q_{\text{rev}}}{T}$ を導け。
ヒント：(4-8)式を参照せよ。

5.13 式(5-2)を用いて，次の式を導け。
$$G = G^\circ + nRT \ln \dfrac{P}{P^\circ}$$

5.14 25℃での水の生成エンタルピーを
$$\Delta_f H(\text{H}_2\text{O}, l) = -285.84 \text{ kJ mol}^{-1},$$
生成エントロピー（最も安定な元素単体から生成されるときのエントロピー変化）を
$$\Delta_f S(\text{H}_2\text{O}, l) = -266.16 \text{ J K}^{-1} \text{ mol}^{-1}$$
としたとき，この温度で毎秒水素ガス 1 mol を消費する燃料電池の発電量を求めよ。ただし，発電効率は 33% であるとせよ。

5.15 金属結晶を考える。完全な結晶中では原子が規則正しく配列しているが，実在の結晶には原子があるべきところに存在せず空孔になっている場所や，本来存在するべきでない場所に存在することがある。これを格子欠陥（点欠陥）とよぶ。
(a) 結晶中に N 個の格子点が存在し，このうちの n 箇所が空孔になっているときの空孔の配置の場合の数を求めよ。(b) この空孔をもつ結晶と完全結晶のエントロピーの差を求めよ。(c) 1個の空孔が生成されるのに必要なエネルギーを E_f としたとき，N 個の格子点中の n 箇所が空孔になった結晶と，空孔がまったく存在しない結晶のギブズエネルギーの差を式に表せ。

5.16 銅の結晶格子中に 1 個の空孔が生成されるのに必要なエネルギーが 2.1×10^{-19} J であるとき，25℃において 10^{10} 個の格子点中に (a) 1000 個および (b) 10^6 個の空孔が生じたときのギブズエネルギー変化をそれぞれ求めよ。
ヒント：$x \gg 1$ のとき，スターリングの近似式
$$\ln x! \approx x \ln x - x$$
を用いることができる。

6 物質の変化

　第1部では，電子の波動的な振る舞いから原子の性質を理解し，分子の化学結合について学んだ．第2部前半では，エンタルピーとエントロピーの考え方を中心に熱力学の基本原理について学んだ．すべての物質はミクロの原子や分子からできているが，私たちが日常の世界で取り扱う物質のほとんどが多数の原子や分子が集ったものである．たとえば，食塩，砂糖，石油，また空気ですら**アボガドロ数**（6.022×10^{23}）に匹敵する膨大な数のイオンや分子が寄り集まった集合体である．この第2部後半では，熱力学の考え方を基礎に物質の三態と相変化，溶液および結晶の性質について理解を深める．

アボガドロ定数
$N_\mathrm{A} = 6.022 \times 10^{23}\,\mathrm{mol}^{-1}$

6.1 物質の状態 ── 固体・液体・気体

　水分子の集団は，大気圧のもとで0℃以下では氷，0℃から100℃の間では水，100℃より高い温度では水蒸気となる．このように，**分子集団は温度や圧力の条件が変わると異なる状態で存在する．固体，液体，気体**を**物質の三態**という．物質の状態が温度と圧力によって変化するのは，分子どうしの間にはたらく引力的な結びつきが切れたりつながったりするミクロな変化の現れである．
　固体 (solid) では構成する原子，イオン，原子団，分子の互いの位置関係が変化せず，固体は時間が経っても元の形状を保っている．**液体** (liquid) では分子と分子の結びつきが弱く，互いの位置が絶えず変化するため，液体は容器に合わせて形状を変え，**流動性**がある．**気体** (gas) は空間を自由に飛び回る分子の集団であり，気体分子は互いに衝突するとき以外は影響を及ぼし合わない．気体は体積のほとんどが何もない空間で占められるため，圧力がかかると体積が縮むが，液体や固体は分子やイオンが互いに接するほど隙間なく詰まっているため，収縮はごく小さいのが普通である．

絶対温度 T とセッ氏温度 t
$T = t + 273.15$
T の単位はケルビン K，
t の単位は℃．

6.2 気体分子運動論 ── 圧力と体積

　気体の圧力 P と体積 V および温度 T が変化するときの関係は，**ボイルの法則** (Boyle's law) や**シャルルの法則** (Charles' law) として知られている．この2つの法則が物質量 n との関連において1つの式に表現された**理想気体の状態方程式**は，互いに力を及ぼし合わず，凝集しない原子・分子からなる希薄な気体の振る舞いを正確に表現する．気体というマクロな系を圧倒的多数の分子からなる集団としてとらえた場合に，圧力や体積といった測定可能な物理量を，無秩序に熱運動している分子の振る舞いに結びつけて理解することは可能だろうか．この節で

6.2 気体分子運動論—圧力と体積

は、**気体分子運動論** (kinetic theory of gases) がマクロな系の性質をミクロな粒子の運動の結果として見事に説明してくれることを学ぶ。

質量 m の大きさのない粒子を分子に見立て、それが一辺の長さ L の立方体の容器に多数、閉じ込められている系を考えよう。粒子の大きさがゼロなので粒子どうしが衝突することはなく、また、粒子と粒子の間に力がはたらかない場合を考えるので、粒子は容器内部の空間を互いに独立に運動する。図 6.1 に示すように、粒子が容器の壁に衝突すると粒子は壁に跳ね返されるが、衝突の前後で粒子の運動エネルギーに変化はなく、運動の向きだけが光が鏡に反射するように変化する。この衝突で壁が粒子から受ける衝撃力を、粒子が壁におよぼす力 F とその力がはたらいている時間間隔 Δt の積で表すことにする。粒子がもつ壁に垂直な速度成分の大きさを v とすると、**ニュートンの運動方程式**から、衝撃力の大きさが衝突前後の粒子の運動量変化 $\Delta(mv)$ に等しいことがわかる。

$$m\frac{dv}{dt} = F \quad \Rightarrow \quad F\Delta t = m\Delta v = \Delta(mv)$$

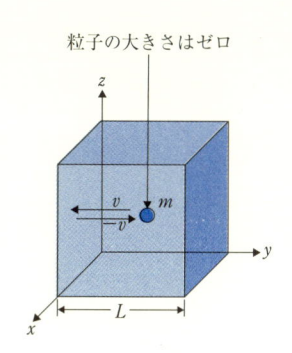

図 6.1 容器の壁に衝突する質量 m の粒子

この衝突の前後で壁に垂直な運動量成分が逆向きに変化するので、1 回の衝突で容器の壁が粒子から受ける衝撃力の大きさは $2mv$ である。

$$\Delta(mv) = mv_{衝突後} - mv_{衝突前} = mv - (-mv) = 2mv$$

衝撃力は力積ともいう

容器はこの衝撃力を圧力として受けながら気体を保持している。

圧力 P は、単位面積あたりにはたらく力 F で定義される。それを単位面積あたり単位時間にかかる衝撃力に置き換えて考えればよい。1 個の粒子に着目すると、壁の往復に $2L/v$ だけ時間がかかるので、その粒子は容器の一方の壁に単位時間あたり $v/2L$ 回衝突する。いま、容器の中に N 個の粒子があるとする。粒子の速度はまちまちなので、単位時間に個々の粒子が壁に与える衝撃力の平均値に粒子数 N をかけることで圧力 P を推算することができる。つまり（衝突 1 回の衝撃力）×（単位時間、1 粒子当たりの衝突回数）×（粒子の数）÷（壁の面積）として

$$P = \left(2mv \times \frac{v}{2L}\right)_{平均値} \times \left(\frac{N}{L^2}\right) = \frac{Nm\langle v^2 \rangle}{V} \tag{6-1}$$

となる。ここで、L^3 を容器の体積 V に置き換えた。また、$\langle v^2 \rangle$ は N 個の粒子がそれぞれもつ、ある壁に向かう速度成分の大きさの二乗の平均値である。

さて、容器内の粒子の平均運動エネルギーは 3 次元方向 (x, y, z) の運動エネルギーの和として次のように表すことができる。

$$\frac{1}{2}m\overline{v_x^2} + \frac{1}{2}m\overline{v_y^2} + \frac{1}{2}m\overline{v_z^2} = \frac{1}{2}m\overline{v^2} \tag{6-2}$$

この $\overline{v^2}$ を平均二乗速度という。その平方根を**根平均二乗速度** (root-mean-square speed) といい、粒子の平均的な速さを表す（図 6.2）。3 次元空間の広がりに対応する 3 つの方向 x, y, z には互いを区別する特別な理由はなく、**空間は等方的**であると考えて差し支えない。その場合、3 方向の運動エネルギーの平均値は等しいと考えることができるので、壁に向かうどの速度成分の二乗平均も等しく、

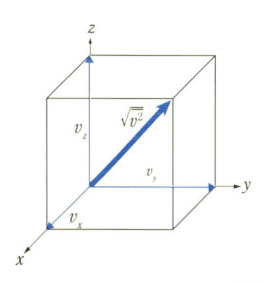

図 6.2 根平均二乗速度 $\sqrt{\overline{v^2}}$

$$\langle v^2 \rangle = \overline{v_x^2} = \overline{v_y^2} = \overline{v_z^2} = \frac{\overline{v^2}}{3}$$

これより，粒子の平均二乗速度 $\overline{v^2}$ を用いて圧力 P を表すと次のようになる。

$$P = \frac{Nm\overline{v^2}}{3V} \tag{6-3}$$

平均二乗速度 $\overline{v^2}$ は各粒子が様々な方向に運動する速さの二乗の平均値であり，一方向あたりの平均値 $\langle v^2 \rangle$ はその3分の1となることに注意しよう。これは，多数の粒子が3次元方向に均等に運動する結果である。

6.3 状態方程式

6.3.1 理想気体の状態方程式

ミクロな世界では，温度 T で**熱平衡状態** (thermal equilibrium state) にある分子集団の各自由度[*1]に，1分子あたり $(1/2)k_\mathrm{B}T$ のエネルギーが割り当てられる。これを**エネルギー等分配則** (law of equipartition of energy) という。熱平衡にある気体分子は3次元方向の運動をするので，分子1個あたり3つの自由度にそれぞれ運動エネルギーとして $(1/2)k_\mathrm{B}T$ ずつ分配される。

$$\frac{1}{2}m\overline{v^2} = 3\left(\frac{1}{2}k_\mathrm{B}T\right) \tag{6-4}$$

ここで，k_B は**ボルツマン定数**[*2]，T は**絶対温度**である。この関係を (6-3) 式に代入すると，気体の圧力 P は，

$$P = \frac{Nk_\mathrm{B}T}{V} \tag{6-5}$$

となり，理想気体の状態方程式 $PV = Nk_\mathrm{B}T$ が得られる。分子数 N を気体の物質量 n とアボガドロ定数 N_A を用いて $N = nN_\mathrm{A}$ と表すと，気体定数[*3] は $R = N_\mathrm{A}k_\mathrm{B}$ であるから，**理想気体の状態方的式**は次のように書き表される。

$$PV = nRT \tag{6-6}$$

このようにして，気体分子の一個一個が容器の壁に衝突するミクロな描像から，気体全体の挙動を記述するマクロな状態方程式を矛盾なく導くことができたわけだが，歴史的にみてもこの気体分子運動論の成功が**ボルツマン統計** (Boltzmann statistics)[*4] に基礎をおく**統計熱力学** (statistical thermodynamics) というミクロとマクロをつなぐ理論の完成へと結実していったのである。

【例題 6.1】 25℃，1 bar のもとでの理想気体 1 mol の体積を求めよ。

【解答】 理想気体の状態方程式 (6-6) より，$n = 1$ mol として，

$$V = \frac{RT}{P} = \frac{8.314 \text{ J K}^{-1}\text{mol}^{-1} \times (25.00 + 273.15) \text{ K}}{1.000 \times 10^5 \text{ Pa}} = 2.479 \times 10^{-2} \text{ m}^3$$

0℃，1気圧で 22.4 L だが，25℃，1 bar では約 11% 増加して <u>24.8 L</u>。

[*1] 種々の状態で独立に取れる変数の数をいう。原子では，並進の自由度が (x, y, z) の3方向に対応して3個ある。N 個の原子からなる分子では，並進自由度が3個，回転の自由度も (x, y, z) の3方向を軸とする回転に対応して3個，残りの $3N - 6$ 個が振動の自由度である。

[*2] ボルツマン定数
Boltzmann's constant
$k_\mathrm{B} = 1.381 \times 10^{-23}$ J K^{-1}

[*3] 気体定数
$R = N_\mathrm{A}k_\mathrm{B} = 8.314$ J K^{-1} mol^{-1}

[*4] ボルツマン統計とは温度 T の熱平衡において粒子がエネルギー ε をとる確率が**ボルツマン因子**
$$f(\varepsilon, T) = e^{-\frac{\varepsilon}{k_\mathrm{B}T}}$$
に比例する場合の多粒子系を記述する数学的体系。エネルギー等分配則やマクスウェル－ボルツマン分布もその帰結である。

1 bar = 1×10^5 Pa

> **【例題 6.2】** 液体窒素の沸点は −195.8℃で密度は 0.808 g cm^{-3} である。常圧で液体窒素が蒸発して 25℃の気体になったとき，体積は何倍にふくらむか。
>
> **【解答】** モル体積で考える。分子量が 28.0 なので，液体窒素のモル体積は (28.0 g mol^{-1}) / (0.808 g cm^{-3}) = 34.7 cm^3 mol^{-1}。一方，25℃の気体のモル体積は 24.8 L mol^{-1} なので，(24800 cm^3 mol^{-1}) / (34.7 cm^3 mol^{-1}) = 715。
> ∴ 約 700 倍

6.3.2 ファン・デル・ワールスの状態方程式

理想気体に対して，現実の世界にある気体を**実在気体** (real gas) という。実在気体は分子に大きさがあり，また分子間に引力がはたらくため，高密度や低温では理想気体からのずれが現れる。また，冷却や圧縮をした際には凝集して液体や固体に変化する。こうした振る舞いを記述する**実在気体の状態方程式**がいくつかあるが，次に，**ファン・デル・ワールスの状態方程式** (van der Waals equation of state) についてそのモデルの成り立ちや意味についてみていくことにしよう。

分子1個の体積を v とすると，分子自身の大きさが占める体積は 1 mol あたり $b = N_A v$ である。体積 V の容器の中に物質量 n の気体がある場合を考え，そのうちの1個の分子に着目すると，分子が自分以外の他の分子の間をすり抜けるようにして動くことができる体積は，容器の体積から分子自身の体積を引いた空間の体積に限られる。そのため，実効的な体積は理想気体の場合に適用される容器の体積 V から分子自身の大きさが占める体積 nb を引いた $V - nb$ に減少する。

また，分子間に引力がはたらく場合を考えると，容器の内壁に衝突して気体を外側に向かって押し拡げようとする分子が，その背後にある他の分子から受ける内側に引き戻す引力によってその勢いをそがれることになる。その効果は，壁に衝突する分子の密度（気体の密度 n/V に比例）とそれを内側に引き戻そうとする分子の密度（こちらも密度 n/V に比例）の両方に比例し，圧力の減少として現れると考えることができる。すなわち，実在気体について測定される圧力 P は理想気体の圧力に比べて $a(n/V)^2$ だけ低くなっているとみることができる。これら2つの要素を考えて実在気体をモデル化したのが，**ファン・デル・ワールスの状態方程式**である。

$$\left(P + a\frac{n^2}{V^2}\right)(V - nb) = nRT \tag{6-7}$$

a は**分子間引力** (intermolecular attraction) の大きさを表す定数である。気体の体積が温度や圧力に対して変化するようすを実測し，その振る舞いをこの式にあてはめてみると，分子間引力の定数 a が比較的大きな二酸化炭素やアンモニアなどでは，冷却したり圧力をかけたりした際に体積が理想気体に比べて著しく減少するようすをみることができる。

種類の異なる気体について 1 mol あたりの PV/RT の値を圧力 P に対してプロットしたのが図 6.3(a) である。理想気体では，その値は圧力や温度によらず一定で

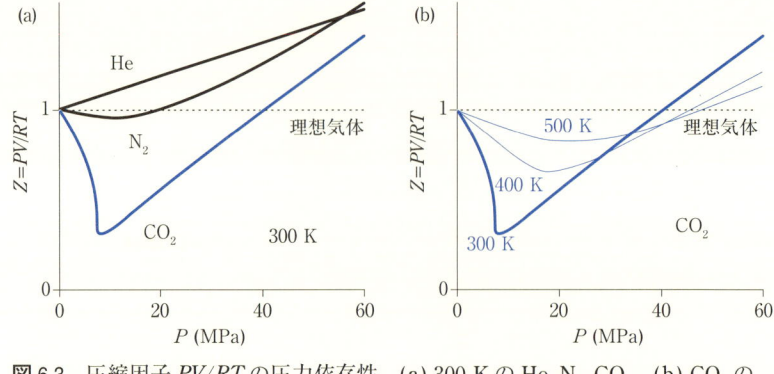

図 6.3 圧縮因子 PV/RT の圧力依存性。(a) 300 K の He, N_2, CO_2。(b) CO_2 の反縮因子の温度変化。

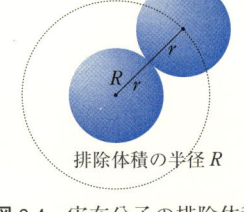

図 6.4 実在分子の排除体積

あるが（$PV/RT=1$），実在気体ではその値が 1 からそれる。ヘリウムの場合，圧力が高くなると単調に増加する。これは密度が高くなるにつれて分子の大きさの効果が現れてくるためである。状態方程式 (6-7) で $n=1$, $a=0$ とおくと，

$$\frac{PV}{RT} = 1 + \frac{b}{RT}P \tag{6-8}$$

となり，圧力依存性の傾きが分子自身の大きさに起源をもつ体積 b（図 6.4）に比例することがわかる[*1]。

*1 定数 b から導かれる体積 v は**排除体積**といって，衝突する相手の重心がそれ以上自分に近づけない領域の体積を意味している。つまり，v には衝突する相手の大きさまで含まれている。そこで，原子 1 個の半径 r としては b から計算される R の値の半分程度とみると，結晶構造から決められるファン・デル・ワールス半径に近い大きさとなる。

1 オングストローム（長さ）
$1 Å = 1 \times 10^{-10}$ m

【**例題 3**】 ヘリウムのファン・デル・ワールス定数 b は 2.37×10^{-5} m^3 mol^{-1} である。実在気体としてのヘリウム原子の体積および半径はどのくらいか。

【**解答**】 定数 b は気体分子自身のモル体積を表すので，$b = N_A v$ より，

$$v = \frac{b}{N_A} = \frac{2.37 \times 10^{-5}\,\mathrm{m^3\,mol^{-1}}}{6.02 \times 10^{23}\,\mathrm{mol^{-1}}} = 3.94 \times 10^{-29}\,\mathrm{m^3} = 39.4\,\text{Å}^3$$

また，半径 R の球の体積は $v = 4\pi R^3/3$ であるから，

$$R = \left(\frac{3v}{4\pi}\right)^{1/3} = \left(\frac{3 \times 39.4\,\text{Å}^3}{4 \times 3.14}\right)^{1/3} = 2.11\,\text{Å}$$

二酸化炭素など，引力定数 a の値が比較的大きい分子では，気体に圧力がかかると分子間の距離が近づき，引力のはたらきが強くなって曲線は右下がりに圧縮され，体積が縮む（$PV/RT < 1$）。しかし，圧力が極端に高くなると，分子自身に大きさがあるために曲線は右上がりに転じる（図 6.3(b)）。図 6.3 でプロットした $Z = PV/RT$ は**圧縮因子** (compressibility factor) とよばれる。圧力が低いときや温度が高いときなど，密度が低い場合に圧縮因子は 1 に近づき，理想気体のように振る舞う。表 6.1 に代表的な気体のファン・デル・ワールス定数をあげておく。

表 6.1 ファン・デル・ワールス定数 a, b

化学種	a / Pa m^6 mol^{-2}	b / m^3 mol^{-1}
ヘリウム	3.45×10^{-3}	23.7×10^{-6}
水素	24.6×10^{-3}	26.7×10^{-6}
窒素	137×10^{-3}	38.6×10^{-6}
酸素	138×10^{-3}	31.9×10^{-6}
メタン	230×10^{-3}	43.1×10^{-6}
二酸化炭素	366×10^{-3}	42.8×10^{-6}
アンモニア	430×10^{-3}	37.8×10^{-6}

6.4 相平衡

【例題 4】 300 K における窒素分子の根平均二乗速度を計算せよ。

【解答】 式 (6-4) を変形して $\sqrt{\overline{v^2}}$ について解き，数値を代入すると，

$$\sqrt{\overline{v^2}} = \sqrt{\frac{3k_B T}{m}} = \sqrt{\frac{3RT}{M}} = \sqrt{\frac{3 \times 8.314 \text{ J K}^{-1} \text{ mol}^{-1} \times 300 \text{ K}}{28.02 \times 10^{-3} \text{ kg mol}^{-1}}} = 517 \text{ m s}^{-1}$$

室温付近での N_2 分子の平均的な速度を与える。

気体定数 $R = N_A k_B$
分子量 $M = m N_A$

6.4 相平衡

6.4.1 相変化

固体の水（氷：図 6.6）を熱すると液体の水にかわり，液体はさらに気体の水（水蒸気）にかわる。氷から水に変化する現象を**融解**といい，水から水蒸気への変化を**蒸発**という。液体を圧力一定のもとで熱すると，蒸気圧が外圧と等しくなる温度で液体の内部に気泡を生じて継続的に蒸発が起こるようになる。この現象を**沸**

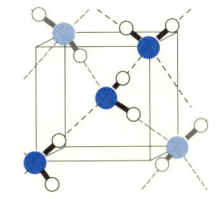

図 6.6 水の結晶構造における水素結合のネットワーク。氷の構造には隙間が多いが，融解して水になると水分子の一部が隙間に入り込むようになり体積が減る。つまり 0℃ では氷より水の方が密度が高い（水が入ったコップの底に氷が沈んでいる姿を誰が想像しようか）。

コラム　気体分子の速度と猛烈な台風

「猛烈な台風」という言葉を耳にすることあるが，最大風速 54 m s^{-1} 以上の場合にそう呼ぶことになっている。すると分子の速度がそれをはるかに上回る 1000 m s^{-1} といわれてもあまり実感がわかないかもしれない。もちろん，いま目の前にある分子が 1 秒後に 1 km 先まで飛んで行くわけではない。気体分子は衝突を繰り返して絶えず運動の向きを変えており，ごく狭い空間の中をうろちょろ動き回っているだけである。1000 m s^{-1} という速度は，ある分子が近くの分子に衝突した瞬間から次の衝突までのごく短い時間に走る際の速度であって，次の衝突後には向きが変わってしまっているので，そう遠くまでまっすぐには進めないのである。台風の風速の場合は空気の塊がそれごと 1 秒後には 50 m 以上先まで運ばれるのだからその勢いは確かに猛烈である。

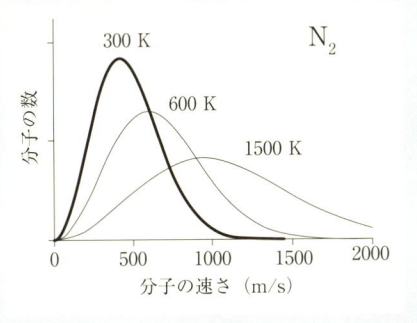

図 6.5　窒素分子 N_2（分子量 28）の速度分布（**マクスウェル - ボルツマン分布**）

室温付近 (300 K) では秒速 500 m 前後で運動する分子が多いが，速度がゼロに近い分子もあれば秒速 1000 m を越える分子も全体のうちのわずかだが存在する。温度が 600 K，1500 K と高くなるにつれてより高速の分子の割合が多くなり，1500 K の気体では半数近い分子が秒速 1000 m を越える速度をもつ。

マクスウェル - ボルツマンの速度分布の最確値と平均値および根平均二乗速度はその順に大きくなり，

$$\sqrt{\frac{2RT}{M}} < \sqrt{\frac{8RT}{\pi M}} < \sqrt{\frac{3RT}{M}}$$

の関係がある。

騰という。一方，気体の温度を下げたり圧力をかけたりすると，気体は液体に変化し（**凝縮**），液体はさらに固体に変化する（**凝固**）。また，ドライアイスのように固体が直接気体に変化する場合もある（**昇華**）。

蒸発：vaporization
凝縮：condensation
融解：fusion, melting
凝固：solidification, freezing
昇華：sublimation

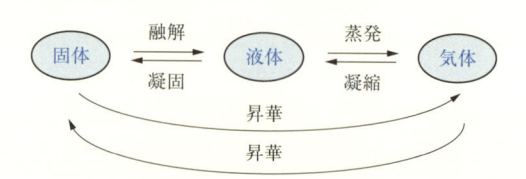

物質の状態を温度と圧力のグラフに表した図を**状態図**または**相図 (phase diagram)** という。水の状態図（図 6.7）において，高温高圧を示す右上の領域に向かって伸びる線を**蒸気圧曲線**または**蒸発曲線**といい，液体と気体の境目を表す。蒸気圧が1気圧になる温度を沸点 T_b といい，水の沸点は $T_b = 100℃$ である。蒸気圧曲線は上端で切れている。この点Cを**臨界点**といい，水はこの条件で液体と水蒸気の境目が密度や屈折率などの物理的性質によって区別がつかない状態になることを示している。水の**臨界温度**は 374℃，**臨界圧力**は 220 気圧である。

蒸気圧曲線の下端は別の2つの曲線と交差している。この点Tを**三重点**とよぶ。三重点より左下に伸びる低圧低温領域の曲線を**昇華曲線**といい，温度や圧力が変化してこの線を越える際に，固体から気体へ，逆に気体から固体へと，液体を経由せずに直接変化する。一方，三重点からほぼ垂直に上に伸びる曲線を**融解曲線**といい，固体と液体の境目を示す。水の融解曲線は他の物質に比べて例外的に右下がりの傾きをもっている。氷に圧力をかけると融点がわずかに下がり，融解曲線を下から上に横切って液体の領域に入ることになる。このように，圧力をかけたとき固まらずに溶けるのは氷の特徴であり，そのため氷を強く踏むと溶けて滑りやすくなる性質がある。水のように凝固すると体積が増加する物質は他にビスマスやガリウムがある。

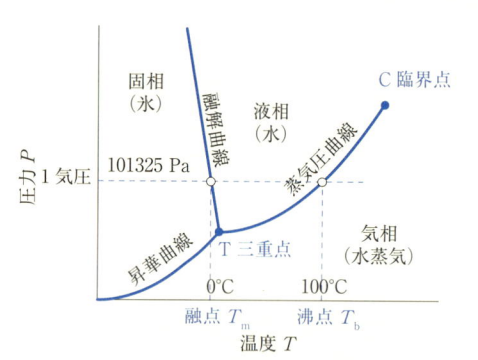

図 6.7 水の状態図（P–T 相図）

蒸気圧曲線：vapor pressure curve
臨 界 点：critical point
臨界温度：critical temperature
臨界圧力：critical pressure
三 重 点：triple point
昇華曲線：sublimation curve
融解曲線：melting curve

二酸化炭素など他のほとんどの物質では融解曲線は右上がりの傾きをもち，水の場合とは逆に，圧力をかけると液体から固体に変化する。このように，氷は他の固体に比べて多くの点で異なる性質をもつ。それは分子が集ってできた固体のほとんどが弱い分子間力で支えられているのに対し，氷は水分子どうしが比較的強い水素結合によって結びつけられた，隙間の多い構造をもつことに由来する（図 6.6）。

6.4.2 相変化とギブズエネルギー

第5章では，物質の変化の方向を決める物理量としてギブズエネルギー G という状態関数を定義した。これを使うことにより，物質の様々な変化についての理解を深めることができる。以下の節では，物質の**物理変化**（**相変化**）と**化学変化**について考えていこう。

6.1 節で紹介した物質の三態は固体，液体，気体の3つの状態を表す言葉であ

6.4 相平衡

> **コラム　分子構造と結晶構造　～氷の結晶を例に～**
>
> 　氷は近接する水分子どうしが水素結合でつながったすき間の多い結晶である（図6.6）。なぜ，氷はすき間が多くても結晶がつぶれずに支えられるのだろうか？　その理由は水分子の構造にある。水分子 H_2O は曲がった分子で，結合角∠H−O−H は104.5°である。分子量18に対してその重さのほとんどはO原子（質量数16）にあるから，水分子の重心は酸素原子の位置にあると考えても大きな間違いはない。これが氷の結晶中で格子点に配置されているのである。
>
> 　格子点の水分子が，もっているH原子を2個とも使って水素結合を形成しようとすれば，水素結合の相手となる2個の水分子のO原子は自分を中心に互いに104.5°の方向に配置されていることが望ましい。また逆に，自分も別の2個の水分子からH原子の提供を受けて水素結合の形成を受け入れなければ，全体としてつじつまが合わなくなる。このように考えると，1個の水分子は4つの近接する水分子と水素結合を形成する必要があり，そのためには正四面体の重心に自分を置き，その4つの頂点に近接する水分子が配置される構造をとるのがよいことがわかる。こうすることで，正四面体の重心にいる自分から見て，近接する2個の水分子は互いに109.5°の位置に来ることになる。分子内の結合角104.5°は，期待される四面体角109.5°に完全には一致しないものの，ほどほどに近い値であり，O原子を中心とする4本の水素結合の形成が同時に満たされる条件といっていい。こうして隣り合う分子から分子へと水素結合のネットワークが無限に広がっていくわけである。もし，水分子の結合角が90°であったら，私たちの目に映る世界は全く違うものになっていたであろう。

る。化学ではこれらの特定の状態をしばしば**相**（phase）という言葉で表現する。相とは「明確な物理的境界により他と区別される物質系の均一な部分」とされている。たとえば，0℃で水と氷が共存している状態を考えてみると，水と氷は明確な境界をもって区別することができ，それぞれの内部は密度や屈折率などの性質が均一な状態にあるので，それぞれが別々の相であると考えることができる。固体・液体・気体はそれぞれ**固相・液相・気相**といい換えることができる。ここでは，なぜ一つの物質の温度を変えることで一つの相から別の相への変化が起こるのかについて考えていくことにしよう。

　たとえば，固相と液相について考えてみると，固相では分子どうしが分子間力によって引き合って整然と並んでおり，液相にするにはこの力に逆らって分子を自由に動ける状態にする必要がある。つまり，エネルギー的には固相の方が低く安定な状態であり，液相は不安定な状態であるといえる。つまり，エンタルピーで表すと $H_{固相} < H_{液相}$ である。一方，エントロピーを考えると，分子がきれいに並んだ固相の方が，ランダムな配置が許される液相よりもはるかに小さな値をとることになる。つまり $S_{固相} < S_{液相}$ である。詳しい導出は省略するが，一定圧力下におけるギブズエネルギーの温度変化は $-S$ という傾きで減少していく。そうすると，温度 T が上昇すればエントロピーの大きな状態の方がより急激にGが小さくなっていくことになる。$G = H - TS$ であるので，図6.8(a)に示すように，低温では，H が小さな固相の方が G は小さいが，温度を上げていくと，いずれどこかで液相の G と大小関係が反転する温度 T_m が現れる。つまり，この温度以

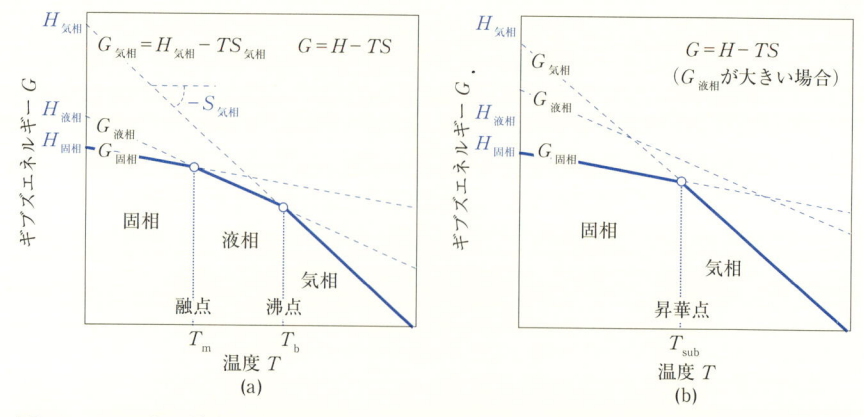

図 6.8 (a) 固相，液相，気相のギブズエネルギー G の温度変化。(b) 固相，液相，気相のギブズエネルギー G の温度変化（液相が現れない場合）

下では液相から固相への変化で $\Delta G < 0$ となるので，液相は常に自発的に固相に変化してしまうことになり，固相のみが安定に存在する。T_m では固相と液相の G が等しいので，外部とのエネルギーのやり取りがない限り変化は生じず，固相と液相が共存可能である（**相平衡状態**，phase equilibrium）。T_m よりも高い温度では液相の G の方が低くなるので固相はすべて液相に変化する。このことから，T_m は融点に対応することがわかる。

気相の場合には，低温ではエンタルピー項 H によって G の値は液相よりもさらに大きいが，エントロピー S が大きいので温度を上昇させるとエントロピー項 $-TS$ によって急激に G の値が減少する。図 6.8(a) に示すような固相・液相・気相のギブズエネルギーの温度変化を考えれば，ギブズエネルギーの最も小さい線に沿って，低温から固相→液相→気相という状態変化が起こることが予想できる。

ところで，液相と気相のエンタルピーやエントロピーの値は物質によって違っていてもおかしくない（実際かなり違う）。そうすると，場合によっては各相のギブズエネルギーは図 6.8(b) のような変化をすることも考えられる。この場合には，温度を低温から上昇させていくと，$G_{固相}$ の線は $G_{液相}$ の線と交わるよりも先に $G_{気相}$ の線と交わってしまうことになり，固相からいきなり気相に変化することになる。液相線は常に他の相よりも上にあるため液相は出現しない。この固相から直接気相に変化する現象が**昇華**であり，二酸化炭素などで実際に観測される。

では，二酸化炭素はどうしても液体にすることができないのであろうか？気体の体積は圧力を上げると大きく減少する。このため，気相におけるエントロピーは圧力を上げると大きく減少することになり，図 6.8(b) の $G_{気相}$ の温度変化の傾きは小さくなる。すると $G_{固相}$ と $G_{気相}$ の交わる点は圧力を上げていくと右にずれていき，ついには $G_{固相}$ と $G_{液相}$ の交点よりも右側に移動して図 6.8(a) と同じ形になる。つまり，二酸化炭素の場合でも圧力を上げてやれば液相が現れるのである。

ここで，ある特定の圧力のときには $G_{固相}$，$G_{液相}$，$G_{気相}$ の線が一点で交わるこ

6.4 相平衡

とに注目しよう。この点では，固相，液相，気相の3つの相が同時に存在することができる。この点が**三重点**である。純物質における三重点は温度，圧力ともに特定の値をとり，変動することはない[*1]。たとえば，水の三重点は 273.16 K (0.01℃)，611.73 Pa (0.006 気圧) であり，温度定点として用いられている。一方，三重点よりも高温高圧にしていくと，気相の密度が高くなり，液相の密度は低くなっていくのでそれぞれの性質は次第に接近していき，ついには両者の区別はできなくなってしまう。図 6.9 はこのようすをモル体積と圧力の関係として模式的に示したグラフである。

図 6.9 において，グラフの右側がモル体積の大きい状態，つまり密度の低い状態であり，気相にあたることを示している。温度 T_1 を保ちつつ気体を圧縮すると，実線に沿って点 a まで圧力が上昇する。点 a から点 b の間では圧縮を行っても圧力の上昇は起こらない。これは，点 a に達したところで気相の液化が始まり，青色で囲まれた部分では気相と液相が共存しているため，体積を圧縮してもその分の気体が液体に変化してしまうことを表している。圧縮を続けると点 b ですべての気体の液化が完了する。液体は気体に比べてはるかに圧縮率が小さいため，さらに圧縮しようとすると急激に圧力が高くなる。

[*1] **ギブズの相律** (Gibbs phase rule) によると，系の自由度 f は相の数 p と物質成分の数 c との間に

$$f = c - p + 2$$

の関係がある。成分の数が $c=1$ のとき 3 相が共存する $p=3$ の状態では自由度が $f=0$ となり，温度と圧力も自由に変えることはできず，1 点に決まってしまう。

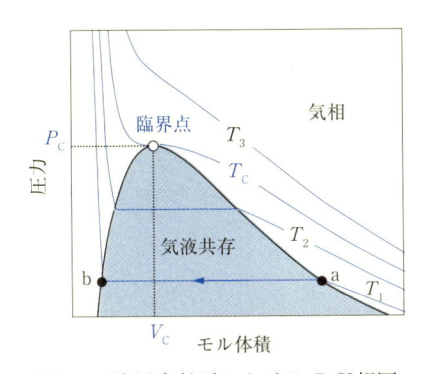

図 6.9 臨界点付近における P-V 相図

表 6.2 種々の物質の臨界定数

化学種	T_C/K	P_C/MPa	d_C/g cm^{-3}
ヘリウム	5.20	0.227	0.0693
水素	32.94	1.316	0.0310
窒素	126.2	3.400	0.3110
酸素	154.6	5.043	0.430
メタン	190.5	4.598	0.162
二酸化炭素	304.1	7.383	0.46
水	647.2	22.06	0.324
アンモニア	405.3	11.130	0.234

T_1 よりも高い温度 T_2 では，青色部分を横切る幅が狭くなり，さらに温度を上げていくと，T_C でついに黒の実線と交わるのが 1 点のみとなってしまい，気相と液相が共存する部分がなくなってしまう。この点が**臨界点**である。臨界点の圧力 P_C，モル体積 V_C，温度 T_C は物質によって決まっており，これらの値は**臨界定数**とよばれる。いくつかの物質の臨界定数を表 6.2 に示した。

臨界点近傍において，臨界温度，臨界圧以上の物質は通常の気体よりも密度が高く，通常の液体よりも流動性の高い，液体と気体の中間的な状態になっている。このような状態の物質は**超臨界流体** (supercritical fluid) とよばれ，様々な物質を溶解する能力や反応性に優れているため，有用な化学物質の抽出や難分解性の物質の分解に利用されている。たとえば，二酸化炭素は臨界温度が 31℃ と室温に近く，有機物を破壊せずに取り出せる上に，圧力を臨界圧以下に下げてやれば直ちに気体となって取り除くことができるため，コーヒー豆の成分を抽出してインスタントコーヒーを作ったり，お茶の葉からカフェインを取り除いて低カ

フェイン飲料にしたり，様々な香料を動植物原料から取り出すのに利用されている。

6.4.3 蒸気圧曲線——クラウジウス‐クラペイロンの式

純物質の液相と気相が共存する状態では，熱が加わればそれを吸収して蒸発した液体の量だけの気体を生じ，逆に，熱が取り去られると**潜熱**を放出して凝縮した気体の量だけの液体ができる。このような相平衡が保たれているときは，共存する2つの相の単位物質量あたりのギブズエネルギーが等しくなっている。たとえば，蒸気圧曲線上では，液相のギブズエネルギー変化 $dG_{液相}$ が気相のギブズエネルギー変化 $dG_{気相}$ と常に等しい値をとりながら相平衡を保っている。

$$dG_{液相} = dG_{気相} \tag{6-9}$$

この関係を測定が簡単な物理量を用いて記述するために，ギブズエネルギー G が温度 T と圧力 P の関数であり，微分形式では $dG = -SdT + VdP$ のように定義されることを利用しよう。これにより，液相と気相の相平衡の条件は

$$-S_{液相} dT + V_{液相} dP = -S_{気相} dT + V_{気相} dP$$

となる。この等式を圧力の温度変化について整理すると次式が導かれる。

$$\frac{dP}{dT} = \frac{S_{気相} - S_{液相}}{V_{気相} - V_{液相}} = \frac{\Delta_{vap} S}{\Delta_{vap} V}$$

さらに，相変化のエントロピーを定義から $\Delta S = \Delta H / T$ で置き換えると，

$$\frac{dP}{dT} = \frac{\Delta_{vap} H}{T \Delta_{vap} V} \tag{6-10}$$

の関係が導かれる。これを**クラペイロンの式**[*1] という。この式の意義は，P–T 相図に描かれた曲線の傾きが相変化のエンタルピー $\Delta_{vap} H$（潜熱）と体積変化 $\Delta_{vap} V$ に関連づけられることにある。図 6.7 にある蒸気圧曲線（蒸発曲線）の勾配は正であるから，大気圧のもとで水が蒸発して体積が著しく膨張する（$\Delta_{vap} V > 0$）際には熱を吸収する（$\Delta_{vap} H > 0$）[*2] ことを示している。

気体の体積に比べて液体の体積は無視できるので，$\Delta_{vap} V = V_{気相}$ としてよい。また，蒸発した気体が理想気体として扱える希薄な条件下では，$V_{気相} = RT/P$ と近似できるので，

$$\frac{1}{P} \frac{dP}{dT} = \frac{d\ln P}{dT} = \frac{\Delta_{vap} H}{RT^2} \tag{6-11}$$

となる。これを**クラウジウス‐クラペイロンの式** (Clausius-Clapeyron equation) という。$\Delta_{vap} H$ が温度に依存しないと考えて，この式を積分すると，

$$\int \frac{1}{P} dP = \frac{\Delta_{vap} H}{R} \int \frac{1}{T^2} dT \tag{6-12}$$

より

$$\ln P = -\frac{\Delta_{vap} H}{RT} + C \tag{6-13}$$

[*1] クラペイロンの式 (6-10) は蒸気圧曲線以外にも適用される。融解曲線に適用した場合には，融解熱 $\Delta_{fus} H$ とともに，固体が液体に融解する際の体積変化 $\Delta_{fus} V$ を知ることができる。図 6.7 でみたように水の融解曲線は負の傾きをもつが，融解熱が正（$\Delta_{fus} H > 0$）であることから，クラペイロンの式によって体積変化が負（$\Delta_{fus} V < 0$）であることがわかる。つまり，融解曲線の傾きが負であることと，氷が水に融解する際に体積が減ることは，直接関係しているのである。

[*2] 水の蒸発熱（25℃）
$\Delta_{vap} H = 44.0 \text{ kJ mol}^{-1}$

が得られる．この式は，様々な温度における物質の蒸気圧 P を測定してその対数を温度 T に対してプロットすれば，任意の温度における蒸気圧が推定できることを示している．また，蒸気圧の異なる2点で相平衡の温度を測定することによって (P_1, T_1) と (P_2, T_2) の2組を得て，(6-13)式を適用し，

$$\ln \frac{P_2}{P_1} = -\frac{\Delta_{\text{vap}} H}{R}\left(\frac{1}{T_2} - \frac{1}{T_1}\right) = \frac{\Delta_{\text{vap}} H}{R}\left(\frac{T_2 - T_1}{T_1 T_2}\right) \quad (6\text{-}14)$$

から，蒸発熱 $\Delta_{\text{vap}} H$ の平均値を知ることができる．

6.5 化学平衡

化学反応をある温度，圧力，濃度の条件で観察すると，次第に反応が進んで組成が変化するが，長時間経過すると反応物の濃度も生成物の濃度も見かけ上変化しない状態に達する．この状態を**化学平衡** (chemical equilibrium) という．例として，化学反応が次のような反応式で表される場合を考える．

$$a\text{A} + b\text{B} \longrightarrow c\text{C} + d\text{D}$$

反応にかかわる分子が必要な数だけ同時に接近する確率を考えると，**正反応** (forward reaction) は反応物 A と B の濃度の積 $[\text{A}]^a[\text{B}]^b$ に比例して**反応速度** (reaction rate) が大きくなり，**逆反応** (backward reaction) は生成物 C と D の濃度の積 $[\text{C}]^c[\text{D}]^d$ に比例して速くなると考えると自然である．そこで，正反応と逆反応の**反応速度定数** (rate constant of reaction) をそれぞれ k_f と k_b として反応速度を表すと，

$$(\text{正反応の反応速度}) = \vec{v} = k_f [\text{A}]^a [\text{B}]^b$$
$$(\text{逆反応の反応速度}) = \overleftarrow{v} = k_b [\text{C}]^c [\text{D}]^d$$

と書くことができる．これらの正反応と逆反応の反応速度が等しく釣り合ったときに化学平衡に達する．そこで $\vec{v} = \overleftarrow{v}$ とおいて平衡時の各成分の濃度の関係を

$$K = \frac{k_f}{k_b} = \frac{[\text{C}]^c [\text{D}]^d}{[\text{A}]^a [\text{B}]^b} \quad (6\text{-}15)^{*1}$$

と表したとき，K を**平衡定数** (equilibrium constant) とよび，反応が右と左のどちらに片寄りやすいかを判断するときに用いられる．化学平衡が成立しているときのこの関係を**化学平衡の法則**といい，理想気体や理想溶液においては厳密に成り立つ．平衡定数 K は温度が一定なら一定の値をとる．(6-15)式の分母にある反応物の濃度が小さく，分子の生成物の濃度が大きい場合に K の値は大きくなるが，このことは右向きの反応がよく進行するために平衡時に生成物が多くなっていることを示している．つまり K が大きいほど正反応が進みやすい．

平衡定数 K は本来，反応のギブズエネルギー変化

$$\Delta_r G = (cG_\text{C} + dG_\text{D}) - (aG_\text{A} + bG_\text{B})$$

の考察から熱力学的に定義されるものである[*2]．すなわち，各成分のモルギブズエネルギーが $G_\text{A} = G_\text{A}^\circ + RT \ln P_\text{A}$ のように表されるときに

$$\Delta_r G = \Delta_r G^\circ + RT \ln K_P, \quad K_P = \frac{P_\text{C}^c P_\text{D}^d}{P_\text{A}^a P_\text{B}^b} \quad (6\text{-}16)$$

*1 平衡定数 K を求める際に用いられる濃度は，実際の濃度 c_A を基準濃度 c° ($= 1$ mol L^{-1} など) で割ったものを用いるので，

$$[\text{A}] = c_\text{A}/c^\circ$$

は無次元数である．したがって平衡定数 K もまた無次元となる．同様に P_A は，A の分圧 p_A (bar 単位) を $p^\circ = 1$ bar で割った無次元数と考える．

*2 詳細は Web を参照．

が導かれる．この式において反応のギブズエネルギー変化がゼロになることが化学平衡の条件であるから（$\Delta_r G = 0$），

$$\ln K_P = -\frac{\Delta_r G°}{RT} \tag{6-17}$$

が成り立つ．ここで，$\Delta_r G°$は反応の標準ギブズエネルギー，K_Pは**圧平衡定数**である．

理想気体の関係$P = cRT$（$c = n/V$である）を使うと，濃度を用いて平衡定数Kを

$$K_P = K\left[\frac{c°RT}{p°}\right]^{c+d-a-b} \tag{6-18}$$

と表わすことができる．式 (6-16)-(6-18) から，平衡定数Kが標準ギブズエネルギー$\Delta_r G° = (cG_C° + dG_D°) - (aG_A° + bG_B°)$と温度$T$に関係していることがわかる．

6.5.1 気相化学平衡とル・シャトリエの原理

最も簡単な化学反応の例として，気体分子Aが解離して2個の気体分子Bに変化する**解離反応**（dissociation reaction）を考えよう．

$$A \rightarrow 2B$$

はじめに容器内にAのみが1 molあったとして，その状態の**反応進行度**をゼロ（$\xi = 0$），また，Aがすべて解離して容器内にBのみが2 molになった状態の反応進行度を1（$\xi = 1$）として，AとBが混ざった中間の状態（$0 < \xi < 1$）を考える．反応途中ではAとBの物質量がそれぞれ$(1-\xi)$と2ξの混合物になるので，系のギブズエネルギーを$G = (1-\xi)G_A + 2\xi G_B$と書けばよい．各成分のモルギブズエネルギーを$G_A = G_A° + RT \ln(P_A/P°)$のように理想気体の式で近似すると，ギブズエネルギーの圧力変化や温度変化を調べることができる．

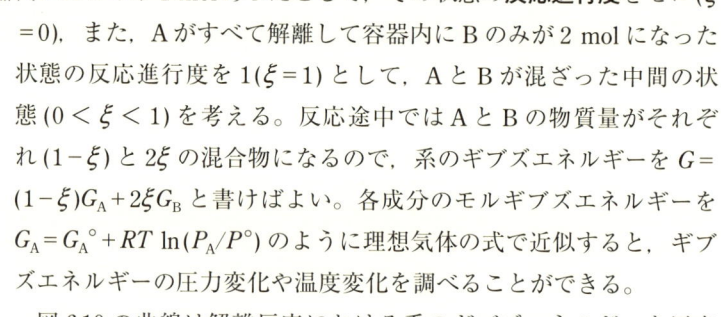

図 6.10 の曲線は解離反応における系のギブズエネルギーを反応進行度ξに対して模式的に描いたものである．曲線はいずれもその両端でGの値が高くなっており，その中間では2成分の**混合エントロピー**による減少（$-TS$）によってGが内側に向かって低くなっている．化学変化はギブズエネルギーGが下がる方向に進むので，はじめにAだけが存在する状態から出発した場合には解離が自発的に進んである混合状態に落ち着く（図中の矢印が示すGが最小となる点）．また逆にBだけが存在する状態から出発しても今度は融合が自発的に進み，Aから出発した場合と同じ平衡点でそれ以上組成が変化しなくなる．化学平衡の状態とはこのように反応が途中まで進んでGが最小値になるところをいう．

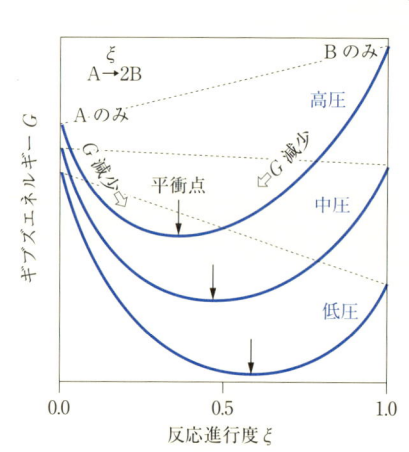

図 6.10 気相解離反応のギブズエネルギー

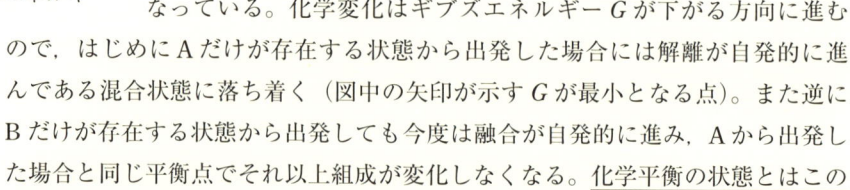

1分子が2分子に解離する例では，解離反応が進行するにつれて気体の物質量が増えて圧力が上昇し，反応が進みにくくなる．この場合は圧力を下げてやることで反応系のエントロピーを増加させ，平衡を解離側にずらすことができる．図 6.10 の矢印で示したように，高圧より低圧の条件の方が，平衡は解離がより進行

6.5 化学平衡

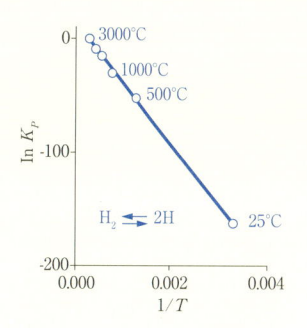

した右側に片寄っていることがわかる。このように，A → 2B の反応で圧力を下げると気体の物質量が増加する方向に平衡が移動する現象は，系に加えられた変化を打ち消す方向に平衡が移動するというル・シャトリエの原理 (Le Chatelier's principle) の一例を示すものである。

図 6.11 に示す水素の解離における**圧平衡定数（解離定数）**の温度変化からは高温になるほど K_P が大きくなり，解離が進むことがわかる。結合の切断をともなう解離反応のように，吸熱反応（$\Delta_r G° > 0$）では絶対温度 T の上昇にともなって $\ln K_P$ が増加する。つまり，温度が上がると吸熱反応が進む方向に平衡が移動する。一方，発熱反応（$\Delta_r G° < 0$）の場合は逆に，絶対温度 T が降下したときに $\ln K_P$ が増加する。つまり，温度が下がると発熱反応が進む方向に平衡が移動する。このように，(6-17) 式は温度変化を緩和するように平衡が移動するというル・シャトリエの原理を表現している。

図 6.11 水素 H_2 の解離定数 $K_P = P_H^2/P_{H_2}$ の温度依存性

【例題 5】 アンモニアの生成反応 $(1/2)N_2 + (3/2)H_2 \rightarrow NH_3$ の 327°C における圧平衡定数は $K_P = 4.30 \times 10^{-2}$ である。その温度で分圧 10 bar の N_2 および 15 bar の H_2 と平衡に達している NH_3 の分圧および混合気体の全圧を求めよ。

【解答】 生成反応の圧平衡定数 $K_P = P_{NH_3}/(P_{N_2}^{1/2} P_{H_2}^{3/2})$ より NH_3 の分圧は，
$$P_{NH_3} = K_P \sqrt{P_{N_2} P_{H_2}^3} = 4.30 \times 10^{-2} \sqrt{10 \times 15^3} = 7.90 \text{ bar} \quad {}^{*1}$$
また混合気体の全圧は，$P = P_{NH_3} + P_{N_2} + P_{H_2} = 7.9 + 10 + 15 = 32.9$ bar

---

*1 基準状態 $p°$ を 1 bar にとっている。

【例題 6】 メタンの燃焼における標準反応ギブズエネルギー $\Delta_r G°$ はいくらか。
$$CH_4 + 2O_2 \rightarrow CO_2 + 2H_2O$$
25°C における各化合物の標準生成ギブズエネルギーは次の通りである。
$$\Delta_f G° (CO_2) = -394.36 \text{ kJ mol}^{-1}$$
$$\Delta_f G° (H_2O) = -120.35 \text{ kJ mol}^{-1}$$
$$\Delta_f G° (CH_4) = -50.72 \text{ kJ mol}^{-1}$$

【解答】 単体である酸素については定義により $\Delta_f G° (O_2) = 0$ となる。
$$\Delta_r G° = \Delta_f G° (CO_2) + 2\Delta_f G° (H_2O) - \{\Delta_f G° (CH_4) + 2\Delta_f G° (O_2)\}$$
この式に，与えられた値をそれぞれ代入すると，次の値が得られる。
$$\Delta_r G° = -584.34 \text{ kJ mol}^{-1}$$

6.5.2 酸塩基平衡・緩衝溶液

水のイオン積は 25°C で $K_w = [H^+][OH^-] = 1.0 \times 10^{-14}$ $(\text{mol L}^{-1})^2$ であり，純水では水素イオン H^+ と水酸化物イオン OH^- が 10^{-7} mol L^{-1} ずつ等量存在する。塩化水素 HCl や水酸化ナトリウム NaOH のように水中で電離して H^+ や OH^- を放つ物質を溶解した場合には，$[H^+] = [OH^-]$ ではないが，イオン積は一定に保

表 6.3 水のイオン積と温度

温度 °C	イオン積 $\text{mol}^2 \text{L}^{-2}$
0	0.185×10^{-14}
10	0.292×10^{-14}
15	0.451×10^{-14}
20	0.682×10^{-14}
25	1.01×10^{-14}
30	1.47×10^{-14}

たれる。たとえば，25℃で 0.001 mol L^{-1} の塩酸は [H$^+$] = 10^{-3} mol L^{-1} を含むので，[OH$^-$] = K_w/[H$^+$] = 10^{-11} mol L^{-1} となり，[OH$^-$] の存在は無視できる。この塩酸の**水素イオン指数**を pH = 3 と表す。pH は水素イオン濃度 [H$^+$] を用いて次式で定義される[*1]。

$$\mathrm{pH} = -\log[\mathrm{H}^+] \tag{6-19}$$

塩酸，硝酸，硫酸といった**強酸**は水中で完全に電離するので，そのモル濃度 c を用いて，pH = $-\log(nc/c°)$ と計算できる。ここで n は**酸の価数**であり，塩酸と硝酸は $n=1$，硫酸は $n=2$ である[*2]。

表 6.4 弱酸の解離定数 K_a(25℃) [化学便覧改訂 5 版より]

酸	解離反応	K_a	イオン強度/ mol L^{-1}
シュウ酸	(COOH)$_2$ ⇌ HOOCCOO$^-$ + H$^+$	9.1×10^{-2}	0.1
リン酸	H$_3$PO$_4$ ⇌ H$_2$PO$_4^-$ + H$^+$	7.1×10^{-3}	無限希釈
フッ化水素	HF ⇌ F$^-$ + H$^+$	6.8×10^{-4}	無限希釈
ギ酸	HCOOH ⇌ HCOO$^-$ + H$^+$	2.8×10^{-4}	0.1
シュウ酸水素イオン	HOOCCOO$^-$ ⇌ (COO)$_2^{2-}$ + H$^+$	1.5×10^{-4}	0.1
酢酸	CH$_3$COOH ⇌ CH$_3$COO$^-$ + H$^+$	2.8×10^{-5}	0.1
炭酸	H$_2$CO$_3$ ⇌ HCO$_3^-$ + H$^+$	4.5×10^{-7}	無限希釈
硫化水素	H$_2$S ⇌ HS$^-$ + H$^+$	9.6×10^{-8}	無限希釈
リン酸二水素イオン	H$_2$PO$_4^-$ ⇌ HPO$_4^{2-}$ + H$^+$	6.3×10^{-8}	無限希釈
フェノール	C$_6$H$_5$OH ⇌ C$_6$H$_5$O$^-$ + H$^+$	1.5×10^{-10}	0.1
炭酸水素イオン	HCO$_3^-$ ⇌ CO$_3^{2-}$ + H$^+$	4.7×10^{-11}	無限希釈
リン酸一水素イオン	HPO$_4^{2-}$ ⇌ PO$_4^{3-}$ + H$^+$	4.5×10^{-13}	無限希釈

弱酸の電離　　一方，酢酸，炭酸，リン酸などの**弱酸**は水に溶けた分子の一部しか電離せず，水との間で平衡が成立している。いま，弱酸としてモノプロトン酸 HA の電離平衡を考える。

$$\mathrm{HA} \xrightleftharpoons{K_a} \mathrm{H}^+ + \mathrm{A}^-, \quad K_a = \frac{[\mathrm{H}^+][\mathrm{A}^-]}{[\mathrm{HA}]} \tag{6-20}$$

弱酸 HA の初期濃度が c = [HA]$_0$ となるように調整した水溶液が**電離平衡**に達したときに各成分の濃度が [H$^+$] = $c\alpha$，[A$^-$] = $c\alpha$，[HA] = $c(1-\alpha)$ になったとする[*3]。ここで，各成分の濃度は**解離度** α で表され，電離平衡時も HA と A$^-$ の総濃度の和は保存されると考える。**解離定数** K_a は酸の種類と温度で決まり，酢酸の場合は 25℃において K_a = 2.8 × 10^{-5} である。電離定数の式に解離度 α で表した平衡濃度をそれぞれ代入すると，$K_a = (c\alpha)(c\alpha)/c(1-\alpha) = c\alpha^2/(1-\alpha)$ となる。解離度が十分小さい場合には ($\alpha \ll 1$) 分母の α を近似的に無視できるので $\alpha \approx \sqrt{K_a/c}$ となり，水素イオン濃度 [H$^+$] = $c\alpha = \sqrt{cK_a}$ に対して，そのpHを

$$(\text{弱酸の pH}) \qquad \mathrm{pH} = \frac{1}{2}\log(cK_a) \tag{6-21}$$

と計算することができる。
アンモニアのような**弱塩基** B に対しては解離定数 K_b を定める。

[*1] [H$^+$] は実際には $c_{\mathrm{H}^+}/c°$ ($c°$ = 1 mol L^{-1}) と表されるべきもので，無次元である。したがって log をとることができる。同様に酸解離定数 K_a も無次元数となる。

[A$^-$] = $c_{\mathrm{A}^-}/c°$
[HA] = $c_{\mathrm{HA}}/c°$

と考えるためである。表 6.4 の K_a は，したがって本来無次元数であるが，教科書によっては mol L^{-1} の次元を与えているものもある。

[*2] ただし，硫酸の 2 段目の解離は起こりにくいので，$n=2$ が適用できるのは十分希薄な水溶液の場合である。

[*3] 以下で用いられる濃度 c は実際には $c/c°$ で表される無次元数と考えるべきであるが，ここでは慣例的に c と記載した。

$$B + H_2O \xrightleftharpoons[]{K_b} HB^+ + OH^-, \quad K_b = \frac{[HB^+][OH^-]}{[B]} \qquad (6\text{-}22)^{*1}$$

弱酸の場合と同様に，解離定数 K_b を用いて弱塩基の水酸化物イオン OH^- の濃度を $[OH^-] \approx \sqrt{cK_b}$ と近似することができるが，さらに水のイオン積 K_w の関係を組み合せることで弱塩基水溶液の pH を表すことができる。

（弱塩基の pH）　　　$pH = -\log K_w + \frac{1}{2}\log(cK_b)$ 　　(6-23)

*1 水は溶媒として大過剰にあるので，その活量が 1 となり K_b の分母から除かれる。

表 6.5　弱塩基の解離定数 K_b(25℃)　[化学便覧改訂 5 版より]

塩基	解離反応	K_b	イオン強度/ $mol\ L^{-1}$
アンモニア	$NH_3 + H_2O \rightleftarrows NH_4^+ + OH^-$	1.8×10^{-5}	無限希釈
ピリジン	$C_5H_5N + H_2O \rightleftarrows C_5H_5NH^+ + OH^-$	1.8×10^{-9}	0.1
アニリン	$C_6H_5NH_2 + H_2O \rightleftarrows C_6H_5NH_3^+ + OH^-$	4.3×10^{-10}	0.1

緩衝溶液　生体内では酵素反応をはじめとする様々な化学反応を恒常的に行うために，水素イオン濃度 $[H^+]$ を一定に保つしくみが実現している。炭酸やリン酸などの弱酸とその**共役塩基**[*2]であるナトリウム塩やカリウム塩が共存して，水素イオン濃度が大きく変化しないようにできている。このように，外からの酸や塩基の混入があっても pH が大きく変化しないような溶液のことを**緩衝溶液**という。たとえば，酢酸水溶液に共役塩基である酢酸ナトリウムを加えると，その溶液は酸や塩基の追加に対して pH が変化しにくい緩衝溶液となる。上述の弱酸 HA の例で考えると，その電離平衡に共役塩基であるナトリウム塩 NaA を加えることに対応する。NaA は完全解離であるので，

$$NaA \rightarrow Na^+ + A^-$$

である。この混合溶液に，H^+ が加えられると A^- がそれに結合して HA に変化することで H^+ の増加が緩慢になり，OH^- が加えられると H^+ と結合して H_2O になると同時に HA の電離が進んで H^+ の減少を緩やかにする。

弱酸と共役塩基の濃度をそれぞれ c_a, c_b で表すと緩衝溶液の pH は弱酸の電離定数を K_a として次式で与えられる。

（緩衝溶液の pH）　　$pH = pK_a + \log \frac{c_b}{c_a}, \quad pK_a = -\log K_a$ 　　(6-24)

*2 酸 HA に対して，A^- のナトリウム塩 NaA や，カリウム塩 KA を共役塩基という。

6.5.3 電　池

1800 年に発明された**ボルタ電池**は，化学エネルギーを電気エネルギーに変える仕組みの原型となった。1936 年には，分極現象によって起電力が低下しやすいボルタ電池を改良した**ダニエル電池**が発明された。図 6.12 に示すように，負極では亜鉛電極から亜鉛が正イオンとして溶け出し（$Zn \rightarrow Zn^{2+} + 2e^-$），正極では銅イオンが電子を受け取って金属銅が生成する（$Cu^{2+} + 2e^- \rightarrow Cu$）。つまり，負極では酸化反応，正極では還元反応が起きている。酸化が起こる電極（負極）を**アノード**，還元が起こる電極（正極）を**カソード**という[*3]。また，各電極で起

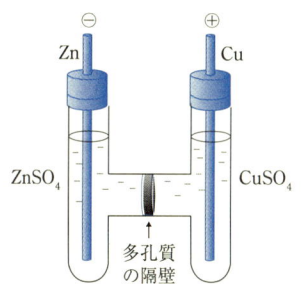

図 6.12　ダニエル電池

*3 電気分解反応では陽極がアノード（酸化），陰極がカソード（還元）となる。

こる反応を**半反応**とよぶ。全体の反応は，

$$Zn + Cu^{2+} \rightarrow Zn^{2+} + Cu$$

である。ダニエル電池を式で示すと次のようになる。

$$(-)\ Zn\ |\ ZnSO_4\ (aq)\ \|\ CuSO_4\ (aq)\ |\ Cu\ (+)$$

反応に関与する金属とイオン（または電解質）を書き，縦線は相の境界を表す。二重線は液体間に電位差のない液絡（塩橋）を表す。アノードを常に左側に，カソードを右側に書く。この二つの電極間の電位差を**起電力**という。ダニエル電池の起電力は 1.1 V である。

電池は放電を続けると起電力が低下し，回復させることができない。このような電池を**一次電池**という。日常よく用いられるアルカリ乾電池[*1]やリチウム電池は一次電池である。乾電池の構造は複雑に見えるが，基本的な構成はダニエル電池と同じである。一方，**鉛蓄電池**やリチウムイオン電池は，**充電**によって起電力を回復することができる。このような電池を**二次電池**という。車のバッテリーに使われている鉛蓄電池の負極と正極および全体の反応を示す。

鉛蓄電池　　$(-)\ Pb\ |\ PbSO_4\ (aq)\ |\ PbO_2\ (+)$
負極　　　　$Pb + SO_4^{2-} \rightarrow PbSO_4 + 2e^-$
正極　　　　$PbO_2 + 4H^+ + SO_4^{2-} + 2e^- \rightarrow PbSO_4 + 2H_2O$
全体の反応　$Pb + PbO_2 + 2H_2SO_4 \rightarrow 2PbSO_4 + 2H_2O$

第4章において系のエネルギー変化を考える際に，標準状態の単体の生成熱をゼロとして標準生成エンタルピーを定義した。起電力の場合も，熱力学的標準状態[*2]における還元反応の半反応（**標準還元電位**）を，**標準水素電極**[*3]

$$2H^+\ (aq) + 2e^- \rightarrow H_2\ (g)$$

を基準として定義する。各標準還元電位 $E°$ を表6.6にまとめてある。この標準還元電位をもとに，任意の半反応の組み合せからできる電池の**標準電池電位** $\Delta E°$ を次式から求めることができる。

$$\Delta E° = E°_{red} - E°_{ox} \tag{6-25}$$

ダニエル電池の場合（$Zn + Cu^{2+} \rightarrow Zn^{2+} + Cu$）は，表の Cu^{2+} と Zn^{2+} の半反応を参照して，$\Delta E° = 0.3419 - (-0.7618) = 1.1$ V となる。

標準状態における電池反応で，仕事として取り出すことができる最大エネルギーは反応のギブズエネルギー変化に等しく，反応当量あたりに消費される電荷の物質量を ν，F を**ファラデー定数**として次のように表される[*4]。

$$\Delta G° = -\nu F \Delta E° \tag{6-26}$$

【例題7】 燃料電池は水の電気分解の逆反応である。燃料電池の起電力 $\Delta E°$ はいくらか。

【解答】 表6.6から燃料電池の電極に関わる還元反応は次の通り。

（正極）　$O_2 + 2H_2O + 4e^- \rightarrow 4OH^-$ 　　$E° = 0.401$ V

[*1] アルカリ乾電池の内部構造は11章を参照のこと。

[*2] 熱力学的標準状態
1) 25℃，1 bar (SATP)
A は Ambient の意味。
2) 0℃，1 bar (STP)

[*3] 標準水素電極は電位の安定性と再現性が高く，電池反応が可逆でネルンストの式に従う。銀・塩化銀電極，カロメル電極やパラジウム・水素電極などの種類がある。（ネルンストの式についてはWeb参照）

[*4] ν は電荷のモル数にあたる。ダニエル電池では2。ファラデー定数は
$F = 96485.3$ C mol^{-1}。

> （負極）　　$2H_2O + 2e^- \rightarrow H_2 + 2OH^-$　　　$E° = -0.8277$ V
>
> これより，$\Delta E° = 0.401 - (-0.8277) = 1.23$ V とわかる．またこれに対応する標準ギブズエネルギーは $\nu = 2$ から，$\Delta G° = -\nu F \Delta E° = -237$ kJ mol^{-1} である．

表6.6　標準還元電位 $E°$ (25℃)

反応	$E°$/V	反応	$E°$/V
$F_2 + 2e^- \rightarrow 2F^-$	2.866	$Cu^{2+} + e^- \rightarrow Cu^+$	0.153
$H_2O_2 + 2H^+ + 2e^- \rightarrow 2H_2O$	1.776	$Sn^{4+} + 2e^- \rightarrow Sn^{2+}$	0.151
$N_2O + 2H^+ + 2e^- \rightarrow N_2 + H_2O$	1.766	$AgBr + e^- \rightarrow Ag + Br^-$	0.07133
$Au^+ + e^- \rightarrow Au$	1.692	$2H^+ + 2e^- \rightarrow H_2$	0.0000
$MnO_4^- + 4H^+ + 3e^- \rightarrow MnO_2 + 2H_2O$	1.679	$Fe^{3+} + 3e^- \rightarrow Fe$	−0.037
$HClO + H^+ + e^- \rightarrow (1/2)Cl_2 + H_2O$	1.63	$2D^+ + 2e^- \rightarrow D_2$	−0.044
$Mn^{3+} + e^- \rightarrow Mn^{2+}$	1.5415	$Pb^{2+} + 2e^- \rightarrow Pb$	−0.1262
$MnO_4^- + 8H^+ + 5e^- \rightarrow Mn^{2+} + 4H_2O$	1.507	$Sn^{2+} + 2e^- \rightarrow Sn$	−0.1375
$Au^{3+} + 3e^- \rightarrow Au$	1.498	$Ni^{2+} + 2e^- \rightarrow Ni$	−0.257
$Cl_2 + 2e^- \rightarrow 2Cl^-$	1.358	$Co^{2+} + 2e^- \rightarrow Co$	−0.28
$O_2 + 4H^+ + 4e^- \rightarrow 2H_2O$	1.229	$PbSO_4 + 2e^- \rightarrow Pb + SO_4^{2-}$	−0.3588
$Br_2 + 2e^- \rightarrow 2Br^-$	1.087	$Cr^{3+} + e^- \rightarrow Cr^{2+}$	−0.407
$2Hg^{2+} + 2e^- \rightarrow Hg_2^{2+}$	0.920	$Fe^{2+} + 2e^- \rightarrow Fe$	−0.447
$Hg^{2+} + 2e^- \rightarrow Hg$	0.851	$Cr^{3+} + 3e^- \rightarrow Cr$	−0.744
$Ag^+ + e^- \rightarrow Ag$	0.7996	$Zn^{2+} + 2e^- \rightarrow Zn$	−0.7618
$Hg_2^{2+} + 2e^- \rightarrow 2Hg$	0.7973	$2H_2O + 2e^- \rightarrow H_2 + 2OH^-$	−0.8277
$Fe^{3+} + e^- \rightarrow Fe^{2+}$	0.771	$Cr^{2+} + 2e^- \rightarrow Cr$	−0.913
$MnO_4^- + e^- \rightarrow MnO_4^{2-}$	0.558	$Al^{3+} + 3e^- \rightarrow Al$	−1.662
$I_3^- + 2e^- \rightarrow 3I^-$	0.536	$Be^{2+} + 2e^- \rightarrow Be$	−1.847
$I_2 + 2e^- \rightarrow 2I^-$	0.5355	$H_2 + 2e^- \rightarrow 2H^-$	−2.23
$Cu^+ + e^- \rightarrow Cu$	0.521	$Mg^{2+} + 2e^- \rightarrow Mg$	−2.372
$O_2 + 2H_2O + 4e^- \rightarrow 4OH^-$	0.401	$Na^+ + e^- \rightarrow Na$	−2.71
$Cu^{2+} + 2e^- \rightarrow Cu$	0.3419	$Ca^{2+} + 2e^- \rightarrow Ca$	−2.868
$Hg_2Cl_2 + 2e^- \rightarrow 2Hg + 2Cl^-$	0.26828	$Li^+ + e^- \rightarrow Li$	−3.04
$AgCl + e^- \rightarrow Ag + Cl^-$	0.22233		

6章　章末問題

基礎的問題

6.1　窒素分子1個あたりの排除体積とその半径はいくらか．

6.2　窒素分子を直径1 cm の球とみなしたとき，25℃，1 bar の大気の分子間距離の平均値は，およそ何 cm に相当するか．

6.3　ヘリウムの圧縮因子は圧力にほぼ比例して増加する（図6.3(a)参照）．温度が上昇するとその傾きはどのように変化するか．

6.4　25℃における水の標準蒸発エンタルピーは $\Delta_{vap}H = 44.0$ kJ mol^{-1} である．100℃における水の蒸発エンタルピーを計算せよ．ただし，水の比熱を $C_P = 75$ J K^{-1} mol^{-1}，水蒸気の比熱を $C_P = 33$ J K^{-1} mol^{-1} とし，温度依存性は無視せよ．

6.5　910 hPa の台風が来ているとき，海岸でお湯を沸かすと何度で沸騰すると予想されるか．

発展問題

6.6 0℃における水の密度は 0.9998 g cm^{-3}，氷の密度は 0.9168 g cm^{-3} であり，水の融解エンタルピーは $\Delta_{\text{fus}}H$ = 6.010 kJ mol^{-1} である。P-T 相図における融解曲線の傾きを計算せよ。0℃，1 bar の氷にさらに 20 bar の圧力を加えると融点は何度下がるか。

6.7 水素 H_2 の解離定数 $K_P = P_H^2/P_{H_2}$ が各温度において表のように得られた。解離反応 $H_2 \rightleftarrows 2H$ のモル標準ギブズエネルギー $\Delta_r G°$ を求めよ。

温度／℃	解離定数
25	1.6×10^{-71}
500	1.2×10^{-23}
1000	5.1×10^{-14}
1500	1.5×10^{-7}
2000	3.7×10^{-5}
3000	3.8×10^{-1}

6.8 次の (a)〜(c) の水溶液の 25℃ における pH を小数点第 1 位まで計算せよ。アンモニアの解離定数を K_b = 2.0×10^{-5} として近似するとよい。また，溶液の体積には加成性があるものとする。

(a) 0.20 mol L^{-1} のアンモニア水溶液 250 mL に，水を加えて 1.0 L とした。

(b) 0.20 mol L^{-1} の塩酸 50 mL に，0.20 mol L^{-1} の塩化アンモニウム水溶液 150 mL を加えた。

(c) 0.30 mol L^{-1} のアンモニア水溶液 100 mL に，0.30 mol L^{-1} の塩化アンモニウム水溶液 200 mL を加えた。

6.9 次の (a)〜(c) の反応を 2 つの半反応に分けて書き，25℃ における標準電池電位 $\Delta E°$ および標準ギブズエネルギー変化 $\Delta G°$ を求めよ。

(a) $H_2 + Cu^{2+} \rightleftarrows 2H^+ + Cu$
(b) $(1/2)H_2 + AgCl \rightleftarrows Ag + H^+ + Cl^-$
(c) $Ag^+ + Fe^{2+} \rightleftarrows Ag + Fe^{3+}$

6.10 シクロヘキサンとメチルシクロペンタン間の平衡反応 C_6H_{12} (g) $\rightleftarrows$ $C_5H_9CH_3$ (g) について温度を変えて平衡定数を測定し，ln K_P = 4.814 − 2059/T の関係を得た。この反応の 1000 K における $\Delta G°$, $\Delta S°$, $\Delta H°$ を計算せよ。

7 溶　　液

　前章の相平衡は「水の三態」のように，成分が1つの場合（1成分系）の取り扱いが中心であったが，本章では2成分系である「溶液」を扱う。溶液は，溶媒成分の中に溶質成分が溶け込んでおり，溶媒と溶質の2成分からなっている。したがって，各成分を構成する分子間の相互作用の違いによって，様々な性質を示す。また，一方の成分が非常に少ない場合には，近似的手法を用いて沸点上昇や浸透圧などの「束一的性質」とよばれる現象を取り扱うことができる。後半では，電解質溶液やコロイドについても学ぶ。

7.1　ラウールの法則・ヘンリーの法則・溶解度

7.1.1　理想溶液（ラウールの法則）

　2種類の液体を密閉容器のなかで混合したところ，均一な液相と気相が現れた場合を考える。液相には各成分が物質量 n_1, n_2 だけ含まれるとして，その組成を次式のように**モル分率** x_1, x_2 で定義したとき，相平衡にある気相の組成は液相の組成とどのような関係にあるだろうか（図7.1）。

$$（モル分率）\quad x_1 = \frac{n_1}{n_1 + n_2}, \quad x_2 = \frac{n_2}{n_1 + n_2} \tag{7-1}$$

純粋な成分 i の蒸気圧 P_i^* がそれぞれ異なるので，気相の組成は液体の組成と同じにはならないが，蒸気圧 P_i^* がもともと高い成分ほど分圧 P_i が高くなることは想像しやすい。そこで，<u>溶液と平衡にある気体の分圧 P_i が純物質の蒸気圧 P_i^* と溶液のモル分率 x_i に比例する系</u>を**理想溶液** (ideal solution) とよぶ。理想溶液は，溶液の性質を理解するための出発点になる単純なモデルとして詳察に値する。

　理想溶液では混合比の全域にわたり，成分 i の分圧 P_i が自身のモル分率 x_i に比例する直線関係が成り立つ。純粋な成分 i（$x_i = 1$）の蒸気圧が P_i^* であるので，

$$（ラウールの法則）\quad P_i = P_i^* x_i \tag{7-2}$$

が成り立つ。理想溶液を特徴づけるこの関係を**ラウールの法則** (Raoult's law) という。

　図7.2は2成分系の理想溶液における**全圧** P と各成分の**分圧** P_1, P_2 をモル分率 x_1 に対して描いたものである。ベンゼンとトルエンなど，性質のよく似た分子どうしの混合物は理想溶液に近い振る舞いを示す。気液界面にある分子の1つに着目したとき，その周囲を取り囲んでいる分子がベンゼン分子であれトルエン分子であれ，分子

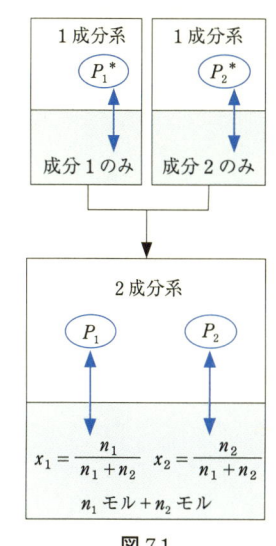

図7.1

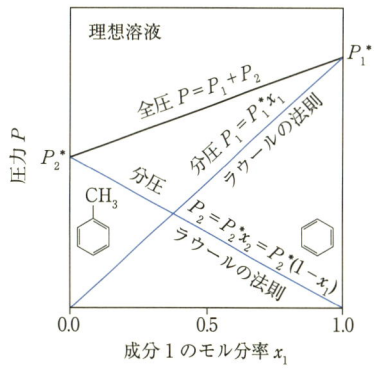

図7.2 理想溶液の蒸気圧（ラウールの法則）

の蒸発や溶解に対して効果が同じであることを反映している。

7.1.2 非理想溶液

実際には，ほとんどの溶液は理想溶液からずれた振る舞いを示す。たとえば，水とエタノールの混合溶液では，図7.3(a)に示すように，平衡気体の圧力は理想溶液について予想される値よりも高い値を示す。水にエタノールを少量混合した系では，エタノール分子が周囲をすべて水分子に取り囲まれており，純液体のエタノールの場合に有効に作用した疎水性部分（エチル基どうし）の引力相互作用による安定化が得られない。それで，極性をもつ水分子に囲まれたエタノール分子は純液体の場合に比べて気相に飛び出しやすくなる。このように，蒸気圧が予想される値よりも高い値を示す場合をラウールの法則からの**正のずれ**という。逆に，アセトンとクロロホルムの混合溶液のように，ラウールの法則からの**負のずれ**を示す例もある。

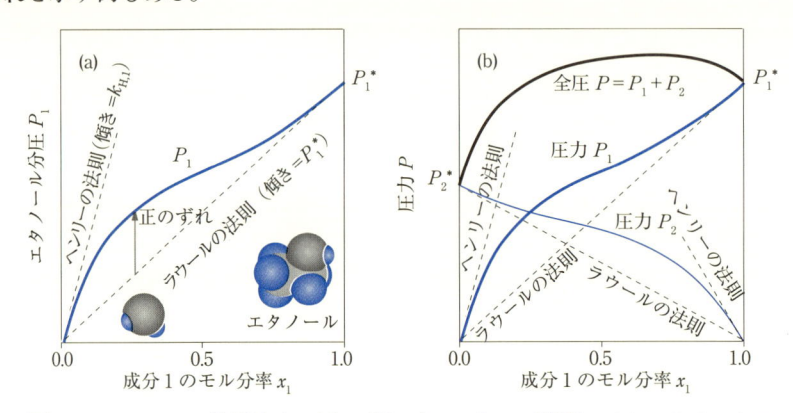

図 7.3 ラウールの法則からの正のずれ（ヘンリーの法則）。(a) エタノールの分圧 P_1 を示した図，(b) エタノールと水の分圧 P_1 と P_2 および全圧 P を示した図

ラウールの法則からのずれは，混合された少ない方の成分の分圧に，より大きな変化として現れる。一方，**ヘンリーの法則** (Henry's law)[*1] は，モル分率 x_i がゼロに近いところでの分圧 P_i の変化を特徴づけるものである。

（ヘンリーの法則）　　　$P_i = k_{\mathrm{H},i} x_i \ (x_i \to 0)$ 　　　　　　　　　(7-3)

ここで，分圧曲線の $x_i \to 0$ における傾き $k_{\mathrm{H},i}$ を**ヘンリー係数**といい，ラウールの法則 ($k_{\mathrm{H},i} = P_i^*$) からの正のずれ ($k_{\mathrm{H},i} > P_i^*$) や負のずれ ($k_{\mathrm{H},i} < P_i^*$) の程度を示す尺度となる。モル分率 x_i が高くなるにつれて，成分 i の分子のうち，自身と同種の分子のみに取り囲まれる分子の割合が高くなっていき，$x_i = 1$ 付近では成分 i の純液体に近い状況が実現するため，分圧曲線は次第にラウールの法則に近づいていく。

（ラウールの法則）　　　$P_i = P_i^* x_i \ (x_i \to 1)$ 　　　　　　　　　(7-4)

実際の溶液では**非理想溶液**となるものが多い。その場合，気相の組成は理想溶液とは大きく異なる場合がある。次に示す気体の溶解度はその一例である。

[*1] ヘンリーの法則は，特に溶液の非理想性を意識したものではないが，実在気体の溶解度と圧力の関係を示した実験的法則である。1803年にウイリアム・ヘンリーにより発見された。

7.1.3 溶解度

固体あるいは気体が他の液体物質に溶けている2成分系において，液体物質を**溶液**，溶けている気体または固体物質を**溶質**という。溶質が溶媒に溶ける最大量（飽和量）を**溶解度**といい，固体が溶ける場合には溶媒100g中に溶ける溶質の質量（g/100g溶媒）で，気体が溶ける場合には溶液中の気体物質のモル分率で表示することが多い[*1]。以下では，溶解に伴うギブズエネルギー変化

$$\Delta_{sol}G = \Delta_{sol}H - T\Delta_{sol}S$$

を使って溶解度の温度・圧力による変化を考えてみたい。前章で見たように，$\Delta_{sol}G$ が大きな負の値をとるほど溶解が起こりやすいということに注意しよう。

$\Delta_{sol}H$ は溶解エンタルピーで，溶解に伴う熱の出入りを示し，溶解によって系が安定になる発熱反応では負の値をとる。$\Delta_{sol}H$ の大小によって，図7.4の窒素 N_2 やメタン CH_4 のように数百気圧の圧力をかけても水に対してモル分率にして高々1%程度しか溶解しない気体もあれば，図7.5に点線で示した塩化水素 HCl やアンモニア NH_3 のように，常圧でも水と反応して100gの水に50g以上も溶け込む気体もある（$NH_3 + H_2O \rightleftarrows NH_4^+ + OH^-$）。

$\Delta_{sol}S$ は溶解に伴う系の乱雑さの変化を示す溶解エントロピーである。気体が液体に溶ける場合には乱雑さが減るので $\Delta_{sol}S$ は負の値をとり，固体が液体に溶ける場合には乱雑さが増えて $\Delta_{sol}S$ は正の値をとることが多い。そのため，溶解度は温度上昇に対して気体と固体の場合で逆の振る舞いをする。気体では T の増加が $\Delta_{sol}G$ を大きくするので，<u>温度が上がると気体の溶解度は下がる</u>（図7.4b および図7.5の点線）。固相が液相に溶解する場合には，逆に T の増大が $\Delta_{sol}G$ を小さくするので，<u>温度が上がると固体の溶解度は上がる</u>（図7.5の実線）。

[*1] 気体の溶解度を，1 cm^3 の溶媒に溶け込んでいる気体の 1 atm 下での体積（cm^3）で表す場合もある。

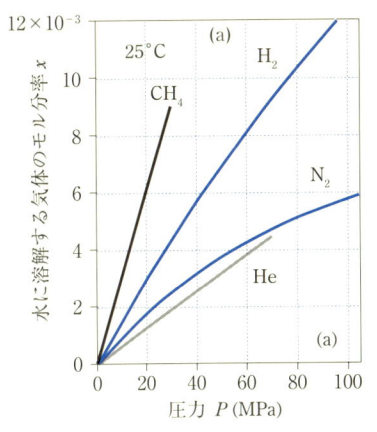

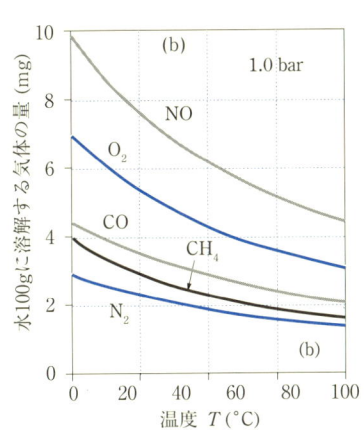

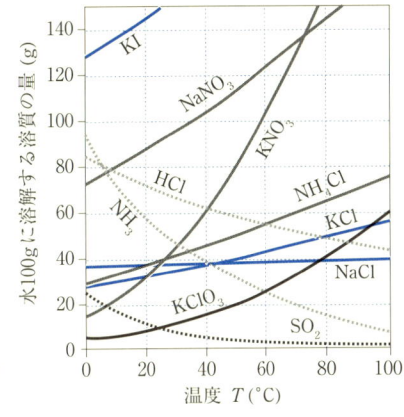

図7.4 水に対する気体の溶解度．(a) 圧力依存性，(b) 温度依存性

図7.5 水に対する溶解度の温度依存性

気体がわずかに溶媒に溶けた状況はヘンリーの法則で表され，式(7-3)から，液相に存在する気体成分のモル濃度（気体の溶解度）は $x = P/k_H$ となる。すなわち，溶解度が圧力に比例して増加することがわかる（図7.4(a)）[*2]。この理由は，圧力の増加によって気相のエントロピー S_{gas} が減少するので $\Delta_{sol}S$（$=S_{solu}-S_{gas}$）が大きくなり，$\Delta_{sol}G$ が大きな負の値となるので溶解が進むためである。

[*2] 気体の溶解度とは異なり，固体の溶解度は圧力が変ってもほとんど変化しない。

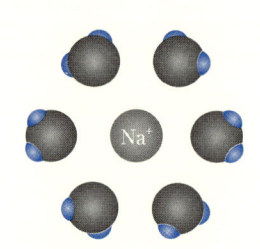

水和の分子配向のイメージ

溶液中で溶質の周囲にある溶媒分子が配列して系を安定化する過程を**溶媒和**(solvation)という。

*1 電解質が水に溶ける際の**溶解熱**では水和熱が占める部分が大きい。

水　和　塩化ナトリウム NaCl の結晶を水に入れるとナトリウムイオン Na^+ と塩化物イオン Cl^- に分かれて溶け出す。溶液中でイオンは複数の水分子で取り囲まれた状態になる。イオンに隣接する水分子は熱運動で絶えず入れ替わり，その配置が細かく変化しているが，どの瞬間を見ても，たとえば，陽イオン Na^+ の周りでは，水分子が酸素の側をイオンに向けて 2 個の水素をイオンとは逆の方向に向けている傾向がみられるし，陰イオン Cl^- の周囲にある水分子は逆に片方の水素をイオンに向けている場合が平均すると多くなっている。水分子は分子内の電荷が片寄っていて，酸素は負に，2 個の水素は正に帯電している。それで，電荷をもったイオンの周りでは，水分子がイオンとの間の静電エネルギーを下げるように**分子配向**を整えて系を安定化させている。この安定化のプロセスを**水和**(hydration)とよび，その過程で放出されるエネルギーを**水和熱**という。電解質が水に溶解するかどうかは，固体のイオン結合を切り離すのに必要なエネルギーとイオンが水和によって安定化するエネルギーのせめぎ合いで決まっている*1。

基本事項：溶液の濃度の表し方
- **質量パーセント** wt%：溶液 100 g 中に溶解した溶質の質量（単位は g）。
- **モル濃度** c：溶液 1 L 中に溶解した溶質の物質量（単位は mol）。容量モル濃度ともいう。
- **質量モル濃度** m：溶媒 1 kg に溶解した溶質の物質量（単位は mol）。
- **モル分率** x：溶媒と溶質の物質量の総和に対する溶質の物質量の比。

7.2　束一的性質

希薄溶液の性質には，沸点上昇，凝固点降下，浸透圧のように，溶け込んだ溶質の種類に依存せず，その濃度だけで決まるものが多い。このように，溶媒の種類だけで決まり，溶質の種類によらない性質を**束一的性質**(colligative properties)という。

(a)　沸点上昇　まず**蒸気圧降下**の現象について考えよう。溶媒を A，溶質を B とする。純溶媒では液相と気相の界面に露出しているのはすべて溶媒分子 A であり，蒸発と凝縮が起こっている。液相に不揮発性の溶質分子 B が溶けて

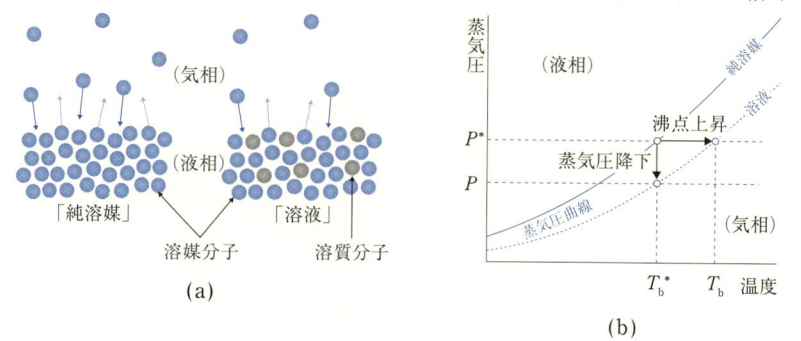

図 7.6　(a) 気相と液相，(b) 蒸気圧降下と沸点上昇

7.2 束一的性質

いると，界面に露出している溶媒分子 A の一部が溶質分子 B に置き換わり，液相から気相へ蒸発する溶媒分子 A の妨げとなる。その結果，溶液と平衡にある気相の蒸気圧 P_A は純溶媒の蒸気圧 P_A^* より低くなる（図 7.6(b)）。

溶液を沸騰させるには蒸気圧が外圧と等しくなるまで温度を上げなくてはならないが，<u>溶液の蒸気圧は純溶媒の蒸気圧より低くなっているので，純溶媒の沸点よりもさらに温度を上げなくてはならない</u>。これが**沸点上昇**である。図 7.3 でわかるように，溶質 B がごく少ない領域（$x_A \approx 1$）ではラウールの法則 $P_A = P_A^* x_A = P_A^*(1-x_B)$ が成り立つので，これより，

$$（蒸気圧降下）= \frac{P_A^* - P_A}{P_A^*} = x_B$$

この式は，沸点上昇の大きさが B の種類によらず，そのモル分率 x_B のみに依存することを示している。

沸点上昇度 ΔT_b は，溶媒 1 kg に溶解した溶質の物質量，すなわち質量モル濃度 m に比例し，K_b を比例定数として次のように表される。

$$（沸点上昇）\quad \Delta T_b = K_b m \tag{7-5}$$

また，モル沸点上昇 K_b の値は，溶媒の**蒸発エンタルピー** $\Delta_{vap}H$ および純溶媒の沸点 T_b^* と次式で結びつけられる。M は溶媒の分子量。

$$（モル沸点上昇）\quad K_b = \frac{M}{1000}\frac{RT_b^{*2}}{\Delta_{vap}H} \tag{7-6}$$

表 7.1 モル沸点上昇 K_b

溶媒	沸点 ℃	K_b K	蒸発熱 J g^{-1}
水	100	0.515	2257
メタノール	64.70	0.785	1099
エタノール	78.29	1.160	838
アセトン	56.29	1.71	499
ベンゼン	80.10	2.53	393

（化学便覧 基礎編改訂 5 版）

(b) 凝固点降下 凝固点降下も沸点上昇と同じように考えることができる。凝固点では，固体に衝突して取り込まれる溶媒分子 A と，固体から脱着してくる A 分子の数が等しく，平衡状態にある。しかし，少量の溶質分子 B があると，その分だけ単位時間当たりの A 分子の固体への衝突数は少なくなる。したがって，凝固の平衡を保つためには，温度を下げて固相から液相中に脱着してくる A 分子の数を減らさなければならない。いい換えれば，凝固点が降下することになる。沸点上昇と同じく凝固点降下も溶質の質量モル濃度 m を用いて以下の式で表されることが解っている。

表 7.2 モル凝固点降下 K_f

溶媒	凝固点 ℃	K_f K	融解熱 J g^{-1}
水	0	1.853	334
ベンゼン	5.533	5.12	126
ナフタレン	80.29	6.94	149
シクロヘキサン	6.544	20.2	31.2

（化学便覧 基礎編改訂 5 版）

$$（凝固点降下）\quad \Delta T_f = K_f m \tag{7-7}$$

$$（モル凝固点降下）\quad K_f = \frac{M}{1000}\frac{RT_f^{*2}}{\Delta_{fus}H} \tag{7-8}$$

ここで，T_f^* は溶媒の凝固点，$\Delta_{fus}H$ は溶媒の**融解エンタルピー**（**融解熱**）である。沸点や凝固点の変化を溶質の濃度を変えて測定することによって，蒸発エンタルピーや融解エンタルピーといった溶媒の潜熱の大きさがわかる。

(c) 浸透圧 (osmotic pressure)　セロファンなどの**半透膜**によって仕切られた容器の片方に溶液を入れ，もう一方に溶質を含まない溶媒だけを入れる。半透膜が，溶質である分子やイオンを通さず，溶媒分子のみを自由に通す性質をもっている場合，溶媒分子が純溶媒中から半透膜を通して溶液側にしみ出す速度が，

逆に溶液側からしみ出す速度に勝り，溶液の体積が少しずつ増えていく（図7.7）。溶液中の溶質濃度は下がっていくが，溶液側の液面が高くなるにつれて，液面の高さの差に相当する液柱の重さによって生じる圧力で，半透膜の両側からの溶媒分子の透過速度に釣り合いが実現したとき平衡に達する。溶液側の過剰圧力を**浸透圧**とよび，記号 Π で表す。浸透圧は，溶質のモル濃度 $c = n_{溶質}/V$ を用いて，**ファント・ホッフの式**，

（浸透圧）　　　$\Pi = cRT$　　　(7-9)

で表される。浸透圧の測定によって溶解したショ糖の濃度を求めたり，高分子やタンパク質などの分子量やその平均値を求めたりすることができる。

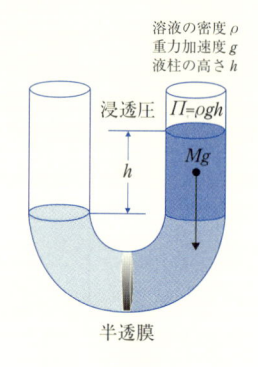

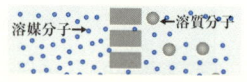

図7.7 浸透圧の実験の模式図。半透膜で仕切られたU字管に溶媒と溶液を入れ，平衡に達したときの液柱の高さ h を測定する（上）。溶媒分子だけが透過できる半透膜の模式図（下）。

【例題 7.1】 ショ糖水溶液 $0.1\ \mathrm{mol\ L^{-1}}$ の 25℃ における浸透圧はいくらか。

【解答】 浸透圧の大きさは溶質の種類によらず，次のようになる。
$$\Pi = cRT = 0.1 \times 10^3\ \mathrm{mol\ m^{-3}} \times 8.314\ \mathrm{J\ K^{-1}\ mol^{-1}} \times 298.15\ \mathrm{K} = 2.48 \times 10^5\ \mathrm{Pa}$$

【例題 7.2】 あるタンパク質 200 mg を水 10.0 mL に溶かして測定したところ，25℃ で浸透圧が 2800 Pa であった。タンパク質の分子量はいくらか。

【解答】 タンパク質のモル濃度を c とすると，
$$c = \frac{\Pi}{RT} = \frac{2800\ \mathrm{Pa}}{8.314\ \mathrm{J\ K^{-1}\ mol^{-1}} \times 298.15\ \mathrm{K}} = 1.13\ \mathrm{mol\ m^{-3}}$$

分子量を M とすると[*1]，タンパク質の重量は $w = cMV$ と表されるので，
$$M = \frac{w}{cV} = \frac{0.200\ \mathrm{g}}{1.13\ \mathrm{mol\ m^{-3}} \times 10.0 \times 10^{-6}\ \mathrm{m^3}} = 1.77 \times 10^4\ \mathrm{g\ mol^{-1}}$$

たとえば，ミオグロビンの分子量 17800 がこの値に近い。

*1　M は実際にはモル質量である。分子量は単位のない無次元数である。

(d) 電解質溶液の束一的性質　束一的性質は溶質の濃度に依存するが，電解質を水に溶かした場合など，溶液中で溶質が電離して電解質の物質量の2倍，3倍の物質量のイオンを生じる場合は，沸点上昇などの大きさも2倍，3倍になる。そのような系については，質量モル濃度を電離したイオンの総濃度に置き換えて計算する必要がある。たとえば，塩化ナトリウム水溶液では NaCl が $\mathrm{Na^+}$ と $\mathrm{Cl^-}$ に完全に電離するため，質量モル濃度を $2m$ とする。質量モル濃度が電離などによって，溶質の濃度 m の ν 倍になる場合は諸量の計算に次式を用いる。

ν（ニュー）

（沸点上昇）　　　$\Delta T_\mathrm{b} = \nu K_\mathrm{b} m$　　　(7-10)
（凝固点降下）　　$\Delta T_\mathrm{f} = \nu K_\mathrm{f} m$　　　(7-11)
（浸透圧）　　　　$\Pi = \nu cRT$　　　(7-12)

7.3 電解質溶液

(a) イオン伝導 塩化ナトリウム NaCl のような**電解質** (electrolyte) が水に溶けてイオンが生じているとき，その溶液に 2 つの電極板を挿入して電位差を与えると，イオンが溶液中を移動して電流が流れる。**陽イオン** (cation) は正に帯電しており陰極に向かって移動し，**陰イオン** (anion) は負に帯電しており陽極に向かって移動する。電流は陽イオンの流れと陰イオンの流れの総量である。溶液中を流れる**電流の強さを** I，電極間の**電位差を** V，**抵抗を** R とすると，オームの法則 (Ohm's low) が成り立ち，その抵抗 R は電極間の距離 l に比例して断面積 A に反比例して大きくなる。

$$（オームの法則）\qquad I = \frac{V}{R}, \qquad R = \rho\frac{l}{A} \qquad (7\text{-}13)$$

ここで，ρ を**比抵抗**とよび，その SI 単位は $\Omega\,\text{m}$ である。電解質溶液の場合は電気の通りやすさを表す量として，比抵抗 ρ の逆数の**伝導度** (conductivity) κ がよく用いられる。

ρ（ロー）
$\Omega\,\text{m}$（オーム・メートル）

$$（伝導度）\qquad \kappa = \frac{1}{\rho} = \frac{l}{RA} \qquad (7\text{-}14)$$

伝導度 κ の SI 単位は S m^{-1}，ただし単位 S（$=\Omega^{-1}$）を**ジーメンス**とよぶ。

κ（カッパ）

電解質溶液の抵抗を測定するときは，電気分解が起きて逆起電力を生じないように，交流を使って測定する**コールラウシュブリッジ**という電気回路を用いる。電流と電圧の測定値からオームの法則を使って抵抗値を求め，あらかじめ決めておいた試料セルの特性値である l/A を用いて伝導度 κ に換算する。伝導度の濃度変化を比較するために伝導度をモル濃度 c で規格化した**モル伝導度** Λ を定義する。

$$（モル伝導度）\qquad \Lambda = \frac{\kappa}{c} \qquad (7\text{-}15)$$

モル伝導度 Λ の単位は $\text{S m}^2\,\text{mol}^{-1}$ である。

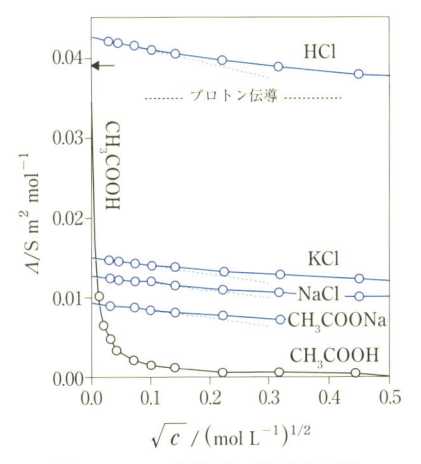

図 7.8 に示す $\Lambda - \sqrt{c}$ プロットにみられるようにモル伝導度 Λ は濃度によって異なる。いずれも濃度が高くなるにつれてモル伝導度は低くなる傾向にあるが，塩酸 HCl や塩化カリウム KCl のように緩やかに下がっていくグループと，酢酸 CH_3COOH のように低濃度では他と遜色ない高い値を示すが，濃度とともに急激に減少するグループの 2 種類があることがわかる。前者は濃度にあまり依存せずほぼ 100% がイオンに解離している**強電解質**，後者は通常濃度で解離度が桁違いに小さい**弱電解質**である。強電解質は溶かした量にほぼ比例して伝導度が上がっていくが，弱電解質は低濃度で伝導度が頭打ちになって，それ以上溶かしても伝導度は緩やかに上昇するだけになる。これらはモル伝導度 Λ の特性によって識別が可能である。

強電解質については低濃度領域を

図 7.8 モル伝導度の濃度依存性

$$\Lambda = \Lambda_0 - k\sqrt{c} \tag{7-16}$$

という直線にあてはめ，濃度 $c=0$ に外挿することによって**無限希釈モル伝導度** Λ_0 を定めると，これは濃度条件によらず，電解質の種類だけで決まる値となる。共通のイオンを含む種々の電解質について Λ_0 を実験的に求めて比較すると，イオンの種類ごとに決まった Λ_0 の値をもつことがわかる。このことは水溶液中で個々のイオンが独立に電荷を運んでいることを支持する結果であり，**イオンの独立移動の法則**という。これは，イオンの組みを換えたときも伝導度の加成性が成り立つことを意味している。したがって，電解質溶液を流れる電流の大きさは，そこに含まれる陽イオンと陰イオンの伝導度の総和に比例するといえる。この関係を無限希釈モル伝導度で表現すると次のようになる。

$$\Lambda_0 = \Lambda_0^+ + \Lambda_0^- \tag{7-17}$$

ここで，Λ_0^+，Λ_0^- を**モルイオン伝導度**とよび，陽イオンおよび陰イオンが独立に電荷を運ぶ際の無限希釈モル伝導度を表す。低濃度領域で Λ が急激に変化する弱電解質では $\Lambda - \sqrt{c}$ プロットを外挿して Λ_0 を決めると誤差が大きくなる。そこで，強電解質の Λ_0 を使った独立移動の法則に基づく計算によって弱電解質の無限希釈モル伝導度を求める。

表 7.3 無限希釈モル伝導度

化合物	Λ_0/S m^2 mol^{-1}
HCl	4.2616×10^{-2}
NaOH	2.478×10^{-2}
KCl	1.4986×10^{-2}
CaCl$_2$	1.3584×10^{-2}
CuSO$_4$	1.336×10^{-2}
AgNO$_3$	1.3326×10^{-2}
ZnSO$_4$	1.328×10^{-2}
NaCl	1.2645×10^{-2}
LiCl	1.1503×10^{-2}
CH$_3$COONa	0.910×10^{-2}

表 7.4 モルイオン伝導度とイオン半径

イオン種	$\dfrac{\Lambda_0^+, \Lambda_0^-}{\text{S m}^2 \text{ mol}^{-1}}$	イオン半径 pm
H$^+$	3.498×10^{-2}	—
Li$^+$	0.387×10^{-2}	60
Na$^+$	0.501×10^{-2}	95
K$^+$	0.735×10^{-2}	133
OH$^-$	1.986×10^{-2}	—
F$^-$	0.544×10^{-2}	136
Cl$^-$	0.764×10^{-2}	181
Br$^-$	0.781×10^{-2}	195

弱電解質のモル伝導度が濃度の低下とともに上昇するのは解離が進むからである。無限希釈で完全に解離すると考えると，各濃度での**解離度** α は

(解離度) $\qquad \alpha = \dfrac{\Lambda}{\Lambda_0} \tag{7-18}$

と表すことができ，解離度をモル伝導度から求めることができる。この値は浸透圧の実験で求めた値ともよく一致することが知られている。

【**例題 7.3**】 酢酸の無限希釈モル伝導度 Λ_0 はいくらか。答を図 7.8 の矢印と比べてみよ。

【解答】 塩酸と酢酸ナトリウムの Λ_0 から塩化ナトリウムの Λ_0 を引くと

$$\Lambda_0(\mathrm{CH_3COOH}) = \Lambda_0(\mathrm{HCl}) + \Lambda_0(\mathrm{CH_3COONa}) - \Lambda_0(\mathrm{NaCl})$$
$$= (4.261 + 0.910 - 1.264) \times 10^{-2}\ \mathrm{S\ m^2\ mol^{-1}}$$
$$= 3.907 \times 10^{-2}\ \mathrm{S\ m^2\ mol^{-1}}$$

と求まり,無限希釈条件では強電解質のプロトンと同程度の高い値となる。

(b) **溶解度積** (solubility product) 水に溶け難い塩 $\mathrm{M}_x\mathrm{A}_y$ を水に入れてかき混ぜるとごく一部が溶解するだけで**飽和溶液**となる。このとき溶けた塩は解離して M^{m+} と A^{a-} に分かれて平衡に達する。

$$\mathrm{M}_x\mathrm{A}_y \rightleftarrows x\mathrm{M}^{m+} + y\mathrm{A}^{a-}$$

このときのモル濃度の積 $K_{\mathrm{SP}} = [\mathrm{M}^{m+}]^x[\mathrm{A}^{a-}]^y$ を**溶解度積**といい,**難溶性塩**の飽和溶液について温度ごとに一定の値をとる(表7.5)。その数値は M^{m+} を含む溶液と A^{a-} を含む溶液を混ぜ合わせたときに沈殿が生じるかどうかを判断する際の指標となる。両方の溶液の濃度から混合後の溶液中の $[\mathrm{M}^{m+}]^x[\mathrm{A}^{a-}]^y$ を計算し,その値が K_{SP} よりも大きければ沈殿を生じ,小さければ沈殿を生じない。

表7.5 無機化合物の溶解度積(25°C)

化合物	化学式	溶解度積 K_{SP}
硫酸鉛	$\mathrm{PbSO_4}$	2×10^{-8}
炭酸カルシウム	$\mathrm{CaCO_3}$	3×10^{-9}
硫酸バリウム	$\mathrm{BaSO_4}$	1×10^{-10}
塩化銀	AgCl	2×10^{-10}
塩化水銀(I)	$\mathrm{Hg_2Cl_2}$	1×10^{-18}
硫化鉄	FeS	5×10^{-18}
硫酸銅	$\mathrm{CuSO_4}$	4×10^{-36}
水酸化鉄(III)	$\mathrm{Fe(OH)_3}$	4×10^{-40}
硫化銀	$\mathrm{Ag_2S}$	6×10^{-50}
硫化水銀(II)	HgS	1×10^{-52}

イオン濃度は $\mathrm{mol\ L^{-1}}$ で表す。

7.4 コロイド

液体の中で分子やイオンが集ってある程度の大きさに達すると,重力によって密度の大きい方が沈み込んで液体が2相に分離したり,固相と液相に分かれて沈殿したりする。しかし,集合体の大きさが分子量にして $10^3 \sim 10^9$ 程度にとどまる場合には,時間が経っても相分離や沈殿を起こさず,粒子が液体全体にわたって均一に**分散**したままの状態になる。そのような系を**コロイド** (colloid) といい,分散した粒子を**コロイド粒子**,粒子が分散している媒質を**分散媒** (disperse medium) とよぶ。粒子が気体に分散したエアロゾルや金微粒子が固体に分散したステンドグラスのような系もあるが,多くは液体の水を分散媒とする。コロイド粒子を含む液体を**コロイド溶液** (colloidal solution) という。コロイド溶液は粒子の粒径に応じて強い**光散乱** (light scattering) を示す。

水を分散媒とする例では,①タンパク質やデンプンのような巨大分子の溶液,②分子が会合した**ミセル** (micelle) とよばれる集合体の溶液,③微小な液滴,固体粒子,微末な気泡が分散した液体,などがコロイドにあたる。

ミセルは**両親媒性分子**とよばれる**親水基** (hydrophilic group) と**疎水基** (hydrophobic group) を両端にもつ分子が水の中で多数寄り集って,親水基を外側に,疎水基を内側に向けて球状や棒状の集合体を形成したものである。低濃度では十分な数の分子が集合できず分子は1個1個バラバラの状態で水に溶けているが,ある濃度より濃い条件において安定なミセルが形成されると,その溶液は光を強く散乱するようになる。ミセルができ始める濃度を**臨界ミセル濃度** (critical micelle concentration, CMC) という。疎水性つまり親油性の高いミセル

細胞膜はリン脂質とよばれる両親媒性分子が互いに逆向きに二段重ねに膜形成することで、細胞の内側と外側の両方にリン酸基（親水基）を向けた脂質二重層である。細胞の内と外はともに水溶液だが、細胞膜はイオンなどの物質の濃度勾配をつくり出すための重要な隔壁である。

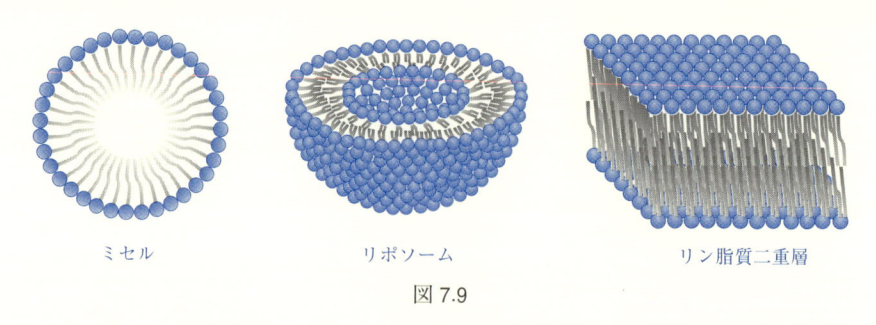

ミセル　　　　リポソーム　　　　リン脂質二重層

図 7.9

図 7.10 リン脂質の一種であるレシチンの分子モデル

の内側には水に溶け難い物質を取り込むことができる。また、無極性液体を分散媒に用いると、外側に疎水基を向けた**逆ミセル** (inversed micelle) も形成される。さらに、**リン脂質**を重ねて**脂質二重層** (lipid bilayer) を形成すると、外側と内側がともに親水性のカプセルが形成される。これは**リポソーム**とよばれ、医療用の薬剤を体内で患部まで輸送する**ドラッグデリバリー**などへの応用が見込まれている（図 7.9）。

両親媒性物質は水と油の仲立ちをするので、少量の添加によって微細な油滴が水中に安定に存在できるようになる。このような白濁した系を**エマルション** (emulsion) といい、牛乳やマヨネーズがこれにあたる。また、固体が水に分散した系を**サスペンション** (suspension) という。さらに、ソフトクリームのように細かな気泡が分散したものもコロイドの仲間といえる。これらは私たちの生活の中に深く入り込んでいる。SDSやSDBSに代表される**界面活性剤** (surfactant) は両親媒性分子のなかでも特に実用性が高い。水と油が接する界面に集って親水基を水側に、疎水基を油側に向けて吸着することで水と油が反発する部分の面積を小さくして表面張力 (surface tension)[*1] を下げる効果がある。これを使うとカーボンナノチューブも水に分散する。

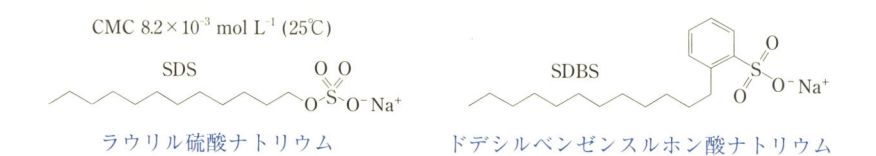

*1 表面張力は単位長さあたりにはたらく力 [N/m] と定義されるが、単位面積あたりのエネルギー [J/m^2] と同じ次元をもつため、表面エネルギーと捉えることもできる。

CMC 8.2×10^{-3} mol L^{-1} (25℃)

SDS　　　　　　　　　　　　　　　SDBS

ラウリル硫酸ナトリウム　　　　　　ドデシルベンゼンスルホン酸ナトリウム

タンパク質は**アミノ酸**が**ペプチド結合**で鎖のように長くつながった分子量の大きな分子であるが、水素結合や –S-S– 結合によって鎖と鎖の間が架橋することによってきちんと折り畳まれた構造をとっている。生体内と同じ pH に調整された水溶液中では室温付近で自然の型と同じ構造をとるが、温度や pH が変わったり無極性溶媒が加えられたりすると架橋が切れたり、イソロイシンやトリプトファンなどの疎水性残基が剥き出しになったりして**高次構造**が変化し、ペプチド鎖が伸びきったフレキシブルな状態や球状ではあるが自然の型と異なる構造に**変性**する。タンパク質を含む多くの高分子においては、温度や圧力、溶媒や pH の違いによって形態の著しい変化がよくおこる。これらの現象を取り扱う高分子科学は、理論的にも実用的にも興味深い分野である。

コラム　大気中の微粒子　～PM2.5から宇宙塵まで～

　大気中には気体分子以外に**粒子状物質**(particulate matter)が舞っている。PM2.5はインパクターとよばれる捕集器を用いて測定される直径が2.5ミクロン以下（< 2.5 μm）の粒子状物質であり，米国ではPM10（< 10 μm），日本ではSPM（**浮遊粒子状物質**＝PM6.5-7相当）とともにその濃度が大気環境基準に採用されている。一般に<u>粒径が小さいほど沈降速度が遅く，大気中に滞留する時間が長くなるため遠方まで運ばれやすい</u>。

　大気に分散している微粒子には，**珪酸塩**に代表される**土壌粒子**（SiO_2 など）や海面近くで波しぶきが乾いてできる**海塩粒子**（NaCl, $MgCl_2$, $CaCO_3$ など）あるいは植物が放散する**花粉**（C, H, O）といった<u>自然起源</u>のものと，煤煙に含まれる**金属灰**（K, Ca, Mg等の酸化物）や自動車の排気ガス中の**スス**（soot：Cが主成分）などの<u>人為起源</u>のものがある。自然起源のものは概ね10μmより大きなサイズのものが主であり，人為起源のものにはPM2.5に分類されるようなサイズの小さなものも多く含まれる[*1]。**揮発性有機化合物**（VOC：volatile organic compounds）などを含めて，<u>ススの表面には様々な化学物質が吸着しており，微粒子が鼻腔の粘膜に到達した際にそれらが局所的に溶け出して，炎症やアレルギーなどの健康被害を引き起こす</u>と指摘されている。また，彗星が通過した跡に残るちりが大気圏に突入して流星となり，それが大気との摩擦で高温になって蒸発する際に生成する**宇宙塵**（cosmic dust：C, SiO_2 または Fe）とよばれる微粒子も大気中を漂っており，身近な**星間物質**（ISM：interstellar matter）として太陽系の起源を探る重要な手がかりとされている。

[*1] コラムのキーワードをもとに，いろいろな微粒子の特徴（粒子径，化学成分，結晶性，粒子の形）について調べてみよう。

7章　章末問題

基礎的問題

7.1　ベンゼンのモル分率が0.659のベンゼン－トルエン溶液の1.01 barにおける沸点は88.0℃であった。この溶液から沸騰する蒸気の組成を求めよ。この温度でベンゼンとトルエンの蒸気圧はそれぞれ1.27 barおよび0.506 barである。

7.2　エチレングリコール $HOCH_2CH_2OH$ は不凍液に使われる。水にエチレングリコールを混ぜた溶液が－30℃で凍り始めるようにするには，どのような組成で混合すればよいか。

7.3　1 gの臭化アルミニウムが溶解した100 gのベンゼンの凝固点は純粋なベンゼンの凝固点より0.099℃低かった。溶質の分子量を計算し，分子式を予想せよ。

7.4　水蒸気の解離反応 $2H_2O(g) \rightleftarrows 2H_2(g) + O_2(g)$ の1000℃における K_P は 7.0×10^{-15} である。圧力2 barにおける水蒸気の解離度 ξ を求めよ。

7.5　AgClの溶解度を4分の1にするには1 cm^3 の水に何 mg のNaClを溶かせばよいか。

発展問題

7.6　3 wt%のアラビアゴム水溶液の25℃における浸透圧が3.63 Paであった。平均分子量はいくらか。反復単位となる糖類を $C_{12}H_{22}O_{11}$ （ショ糖など，六炭糖の二量体）とすると重合度はおよそどのくらいか。

7.7　理想溶液中の純固体の溶解度 x（モル分率）は次式で表される。

$$\ln x = \frac{\Delta_{\text{fus}} H}{R}\left(\frac{1}{T_m^*} - \frac{1}{T}\right) \tag{7-19}$$

ここで，$\Delta_{\text{fus}} H$ は融解エンタルピー，T_m^* は融点である。ナフタレンは80℃で融解し，融点における $\Delta_{\text{fus}} H$ は19.3 kJ mol^{-1} である。理想溶液中のナフタレンの25℃における溶解度 x を計算せよ。(7-19)式は溶解度の温度変化すなわち凝固点降下を表している。

7.8 不揮発性のアルコール 3.60 g を 100 g の水に溶解した溶液は，20℃で 2330 Pa の蒸気圧を示した。この温度で純水の蒸気圧は 2338 Pa，密度は 0.998 g cm^{-3}，沸点 100℃における蒸発熱は 2259 J g^{-1} である。次の (a) 〜 (c) を求めよ。
(a) アルコールの分子量
(b) 溶液の沸点上昇
(c) 溶液の浸透圧

7.9 表 7.4 のモルイオン伝導度 Λ_0^+, Λ_0^- の値を用いて，次の (a) 〜 (e) の物質の無限希釈モル伝導度 Λ_0 を求めよ。また，図 7.8 に記してその大きさを比較せよ。
(a) LiOH (b) NaOH (c) KOH (d) LiF (e) KBr

8 固体と界面

8.1 吸着平衡——吸着等温式

現代化学の最前線の一つに触媒化学がある。必要な化学物質を効率よく生成するために，**固体表面**を利用した**触媒反応** (catalytic reaction) が用いられる。分子が固体の表面に**吸着** (adsorption) し[*1]，そこで**解離**したり他の分子と出会って反応したりする場合，単に気相中あるいは溶液中で反応する場合に比べて活性化エネルギーが下がり，反応速度が速くなることがある。これを有益な化学物質の生成に利用するのである。この触媒反応に代表される固相と気相あるいは固相と液相の**界面** (interface) で起こる化学反応では，固体表面への分子吸着が基本的に重要である。

気相と固相の界面を想定し，次のような可逆過程のモデルを考えよう。

$$A + S \underset{k_d}{\overset{k_{ad}}{\rightleftarrows}} AS \tag{8-1}$$

固体表面に N_0 個の吸着サイト S があり，分子 A が 1 個ずつ吸着できる。気相中の分子 A の濃度を c_A とする。いま，N_0 個の吸着サイトのうち N 個に分子 A が吸着しているとすると，気相から固相表面に分子 A が吸着する反応速度は，気相中の分子 A の濃度 c_A と空席となっている吸着サイトの数 $N_0 - N$ に比例する。

$$(\text{吸着速度}) = k_{ad} c_A (N_0 - N) \tag{8-2}$$

ここで，k_{ad} は吸着の**速度定数**である。一方，固相表面に吸着している分子 A が熱運動などによって気相中に**脱離** (desorption) していく反応速度は，吸着している分子 A の数 N に比例するだろう。したがって，k_d を脱離の速度定数として，

$$(\text{脱離速度}) = k_d N \tag{8-3}$$

と書ける。**吸着平衡**に達したときは，吸着速度と脱離速度が等しいはずだから，

$$k_{ad} c_A (N_0 - N) = k_d N$$

が成り立つ。この式の両辺を全サイト数 N_0 で割って，**表面被覆率** $\theta = N/N_0$ を定義すると次式のように整理できる。

$$\frac{1}{\theta} = 1 + \frac{1}{K c_A}, \quad K = \frac{k_{ad}}{k_d} \tag{8-4}$$

平衡定数 K は吸着の強い分子ほど，また脱離しにくい分子の場合ほど大きくなり吸着反応の化学平衡は右に傾く。気相中の分子 A が理想気体として取り扱える低濃度の条件では，濃度を $c_A = n_A/V = P_A/RT$ と置き換えることができて次式を得る。

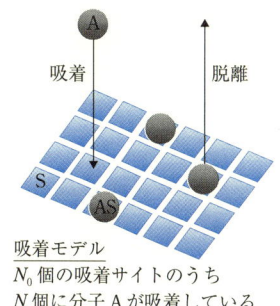

[*1] **物理吸着**は表面原子と吸着分子の間が分子間引力程度で弱く結びつく場合をいい，**化学吸着**は共有結合やイオン結合などの強い結合で結びつく場合をいう。

吸着モデル
N_0 個の吸着サイトのうち N 個に分子 A が吸着している

$$\frac{1}{\theta} = 1 + \frac{RT}{KP_A} \tag{8-5}$$

これを，**ラングミュアの吸着等温式** (Langmuir adsorption isotherm) という。

図 8.1 に，ある温度における表面被覆率 θ のプロットを示す。表面被覆率 θ は分子 A の圧力 P_A に対して単調に増加し，高圧の極限で 1 に近づく。挿入図は各圧力における表面被覆率の温度依存性のプロットである。この 2 つの図から，圧力一定で温度が上がると気体の密度が減少するために被覆率が下がり，圧力を上げると気体の密度が上昇するため吸着速度が増加して被覆率が上がるようすがわかる。

吸着等温式は，温度一定の条件で吸着分子の数が圧力や濃度とともに増加することを的確にとらえたモデルである。ただし，温度が異なる場合には，吸着サイトの構造や化学結合が変化するなど，吸着の仕方そのものが変化して同じ速度定数が適用できなくなるので注意が必要である。逆に，平衡定数 K の温度依存性を実験によって求めることにより，その異常から表面構造の転移や反応物の分解などの化学変化に関する情報を得ることができるであろう。

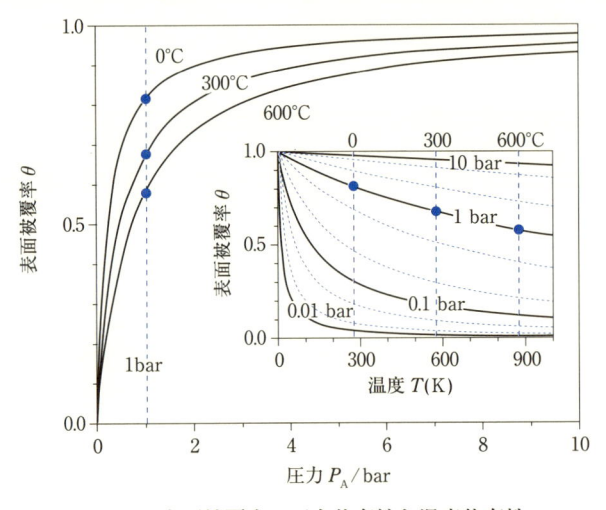

図 8.1 表面被覆率の圧力依存性と温度依存性

図 8.2 単位格子

8.2 結　晶

結晶 (crystal) は特定の原子配列が空間の中に同じ間隔で繰り返し現れ，その**周期構造**がミクロからマクロに及ぶスケールで完成した物質である。組成が一定であり，密度，熱膨張率，熱伝導性，電気伝導性，光学特性などの物理的性質が一定であるなど，構造と物性の再現性が高いので，基礎的な研究から応用まで幅広い用途がある。8 章の後半では固体のなかでもとりわけ重要かつ応用範囲の広い結晶についてその見方と理解を深めていくことにする。

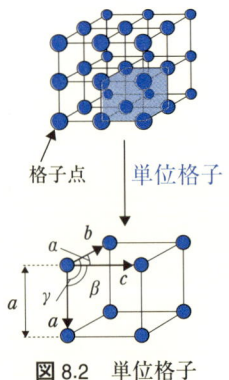

(a) 結晶構造

結晶構造は，結晶の繰り返し単位である**単位格子** (unit cell) の形によって特徴づけられる（図 8.2）。単位格子が立方体のものを**立方格子**といい，その格子定数

8.2 結晶

は3軸とも a で結晶角は3つとも90度である。**単純立方格子** (simple cubic, sc)，**体心立方格子** (body centered cubic, bcc)，**面心立方格子** (face centered cubic, fcc) が基本となる3種類の立方格子である（図8.3）。

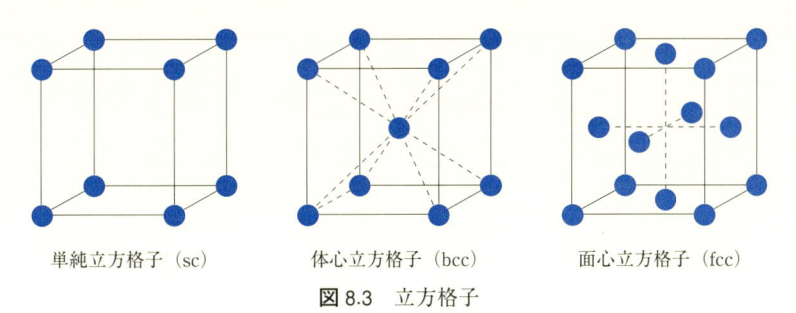

単純立方格子（sc）　　体心立方格子（bcc）　　面心立方格子（fcc）

図 8.3 立方格子

発展項目　結晶系と結晶格子――ブラヴェ格子――

8.2(a) で**立方晶**（3種＝P, I, F）と**六方晶**（1種＝P）に属する結晶格子の特徴をみてきたが，それ以外の結晶系として，**正方晶**（2種＝P, I），**三方晶（菱面体晶）**（1種＝P），**斜方晶（直方晶）**（4種＝P, C, I, F），**単斜晶**（2種＝P, C），**三斜晶**（1種＝P）がある。三次元空間の格子型は，単位格子の3軸の長さ a, b, c とそれらのなす角 α, β, γ によって14種類に分類され，**ブラヴェ格子** (Bravais lattice) とよばれる。

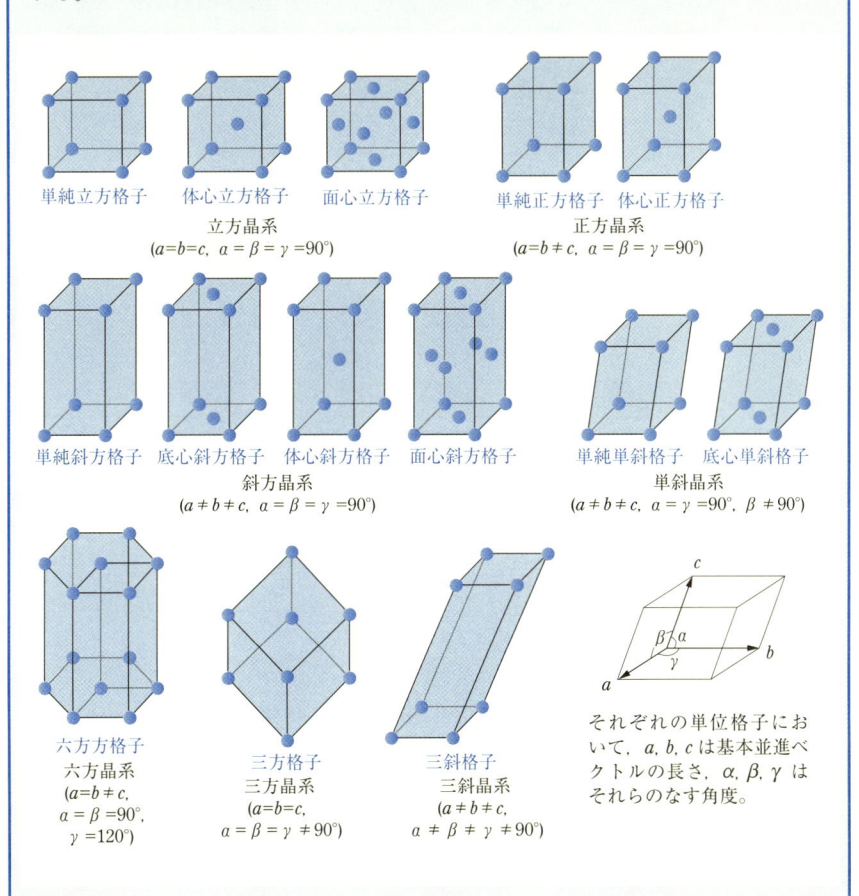

単純立方格子　　体心立方格子　　面心立方格子　　　　単純正方格子　体心正方格子
　　　　　　　立方晶系　　　　　　　　　　　　　　　　　　正方晶系
　　　　　（$a=b=c$, $\alpha = \beta = \gamma = 90°$）　　　　　　　（$a=b\neq c$, $\alpha = \beta = \gamma = 90°$）

単純斜方格子　底心斜方格子　体心斜方格子　面心斜方格子　　単純単斜格子　底心単斜格子
　　　　　　　　　　斜方晶系　　　　　　　　　　　　　　　　　単斜晶系
　　　　　（$a\neq b\neq c$, $\alpha = \beta = \gamma = 90°$）　　　　　（$a\neq b\neq c$, $\alpha = \gamma = 90°$, $\beta \neq 90°$）

六方方格子　　　　　三方格子　　　　　三斜格子
六方晶系　　　　　　三方晶系　　　　　三斜晶系
($a=b\neq c$,　　　　　($a=b=c$,　　　　　($a\neq b\neq c$,
$\alpha = \beta = 90°$,　　　$\alpha = \beta = \gamma \neq 90°$)　$\alpha \neq \beta \neq \gamma \neq 90°$)
$\gamma = 120°$)

それぞれの単位格子において，a, b, c は基本並進ベクトルの長さ，α, β, γ はそれらのなす角度。

単体の希ガス固体 (Ne, Ar, Kr, Xe) や**金属結晶**では，大きさの等しい原子球が立方格子を形成することが多い。結晶内で互いに接する原子球が全体の空間に占める体積の割合を**充填率**といい，結晶構造によって決まっている。大きさの等しい球を最も隙間なく詰める**最密充填構造**には，**六方最密充填** (hexagonal closest-packed structure, hcp) と**立方最密充填** (cubic closest-packed structure, 面心立方格子, fcc[*1]) の2種類があり，どちらも充填率は約74%である。

*1 立方最密充填構造を斜めから見ると，面心立方構造 (fcc) と同じであることがわかる。

最密充填構造は hcp も fcc も三角格子の平面（図の最下層の A 面）をずらして重ねたものだが，重ね方に2種類あり，六方最密充填では ABAB… のように2回周期で重なるのに対し，立方最密充填では ABCABC… のように3回周期で重なる（図8.4）。hcp と fcc は面の重なりが格子間隔1個分ずれるだけで互いに入れ替わるので，密度に差がないこともあり，結合の弱い希ガス固体などでは fcc の重なりにところどころ hcp の重なり方が見られる**混晶**になりやすい。また，固体水素やマグネシウムなどは hcp が安定構造である。

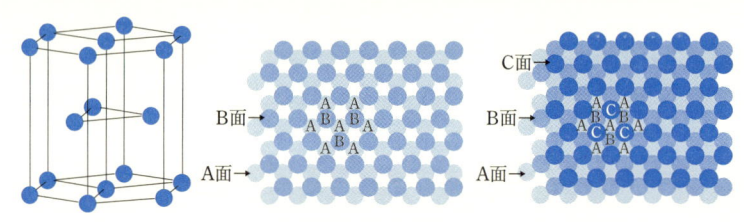

六方最密充填 (hcp)　　六方最密 ABAB… (hcp)　　立方最密 ABCABC… (fcc)

図 8.4　最密充填構造

グラファイトの結晶は，六方最密構造の格子面に含まれる原子の数を2倍に増やして垂直方向に引き伸ばした構造になっており（図8.5），六方晶系に分類される。結晶面内は炭素原子どうしが共有結合で強固につながった六角形のハニカム構造をとっている。π 電子が結晶面の方向に沿って2次元的に移動しやすい金属的な性質をもつため，面方向に**電気伝導性**がある。面と面は分子間力で弱く結合していてはがれやすい。この性質を利用して鉛筆の芯や潤滑剤に利用される。面に垂直な方向には電気伝導性も熱伝導性も低い。

グラファイトとともに炭素の同素体である**ダイヤモンド**は，図8.6のような単位格子をもつ非常に硬い結晶である。無色透明で屈折率が高く，熱伝導性はよいが電気は通さず**絶縁体**である。

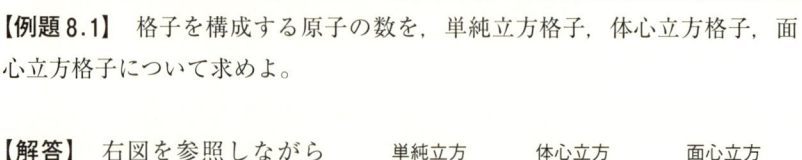

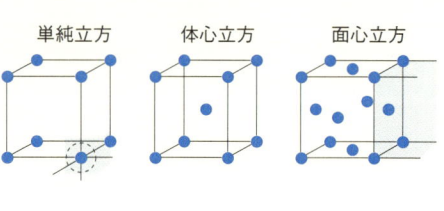

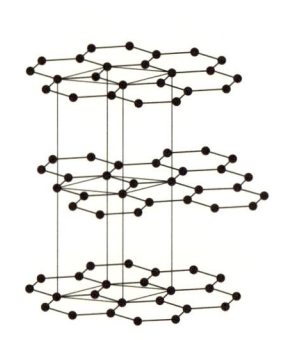

図 8.5　グラファイトの結晶構造。C–C 結合距離 0.142 nm，面間隔 0.335 nm

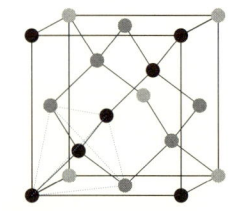

図 8.6　ダイヤモンドの結晶構造。格子定数 0.357 nm

【**例題 8.1**】　格子を構成する原子の数を，単純立方格子，体心立方格子，面心立方格子について求めよ。

【**解答**】　右図を参照しながら考える。単純立方の各頂点にある原子は，右下の原子からわかるように，8つの格子によって共有されている。1つ

単純立方　　体心立方　　面心立方

の単純立方格子を構成する8個の原子は総て8つの格子に共有されているので，結局，1つの格子当たり1原子の寄与しかないことになる。すなわち，「単純立方の構成原子は1原子である」ことになる。

体心立方では中央の原子は他の格子には共有されず，考えている格子のみに属するので，この格子の構成原子は $1+8\times(1/8)=2$ より2原子となる。

面心立方では，面上の原子は2つの格子に共有されているので，同様に考えると，$6\times(1/2)+8\times(1/8)=4$ となり，4原子が面心立方格子を構成している。

(b) 結晶面

雪の結晶（H_2O）は複雑ながら**対称性**(symmetry)の整った形に成長するし，六角柱に成長した水晶（母体は石英 SiO_2）の姿を見た経験がある人も多いだろう。このような自然に成長した結晶の表面では**結晶面**をはっきり見てとれる。**結晶成長**(crystal growth)の初期段階にはごく小さな目に見えない微結晶があるのだが，その表面に構成要素である原子，イオン，原子団，または分子が次々と積み重なって大きな結晶へと成長していく過程で，基礎になった微結晶のミクロな原子配列がマクロなスケールで増幅され再現された結果，きれいな結晶面が現れるのである。

発展項目　結晶格子の組み合せ ── 化合物の結晶 ──

塩化ナトリウム NaCl の結晶は（図8.7），ナトリウムイオン Na^+ がつくる面心立方格子と塩化物イオン Cl^- がつくる面心立方格子が互いに格子定数の半分の長さだけずれて重なり合った構造をしており，カチオンとアニオンの組成が1:1の結晶となる。多くの**ハロゲン化アルカリ塩**がこの NaCl 型（**塩化ナトリウム型**）の結晶構造をとる（図8.12の LiX などがその例である）。

面心立方格子の組み合せでできる結晶構造は他に，ZnS 型（**閃亜鉛鉱型**）があり，カチオンの面心立方格子を立方体の対角線に沿ってその長さの4分の1だけずらした位置にアニオンの面心立方格子を重ねた構造をしている。カチオンとアニオンを区別しなければダイヤモンド構造と同じ結晶格子だが，カチオンとアニオンを区別すると組成が1:1の結晶となっていることがわかる。また，Ca^{2+} のような2価の陽イオンの面心立方格子のすき間に，F^- のような1価の陰イオンが8個配置されると，組成が1:2の化合物の結晶ができ上がり，これは CaF_2 型（**ホタル石型**）とよばれる。

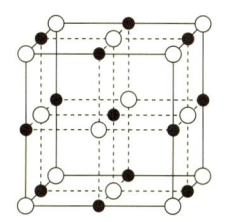

図8.7　NaCl の結晶構造

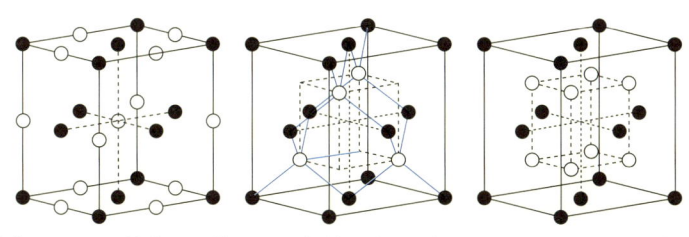

塩化ナトリウム型（NaCl 型）　　閃亜鉛鉱型（ZnS 型）　　ホタル石型（CaF_2 型）

固体や結晶に関する文献を読んでいると「(100)面」という記述がよく現れる。これはミラー指数とよばれるもので，結晶中の原子を結んでできる平面の種類を表している。たとえば，図8.8のような面心立方格子で，x軸に沿った格子ベクトル a に垂直な平面は，x方向に1単位進んでいるので(100)と記述され，(x,y,z)方向に1単位ずつ進んでできる平面は(111)と書かれる。**X線回折** (X-ray diffraction) によって結晶構造を調べる際に，これらの面に対応した回折スポットが現れる。

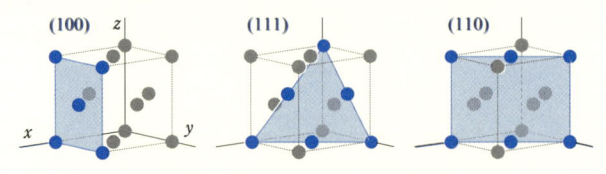

図8.8 面心立方格子の結晶面

(c) イオン半径

イオンの大きさは元素の種類や価数によって異なる。ナトリウムは第3周期に位置し，そのイオン半径は第4周期のカリウムよりひと回り小さく，第2周期のフッ素よりわずかに小さい。ナトリウムイオン Na^+ とフッ化物イオン F^- は電子数がどちらも20個でネオン Ne の電子配置と同じだが，Na^+ の方が原子核の電荷が大きく電子をより強く引きつけてわずかに収縮している。**ハロゲン化アルカリ**の多くがNaCl型の結晶となり，結晶中で**アニオン**と**カチオン**が互いに接することで安定化に寄与していると考えられる。

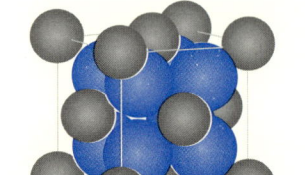

図8.9 ホタル石 CaF_2 の結晶構造（イオン半径を再現した）

しかし，たとえばカチオンの大きさがアニオンに比べて極端に小さくなった場合，図8.10に示すように，同電荷のアニオンどうしが接するようになって結晶が不安定になる。NaCl型の結晶が安定に存在するためには，大きい方のイオン半径 R と小さい方のイオン半径 r の比が，次の条件を満たす必要がある。

$$\frac{r}{R} > \sqrt{2} - 1 = 0.414 \quad (\text{イオン半径比の許容範囲：NaCl型})$$

つまり，NaCl型では，小さい方のイオン半径は大きい方イオン半径の0.414倍より大きくなくてはならない。**イオン半径比** r/R がこれより小さい場合には閃亜鉛鉱型（ZnS型）が安定になり，その安定条件は，$r/R > \sqrt{3/2} - 1 = 0.225$ で

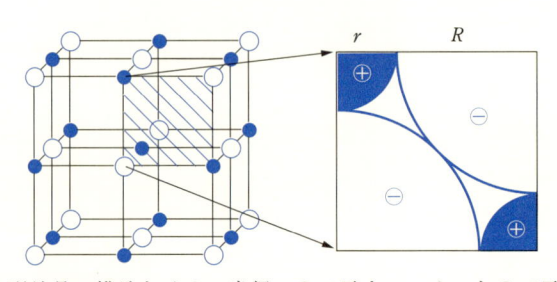

図8.10 NaCl型結晶の構造とイオン半径。⊖で示すアニオンと⊕で示すカチオンは常に接していると考える。右の拡大図は，アニオンの半径 R が大きくなりアニオンどうしが接している状況を描いてある。

8.2 結晶

ある。塩化セシウム型（CsCl型）の結晶では，単純立方格子の中心に反対の電荷をもった対イオンが配置され，全体として体心立方格子となっている（図8.11）。CsCl型の安定条件は，$r/R > \sqrt{3} - 1 = 0.732$ である。

結晶中で1個のイオンに最近接するイオンの数を**配位数**という。イオン結晶では配位数の多い方が静電ポテンシャルによる安定化が大きい。配位数はZnS型が4，NaCl型が6，CsCl型が8なので，結晶構造の安定な方からCsCl型＞NaCl型＞ZnS型の順になる。しかし，すべての結晶がCsCl型をとることはできず，半径比 r/R の値に応じた結晶型で安定化する（表8.1）。

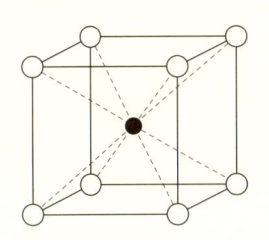

図8.11 塩化セシウム型（CsCl型）

表8.1 イオン半径比と配位数

	r/R	配位数
CsCl型	1〜0.732	8配位
NaCl型	〜0.414	6配位
ZnS型	〜0.225	4配位

化学便覧などで見る原子やイオンの大きさは，X線回折などによる単体の希ガス固体（Ne, Ar, Kr, Xe）や金属結晶の結晶構造の解析に基づいて，結晶中では大きさの等しい原子球[*1]が互いに接すると仮定した場合の半径を格子定数から計算で求めたものである。希ガスの場合を**ファン・デル・ワールス半径**（表8.2），金属の場合を**金属結合半径**（表8.3）とよぶ。また，イオン結晶を用いれば，アニオン，カチオンのイオン半径を評価することができる（表8.4）。

これらをまとめて次に示す。

[*1] 第1章で学んだように電子は空間に連続的に分布するので原子と真空を隔てる明確な境目はない。固体のなかの原子を境目のある球とみなすのはただ原子の大きさを具体的な数値で表すための便宜的な捉え方にすぎない。

コラム　イオン間距離とイオン結晶の融点の関係

イオン半径はその元素を含むイオン結晶の一群について結晶構造を実験的に求め，それぞれの結晶中で他のイオンと接しているとして決められた共通の半径である（表8.4）。イオン結晶はアニオンとカチオンの間の静電引力によって構造が保たれており，静電ポテンシャルによる安定化エネルギーの大きさはイオン間距離に反比例する，$V(r,R) \propto -qq'/(r+R)$[*2]。したがって，イオン間距離が小さいほど安定化が大きくなり，結合を切り離す際に大きなエネルギーが必要になる。つまり，結晶の融点が高くなる。図8.12はNaCl型のリチウム塩LiXにおいてアニオンをフッ素からヨウ素まで変えた場合（X = F, Cl, Br, I）の融点を，Li–Xイオン間距離の逆数 $(r+R)^{-1}$ に対してプロットしたものである。よい直線関係がみられるのは，イオン結晶の結合エネルギーがイオン間の静電ポテンシャルに由来することを支持している。

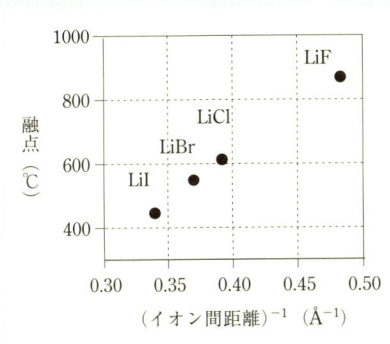

図8.12 LiX（X = F, Cl, Br, I）のイオン間距離と融点の関係（NaCl型）

[*2] q と q' は各々のイオンの電荷

表 8.2 van der Waals 半径／Å

H	1.20	N	1.55
Ne	1.54	O	1.52
Ar	1.88	F	1.47
Kr	2.02	P	1.80
Xe	2.16	S	1.80
Cl	1.75		

（化学便覧改訂 5 版より）

表 8.3 金属結合半径／Å （化学便覧改訂 5 版より）

Li	1.52	Be	1.11	Sc	1.63	Ni	1.25	Zn	1.33	Al	1.43		
Na	1.86	Mg	1.60	Y	1.78	Pd	1.38	Cd	1.49	Ga	1.22		
K	2.31	Ca	1.97	La	1.87	Pt	1.39	Hg	1.50	In	1.63		
Rb	2.47	Sr	2.15	Cr	1.25	Cu	1.28	Ce	1.83	Tl	1.70		
Cs	2.66	Ba	2.17	Mn	1.12	Ag	1.44	Eu	1.98	Sn	1.41		
Ra	2.20	Fe	1.24	Au	1.44	Er	1.73	Pb	1.75				

表 8.4 イオン半径／Å （6 配位結晶に基づくイオン半径，化学便覧改訂 5 版より）

Li^+	0.90	Be^{2+}	0.59	Sc^{3+}	0.88	Ni^{2+}	0.83	Zn^{2+}	0.88	Al^{3+}	0.68	O^{2-}	1.26	F^-	1.19
Na^+	1.16	Mg^{2+}	0.86	Y^{3+}	1.04	Pd^{2+}	1.00	Cd^{2+}	1.09	Ga^{3+}	0.76	S^{2-}	1.70	Cl^-	1.67
K^+	1.52	Ca^{2+}	1.14	La^{3+}	1.17	Pt^{4+}	0.94	Hg^{2+}	1.16	In^{3+}	0.94	Se^{2-}	1.84	Br^-	1.82
Rb^+	1.66	Sr^{2+}	1.32	Cr^{3+}	0.76	Cu^{2+}	0.87	Ge^{4+}	0.67	Tl^{3+}	1.03	Te^{2-}	2.07	I^-	2.06
Cs^+	1.81	Ba^{2+}	1.49	Mn^{2+}	0.81	Ag^+	1.29	Sn^{4+}	0.83						
Fe^{3+}	0.69	Au^+	1.51	Pb^{4+}	0.92										

(d) 結合の種類と融点・沸点

固体をつくる化学結合には共有結合，金属結合，イオン結合などがある．分子間力で結び付いた**分子性結晶** (molecular crystal) では，水素結合により結合がより強固になる．結合の強さは構成する原子や分子を引き離してバラバラにするのに必要なエネルギーに反映され，結合の強い結晶ほど融点や沸点が高い．表 8.5 に固体の種類と結合の強さの指標となる蒸発エンタルピーまたは昇華エンタルピーおよび融点と沸点をまとめておく．また，固体の例ではないが比較のため，図 8.13 にはハロゲン化水素の分子量と沸点の関係を示しておく．

表 8.5 化学結合による結晶の分類 （*）印は昇華，他は蒸発

結晶の種類	結合の種類	単体・化合物	結合の強さ kJ mol^{-1}	融点／K	沸点／K
イオン結晶	イオン結合	LiF	213	1121	1954
		NaCl	215*	1074	1686
		Al_2O_3		2327	3253
共有結合結晶	共有結合	C(diamond)	713.2*	3823	5073
		Si	297	1683	2628
		Ge	333	1211	3103
金属結晶	金属結合	Cs	67.8	302	952
		Cu	305	1356	2848
		Al	291	933	2767
		W	799	3663	5803
分子性結晶	分子間力	Ar	6.5	84	87.5
		CO_2	25.2*	25.2	195*
		オクタン	35.0	217(5.2 atm)	399
		ベンゼン	31.7	279	298
		アントラセン	60.2	490	353

結合の強さ：蒸発エンタルピー，あるいは，昇華エンタルピー

8.2 結 晶

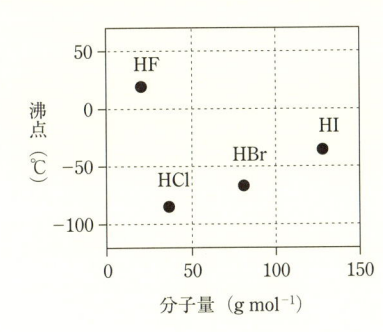

図 8.13 ハロゲン化水素 HX (X = F, Cl, Br, I) の分子量と沸点。分子量が大きいほど沸点は高いが，フッ化水素は水素結合のために沸点が特に高い。

コラム　新しい同素体——フラーレン・ナノチューブ・グラフェン

　1985 年 Nature 誌に掲載された論文に化学者たちは目を奪われた。タイトルも奇想天外「C_{60}：バックミンスターフラーレン」[1]。科学論文にしてはサッカーボールの写真がそのまま図に引いてある意表をついた体裁だ。内容はストレートにサッカーボール型の分子が見つかったというもの。これにはみな眉に唾して噂したものだ。それにしてももし本当なら百年に 1 度あるかないか，今世紀中にはもう出くわすことのない新しい同素体の発見なのだから見る夢も大きい。ただそれが分子としてこの上ない美しい対称性をもつから当の科学者たちは先を競って証明に明け暮れた。それから 5 年，とうとうその日が来た。C_{60} が大量に合成できたのだ。それは宇宙の塵を調べていた研究者たちが思い立ってそれまでの見方を逆転させたところで見つかった [2]。そしてまたたく間に世界中の化学者と物理学者がその性質を調べ上げ，超伝導体まで見つけてしまった。

　この発見はとどまることなく極細カーボンナノチューブの発見を促した [3]。こちらは実用化にも踏み込んで現在も盛んに研究が続いている。グラフェンはグラファイトの結晶面を一層だけ取り出した物質である。グラファイトの単結晶にスコッチテープを貼付けてはがすだけでできるそうだ [4]。いずれも sp^2 混成炭素の二次元構造を基調とする。フラーレンは点（0 次元），ナノチューブは線（1 次元）グラフェンは面（2 次元）と見なせる。化学の営みも結晶成長に似て多様な試行錯誤から突如スターが抜け出して大きく育つ。それを産み出す地道な研究の多様性こそ新しいブレークスルーのゆりかごなのだ。

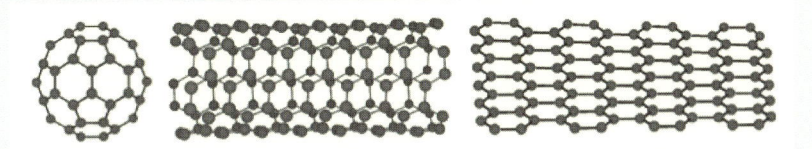

[1] "C_{60}: Buckminsterfullerene", H. W. Kroto, J. R. Heath, S. C. O'Brien, R. F. Curl & R. E. Smalley, Nature 318, 162 (1985). [引用数 12031] 1996 年度ノーベル化学賞；[2] "C_{60}: A New Form of Carbon", W. Krätschmer, L. D. Ramb, K. Fostiropoulos & D. R. Huffman, Nature 347, 354 (1990). [引用数 7200]；[3] "Helical Microtubules of Graphitic Carbon", S. Iijima, Nature 354, 56 (1991). [引用数 31921]；[4] "Electric Field Effect in Atomically Thin Carbon Films", K. S. Novoselov, A. K. Geim, S. V. Morozov, D. Jiang, Y. Zhang, S. V. Dubonos, I. V. Grigorieva & A. A. Firsov, Science 306, 666 (2004). [引用数 17771] 2010 年度ノーベル物理学賞．＊引用数は Google Scholar 2014 年 3 月時点．

(e) 液　　晶 (liquid crystal)

液体の流動性を保ちながらミクロには分子が特定の方向に向きをそろえた配向状態を実現する，固体と液体の中間相ともいえる物質がある．1888年，オーストリアのライニッツァーはコレステロールと安息香酸のエステルに注目した．最初はこの無色の液体から反射される色のついた光（構造色）に興味をもったが，その光学現象と液体の内部構造との関係を物理的に調べたレーマンによって**液晶**と命名された．以来今日まで種々の関連物質について研究が進められ，近年には液晶ディスプレイなどに幅広く利用されている．

液晶はその生成過程から2つに分けられる．温度を変化させて，結晶が液体になる途中に現れる**サーモトロピック** (thermotropic) **液晶－温度転移型液晶**と，溶媒の濃度を変化させたときに現れる**リオトロピック** (lyotropic) **液晶－濃度転移型液晶**である．後者はたとえば界面活性剤が，気液界面に垂直に配列したり，ミセル状になったりすることに対応する．

液晶はまた，その分子配列の特徴から，**ネマチック相**，**スメクチック相**，**コレステリック相**などに分類される．図8.14に示すように，分子の長軸の向きはそろっているが軸方向にはランダムに配置したものをネマチック (nematic) 相，長軸の向きがそろいかつ軸方向に層状の配列が見られるものをスメクチック (smectic) 相，分子が向きをそろえて集合した層状の構造が，その層に垂直な方向に積み重なるごとに分子配向の方位が少しずつ回転するものをコレステリック (cholesteric) 相という．

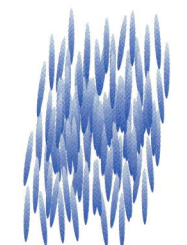

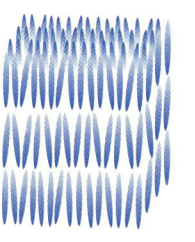

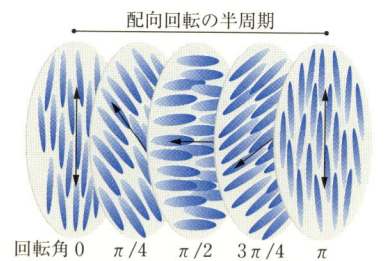

(a) ネマチック相　　(b) スメクチック相　　(c) コレステリック相

図 8.14　液晶の分子配列

コレステロールはステロイドに分類される化合物で，体内で合成され，あらゆる組織の細胞膜に広く分布する脂質である．誘導体を含めるとその種類も多く，液晶として豊富な材料を提供している．コレステロール分子には不斉中心があり，もともと**光学活性** (optical activity) を示すが，液晶状態におけるコレステリック相の最大の特徴は，層状構造を形成している分子の配向の回転である．その回転の周期構造の幅（ピッチ）が可視光の波長に近いときには，条件の合致した特定の波長の光だけを反射する性質があり，色がついて見える．これに加えて**偏光**した光[*1]が入射した場合には，液晶を通過した長さに比例して**偏光面**の角度を回転させる作用がある．この性質が液晶ディスプレイにおける光のON/OFFに利用されている[*2]．

分子性結晶の多くは結晶中で分子の向きがそろった**異方性** (anisotropy) をもつ

Friedrich Reinitzer
(1857-1927)

Otto Lehmann
(1855-1922)

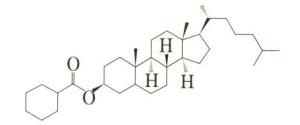

cholesteryl benzoate

[*1] 光の偏光：電磁波の電気ベクトル E が振動する面を偏光面と定義する．光が進行しても偏光面の向きが変化しない場合を直線偏光 (linearly polarized light) という．逆に，偏光面がねじれるように光が進み，1波長分の長さだけ進行したとき偏光面の向きがちょうど1回転する場合を円偏光 (circularly polarized light) という．また1回転まではしない中間の場合を楕円偏光という．右回りの場合と左回りの2成分の重ね合わせで記述される．

[*2] 液晶ディスプレイにおける光のON/OFFについてはWebを参照．

コラム　結晶による光学分割

生体分子の多くはその溶液を通過する光の偏光面を回転させる性質をもつ（**旋光性**）。ブドウ酒の発酵でできる**酒石酸**には旋光性を示すものと示さないものがあるが，フランスの**ルイ・パスツール**は，酒石酸のナトリウムアンモニウム塩を観察していたとき，結晶を互いに鏡像関係にある2種類に分類できることに気付いた（1848年）。そこで，結晶を1つ1つ選り分け，同じ型の結晶だけを集めて純度を高めた結果，旋光性が顕著になることを発見した。こうして，酒石酸の光学分割に成功した。さらに，右旋性（d または $+$）の酒石酸と左旋性（l または $-$）の酒石酸を当量混合した**ラセミ体**では旋光性が消失することを確かめ，光学異性体の概念を示した。光学異性体は鏡像異性体ともよばれ，不斉炭素原子やラセン構造をもつ分子に旋光性が現れる。

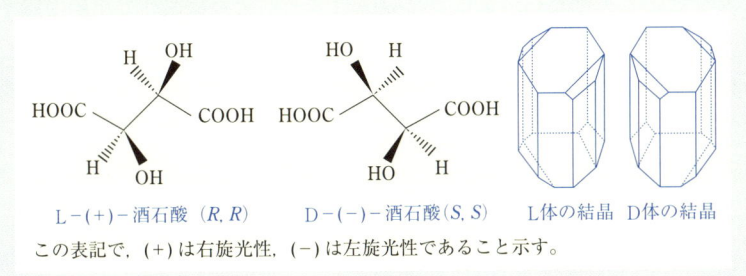

Louis Pasteur
(1822-1895)

L-(+)-酒石酸 (R, R)　　D-(-)-酒石酸 (S, S)　　L体の結晶　D体の結晶

この表記で，(+) は右旋光性，(-) は左旋光性であることを示す。

固体である。これが流動性をもちながらも分子配向に異方性が残る場合が液晶であり，さらに分子の運動が激しくなってその向きが完全にランダムになり**等方的**になった状態が通常の液体といえる。逆に，流動性がなくなり結晶化した場合でも，格子点で分子が自由に回転できたり，ランダムな配向のまま固まっていたりすると，分子自身に異方性があってもランダムに向きが平均化された等方的な結晶ということになる。これを**柔軟性結晶** (plastic crystal) という。分子配向のそろった液相（液晶）がある一方で，ランダムな固相（柔軟性結晶）があるという対照的な関係は興味深い。

8.3　金属と半導体

私たちは，生活を支える材料として，固体の有用な性質や機能を活用しているが，その性質には次のようなものがある。

1) **機械的性質**（弾性，塑性，変形のしやすさ，硬さ，音の伝わり方など）
2) **熱 的 性 質**（膨張率，熱容量，融点や沸点，熱伝導度など）
3) **電気的性質**（電気伝導度：電気をどの程度流すかなど）
4) **光学的性質**（光吸収や発光：色がつくか透明か，光を反射するかなど）
5) **磁気的性質**（磁性をもつか：磁石につくか，磁石を作れるかなど）
6) **誘電的性質**（電場がかかったときの分極など）

日常的に慣れ親しんでいるこうしたマクロな性質は，ミクロな原子・分子の世界とどのようにつながっているのだろうか。このようなことを扱う学問領域が**物性論**や**材料科学** (materials science) であり，純粋化学の観点からだけでなく実用

*1 金属や半導体の電気的性質を電子のミクロな振る舞いに着目して語る場合には，固体の**電子的性質** (electronic properties) という場合が多い。

化を指向する応用化学の視点からも盛んに研究が行われている。これらの性質の中で**1**と**2**は主に固体中の原子核の運動に関わる性質であり，**3**や**4**などは結晶中の電子の運動がマクロに反映された性質である。特に固体の電気的性質を電子のミクロな振る舞いから論じる場合[*1]には，原子・分子で学んだ電子軌道の考え方を極めて多数の電子からなる系に適用する理論が必要であり，これが現代の技術革新の中核ともいえる**エレクトロニクス**の基盤となっている。以下にその基本となる金属と半導体の性質について簡単に紹介しておこう。

8.3.1 金　属 (metal)

(a) 自由電子模型

固体の金属では**価電子** (valence electron) の一部またはすべてが**自由電子** (free electron) となって結晶全体に広がった電子軌道に入っている。それは，電子を1個か2個放出したイオンが正電荷の井戸をつくり，そのポテンシャル井戸の中に自由電子が収まるモデルが最もシンプルな描像である。図8.15は金属リチウムの場合を模式的に示している。2個の1s電子は隣接する原子との結合に関与せず原子核の近傍に**局在**しており，原子核とともにLi^+イオンとして格子点にならんでいる。一方，$Li \rightarrow Li^+ + e^-$（自由電子）によって放り出された1個の2s電子は結晶全体に**非局在化** (delocalized) している。

図8.15 金属リチウムの電子構造。格子点に位置する原子核 (Z=3) と**内殻電子**（1s電子）が＋イオンとして配列し，電子に対して引力的な井戸型ポテンシャル（図の破線）を作るので「箱の中の粒子」の場合に似た多数の軌道ができる。そこに**外殻電子**（2s電子）が補足され，結晶全体に広がった電子軌道に，エネルギーの低い方から順に2個ずつ電子が入る。1 mm³の小さな結晶でも約5×10^{19}個のイオンがあり，そのイオンと同数の非局在化した電子が含まれる。

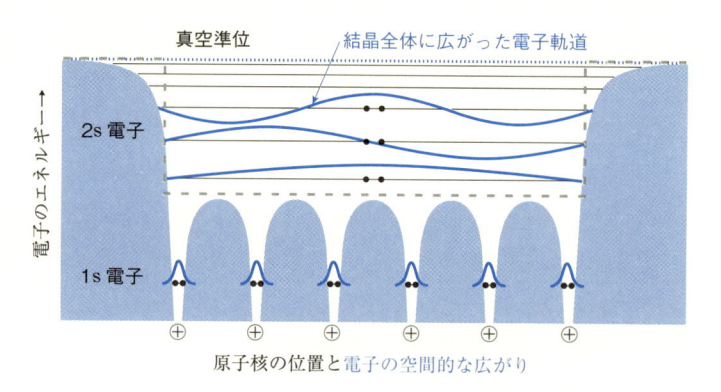

図8.15には数個のイオンと少数の自由電子の軌道しか描かれていないが，実際の金属リチウムの固体では，1 mm角程度の結晶でも5×10^{19}個に及ぶ膨大な数の非局在化した電子が含まれ，これらの電子が金属結合と電気伝導性を担っている。電子が結晶全体に広がった平坦なポテンシャルに束縛される系を3次元で考えたモデルを金属の**自由電子模型** (free-electron model) という。

電子にとってイオンがつくるポテンシャルの井戸は結晶の端のところで急激にせり上がり，その外側で一定になっている。この結晶の外側のポテンシャルを**真空準位**といい，ポテンシャルの基準点にとることが多い。

(b) バンド構造

2章で学んだ分子軌道法に従えば，金属原子の場合も水素分子と同じように考えることができる。金属原子の価電子の軌道の1つが，すぐとなりの同種の金属原子の同じ型の軌道と重なり合うと，それら2つの原子軌道の重ね合わせによっ

て2つの新しい分子軌道が生成する。一方は軌道エネルギーが下がって安定化し，他方は上がって不安定な軌道となる。前者を**結合性軌道** (bonding orbital) といい後者を**反結合性軌道** (anti-bonding orbital) という。電子は，より安定な結合性軌道に2個とも入る。

では，金属原子が1個，2個，3個，...とつぎつぎに結合していき原子から分子さらに結晶へと成長していった際に，電子の軌道はどのように変化するだろうか。そのようすを模式的に示したのが図8.16である。まず3つの原子が集ると，それぞれから1つずつ合計3つの原子軌道から3つの新しい分子軌道ができるが，3つ目は安定化も不安定化もない**非結合性軌道** (non-bonding orbital) である。さらに4つ，5つと結合する金属原子の数が増していくと，重なり合う軌道の数が次第に増え，軌道と軌道の間の間隔は徐々に狭まっていく。最終的に，N個の原子軌道からN個の分子軌道ができる[*1]。

原子の数が結晶をつくるほど膨大な数になると，エネルギー間隔が接近して連続的になる。こうしてできた連続的な軌道準位の集まりを**エネルギーバンド**あるいは単に**バンド**とよぶ。金属原子には3s, 3p, 3dなどいくつかの型の軌道があるが，それぞれの型の軌道またはその組み合せからなるバンドが固体の金属に同居しており，軌道エネルギーと準位数の関係を**バンド構造** (band structure) という。

もとになった金属原子の原子軌道に電子が1個だけある場合は，金属中に全部でN個の電子が存在することになる。それらの電子はエネルギーの低い下の軌道から順番に2個ずつ詰まっていくので，バンドを形成するN個の軌道のちょうど真ん中の$N/2$番目の軌道までが電子で満たされることになる。バンド構造のなかで，電子が詰まった最もエネルギーの高い準位E_Fを**フェルミ準位** (Fermi level) とよぶ。フェルミ準位とそのすぐ下の準位にある電子は，室温程度の熱励起によってたやすくフェルミ準位のすぐ上の空の準位に遷移することが可能であり，自由電子として結晶中を縦横に往来できるようになる。このように電子が途中まで満たされたバンドは，電気伝導や熱伝導の担い手となる自由電子を擁する**伝導帯** (conduction band) となる

[*1] 軌道の重なりによって分子ができるようすは**分子軌道法** molecular orbital method によってよく理解される。その比較的単純なモデルが**ヒュッケル近似** Hückel approximation である。周期的境界条件をもつ結晶に適用したこれと同等のモデルを**強結合近似** tight binding approximation とよぶ。

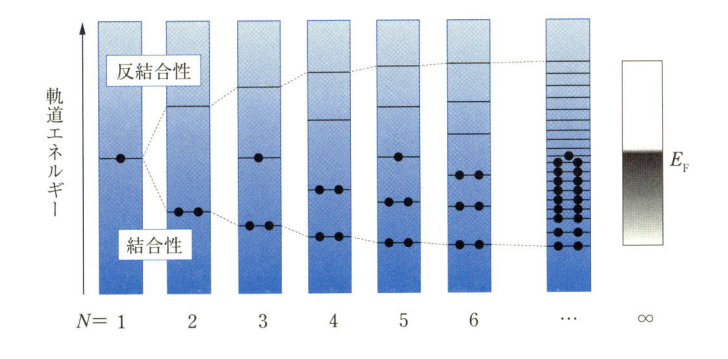

図8.16 原子（$N=1$）から金属（$N=\infty$）にいたる電子の軌道準位の変遷。金属原子の1つの軌道は別の原子の同じ型の軌道と重なり合って**結合性軌道**と**反結合性軌道**をつくる。さらに金属原子の数Nが増えていくと，エネルギー準位の間隔が狭くなっていき，結晶では準位が接近して**バンド**となる。N個の電子はエネルギー準位の低い軌道から順に2個ずつ詰まっていくので，下から$N/2$番目のちょうど半分のところ（フェルミ準位E_F）まで電子で満たされている。

8.3.2 半導体 (semi-conductor)
(a) バンドギャップ

共有結合のような強い結合では，結合性軌道と反結合性軌道のエネルギー準位の間隔が大きく開くが，固体になった際につくられるバンドにも依然として大き

な隔たりを残す（図 8.17）。電子は下からちょうど半分の準位，すなわち結合性軌道のバンドが上まで満たされたところでいっぱいとなる。反結合性軌道のバンドは空のまま残される。電子が上まで満たされたバンドを**価電子帯** (valence band) という。一方，電子が下から励起されてくれば途中まで満たされて自由電子をもつことができるような空のバンドを**伝導帯**という。このようなバンド構造をもつ固体では，価電子帯の上端から伝導帯の下端までの間には，電子が占有できるエネルギー準位（状態）が存在しない。このエネルギーの開き ΔE_G を**バンドギャップ** (band gap) と呼ぶ。価電子帯の電子が電位をかけられたり光エネルギーを吸収したりして伝導帯に上がると，**伝導電子**として電気伝導に寄与するようになる。また電子が抜けた価電子帯の穴（**正孔**という）も結晶内を移動し，電気伝導に寄与する。このように，バンドギャップは「価電子帯の電子を伝導帯に励起して伝導電子を生み出す際に必要な最低エネルギーの大きさ」に対応している。

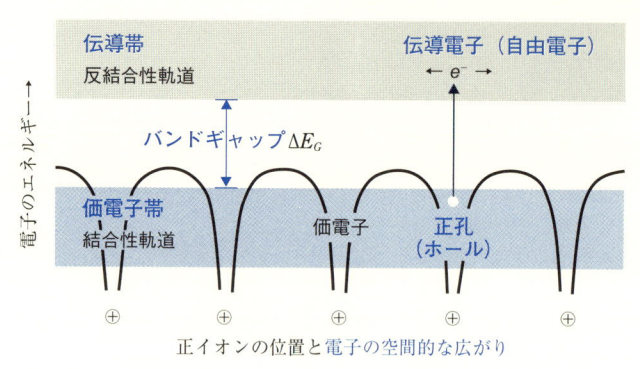

金属以外の固体は一般に，バンドギャップのあるバンド構造をもっている。バンドギャップが小さく室温で電気伝導が認められる物質を**半導体** (semiconductor)，またバンドギャップが大きく電気が流れない物質を**絶縁体** (insulator) と呼んでいる[*1]。

図 8.17 半導体の電子構造。価電子帯と伝導帯の間には電子が占有できる準位のないバンドギャップが開いている。

*1 半導体と絶縁体の間には厳密な境目があるわけではない。物質を金属か絶縁体のどちらかに分ける場合もあるし，完全な絶縁体は存在しないという理由で金属と半導体に分ける流儀もある。

(b) P型半導体とN型半導体

半導体はケイ素 Si（シリコン silicon）やゲルマニウム Ge (germanium) などの第 14 族元素の単体が母体となる。これらの結晶に**不純物** (impurity) として第 13 族のホウ素 B，アルミニウム Al，ガリウム Ga や第 15 族のリン P，ヒ素 As，アンチモン Sb などを微量加えると，電気伝導性が飛躍的に向上するだけでなく，電流制御を容易にする **P 型半導体**や **N 型半導体**になる。

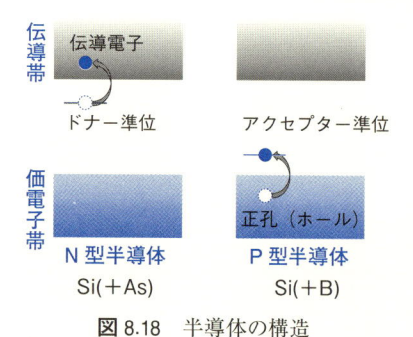

たとえば，シリコンにヒ素を加えた場合には，シリコンの伝導帯のすぐ下にヒ素 (As) に由来する**不純物準位**が位置するため，その電子は室温程度の小さなエネルギーで伝導帯に上がって伝導電子となる。このように母体となるシリコンに電子を与える不純物を**ドナー** (donor) といい，その準位を**ドナー準位**という。第 15 族元素が不純物に加わると，母体であるシリコンのバンド中に負の電荷が余分に生成するのでこうした物質を **N 型半導体**という。

一方，シリコンにホウ素 (B) を加えた場合には，シリコンの価電子帯のすぐ上にホウ素に由来する空の準位が位置し，小さなエネルギーで価電子帯の電子がそこに励起される。価電子帯に残る，電子が抜けた軌道準位を**正孔** (hole) または**ホール**といい，$+e$ の電荷をもって結晶内を移動できるため伝導性が増す。このように，母体のシリコンから電子を受け入れて正孔の生成に寄与する不純物を**アクセプター** (acceptor) といい，その準位を**アクセプター準位**

図 8.18 半導体の構造

いう。第 13 族元素によってシリコン中に正の電荷が生成するのでこのような物

質をP型半導体という。以上のように，シリコンやゲルマニウムに少量の不純物を混ぜて電子的性質を変化させることを**ドーピング**(doping) いう。

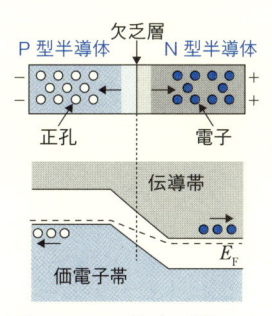

　P型半導体とN型半導体を接触させた**素子**(device) を **PN 接合**(PN junction) という。そのN側を正極に，P側を負極につなぐと，N型の伝導電子は正極の接点に引きつけられ，P型の正孔は負極の接点に引きつけられるので，PとNの接合部には電荷を運ぶ担体がいなくなる。この領域を**欠乏層**(depletion region) といい電気が流れなくなる。逆にN側を負極に，P側を正極につなぐと，担体である電子と正孔はともにNとPの接合部に集り，そこで電荷の受け渡しが行われて電流が流れるようになる。このように，PN 接合は逆バイアスに対して電流を流さない**整流作用**(rectification) があり，このような素子を**ダイオード**(diode) という。また，PNP や NPN のように3接合の素子を作製すると，小さな電圧や電流の操作で大きな電流のON/OFFを制御できる**トランジスタ**(transistor) となる。さらに，多数のトランジスタをダイオード，コンデンサー，抵抗とともにシリコン基板上に配置し，それらの素子の間を配線すると，**集積回路**(integrated circuit, IC)やコンピュータの**中央演算装置**(CPU)および**記憶素子**に利用可能な**大規模集積回路**(large scale IC, LSI) に発展する。

図 8.19 PN 接合（逆バイアスの場合）

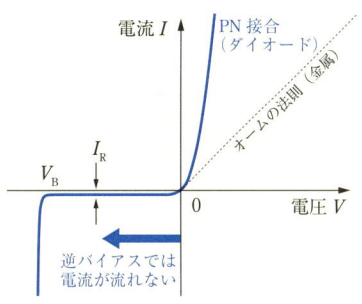

図 8.20 PN 接合の整流作用（ダイオード）

【例題 8.2】 仕事関数は電子をフェルミ準位から真空準位まで引き上げるのに必要なエネルギーのことをいう。いま，金属ナトリウムに $\lambda = 380$ nm の紫外線を当てたところ，最大 $E_{max} = 0.90$ eV の運動エネルギーをもつ電子が真空中に飛び出した。ナトリウムの仕事関数 W はいくらか。

【解答】 $h\nu = E_{max} + W$ および $\nu = c/\lambda$ より，

$$W = \frac{hc}{\lambda e} - E_{max} = \frac{6.626 \times 10^{-34}\,\mathrm{Js} \times 2.998 \times 10^{8}\,\mathrm{m\,s^{-1}}}{380 \times 10^{-9}\,\mathrm{m} \times 1.602 \times 10^{-19}\,\mathrm{C}} - 0.90 = 3.26 - 0.90 = 2.36\,\mathrm{eV}$$

参 考 文 献

【6,7,8 章の参考図書】

1. アトキンス物理化学（上）第6版，千原秀昭・中村亘男 訳，ISBN 4807905295，東京化学同人 (2001)。「2年生になって物理化学を本格的に学ぶために」

2. マッカーリ・サイモン物理化学（下），千原秀昭・江口太郎・齋藤一弥 訳，ISBN 4807905090，東京化学同人 (2000)。「2年生になって物理化学を本格的に学ぶために」

3. 物理化学，関 一彦 著，化学入門コース2，梅澤喜夫・大野公一・竹内敬人 編，ISBN 4000079824，岩波書店 (1997)。「1年生で物理化学がカバーする分野の数々を一望しながら物理化学の基本的な考え方を学ぶために」

4. 改訂版 現代化学の基礎，山内 淳・馬場正昭 共著，ISBN 4873613108，学術図書出版 (1993)。「物理化学全般の基本的な枠組みをまとめ，実践的な応用力を磨くために」

5. 概説 物理化学 第 2 版, 阪上信次・妹尾 学・渡辺 啓 著, ISBN 4320042204, 共立出版 (1988)。「物理化学全般の基本的な枠組みをまとめ, 実践的な応用力を磨くために」

6. 基礎 物理化学, 梶本興亜・寺嶋正秀・佐藤啓文 共著, ISBN 4563046035, 培風館 (2006)。「物理化学の理論的な枠組みを体系的に学ぶために」

7. 化学データブック, 大木道則・竹林保次・武藤義一 共編, ISBN 4563090379, 培風館 (1970)。「学生実験の考察等に活用できるデータブックとして (少々旧い)」

8. キッテル固体物理学入門 第 8 版, 宇野良清・津屋 昇・新関駒二郎・森田 章・山下次郎 共訳, ISBN 4621076566, 丸善 (2005)。「2 年生になって固体物理学を本格的に学ぶために」

9. バークレー物理学コース 統計物理 復刻版, F. Reif 著, 久保亮五 監訳, ISBN 4621083430, 丸善 (2011)。「2 年生になって熱力学を本格的に学び始める前に」

8 章 章 末 問 題

基礎的問題

8.1 次の単位格子に含まれる原子またはイオンの数を表にまとめよ。
(a) セシウム (体心立方格子)
(b) 塩化セシウム (CsCl 型)
(c) アルゴン (面心立方格子)
(d) 塩化カリウム (NaCl 型)
(e) フッ化カルシウム (CaF_2 型)
(f) ダイヤモンド (ダイヤモンド型)
(g) マグネシウム (六方最密格子)
(h) グラファイト (グラファイト型)

8.2 3 種類の立方格子の充填率を計算によって確かめよ。
(a) 面心立方格子 (立方最密充填) 74%
(b) 体心立方格子 68%
(c) 単純立方格子 52%

8.3 塩化ナトリウム NaCl の格子定数は $a = 5.63$ Å である。単位格子の質量と体積を求め, NaCl 結晶の密度を計算せよ。

8.4 CsCl 型の結晶格子でアニオンどうしが接する場合のイオン半径比が $r/R = 0.732$ となることを説明せよ。

8.5 ダイヤモンドの格子定数は $a = 3.57$ Å である。C—C 結合の結合距離を計算せよ。C—C 単結合の共有結合半径はその半分の長さである。

発展問題

8.6 グラファイトの面を 1 層だけ取り出した物質をグラフェンと呼んでいる。厚さ 1 mm のグラファイトの単結晶から 1 秒間に 1 枚ずつグラフェンをはがしていくと, 全て剥がし終わるまでにどのくらいの時間がかかるだろうか。

8.7 白金 Pt の (100) 面に露出したすべての Pt 原子に一酸化炭素 CO が 1 分子ずつ吸着したとすると, 1 cm^2 の Pt 表面に標準状態で何 L の CO 気体が固定されたことになるか。1 cm^3 の Pt 固体内部のすべての Pt 原子に水素 H_2 が 1 分子ずつ吸着した場合と比較するとどうか。

8.8 次の単体および化合物の電気抵抗率を調べ, 値の低い順にならべて分類せよ。Cu, Ag, Au, Na, K, Al, Fe, Mg, Zn, W, Pt, Hg, Bi, Si, Ge, P, C (グラファイト), SiO_2 (石英)

第3部　化学反応

　ここまでは，ミクロとマクロの各々の視点から，分子の形や性質を学んできたが，続く2章では，それらの分子が時間とともにどのように変化していくかを学ぶ。「化学 (chemistry)」という語が錬金術 (alchemy) に由来しているように，化学の目標は物質を変化させることにあった。したがって，化学物質の変化を担う「化学反応」の分野は化学の中心的課題であるといえる。

　酸塩基平衡や酸化還元反応，ル・シャトリエの原理など，化学反応については第2部でも既に学んだが，ほとんどの場合に平衡状態にある系を考えたので，時間の要素が入ってこなかった。しかし，第3部で考える化学反応では，時間がたいせつな要素である。どんなに有用な化学反応でも，数年をかけて起こるようでは人間生活の役に立たない。人間が秒速10mで走ったり，時速100kmの球を投げることができるためには，体の中では，1/1000秒以下で化学反応が進む必要がある。一方で，宇宙ができてから太陽系に生命が生まれるまでには100億年以上の長い時間がかかっている。9章では「化学反応は分子の衝突によって起こる」という立場から，化学反応の解析法を考えたのち，ミクロな立場から「化学反応の早さを決めている要因」について学ぶ。10章では化学反応の測定法，大気中の化学反応，液相反応，酵素反応など化学反応の主要な具体例を，9章の知識を援用しつつ理解していく。

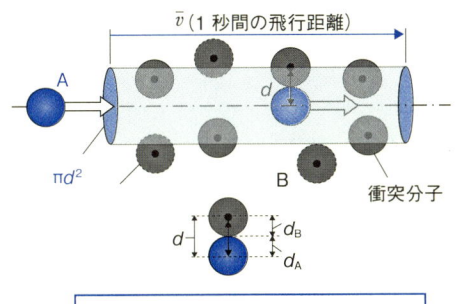

単位時間当たりの反応分子同士の衝突数 $Z_{AB} = \pi d_{AB}^2 \bar{v} [B][A]$

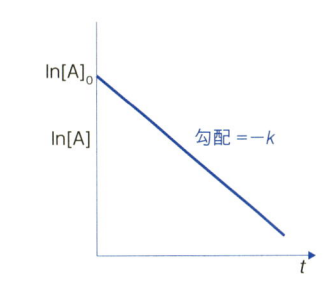

1次反応　A → P
$-\dfrac{d[A]}{dt} = k[A] \quad [A] = [A]_0 e^{-kt}$

9 化学反応の速度と衝突

9.1 化学反応速度の解析

多くの化学反応は、2つの分子がぶつかることによって起こるが、中には他の分子にぶつからずとも自発的に変化していくように見えるものがあるし、3つの分子が同時にぶつかって反応するように見えるものもある。以下には何個の分子によって化学反応が引き起こされているかに着目して、反応の形を分類してみよう。

(a) 二次反応

化学反応で最も基本的なものは、2分子の衝突による反応である。いま、分子Aと分子Bとが衝突して、生成物CとDを生成する反応の速度を測定する場合を考えてみよう。

$$A + B \rightarrow C + D \tag{9-1}$$

反応速度は、生成物CまたはDの増加速度、あるいは、反応物AまたはBの減少速度で表現できる。この時、A~Dは等量ずつ変化するので、Aの濃度を[A]と表すと、

$$-\frac{d[A]}{dt} = -\frac{d[B]}{dt} = \frac{d[C]}{dt} = \frac{d[D]}{dt} \tag{9-2}$$

と書ける。この速度はAとBとの衝突数Z_{AB}に比例し、衝突数はAとBの濃度に比例するから、

$$-\frac{d[A]}{dt} = \bar{p} Z_{AB} = k[A][B] \tag{9-3}$$

と書ける。$\bar{p}$は衝突当たりの反応確率であり、kは**反応速度定数**とよばれる。反応速度が反応分子の2次([A]の1次、[B]の1次)で表されることから、このような反応を**二次反応**という。二次反応の反応速度定数の次元は

$$[濃度]^{-1}[時間]^{-1}$$

となる[*1]。普通、濃度の単位は、$mol\ dm^{-3}$または$molecule\ cm^{-3}$とすることが多いので、kの単位は$dm^3\ mol^{-1}\ s^{-1}$、または、$cm^3\ molecule^{-1}\ s^{-1}$である。

化学反応の進行は、反応分子の濃度を時間の関数として描くと理解しやすい。(9.1)の反応で、$t=0$でのA, Bの濃度をそれぞれ$[A]_0$, $[B]_0$とし、時間tで反応生成物がxできたとすると(右表参照)、

	A	+	B	$\rightarrow$	C	+	D
$t=0$	$[A]_0$		$[B]_0$		0		0
$t=\pi$	$[A]_0-x$		$[B]_0-x$		x		x

$$-\frac{d[A]}{dt} = -\frac{d([A]_0-x)}{dt} = \frac{dx}{dt} = k[A][B] = k([A]_0-x)([B]_0-x) \tag{9-4}$$

[*1] kの次元は(9-3)式を用いて、
$$k = -\frac{1}{[A][B]}\frac{d[A]}{dt}$$
$$= \frac{1}{[濃度][濃度]}\frac{[濃度]}{[時間]}$$
$$= [濃度]^{-1}[時間]^{-1}$$
と求まる。

9.1　化学反応速度の解析

と書ける。3番目と5番目の式を使って，xについて書き直すと，

$$\frac{dx}{([A]_0-x)([B]_0-x)} = kdt \quad (9\text{-}5)$$

である。

$[A]_0 = [B]_0$のときには，積分が簡単に行えて[*1]，

$$\left(\frac{1}{[A]} - \frac{1}{[A]_0}\right) = kt \quad (9\text{-}6)$$

が得られる。この式は，実験的にkの値を求める方法を示している。時間tを変えつつAの濃度$[A]$を測定して，図9.1(a)のようなプロットをすれば，その勾配から反応速度定数が求まる。切片は$1/[A]_0$となっている。

一方，$[A]_0 \neq [B]_0$のときには，(9-5)式を積分すると，

$$\frac{1}{[B]_0-[A]_0}\ln\frac{[A]_0[B]}{[B]_0[A]} = kt \quad (9\text{-}7)$$

となる

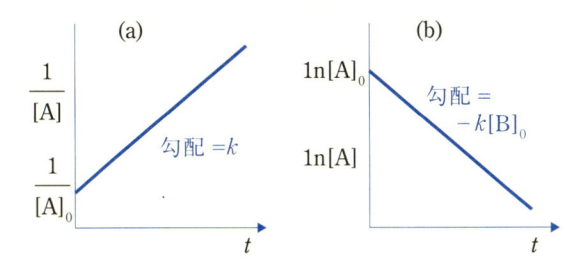

[*1]
$\dfrac{dx}{x^2} = kdt$ より

$$\int x^{-2}dx = k\int dt + C$$

すなわち

$$-\frac{1}{x} = kt + C$$

$t=0$のとき$[A]=[A]_0$であるから(9-6)式を得る。

図9.1　2分子反応の解析。(a) $[A]_0 = [B]_0$の場合，(b) $[A]_0 \ll [B]_0$の場合

(b)　一次反応

反応の中には他分子との衝突を必要としないで進むものがある。たとえば，放射性元素である^{131}Iはβ線（高速電子）を放出して^{131}Xeに変化し，8日毎に半分に減って行くが，他の原子や分子と衝突することによって電子を出しているわけではない。このような原子の崩壊は全く自発的に(spontaneously)起こる。自発的に起こるといっても，「1秒間に1/1000が崩壊する」といった一定の確率で起こるのが普通である。

衝突が基本である化学反応の中にも，1分子が自発的に反応し，他分子との衝突は無関係であるように見えるものがある[*2]。cis-2-ブテンからtrans-2-ブテンへの熱による**異性化反応**（図9.2）などがこれにあたる。式で書くと，

A(cis-2-ブテン)　　C(trans-2-ブテン)へ

図9.2

[*2]　このような反応は「単分子反応」とよばれている。詳細はWebで述べるが，反応に必要なエネルギーは2分子衝突によって得られている。

$$A \rightarrow C \qquad (9\text{-}8)$$

と表され，反応速度式は

$$-\frac{d[A]}{dt} = k[A] \qquad (9\text{-}9)$$

と書ける。速度式は，左辺が化合物 A の減少速度 (減少なので − を付けて正の量となる) で，その減少速度が A の量に比例することを示している。図 9.3 のように，A はいつもその時点で残っている A の量の一定割合 (たとえば 10 %) ずつ減っていくことになる。

(9-9) 式では，反応速度 (左辺) が反応物濃度 [A] の 1 次に比例するので，このような反応を**一次反応**とよぶ。式を変形すると，

$$-\frac{d[A]}{[A]} = -d\ln[A] = kdt \quad \text{と書けるので，積分すると，} \quad -\ln[A] = kt + C$$

となり，A の初濃度 ($t = 0$ の時の濃度) を $[A]_0$ とすると積分定数 C が決まって，

$$\ln[A] = -kt + \ln[A]_0 \qquad (9\text{-}10)$$

あるいは，

$$[A] = [A]_0 e^{-kt} \qquad (9\text{-}11)$$

と書ける。

図 9.4 に各々の式に対応するプロットを示した。式 (9-11) からわかるように，A の濃度は

$$\tau = 1/k \qquad (9\text{-}12)$$

の時間で初期濃度 $[A]_0$ の $1/e$ ($\approx 1/2.7$) となる。この時間を A の**寿命**という。また，(9-10) 式より，[A] が初濃度の半分 $[A]_0/2$ になる時間は

$$t_{1/2} = (\ln 2)/k$$

となるが，これを**半減期**という。

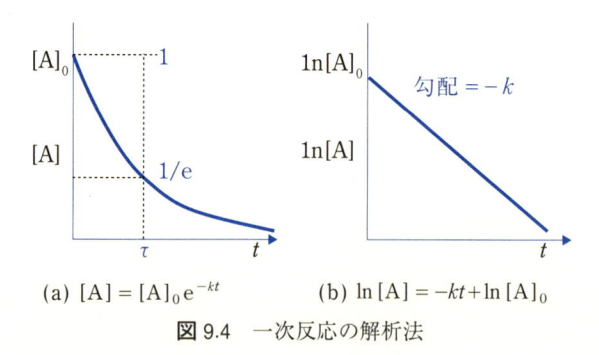

図 9.3

(a) $[A] = [A]_0 e^{-kt}$ (b) $\ln[A] = -kt + \ln[A]_0$

図 9.4 一次反応の解析法

前節の二次反応の解析で $[A]_0 \neq [B]_0$ の場合の積分式はやや複雑であるが，もし $[A]_0 \ll [B]_0$ であれば，$[B]_0 - [A]_0 \approx [B]_0 \approx [B]$ と近似して，(9-7) 式は

$$\ln\frac{[A]_0}{[A]} = k[B]_0 t \quad \text{あるいは} \quad \ln[A] = -k[B]_0 t + \ln[A]_0 \qquad (9\text{-}13)$$

と書ける。この式は，前節の一次反応の式 (9-10) と同じ形をしており，k の代わりに $k[B]_0$ となっている。したがって，一次反応の場合と同じように，時間 t に対して $\ln[A]$ をプロットする (図 9.2(b)) と，その勾配は $-k[B]_0$ となり，$[B]_0$ が

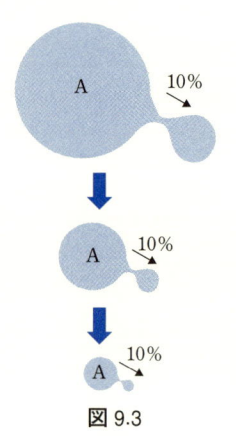

既知であるから k が求まるということを示している。このような二次反応を**擬一次反応**（pseudo-first-order reaction）と呼んでいる。

(c) 逐次反応と定常状態

これまでは単一の反応を扱ってきたが，反応が連続して起こる場合がある。

$$A \xrightarrow{k_1} B \xrightarrow{k_2} C \tag{9-14}$$

このような反応を**逐次反応**という。時間経過は図9.5のようになり，中間に生成する成分 B は極大値を示す。極大値付近ではかなりの時間にわたって濃度が一定と見なされる状態になる。この状態を**定常状態**いう。B の濃度の時間変化は

$$\frac{d[B]}{dt} = k_1[A] - k_2[B] \tag{9-15}$$

と表されるが，定常状態では濃度変化がないという条件（d[B]/dt = 0）を適用すると，定常状態における B の濃度 $[B]_{SS}$ は，

$$[B]_{SS} = k_1[A]/k_2 \tag{9-16}$$

となる。

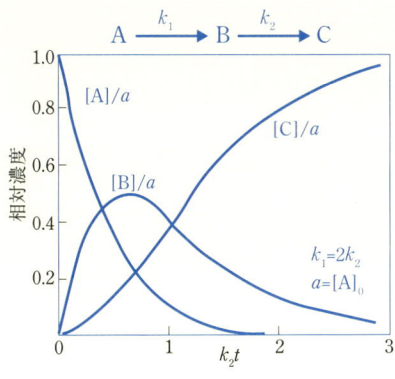

図9.5 逐次反応の時間経過

【例題9.1】 右に示す反応では，化合物 A と B との間は可逆反応となっており，この反応でできる B から生成物 C が生成するという形になっている。このとき，B に定常状態を仮定できるとすると，C の生成速度は A の濃度を用いてどのように表されるか。

$$A \underset{k_{-1}}{\overset{k_1}{\rightleftarrows}} B \xrightarrow{k_2} C$$

【解答】 B の濃度の時間変化を表す微分方程式は

$$\frac{d[B]}{dt} = k_1[A] - k_{-1}[B] - k_2[B]$$

と表されるので，B が定常状態にあれば d[B]/dt = 0，すなわち，

$$k_1[A] - k_{-1}[B] - k_2[B] = 0$$

定常状態濃度を $[B]_{ss}$ と表すと，$[B]_{ss} = k_1[A]/(k_{-1}+k_2)$ となるから，これを C の生成速度の式に代入して，

$$\frac{d[C]}{dt} = k_2[B] \approx k_2[B]_{SS} = \frac{k_1 k_2}{(k_{-1}+k_2)}[A]$$

となる。すなわち，C の生成の見かけの速度定数は $k_1 k_2/(k_{-1}+k_2)$ である。

(d) 素反応

水素の燃焼反応は，反応式では両辺の原子数を等しくおいて

$$2H_2 + O_2 \rightarrow 2H_2O \tag{9-17}$$

と表現される。この式を見ると，水素と酸素の混合物に点火したときには，2個の水素分子と1個の酸素分子が同時に衝突して反応することによって，水が生成するように見える。しかし，実際の反応は3個の分子の衝突によって起こるのではなく，次のような反応の組合せで起こることがわかっている。

$$H_2 \rightleftarrows H+H$$
$$H+O_2 \rightarrow OH+O$$
$$O+H_2 \rightarrow OH+H \tag{9-18}$$
$$OH+H_2 \rightarrow H_2O+H$$

これらの各反応は，左辺の分子が実際に衝突を起こす[*1]ことによって進行している。このような一つ一つの反応を**素反応**とよび，素反応が連続して起こる反応を**複合反応**という。(9-17) は実は複合反応であるといえる。本節で学んだ反応の解析は，素反応を対象としたものである。

[*1] 最初の反応は水素分子が衝突無しで分解するように見えるが，実は他の分子と衝突してエネルギーをもらうことによって，反応が進んでいる。(Web の単分子反応を参照)。

9.2 分子の衝突と反応速度

前節では，反応の見かけの次数ごとの解析法を学んだが，本節では何が反応の速さを決めているかを考える。自然界で起こる反応の速さは多様である。

宇宙の誕生以来，元素が生まれ，分子が形成され，アミノ酸ができ，生命体に進化するという**化学進化**の過程のように，数十億年を要する化学反応がある一方で，爆発のようにごく短時間で大きな変化をもたらす反応もある。実は，こういった反応の速度を決めているものは，単位時間当たりの反応分子どうしの衝突の数と 1 回衝突当たりの反応の確率である。

> 反応速度＝単位時間当たりの反応分子どうしの衝突数
> 　　　　　×1 衝突当たりの反応確率

$1\,\text{cm}^3$ に 1 個の分子しかない宇宙空間では，分子どうしは 30 年に一度しか衝突しない。これに対して，1 気圧の酸素と水素を混ぜた場合，酸素分子と水素分子との衝突の数は，1 秒間に 10^{30} 回にも達する。この衝突数の違いが，数十億年かかる化学進化と，爆発反応との差をもたらしている。以下に，簡単なモデルで，化学反応の速さを決める反応分子どうしの衝突の数を求めてよう。

(a) 単位時間当たりの反応分子どうしの衝突数

ここでは簡単のため，分子は球形であると仮定する。反応する 2 つの成分 A と B が均一に混じった気体中での，A 分子と B 分子の衝突を考える。1 個の A 分子が B 分子と単位時間に衝突する回数を z_{AB} と書き，**衝突頻度** (collision frequency) と定義する。図 9.6 からわかるように，z_{AB} を次のようにして求めることができる。まず，A 分子の半径 d_A と B 分子の半径 d_B を加えた半径 $d=d_A+d_B$ の円の面積

$$Q=\pi d^2 \tag{9-19}$$

を断面積とする長さ $\bar{v}$（A 分子と B 分子間の平均相対速度）の円柱を考える。図から，1 個の A 分子が 1 秒間に B 分子と衝突する回数は，この円柱内に（中心点の）ある B 分子の数に等しいことが分かる。円柱の体積は $Q\bar{v}$ であるから，A 分子の衝突頻度 z_{AB} は

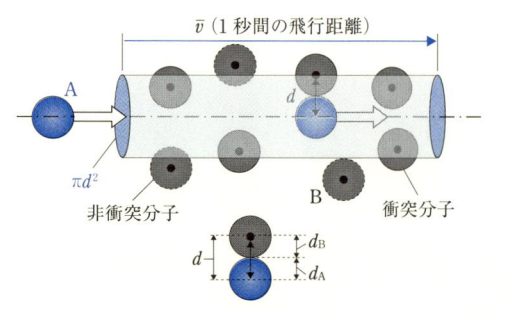

図 9.6 分子衝突のモデル

9.2 分子の衝突と反応速度

$$z_{AB} = Q\bar{v}[B] \tag{9-20}$$

である。ここで [B] は B 分子の濃度（単位体積当たりの B 分子の数）である。混合気体の中の A 分子の濃度は [A] であるので，**単位体積中での A 分子と B 分子の 1 秒当たりの衝突数** (collision number) Z_{AB} は

$$Z_{AB} = Q\bar{v}[A][B] \tag{9-21}$$

となる。

分子の平均速度は，分子の 3 次元の速度分布を考えてその平均をとると[*1]，

$$\bar{v} = \sqrt{\frac{8k_B T}{\pi m}} \tag{9-22}$$

*1　6 章の Web を参照のこと。

と与えられる。A 分子と B 分子の間の衝突を議論する場合には，A 分子と B 分子間の**相対速度**を考えるので，上式の m の代わりに**換算質量** μ を使わねばならない。

$$\mu = \frac{m_A m_B}{m_A + m_B} \tag{9-23}$$

ここで，m_A と m_B はそれぞれ A 分子と B 分子の質量である。衝突頻度を 1 atm, 25℃ の窒素分子の場合について計算してみよう。窒素分子どうしの相対速度は，(9-22) 式の m を換算質量，すなわち，窒素分子の 1/2 の質量として計算する。その値は 670 m s^{-1} である。窒素分子のみかけの直径は 0.38 nm であるから，衝突断面積 Q は 4.5×10^{-19} m^2 である。また，理想気体の方程式から数密度（1m^3 当たりの窒素分子の数）は 2.5×10^{25} m^{-3}。したがって，1 個の分子が単位時間に衝突する頻度（衝突頻度）は

$$z_{AB} = 7.5 \times 10^9 \text{ s}^{-1} \tag{9-24}$$

となる。1 atm の下では，分子は非常に大きな衝突頻度で衝突している。**分子が衝突してから次の衝突までに飛行する平均距離**を**平均自由行程** λ というが，それは平均速度を衝突頻度で割ったものである。すなわち，

平均自由行程: mean free path

$$\lambda = \bar{v}/z_{AB} \tag{9-25}$$

1 atm, 25℃ の窒素分子の場合，それは 9.3×10^{-8} m である。平均自由行程は，われわれが反応実験で用いる容器の大きさに比べて非常に小さいことがわかる。

ここで，衝突数の計算に必要な **3 つの要素**をまとめておこう。

1. 反応する分子の濃度（単位体積当たり何個あるか）
2. 分子の大きさ（相手分子がどのぐらいの大きさに見えるか）
3. 分子の速度（単位時間当たりに飛行する距離）

すなわち，分子が多いほど，分子が大きいほど，分子が早く動いているほど，単位時間当たりの衝突数は大きくなり，反応は速く進む可能性をもつ。

> **【例題 9.2】** 10 torr（1 torr = 133.3 Pa）のメタンがあるとき，25℃において酸素原子がメタン分子と衝突する衝突頻度を求めよ。酸素原子とメタン分子との間の衝突半径は 0.27 nm であるとする。また，この酸素原子の平均自由行程はいくらになるか。
>
> **【解答】** O と CH_4 との平均相対速度を求める。$\mu = 16 \times 16/(16+16) \times 10^{-3} = 8 \times 10^{-3}$ kg mol^{-1} なので，
>
> $$\bar{v} = (8 \times 8.314 \times 298.15/3.1415/(8.0 \times 10^{-3}))^{1/2} = 888 \text{ ms}^{-1}$$
>
> である。続いて CH_4 の濃度を molecule m^{-3} の単位で求める。25℃，10 torr では
>
> $$6.022 \times 10^{23} \times (10/760)/(22.414 \times 10^{-3} \times 298.15/273.15)$$
> $$= 3.24 \times 10^{23} \text{ molecule m}^{-3}$$
>
> となる。したがって，
>
> $z_{AB} = \pi d_{AB}^2 \bar{v}[B] = 3.1415 \times (0.27 \times 10^{-9})^2 \times 888 \times 3.24 \times 10^{23} = 6.59 \times 10^7 \text{ s}^{-1}$
>
> と求められる。平均自由行程は，平均速度を衝突数で割ったものであるから，$\lambda = 888/(6.59 \times 10^7) = 1.35 \times 10^{-5}$ m $= 13.5$ μm となる。

（b） 1衝突当たりの反応確率

単位時間当たりの衝突数が多いことは，反応速度が大きいための必要条件であるが，十分条件ではない。それは，衝突が必ずしも反応と結びつかない場合があるためである。衝突数が 1 秒間に 10^4 回あっても，衝突当たりの反応確率が 1/10000 ならば，結局 1 秒間に 1 回しか反応は起こらない。図 9.7 を見てみよう。

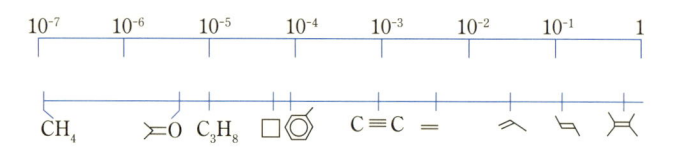

図 9.7 O 原子と種々の有機化合物との，1衝突あたりの反応の確率

この図は，有機化合物が酸素原子によって酸化される反応が，反応分子によって大きく異なることを示している。酸素原子とテトラメチルエチレンとの反応は，衝突毎にほぼ確率1で起こるのに対して，アセチレンの場合の確率は1/1000に，メタンの場合には $1/10^7$ にまで小さくなっている。

このような大きな違いを生み出す原因は，反応するためにはエネルギーが必要で，<u>一定の大きさ以上のエネルギーをもった衝突しか，反応を引き起こさないこと</u>である。必要なエネルギーは分子ごとに異なることがわかっており，**活性化エネルギー** (activation energy) とよばれる。反応分子ごとに活性化エネルギーが異なる理由を考えてみよう。

（c） 活性化エネルギーと衝突エネルギー

4 章で見たように，反応物と生成物の標準生成エンタルピーを計算し，その差

9.2 分子の衝突と反応速度

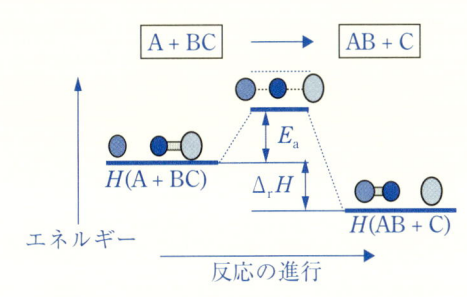

図 9.8 反応に伴う系のエネルギー変化

から**反応熱** $\Delta_r H$ を求め，化学平衡がどちらに進みやすいかを予測することができる。図 9.8 に示す例では，反応は発熱（$\Delta_r H < 0$）であり，化学平衡は生成物側に偏る事になる。しかし，反応が実際に進むかどうかは，反応経路の途中でどのようなエネルギーの状態を経由するかによって決まる。生成物と反応物では，図に示すように BC あるいは AB が結合しており，A，B，C がバラバラの時と比べて，それらの結合エネルギーの分だけ安定である。しかし，反応途中の A‥‥B‥‥C では，原子間距離が長いので原子間の結合は不完全になっていて，エネルギーはその分高くなっている。この中間のエネルギー状態（**遷移状態** transition state とよばれる）の高さで反応速度の大きさが決まる。反応系[*1] A + BC と遷移状態とのエネルギーの差が反応に必要なエネルギーであり，**活性化エネルギー**（activation energy, E_a と表記する）とよばれる。

このように，E_a 以上の運動エネルギーをもった衝突が起こらないと反応は進まない。すなわち，単位時間に起こる衝突のうち，運動エネルギーが E_a 以上である衝突の割合が反応の確率を決めることになる。その割合は反応分子集団の速度分布がわかっておれば求めることができる。実際にマクスウェル-ボルツマン速度分布を用いて計算すると，反応確率が

$$\exp(-E_a/RT) \tag{9-26}$$

で与えられることがわかる。ここで，E_a は反応分子 1 モル当たりの活性化エネルギーであり，R は気体定数である。

[*1]「A + BC」の状態は反応系あるいは**始原系**とよばれる。「AB + C」の状態は**生成系**という。

【例題 9.3】 活性化エネルギー E_a が 20 kJ mol^{-1} である反応を，100℃，500℃，1000℃で行ったとき，反応確率はどのように変わるか。

【解答】 100℃のとき，まず RT を kJ mol^{-1} 単位で求めると，
$$(8.314 \text{ J K}^{-1} \text{ mol}^{-1}) \times (273.15 + 100) \text{ K} \times 10^{-3} = 3.10 \text{ kJ mol}^{-1}.$$
したがって，反応確率は
$$\exp(-20/3.10) = 0.0016$$
となる。同様にして 500℃，1000℃では，それぞれ，
$$\exp(-20/6.43) = 0.045 \quad \text{および，} \quad \exp(-20/10.58) = 0.151$$
である。このように，温度が上がると活性化エネルギーによる反応確率の低下は解消され，反応速度は衝突数そのものに近づく。

(d) 反応速度定数

これまで見てきたように，反応速度は

反応速度 = 単位時間・単位体積当たりの衝突数 × 1 衝突当たりの反応確率

$$= \pi d^2 \bar{v} [A][B] \times \exp(-E_a/RT)$$
$$= k[A][B] \tag{9-27}$$

と表され，存在する反応分子の濃度に比例する。濃度依存性の部分を除いたものは**反応速度定数**とよばれ，反応する分子の性質のみに依存する定数である。

$$k = \pi d^2 \bar{v} \exp(-E_a/RT) \tag{9-28}$$

反応速度定数 (rate constant) は，活性化エネルギー E_a が 0 の場合に最大となる。たとえば，窒素分子と同じ大きさの分子が反応する場合，1 気圧，25℃ での衝突頻度は (9-20) 式より $7.2 \times 10^9 \text{ s}^{-1}$ である。1 気圧の気体の分子密度が 2.5×10^{19} molecule cm^{-3} = 4.1×10^{-5} mol cm^{-3} であるから，衝突頻度をこれで割った値，すなわち $k = 2.9 \times 10^{-10}$ molecule^{-1}cm^{-3}s^{-1} が反応速度定数となる（9-20 式参照）。一般的には，常温での 2 体衝突に基づく化学反応（これを 2 分子反応という）の速度定数の上限は，ほぼ

$$k \approx 1 \times 10^{-10} \text{ cm}^3\text{molecule}^{-1}\text{s}^{-1}$$
$$\approx 1 \times 10^{11} \text{ dm}^3\text{mol}^{-1}\text{s}^{-1} \tag{9-29}$$

となる。

(e) 反応速度定数の温度依存性 —— 頻度因子と活性化エネルギー

ここで，酸素原子がアルカン RH から水素原子を引き抜く反応

$$O + RH \rightarrow OH + R \tag{9-30}$$

を例にとって，反応速度定数の温度依存性を見てみよう。温度が高くなるほど，速度の大きい分子が増えるので衝突のエネルギーが大きくなり反応し易くなるはずである。

図 9.9 はいくつかの飽和炭化水素，エチレン，アセチレンと酸素原子との反応の速度定数の対数を，温度の逆数に対してプロットしている。このようにプロットすると直線関係が得られ，

表 9.1 O + 炭化水素の反応における，頻度因子と活性化エネルギー

反応相手	A	E_a
CH$_4$	2.0×10^{10}	76.5
C$_2$H$_6$	4.0×10^{10}	27.4
n-C$_4$H$_{10}$	6.3×10^{10}	21.4
C$_2$H$_2$	1.4×10^{10}	12.5
C$_2$H$_4$	3.3×10^9	4.7
	dm^{3}mol^{-1}s^{-1}	kJ mol^{-1}

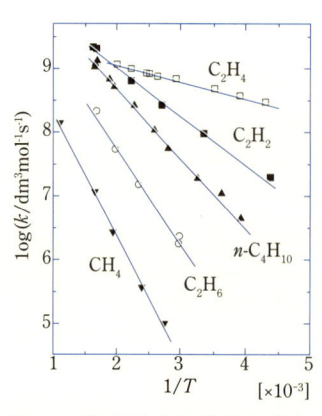

図 9.9 酸素原子と炭化水素との反応のアレニウスプロット

$$\log k = \log A - \frac{E_\mathrm{a}}{2.303RT} \qquad (9\text{-}31)^{*1}$$

と書けることがわかっている。このようなプロットを**アレニウスプロット** (Arrehnius plot) という。(9-31) 式を書き直した

$$k = A\exp\left(-\frac{E_\mathrm{a}}{RT}\right) \qquad (9\text{-}32)$$

は，この関係を最初に見いだした人の名をとって，**アレニウスの式**（S. A. Arrhenius, 1859-1927）という。ここで，A は**頻度因子** (frequency factor) あるいは**前指数因子**とよばれる。(9-32) 式を (9-28) 式と比較すると，

$$A = \pi d^2 \bar{v} \qquad (9\text{-}33)$$

であることがわかる。E_a は，反応が進行するために必要なエネルギーで，(c) で述べた活性化エネルギーである。

*1 自然対数で表わすと，
$$\ln k = \ln A - \frac{E_\mathrm{a}}{RT}$$
となる。

9.3 化学反応のポテンシャルエネルギー曲面

　反応の途中で化学結合の組み替えが起こるときには，図 9.6 にも示したように，化学結合が半分切れたような不安定な状態を通るので，その部分のエネルギーは始原系のエネルギーよりも高くなる。したがって，反応が進むためには，活性化エネルギーとよばれる余剰のエネルギーが必要であった。この過程を，エネルギー等高線として詳しく表したものを，**ポテンシャルエネルギー曲面** (potential energy surface) という。図 9.10 には，反応

$$\mathrm{F + H_2 \rightarrow HF + H} \qquad (9\text{-}34)$$

のポテンシャルエネルギー曲面が示してある。反応は 3 つの原子が直線をとりながら進むものと仮定している。横軸は F 原子と（H_2 分子中の近い方の）H 原子との距離 r_1 で，縦軸は反応物 H_2 の H 原子どうしの距離 r_2 になっている。したがって平面上の一点をとると，F--H--H の直線構造が指定される。それらの構造をとったときのエネルギーの大きさを等高線の形でプロットしたものがポテンシャルエネルギー曲面である。指定された構造に対するポテンシャルエネルギーは，精密な**分子軌道法計算**によって精度よく求めることができる。

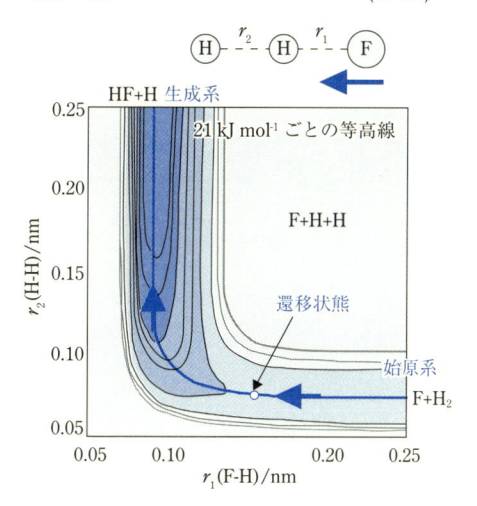

図 9.10　$\mathrm{F + H_2 \rightarrow HF + H}$ のポテンシャルエネルギー曲面

　ポテンシャルエネルギー曲面上で，反応の進行を追ってみよう。反応は右下の浅い谷から出発して，谷道を登りながら r_1 を減少させていく。やがて，エネルギーが最も大きな「峠」にさしかかるが，この峠を**遷移状態**あるいは**活性化状態**

という。遷移状態では，反応の進行方向に対しては峠であってエネルギー極大値をもつが，これと垂直な断面では極小値をとっている。そのような形から**鞍点** (saddle point) とよぶこともある。遷移状態を通過すると，さらに r_1 を減少させて HF 分子を形成しつつ急速に谷を下って生成物に達する。このような谷道の反応経路を**反応座標** (reaction coordinate) とよび，反応座標に沿ったポテンシャルエネルギーの変化を 1 次元的に表すことが多い。図 9.11 にそれを示す。

アイリング (H. Eyring, 1901–1981) は 1930 年代に，遷移状態の構造と活性化エネルギーを理論的に計算することにより反応速度定数を実験せずに予測する方法を「絶対反応速度論」として提案した。この方法は，今では**遷移状態理論** (transition state theory) とよばれ，反応速度定数の予測によく用いられている。

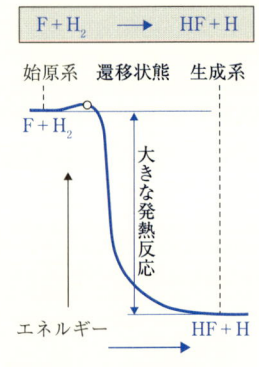

図 9.11 反応座標に沿ったエネルギーの変化

参　考　文　献

1. K. J. レイドラー (高石哲男訳),「化学反応速度論, 1, 2」産業図書 (1989)。
2. 土屋荘次著,「はじめての化学反応論」, 岩波書店 (2004)。
3. K. A. Holbrook, "Unimolecular Reactions", John Wiley & Sons (1996)。

9 章　章末問題

基礎的問題

9.1 図 9.9 を用いて，$O+C_2H_4$ の 25℃ における 2 次反応速度定数の値を求めよ。概数でよい（温度 T として絶対温度を用いることに注意せよ）。

9.2 表 9.1 の A, E の値と (9–32) 式を用いて，$O+C_2H_4$ の 25℃ における 2 次反応速度定数を計算し，9.1 で求めた値と比較してみよ。

9.3 圧力が 130Pa である理想気体分子の濃度を，mol dm^{-3} および molecule cm^{-3} の単位で求めよ。(理想気体の状態方程式，$PV=nRT$ を単位に注意しながら利用すればよい。)

9.4 9.2 と同様にして $O+C_2H_2$ の 300K における 2 次反応速度定数を求めよ。酸素原子と C_2H_2 の濃度がそれぞれ，1.0×10^{14} と 3.2×10^{16} molecule cm^{-3} であるとき，反応速度を計算せよ。

9.5 シクロプロペンがプロピンになる反応において，200℃ のとき，シクロプロペンが減少するようすを片対数プロットで図 9.12 に示した。次の問に答えよ。

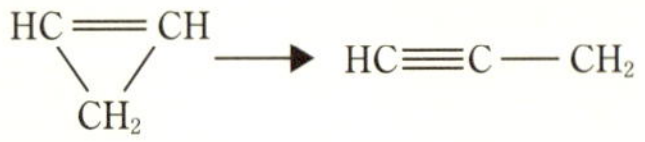

a. この反応は何次反応であるか。
b. 200℃ における反応速度定数を求めよ。

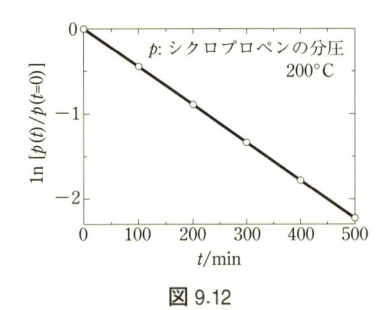

図 9.12

9.6 酸素原子とベンゼンとの反応速度を追跡し，反応速度定数を求めたところ，0℃ において 1.19×10^7 dm^{3}mol^{-1}s^{-1}，210℃ において 1.29×10^9 dm^{3}mol^{-1}s^{-1} であった。この 2 点から前指数因子 A と活性化エネルギー E_a を求めて見よ。実際の実験では，たった 2 点から A と E_a を求めることはなく，多数の温度で実験して反応速度定数を求め，最小二乗法によって A と E_a を求める。

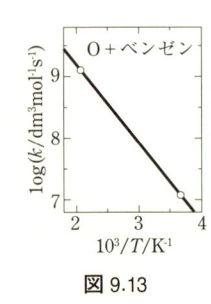

図 9.13

9.7 25℃ の窒素分子が 1 気圧，1 torr，10^{-3} torr，10^{-6} torr の状態にあるときの，窒素分子の平均自由行程を各々求めて見よ。ただし，N_2 分子の衝突直径を 0.37 nm とせよ。(1 torr = 133.3Pa である。)

発展問題

9.8 種々の温度における酸素原子と水素分子の反応の速度は表 9.2 のように求められている。これらの値から、最小二乗法によって活性化エネルギーと前指数因子を求めよ。ただし反応速度定数はアレニウスの式に従うものとする。

表 9.2 酸素原子と水素分子との反応の速度定数

T/K	k/dm^3 mol^{-1} s^{-1}
357	8.00×10^4
412	2.20×10^5
423	2.40×10^5
514	1.32×10^6
613	6.80×10^6
812	5.90×10^7
910	8.90×10^7

9.9 酸素原子とテトラメチルエチレン (TME, $(CH_3)_2C=C(CH_3)_2$) との反応の速度定数は 25℃ において 4.1×10^{10} dm^{3}mol^{-1}s^{-1} と求められている。この反応の活性化エネルギーはほぼゼロで、反応確率は 1 であると考えてよい。

まず、25℃ における、O 原子と TME の相対速度を求め、これを用いて反応の断面積 Q を Å^2 単位で求めて見よ。(1 Å = 0.1 nm)。

9.10 逐次反応
$$A \to B \to C$$
の速度式をたて、微分方程式を解いて見よ。
(ヒント) A 分子の減少は、k_1 のみによって決まるから、最初に A に関する微分方程式を解いて、求まった $[A](t)$ を B に関する微分方程式に代入し、これを解けばよい。

9.11 図 9.14 は

$$H + H\text{-}\underset{\underset{CH_3}{|}}{\overset{\overset{CH_3}{|}}{C}}\text{-}CH_3 \xrightarrow{\begin{array}{c}k_1\\ \\ k_2\end{array}} \begin{array}{l} H_2 + \cdot\underset{\underset{CH_3}{|}}{\overset{\overset{CH_3}{|}}{C}}\text{-}CH_3 \quad tert\text{-butyl radical} \\ \\ H_2 + H\text{-}\underset{\underset{CH_3}{|}}{\overset{\overset{\cdot CH_2}{|}}{C}}\text{-}CH_3 \quad iso\text{-butyl radical} \end{array}$$

の各反応速度定数の対数を、絶対温度の逆数に対してプロットしたものである。

a. このようなプロットをなんとよぶか。
b. 生成するブチルラジカルの種類によって反応の速度が異なるのは、どうしてか。
c. $tert$-butyl radical ができる反応について、反応速度定数を
$$k_1 = A\exp\left(-\frac{E_a}{RT}\right)$$
の形に書いたときの A と E_a の概数を求めよ。

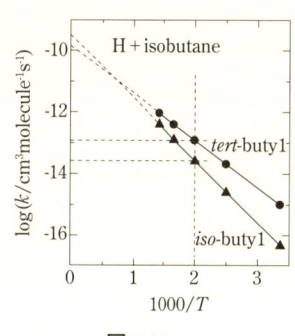

図 9.14

9.12 表 9.3 には種々の反応について、反応熱と活性化エネルギーの両方をあげてある。この表を見て気付くことを述べよ。

表 9.3 反応熱と活性化エネルギー (kJ mol^{-1})

反応	反応熱 $\Delta_r H^0$	活性化エネルギー E_a
$C_2H_6 \to 2CH_3$	375.18	351
$Cl_2 \to 2Cl$	242.6	190.3
$H + O_2 \to OH + O$	70.2	69.0
$O + H_2 \to OH + H$	7.84	39.7
$Cl + H_2 \to HCl + H$	4.39	19.1
$OH + H_2 \to H_2O + H$	-58.1	17.5
$F + H_2 \to HF + H$	-134.7	4.7
$H + Cl_2 \to HCl + Cl$	-189.0	1.7

10 化学反応の実際

前節では化学反応速度の解析と，反応を引き起こす必要条件である 2 分子衝突について理念的な学習をしたが，本章では，私たちの周りで起こっている化学反応の実状について見ていこう。多くの化学反応は液相中で起こるので，まず液相化学反応のようすを学び，最も身近な例として生体内で起こる酵素反応について考える。さらに，我々の周りにある代表的な気相である大気中ではどのような化学反応が起こっているかを見ていこう。

10.1 溶液中の化学反応

溶液中で起こる化学反応においても，前章で化学反応速度を決める要因として挙げた「衝突数」と「反応確率」という 2 つの要素が重要である。すなわち，溶媒中に溶けた分子 A と B との反応は衝突を引き金として起こり，衝突した分子のうちの一定割合が，反応確率にしたがって実際に反応を起こす。しかし溶液の場合には，衝突においても反応確率においても，**溶媒の存在**が大きな影響を与えている。

(a) 拡散と衝突—拡散律速反応

気相中では直線的に飛行している反応分子どうしがぶつかり合うが，液相中では，周囲に多くの溶媒分子があるので，反応分子の運動は自由ではない。反応分子が周囲の分子と相互作用しながら進む様子は**拡散** (diffusion) とよばれている。

溶質分子は媒質中で濃度の高いところから低いところに向かって移動し，その速さ J は濃度勾配（単位長さ当たりの濃度差）に比例する（フィックの法則）。

$$J = -D\frac{dC}{dx} \tag{10-1}$$

比例定数の D は**拡散係数**とよばれ，溶媒の粘度 η や拡散する分子の大きさ r に依存する。ストークス–アインシュタインの式に従えば，

$$D = \frac{k_B T}{6\pi r \eta} \tag{10-2}$$

と表される。k_B はボルツマン定数，T は絶対温度である。

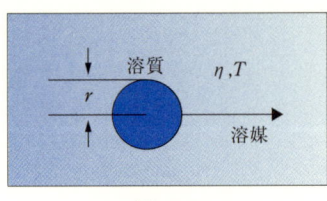

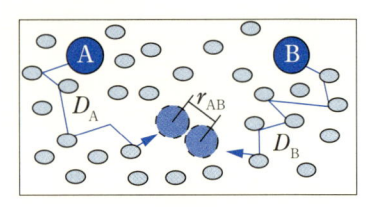

図 10.1

図 10.2

10.1 溶液中の化学反応

反応分子どうしは拡散によって互いに近づき，衝突することになる．衝突すれば必ず反応するような場合を**拡散律速反応** (diffusion controlled reaction) と呼んでいるが，このときの反応速度定数はほぼ 1×10^{10} $M^{-1}s^{-1}$ 程度となる．気相での反応で，反応確率が1の場合の反応速度定数が 1×10^{11} $M^{-1}s^{-1}$ 程度であったので，分子の衝突頻度は，液相と気相とで極端な違いはないことがわかる[*]．

[*] 1 M = 1 mol/L

中性の反応分子 A と B の拡散係数を各々 D_A, D_B とし，互いの距離が r_{AB} まで近づいたときに反応確率1で反応が起こる場合には，拡散律速反応の速度定数 k_D は，

$$k_D = 4\pi r_{AB}(D_A + D_B) \qquad (10\text{-}3)$$

で与えられることがわかっている．この式は Smolchowski の式とよばれている．導出の概要は Web に与えてある．反応分子がイオンである場合には，イオン間にクーロン相互作用が働くので，これを考慮する必要がある．

【例題 10.1】 分子 A と B の水中での拡散係数が各々 1×10^{-9} $m^2 s^{-1}$ および 0.5×10^{-9} $m^2 s^{-1}$ であり，2つの分子が 0.3 nm まで近づいたときに，反応確率1で反応が起こるとした場合，この拡散律速反応の反応速度定数を求めよ．

【解答】 (10-3) 式にしたがって値を代入すればよい

$$k_D = 4\pi r_{AB}(D_A + D_B) = 4\times 3.141 \times 0.3\times 10^{-9} \times (1.0+0.5)\times 10^{-9}$$
$$= 5.65\times 10^{-18} \text{ m}^3 \text{molecule}^{-1}\text{s}^{-1} = 3.40\times 10^9 \text{ M}^{-1}\text{s}^{-1}$$

(b) 活性化エネルギーと溶媒効果—反応確率

反応速度を決めるもう一つの因子は反応確率であるが，反応確率は主として活性化エネルギーの大きさから決まることを9章で学んだ．液相中では，反応分子と溶媒との相互作用があるために，活性化エネルギーの大きさは，反応分子と遷移状態への溶媒による安定化の度合いによって左右される．溶媒中に置かれた分子の安定化の度合いを支配しているのは，溶媒の**比誘電率** ε である[*1]．最も簡単な近似式で表すと，双極子モーメント μ，電荷 q をもった半径 r の球形の分子を，比誘電率 ε の溶媒中に置いたとき，分子は真空中に比べて，

$$\Delta G_{solv} = -\frac{q^2 e^2}{8\pi\varepsilon_0 r}\frac{\varepsilon-1}{\varepsilon} - \frac{\mu^2}{4\pi\varepsilon_0 r^3}\frac{\varepsilon-1}{2\varepsilon+1} + \cdots \qquad (10\text{-}4)$$

だけ安定化される．第1項は反応分子がイオンの場合の電荷に対する安定化で，第2項は反応分子が双極子モーメントをもっているときの安定化の大きさである．また，ε_0 は電気定数[*2]を示す．

[*1] 比誘電率とは、誘電率を電気定数 ε_0 で割ったものである。比であることを強調するために ε_r と記されることもある。

[*2] 電気定数は以前「真空の誘電率」とよばれていた。$\varepsilon_0 = 8.854\times 10^{-12}$ $C^2 J^{-1} m^{-1}$ である。

NaCl が水に溶解することを少し詳しく考えてみる．溶解に伴うエンタルピーの変化は，NaCl(salt) の生成熱が -411.1 kJ mol^{-1} であり，水和した Na^+ と Cl^- イオンの生成熱が各々 -239.7，-167.4 kJ mol^{-1} である（合計 -406.8 kJ mol^{-1}）ので，4.3 kJ mol^{-1} の吸熱となっている．それでもなお NaCl が水によく溶けるのは，溶解した方がエントロピー的に有利になるためである．溶解過程の有利不

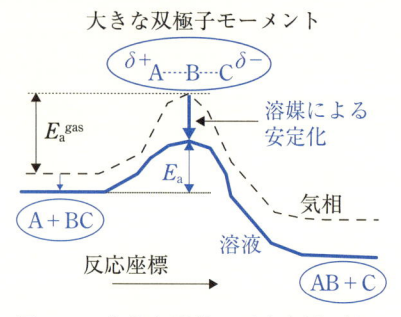

図10.3 気相と溶液の反応座標に沿ったエネルギーの違い

利は，ギブズエネルギー変化（$\Delta G = \Delta H - T\Delta S$）によって決まるので，NaCl の溶解に関しては，エントロピー項も大きな役割をしていることがわかる。

さて，比誘電率の大きな溶媒中で反応が進行する場合を考えてみよう。始原系の分子は，上で見たように，その双極子モーメントなどによって気相中よりは安定化される。遷移状態にある反応系の分極率が大きく，双極子モーメントが増加する場合には，図 10.3 に示すように，遷移状態の方が始原系よりも大きく安定化される。結果として，溶液中での反応の活性化エネルギーは，気相中でのそれに比べて低下することになる（$E_a < E_a^{gas}$）。したがって，このような反応は，比誘電率の大きい溶媒によって反応速度が大きく加速される。一方，遷移状態の方が分極が小さい場合には，活性化エネルギーが大きくなり，反応は抑制される。

具体的に，次の**電荷移行反応**（メンシュトキン反応）

$$N(C_2H_5)_3 + C_2H_5I \rightarrow (C_2H_5)_4N^+ + I^- \tag{10-5}$$

を考えてみると，反応の遷移状態は

$$(C_2H_5)_3 N^{\delta+} \cdots \underset{\underset{CH_3}{|}}{CH_2} \cdots I^{\delta-}$$

のような形を取ると予想され，始原系に比べて大きな双極子モーメントをもっている。したがって，溶媒の極性が大きいほど活性化エネルギーが低くなり，反応は加速されるはずである。事実，図 10.4 に見るように，溶媒の比誘電率が大きくなるにつれて，反応速度は指数関数的に大きくなっている。

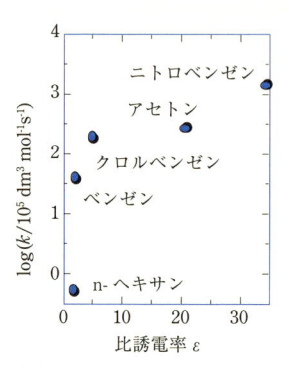

図10.4 メンシュトキン反応における溶媒効果

10.2 酵素反応

生体の内部で起こっている種々の反応は酵素によって触媒されている。人体の中にも数多くの酵素があって生命維持に役立っている。食物が消化され，我々の活動を維持するエネルギーとして使われる過程や，生命維持に必須の化合物を合成する過程では，酵素が反応を触媒し，36～37℃という温度下で無数の複雑な反応を可能にしている。

(a) 酵素反応の特異性

酵素反応の特徴は**反応特異性**と**基質選択性**である。酵素は，反応物質（**基質**とよぶ）として特定の構造をもったものだけを選び出し，特定の反応を起こさせる。たとえば，体内での合成過程で光学活性の反応物が関与するときには，d-体でなく，l-体が基質として選ばれる。このような**基質特異性** (substrate specificity) があるためには，反応に先立って，基質が酵素の特定の位置に特定の形で取り込まれるような工夫が必要である。基質の大きさにぴったりの空間が用意され，基質の入り方を規定するために少なくとも3点で基質を固定するような機構が働いていなければならない。このような役割を果たすために，酵素は多く

10.2 酵素反応

の分子が折り畳まれた複雑な幾何構造をとるようになっている（14 章参照）。

こうしてできた酵素は，基質に対して特定の反応だけを起こさせて特定の生成物を与える。これを**反応特異性** (reaction specificity) という。酵素が基質を取り込む際には，この特定の反応にもっとも都合のよい幾何学的構造になるように 2 つの反応物を配置し，活性化エネルギーが最も低くなるように工夫している。これが，体温のような比較的低い温度で様々な反応が起こる秘密である。すなわち，酵素は分子間相互作用を最大限に利用して，生命維持にあたっているのである。現在，生体内反応において 3 千種類以上の酵素が確認されている。

(b) 酵素反応の速度

図 10.5 に示したように，酵素反応は次の 2 段階の平衡反応を経て進む。

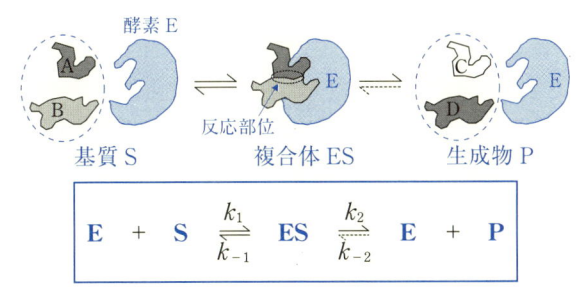

図 10.5　酵素反応の模式図

$$E + S \underset{k_{-1}}{\overset{k_1}{\rightleftharpoons}} ES \tag{10-6}$$

$$ES \underset{k_{-2}}{\overset{k_2}{\rightleftharpoons}} E + P \tag{10-7}$$

普通，酵素 E に対して基質 S は大過剰であり，また，生成物 P の初期濃度は零である。したがって，反応 (10-7) で逆反応は無視できる。酵素反応では，$k_{-1} \gg k_2$ であるので，複合体 ES の濃度について定常状態を仮定することができて，

$$\frac{d[ES]}{dt} = k_1[E][S] - (k_{-1} + k_2)[ES] = 0 \tag{10-8}$$

より，

$$[ES] = \frac{k_1[E][S]}{k_{-1} + k_2} \tag{10-9}$$

ここで，見かけの平衡定数 K_m を定義し

$$\frac{[ES]}{[E][S]} = \frac{k_1}{k_{-1} + k_2} = K_m^{-1} \tag{10-10}$$

この定数を**ミカエリス定数**とよぶ。酵素の初期濃度を $[E]_0$ とおくと，$[E] = [E]_0 - [ES]$ であるので，これを (10-10) に代入すると，

$$[ES] = \frac{[E]_0[S]}{[S] + K_m} \tag{10-11}$$

となる。したがって，反応の初期速度は

$$\left(\frac{d[P]}{dt}\right)_{t=0} = k_2[ES] = k_2\frac{[E]_0[S]}{[S]+K_m} = v_0 \tag{10-12}$$

と表される。これを**ミカエリス-メンテン(Michaelis-Menten)の式**とよぶ。ミカエリス（L. Michaelis, 1875-1947）は酵素反応の速度論的研究を初めて行ったドイツの研究者であり，メンテン（M. L. Menten, 1879-1960）はカナダ生まれの女性研究者である。

反応の初期速度は，基質が大過剰で $[ES] \approx [E]_0$ と近似できるときに最大値

$$v_{max} = k_2[E]_0 \tag{10-13}$$

をとるので，v_{max} を用いて (10-12) を書き直すと，

$$v_0 = \frac{v_{max}[S]}{[S]+K_m} \tag{10-14}$$

となる。図 10.6 はこの関係を図示したもので，酵素反応の初速度は，[S] の増加とともに増加し v_{max} に漸近する。また，$[S] = K_m$ のとき，$v_0 = v_{max}/2$ となり，最大初速度の 1/2 である。[S] の値が K_m に比べて十分小さな領域では，v_0 の大きさは [S] に対して 1 次で変化する。K_m の値は通常，$10^{-2} \sim 10^{-7}$ mol dm^{-3} 程度である。

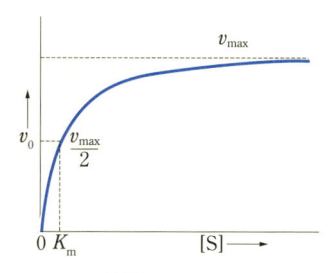

図 10.6 ミカエリス-メンテン機構における反応初速度の基質濃度依存性

$v_{max}/[E]_0$ は，基質濃度が十分に大きいときに，単位時間あたりにできる生成物の量を酵素の量で割ったものであり，**酵素の回転数**とよばれる。(10-13) 式よりこの値は k_2 に等しく，約 1×10^4 s^{-1} である。

10.3 大気化学反応

(a) 光化学反応

化学反応のためのエネルギーが分子間衝突でなく光によって与えられる反応を**光化学反応**という。光のもつエネルギーの大きさについては 3 章の図 3.22 に与えられている。人は 700 nm 以下の光を感じることができるが，これは，この波長の光によって目の中で化学反応が起こっているためである。短波長になるほど多様な化学反応が起こるようになり，400 nm 以下では化学結合の切断を伴う反応が起こり始める。

光化学反応を引き起こす光源として太陽光を考えてみよう。太陽表面の温度は約 6000 K なので，図 10.7 に示すように，地球に届く光は 6000 K の黒体放射とほぼ同じである（A と B を比較）。

10.3 大気化学反応

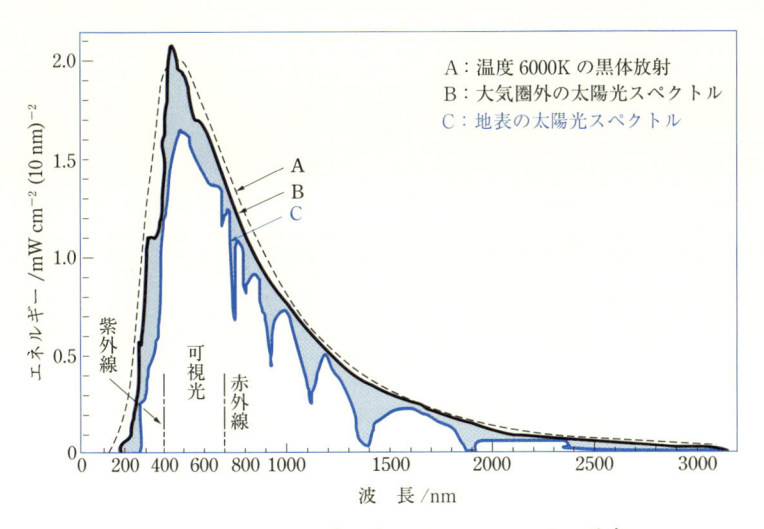

図 10.7 太陽からの光エネルギーのスペクトル分布

A：温度 6000K の黒体放射
B：大気圏外の太陽光スペクトル
C：地表の太陽光スペクトル

しかし実際に地表に届く光は，大気中にある気体（N_2, O_2, O_3, CO_2, H_2O など）による光吸収の結果として C で示されるように凸凹の形になっている。

さて，このように，地球大気は種々の気体分子を含み，そこに降り注ぐ光も広いエネルギー分布をもっているので，地球大気は光化学反応の実験場であるといえる。エネルギーの大きな真空紫外光や紫外光は，分子を光解離させてラジカルを生成させ，こうしてできた反応性に富んだラジカルが安定分子との間に様々な化学反応を引き起こす。図 10.8 に示すように，我々が生活している**対流圏**の上部に成層圏がある。**成層圏**では気圧が低く，化学成分の量は少ないが，比較的エネルギーの高い光が主役となった反応を引き起こす。これに対して対流圏に到達する光の波長は長くそのエネルギーは小さいが，対流圏には様々な化学種が濃い濃度で存在し，複雑な反応となる。以下では，成層圏と対流圏に分けて，それぞれの中で起こる反応を簡単に紹介する。

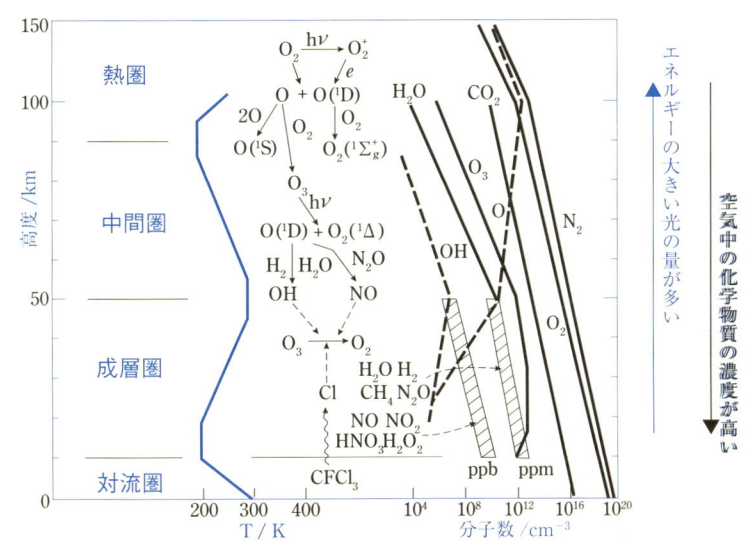

図 10.8 大気の組成と大気中の化学反応

(b) 成層圏の大気化学

　成層圏の大気化学における主要な反応は酸素を含む化合物によるものである。図 10.8 にその機構をまとめた。まず，上空 100km 付近で 200 nm より短波長の真空紫外光によって O_2 分子が分解されて O 原子を生成し，この O 原子が O_2 分子と結合して O_3 を生成する。

$hν$ は光のエネルギーを指す。また，M は N_2 などの分子で，$O+O_2$ の衝突でできたエネルギーの高い $O_3^†$ からエネルギーを奪って安定な O_3 を生成する。

$$O_2 + hν \longrightarrow O + O^* \tag{10-15}$$
$$O + O_2 + M \longrightarrow O_3 + M \tag{10-16}$$
$$O_3 + hν \longrightarrow O_2 + O \tag{10-17}$$
$$O_3 + O \longrightarrow O_2 + O_2 \tag{10-18}$$

　これら 4 つの化学反応が大気圏上部のオゾン濃度を決めており，**Chapman の機構**とよばれている。オゾンの生成を支配する反応を見ると，高度が高いほど真空紫外光が強く (10-15) が進みやすい，一方，3 分子反応である (10-16) は分子の量 [M] が多い大気の下方で起こりやすい。この 2 つの反応が拮抗する結果，O_3 濃度は地上 30km 付近で極大を示すことになる。この辺りは**オゾン層**とよばれている。

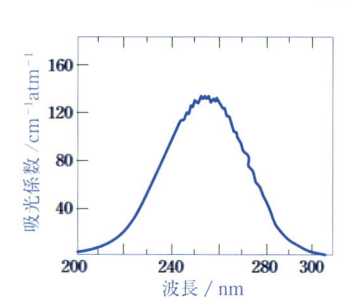

　オゾンは図 10.9 に示すように，太陽から放射される光のうち，300 nm 以下の波長の光を強く吸収する。この領域の光は C-C 結合を切って生物の細胞を破壊するエネルギーをもっている。したがってオゾン層は，この生物にとって有害な波長の光を取り除くフィルターの役目をしていると言ってよい。もしオゾン層のオゾン濃度が減少するとフィルターの能力が低下し，有害な光が地上に降り注ぐことになる。そのオゾンの濃度を減少させる反応として，以下の 3 つの連鎖反応が考えられる。

図 10.9　オゾンの光吸収

HO_X サイクル
$$H + O_3 \longrightarrow OH + O_2 \tag{10-19}$$
$$OH + O \longrightarrow H + O_2 \tag{10-20}$$

NO_X サイクル
$$NO + O_3 \longrightarrow NO_2 + O_2 \tag{10-21}$$
$$NO_2 + O \longrightarrow NO + O_2 \tag{10-22}$$

ClO_X サイクル
$$Cl + O_3 \longrightarrow ClO + O_2 \tag{10-23}$$
$$ClO + O \longrightarrow Cl + O_2 \tag{10-24}$$

　これらの反応は H，OH，NO，NO_2，Cl，ClO などのラジカルが存在すると，触媒的かつ連鎖的に起こるので，多くの O_3 が消失する。NO 等は成層圏を飛ぶ飛行機によって，また，Cl はスプレーや冷凍機に使われるフレオンの光分解によって供給される可能性があり，緊急な対策が必要とされる。後者の可能性を指摘した Rowland と Morina は 1995 年にノーベル賞を受賞し，主要なフレオンの生産は中止されることとなった。

　オゾンホールの問題は，12 章 3 節のコラム「日本人が見つけたオゾンホール」に詳細が述べられている。

(c) 対流圏の大気化学

　地表に近い対流圏下部にも 0.1 ppm 程度のオゾンが存在し，**光化学オゾン**とよばれている。このオゾンは自動車などの排ガスに由来する NO_2 と炭化水素が太陽光による**光酸化反応**を受けて生成されるもので光化学スモッグの原因となる。

図10.10はロスアンゼルスで観測された地表付近の大気微量成分の経時変化を示している。人々の朝の活動とともに車によるNOの排出が増え，NOはやがてNO_2となる。NOからNO_2を生成する反応は，実験室で見るような3分子反応

$$2NO + O_2 \rightarrow 2NO_2 \quad (10\text{-}25)$$

ではなく，

$$O_3 + h\nu \rightarrow O_2 + O^* \quad (10\text{-}26)$$
$$O^* + H_2O \rightarrow 2OH \quad (10\text{-}27)$$

によって生成したOHラジカルと炭化水素から生成した炭化水素ラジカルによる反応，

$$RH + OH \rightarrow R\cdot + H_2O \quad (10\text{-}28)$$
$$R\cdot + O_2 + M \rightarrow RO_2 + M \quad (10\text{-}29)$$
$$RO_2 + NO \rightarrow RO + NO_2 \quad (10\text{-}30)$$

によって生成することがわかっている。こうしてできたNO_2は400 nm付近の比較的エネルギーの低い光を吸収してO原子を生成し，O原子はO_2分子と再結合して光化学オゾンを発生する。また，不飽和炭化水素とオゾンの反応によって生成するアルデヒドとO_2，NO_2からはPANとよばれる刺激の強い化合物が生成し，光化学スモッグ被害を引き起こすことが知られている。図10.8の経時変化もこのことを示唆している。

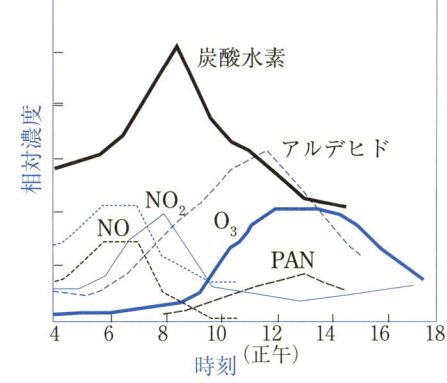

図10.10 光化学スモッグ発生の時間経過

【例題10.2】 図10.8のO_3濃度を用いて大雑把な計算をしてみよう。成層圏の40-20 kmにわたってO_3濃度が1×10^{13} molecule cm^{-3}であるとすると，太陽から来る300 nmの光のうち何%がこの範囲で吸収されるか。ただし，300 nmにおけるオゾンの光吸収断面積は3.9×10^{-19} cm^2 $molecule^{-1}$である。

【解答】 ランベルト-ベールの式（3章の式3-1）を適用すると[*1]，$\ln(I/I_0) = -QNl = -3.9 \times 10^{-19} \times 1 \times 10^{13} \times 20 \times 10^5 = -7.8$より，$I/I_0 = 4.1 \times 10^{-4}$。したがって，99.96%の光が吸収された。太陽から来る300 nmの有害な光線は，オゾンによりほぼ完全に遮られていることがわかる。

[*1] (3-1)式では，濃度の単位としてmol dm^{-3}，吸光係数の単位としてdm^3 mol^{-1} cm^{-1}を用いることが多いが，本例題では，濃度はmolecule cm^{-3}，吸光係数にあたる光吸収断面積はcm^2 $molecule^{-1}$で与えられている。これらに吸収長さをcm単位でかければ，(3-1)式のεclと同じである。ただし，光吸収断面積Qを用いる場合には，$\log(I/I_0)$でなく$\ln(I/I_0)$として計算する。

10.4 反応速度の測定法

化学反応速度の測定は，反応を瞬時に開始させた後，適切な時間分解能で反応物の減少か生成物の増加を追うという方法で行われる。測定したい反応の時間スケールによって，適切な反応開始法と追跡法を用いることが必要である。図10.11に，化学反応を含む物理化学基礎過程とその測定法の時間スケールをまとめてある。

秒よりも短い時間スケールで進む反応の速度を測定するには，流通法による混合によって反応を開始することが多い。流通法での混合の最小時間は1 ms程度であるから，流通法ではこの程度までの時間スケールの反応が測定できる。これ

より早い反応は，電流を瞬間的に流して温度をジャンプさせる「温度ジャンプ法」や，光パルスを当てる「フラッシュフォトリシス」などの方法で開始させる。これらの方法を用いて，μs 程度までの反応が測られてきた。今ではレーザーの性能が格段に上がり，「レーザーフラッシュフォトリシス」では，ps（10^{-12}s）や fs（10^{-15}s）の現象が追えるようになった。

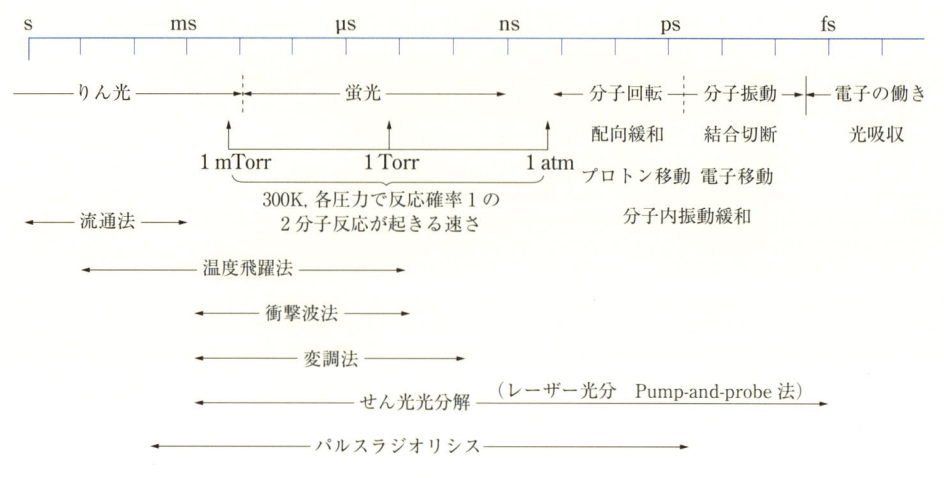

図 10.11 動的基礎過程と測定法の時間領域

10章 章末問題

基礎的問題

10.1 25℃ で水中を拡散する直径 0.5 nm の球形の分子の拡散係数をストークス－アインシュタインの式に基づいて予測せよ（$m^2\ s^{-1}$ 単位）。ただし，25℃ における水の粘度は 890.2 μPa s である。

10.2 下表は 25℃，0.1 mol dm^{-3} の X$^+$Cl$^-$ 水溶液中におけるイオン X$^+$ の自己拡散係数を表にまとめたものである。各陽イオンのイオン半径も与えてある。イオン半径がアルカリ金属の軽原子ほど小さいにも関わらず，自己拡散係数が軽原子ほど小さくなっている（拡散が遅い）のは何故か。
（ヒント：水分子とイオンの相互作用を考えてみよ。）

25℃水溶液中におけるイオンの自己拡散係数

イオン X$^+$	イオン半径 /nm	自己拡散係数 /10^{-9}m^2 s^{-1}
Li$^+$	0.068	1.02
Na$^+$	0.097	1.30
K$^+$	0.133	1.90
Cs$^+$	0.170	1.98
Ca^{2+}	0.099	0.76

ただし，X$^+$Cl$^-$ 濃度が 0.1 mol dm^{-3} のとき。

10.3 (10-4) 式を用いて，アセトンを水に溶かしたときの安定化エネルギーを求めてみよう。アセトン分子は電荷を持たないので，第 1 項は不要である。アセトンの双極子モーメント μ は 2.90 Debye (1 Debye = 3.3356×10^{-30} C m) であるので，安定化は第 2 項によっておこる。25℃，1 気圧における水の比誘電率 ε は 78.36 である。アセトン分子を球形と近似し，その半径を 0.15 nm としたときの安定化エネルギー ΔG_{solv} を求めよ（J molecule^{-1} および kJ mol^{-1} の単位で数値を記せ）。ただし電気定数 $\varepsilon_0 = 8.854 \times 10^{-12}$ C^{2}J^{-1}m^{-1} である。

10.4 (10-4) 式を用いて，25℃，1 気圧の水中での Li$^+$ と Cs$^+$ の安定化エネルギーを各々求めよ。問題 10.2 のイオン半径を用いてよい。

10.5 ミカエリスーメンテンの式に従う酵素について，$K_m = 1 \times 10^{-4}$ mol dm^{-3}，[S] = 1×10^{-6} mol dm^{-3} のとき $v_0 = 1 \times 10^{-3}$ mol dm^{-3}min^{-1} である。[S] = 2×10^{-6} mol dm^{-3} のとき，および [S] = 2×10^{-5} mol dm^{-3} のときの v_0 を計算せよ。

発展問題

10.6 中性分子 A が遷移状態 T‡ を通って生成物 P になる反応において，A の双極子モーメントが 0.5 Debye であり，遷移状態のそれが 3 Debye であるとする。気相での反応の活性化エネルギーが 30 kJ mol^{-1} であるとすると，この反応を比誘電率 2.3 のベンゼン中で行った場合，活性化エネルギーはいくらになるか。ただし，すべての化学種の半径は 0.2 nm であると仮定する。

10.7 次の反応を起こすためには，どの程度の波長より短波長の光が必要になるかを，右表の標準エンタルピー変化に基づいて計算せよ。その結果から，このような光分解が，対流圏あるいは成層圏で起こるかどうかを述べよ。成層圏では 300 nm 以下の波長の光が利用可能であるが，対流圏では 300 nm 以上の波長の光しか利用できない。

	$\Delta_f H^0$/kJ mol^{-1}
O	249.17
O*	439.00
O$_3$	142.7
NO	90.25
NO$_2$	33.18

1. $NO_2 \rightarrow NO + O^*$
2. $NO_2 \rightarrow NO + O$
3. $O_3 \rightarrow O_2 + O^*$
4. $O_3 \rightarrow O_2 + O$
5. $O_2 \rightarrow O + O^*$

なお，O* はエネルギーの高い励起状態にある酸素原子で，O(^{1}D) とよばれる。基底状態の O 原子に比べて反応性が高く，

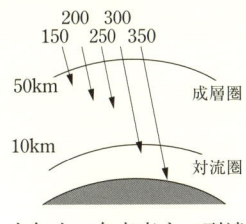

$$O^* + H_2O \rightarrow 2OH$$

のような反応を容易に起こす。O 原子ではこの反応は起こらない。

大気中の各高度まで到達できる光の波長

第4部　人と化学のかかわり

　これまで「原子・分子の世界」,「原子・分子集団の世界」,「化学反応」についてミクロな視点,マクロな視点から学んできた。これらを基礎として「人と化学のかかわり」について考えていこう。私たちの周りは物質であふれている。私たち自身も物質の集まりである。これら身の周りにある様々な物質から地球や宇宙を構成している物質まで,物質の成り立ちや物質変換について知りたいという好奇心こそが自然科学を発展させてきた原動力である。「化学」は,これら物質の構成原理を追及すること,個々の分子の反応に関する知見を得ることだけでなく,環境・エネルギー,天文学,生命科学,医学・生理学やものづくりなど様々な応用科学・工業にまで関連した裾野の広い学問である。「化学」が自然科学分野の中の「セントラルサイエンス」といわれる所以である。第4部では,エネルギー,環境,材料,生命科学にスポットライトを当て,「化学」の視点から考えてみよう。

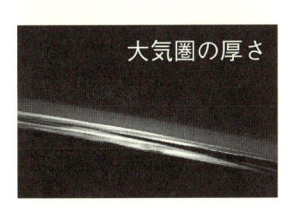

地球の半径6400 km,対流圏の厚さ10 km。我々は地球というボールの表皮のような薄っぺらの空間で生きている。この薄い空間に異変が起これば,すべての生命は死に絶える。

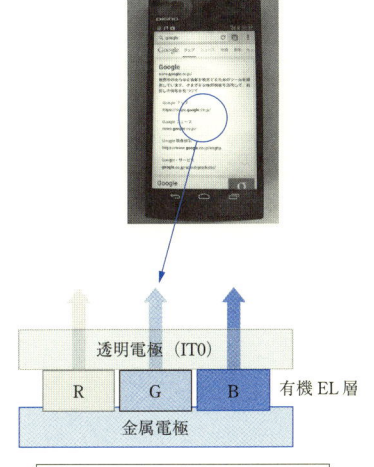

毎日何気なく使っているスマホのディスプレーは精巧な無数の素子で組み立てられている。1920×1080 ピクセルの画面には,上記の素子が207万個敷き詰められている。

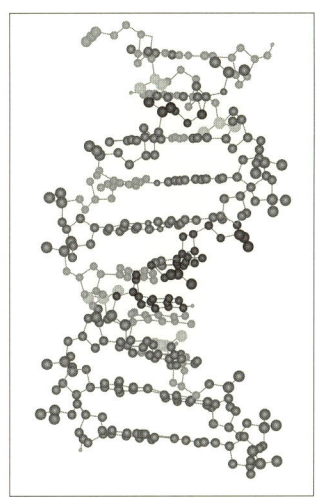

人の細胞の大きさは約10 μm。その中に小さな核があり,核の中に,60億個の塩基対をもつDNAがある。まだまだ左図の素子とは比較にならないミクロ構造をもつ。

11 エネルギー

エネルギーは物事をなし得る根源であり，エネルギーをもつ物体は外部に対して仕事をすることができる。生物が成長し活動するにもエネルギーが必要である。我々の日常生活では，交通においても，冷暖房においても，また食事や娯楽においても多くのエネルギーを消費している。第4章ではエネルギーの意味と概念を学んだが，本章では，実生活で利用されるエネルギーについて，化学の視点から考えていこう。

11.1 エネルギーの種類とその相互変換

実際に使われるエネルギーには力学（運動・位置）エネルギー，化学エネルギー，熱エネルギー，電気エネルギー，光エネルギー，核エネルギーなど様々な形態がある。これら形態の異なるエネルギーは相互に変換することができる。ジュールは，力学エネルギーが熱エネルギーに変換されることを実験的に初めて明らかにした（4.2 のコラム参照）。様々なエネルギーの相互変換とその手段を図 11.1 に示す。また，主なエネルギー変換装置とその効率を表 11.1 にまとめた。

エネルギーはその形を変えてもその総和は変わらない（エネルギー保存則）。したがって，100%ではない**変換効率**の場合には，一部がそれ以外の形態のエネルギーになっていると考えられる。たとえば，白熱灯の場合，電気エネルギーを光エネルギーに変換するが，その効率はたった5%である。残りの95%は熱エネルギーとして電球自身または周囲の空気を暖めている。

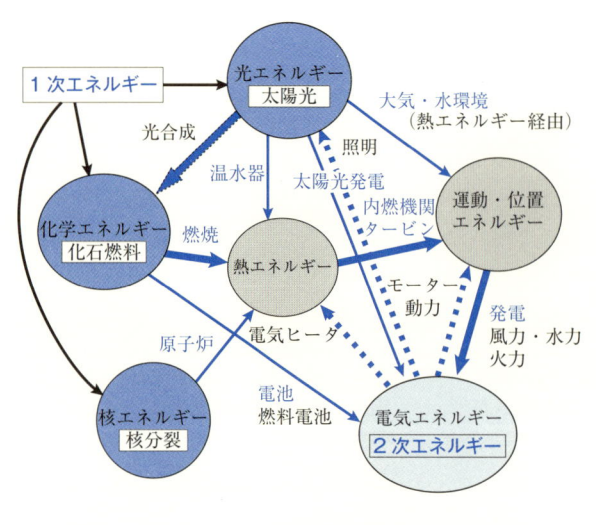

図 11.1 エネルギー相互変換の関係とその手段。

表 11.1 主なエネルギー変換装置とその効率

装置	エネルギー変換	典型的効率（%）
火力発電（石炭）	化学→電気	40 – 43
コンバインドサイクル発電	化学→電気	50 – 60
水力発電	力学→電気	80
風力発電	力学→電気	40 – 45（最大理論値 60%）
太陽光発電	光→電気	12 – 20（現在の実用品）
燃料電池	化学→電気	30 – 70
ガソリンエンジン	化学→動力	20 – 30
ガスヒーター	化学→熱	80 – 90
白熱電球	電気→光	2 – 5
蛍光灯	電気→光	6 – 16
LED ライト	電気→光	3 – 30*

(* Panasonic ホームページより)

11.2 種々のエネルギー源と消費量

エネルギーの利用を考えると，エネルギー源によって利用しやすい形態としにくいものとがある。自然から採取されたままの物質を源としたエネルギーを**一次エネルギー**とよび，石炭，石油，天然ガス，自然エネルギー（水力，風力，太陽光，地熱，バイオマス），原子力などがある。一方，一次エネルギーを変換，加工した電気や都市ガスなどを**二次エネルギー**とよぶ。すなわち，一次エネルギーを扱いやすい形態に変換したものといってもよい。

われわれ人類は，活発な活動を行うことによって地球のエネルギー資源を多く消費している。人類のエネルギー消費量の変遷を図11.2に示す。時代とともにその消費量は増加しているが，特にワットの蒸気機関が発明され工業が盛んになった産業革命以来，100年余りの間にその消費量は急速に増加している。2010年の地球の総人口は68.3億人，一次エネルギー消費量は石油換算にして125億tにもなる。ここで，石油換算トン（toe：ton of oil equivalent）は各種エネルギー源の比較を容易にするために，発生エネルギーが等しくなる石油の量に換算したものである。国際エネルギー機関（OECD）では1 toeは41.868 GJ，11.63 MWhと定義している。

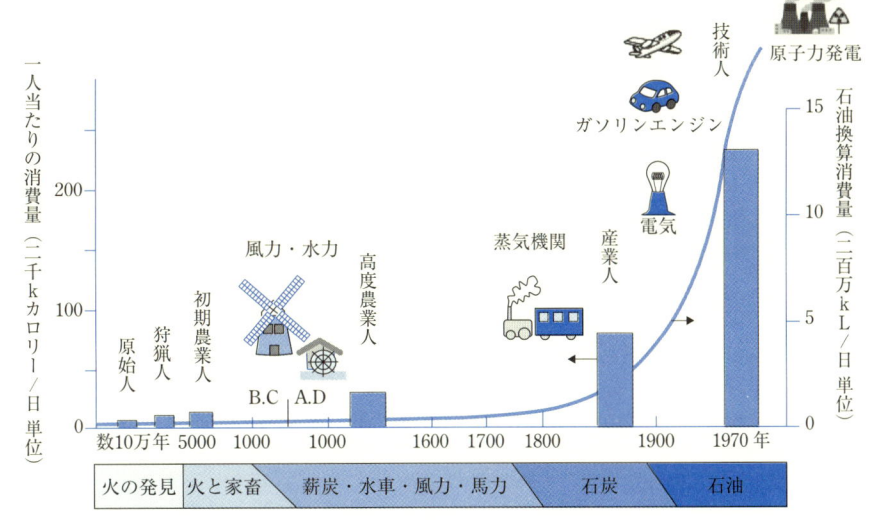

図11.2 一人あたりのエネルギー消費量の変遷（E.Cook, Science, 1971のデータを用いた）

一次エネルギーの使用について，その現状を見てきたが，これらエネルギー源の埋蔵量は無限ではない。現在，石油は54.2年，天然ガス63.6年，石炭112年，ウラン93年といわれている。これまでの石油を中心としたエネルギーからの転換が切望されている理由も理解できるであろう。2011年3月11日，東日本大震災の際に起きた福島第一原子力発電所の事故の経験から，エネルギーを原子力に頼ることに対して再考しなくてはならない現在，太陽光発電，バイオマス，地熱発電，風力発電，潮力・波力発電などの自然エネルギーの利用や，**メタンハイドレート**，**シェールオイル**などの新しい資源開発にも注目が集まっている。

化石燃料には，石油，石炭，天然ガスがある。前節で述べたように，化石燃料は有限であるにもかかわらず，日本および世界のエネ

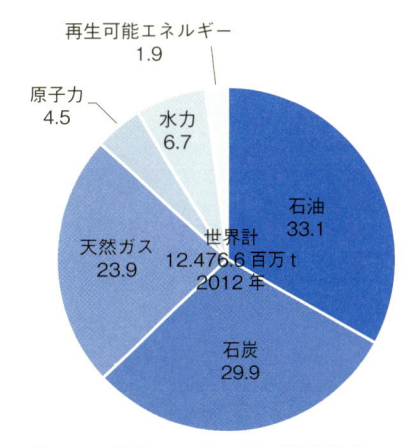

図11.3 世界のエネルギー消費構成（BP「世界エネルギー統計」のデータ）

*1 生物成因説。石炭は古生代石炭紀から新生代にかけて地上あるいは湖沼に生息していた植物が地殻変動で地中に埋没し，一方石油は新古生代から新生代にかけてプランクトンや動植物の死骸が海底に堆積し，長い時間をかけて圧力と地熱によって生成したと考えられる。自然成因説もあるが炭素同位体の研究から，生物成因であると考えられている。

ルギー消費の約 85％を占めている。化石燃料の多くは生物由来と考えられており[*1]，過去の太陽エネルギーが有機化合物の化学エネルギーとして蓄えられたものである。メタン CH_4 は天然ガスの主成分(約90%)であり，そのほかにエタン，プロパン，ブタン，ペンタン以上の炭素化合物や窒素が含まれる。産地によって，その成分組成は若干異なっている。石油を精製して得られるガソリンの主成分の一つは，イソオクタン（2,2,4-トリメチルペンタン $CH_3C(CH_3)_2CH_2CH(CH_3)CH_3$）である。ここで，燃焼によって得られるエネルギーと二酸化炭素量に注目して，メタンとイソオクタンを比較してみよう。メタンおよびイソオクタン 1 mol を燃焼したとき，発生する熱量（燃焼熱）はそれぞれ 890.4 kJ，5496 kJ である。これを反応式で示すと以下のようになる。

$$CH_4(g) + 2O_2(g) = CO_2(g) + 2H_2O(l) \qquad \Delta_r H° = -890.4 \text{ kJ mol}^{-1}$$

$$CH_3C(CH_3)_2CH_2CH(CH_3)CH_3(l) + (25/2)O_2(g) = 8CO_2(g) + 9H_2O(l)$$
$$\Delta_r H° = -5496 \text{ kJ mol}^{-1}$$

<u>1 g の燃料を燃焼させた際に放出されるエネルギーの量を**エネルギー密度**という</u>。燃料のエネルギー密度が低いと，同じ距離を進む場合，エネルギー密度が高い燃料よりも多量の燃料を積まねばならず，また燃料自体の重量も重くなるので非常に効率が悪くなる。経済的な理由からもエネルギー効率の高い燃料を使用した方が有利である。メタンとイソオクタンの燃焼熱からエネルギー効率を求めると，それぞれ 55.5 kJ g^{-1}，48.1 kJ g^{-1} である。したがって，ガソリンよりもエネルギー効率の高いメタンを燃料とした方がよいということになる。ただし，使用するうえでは運搬のしやすさ，取扱いのしやすさ，爆発等の危険性なども考慮しなくてはならない。いくつかの燃料についてエネルギー密度を表 11.2 にまとめた。

次に燃焼したときの二酸化炭素排出量を比較してみよう。同じ発熱量で比較すると，メタンはイソオクタンよりも生成する二酸化炭素量は少ない。したがって，昨今問題提起されている**地球温暖化**の原因の一つとされている二酸化炭素の生成抑制のためには，メタンの方がよいことになる。ただし，メタンの**地球温暖化係数**[*2] は 21 と大きい。したがって，大気への放出は避ける必要がある。これは，新エネルギーとして期待されているメタンハイドレートも同様である。

表 11.2　主な燃料のエネルギー密度

燃料	エネルギー密度 /kJ g^{-1}
水素	143
メタン	55.5
イソオクタン	48.1
プロパン	50.3
石炭（無煙炭）	28～30
灯油	46.3
ガソリン	45.8
木材	18～20

*2 地球温暖化係数とは，CO_2 を 1 として，その気体の単位質量当たりの地球温暖化に対する 100 年間の影響の強さを表した物である。(12 章参照)

11.3　発　　電

11.3.1　一次エネルギーによる発電

我々の生活は，**二次エネルギー**である電気に大きく依存している。交通・通信・娯楽・冷暖房・調理等の日常生活や，もっと源にある自動車・被服・電化製品・食料などの生産過程も，電気無しでは進めることができない。全世界で使われている<u>一次エネルギーの内 37% が発電に利用されており</u>（2011 年），その割合は今後も増加すると見込まれている。図 11.4 には，全世界で発電に用いられる一次エネルギーの割合を示してある。<u>火力発電が全体の 68%</u> を占め，特に石

コラム　新しい化石燃料 ── シェールガス

　技術の発展に伴って，これまで採算のとれなかった資源が，一躍表舞台に現れることがある。地下 1000m − 2000m の頁岩層にはシェールオイルといわれる石油成分と，シェールガスとよばれる天然ガス成分が大量に含まれていることは既にわかっていたが，単に垂直井戸を掘って吐出してくる石油や天然ガスと違って，頁岩層を掘り出すことが必要と考えられていた。しかし，2000 年代になって，採掘パイプを垂直から水平方向に曲げ，頁岩層に沿って掘り進む技術や，砂を混ぜた高圧水をパイプから送り込んで頁岩を粉砕する技術が確立し，頁岩の隙間に入り込んでいたシェールガスを地上に回収することができるようになった（右図）。

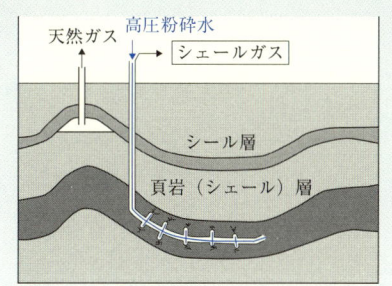

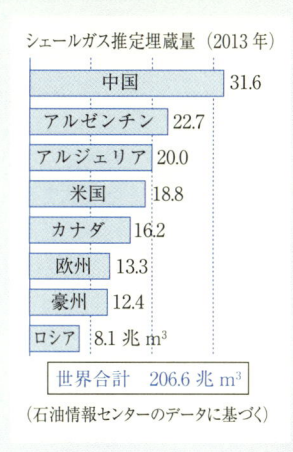

　しかも，中東とロシアに偏在している天然ガスに比べて，シェールガスは五大陸にまたがって広く分布していることがわかってきた。特に採掘技術先進国であるアメリカは，中東からの輸送費を考えると，天然ガスよりもシェールガスの方が安価になったため，大量のシェールガス生産を開始した。2020 年には天然ガスの輸入国からシェールガスの輸出国に転換すると見られている。このことは，中東とロシアが支配してきた世界のエネルギー地図を塗り替える可能性をも秘めている。

　同様に広く分布するエネルギー資源としてメタンハイドレートが注目されているが，採掘技術は未だ発展途上である（Web 参照）。

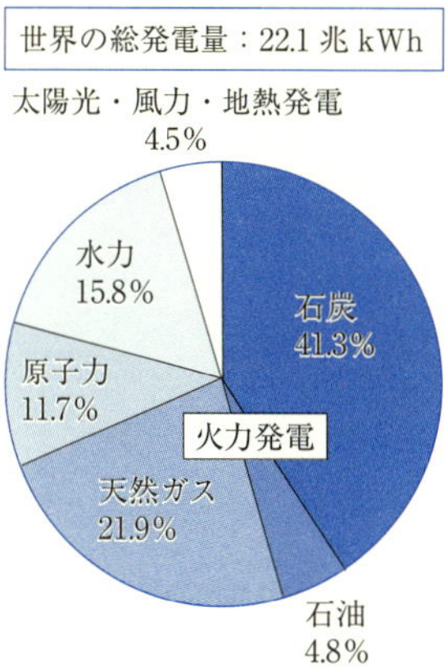

シェールガス推定埋蔵量（2013 年）
- 中国　31.6
- アルゼンチン　22.7
- アルジェリア　20.0
- 米国　18.8
- カナダ　16.2
- 欧州　13.3
- 豪州　12.4
- ロシア　8.1 兆 m³

世界合計　206.6 兆 m³
（石油情報センターのデータに基づく）

炭による発電が 4 割を超えている。日本は現在，世界一の天然ガス輸入国であるが，その内の約 70% は発電用である。

　図 11.5 には，日本において発電用に用いられる一次エネルギーがどのように変わってきたかを示す。1950 年代までは水力発電が中心であったが，60 年代に火力発電が始まり 70 年代には石油に依存した火力発電が中心となった。しかし，オイルショックを経て，選択肢の多様化のために天然ガス発電と原子力発電が導入された。90 年代に地球温暖化が国際的な問題になると，これらの寄与はますます高まったが，2011 年の東日本大震災に伴う福島原発の事故で，原子力発電がほぼ停止状態となり，火力発電の比率が 88% と再び高くなっている。

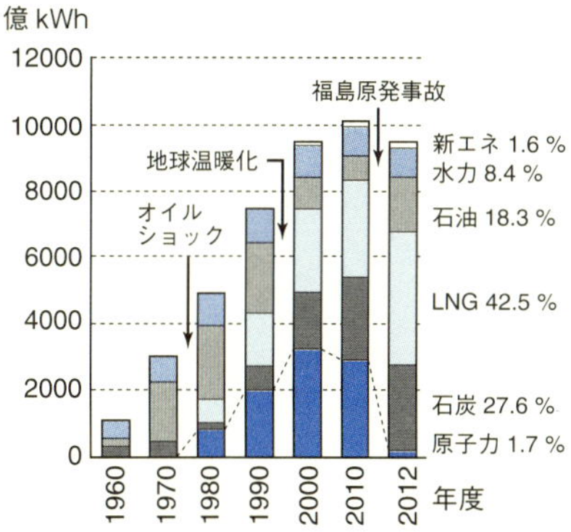

11.3.2　火力発電

　火力発電は化石燃料を燃焼し，水を沸騰させ，その水蒸気でタービンを回転さ

世界の総発電量：22.1 兆 kWh
- 太陽光・風力・地熱発電　4.5%
- 水力　15.8%
- 原子力　11.7%
- 天然ガス　21.9%
- 石油　4.8%
- 石炭　41.3%
- 火力発電

図 11.4　世界の発電用一次エネルギー
（平成 25 年度エネルギー白書より）

- 新エネ 1.6%
- 水力 8.4%
- 石油 18.3%
- LNG 42.5%
- 石炭 27.6%
- 原子力 1.7%

図 11.5　日本の発電用一次エネルギーの変遷

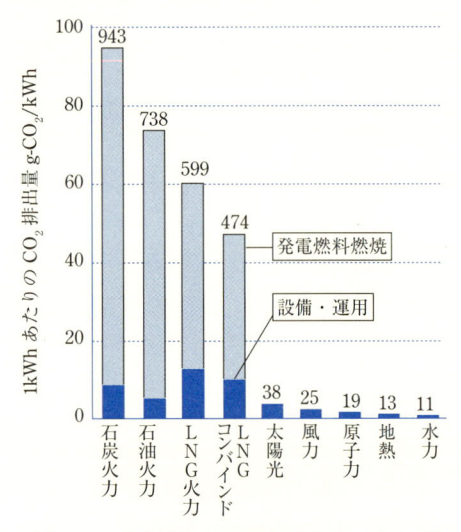

図 11.6 各電源の 1 kWh 当たりの CO_2 排出量（電力中央研究所報告書より）

せることで発電を行っている。このとき水蒸気は，およそ 600℃, 31 MPa という超臨界流体の状態にある。石炭火力発電においては，日本の発電機の効率は世界最高レベル（42%）であり，一方 SO_x, NO_x などの排出量は世界最低を記録している。また，LNG 火力発電では，燃焼による高温ガスで直接ガスタービンを回転させたのち，余熱で水蒸気を作って通常発電を行うという「コンバインド」方式を用いて 55% の発電効率を達成している。図 11.6 にあるように，この方式を用いると CO_2 の排出量は石炭火力発電の半分に抑えられる。

11.3.3 原子力発電

序章 1 節で述べたように，ウランの同位体の内，自然界に約 0.72% 存在する ^{235}U が原子力発電のエネルギー源として用いられる。^{235}U は自然に放置すると α 線 (He の原子核) を放出して

$$^{235}_{92}\mathrm{U} \to {}^{231}_{90}\mathrm{Th} + \alpha \text{粒子}$$

のように放射性崩壊を起こす。半減期は長く，7.04×10^8 年である。しかし，中性子がぶつかると，不安定種の $^{236}_{92}$U を経て核分裂を起こす[*1]。分かれ方は様々であるが，たとえば，

$$^{235}_{92}\mathrm{U} + {}^{1}_{0}\mathrm{n} \to {}^{236}_{92}\mathrm{U} \to {}^{141}_{56}\mathrm{Ba} + {}^{92}_{36}\mathrm{Kr} + 3{}^{1}_{0}\mathrm{n} \ (+3.2 \times 10^{-11} \mathrm{J})$$

の場合には，3 個の中性子を生成する。このとき，分裂核や中性子は高速で飛び出し，大きな運動エネルギーをもっている。原子力発電では，そのエネルギーを用いて水を加熱沸騰させている。放出されるエネルギー E は，上式の右辺と左

*1 核分裂によって生成する中性子は高速であるので，中性子捕獲が起こりにくい。これを常温程度まで減速するのが原子炉内の水の役割である。減速された中性子（熱中性子）を捕獲してできた ^{236}U の約 83% が核分裂を起こす。

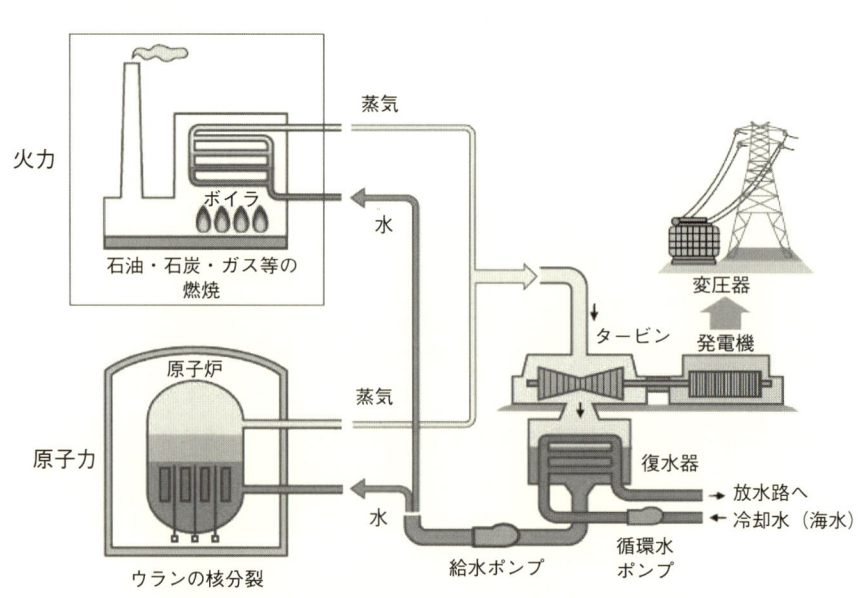

図 11.7 火力発電と原子力発電の違い。総合研究開発機構「エネルギーを考える」より引用

辺の核子（陽子と中性子）間の結合エネルギーの差に由来しており，同時に核反応によって失われる質量 Δm（これを質量欠損という）に比例している。

$$E = \Delta m \times c^2 \qquad c\text{ は光速} \qquad \text{（アインシュタインの式）}$$

$^{236}_{92}$U は種々の核分裂反応を起こすが，生じるエネルギーの平均値はほぼ上式の場合と同じ 3.2×10^{-11} J (200 MeV) 程度であり，質量欠損に換算すると 3.5×10^{-28} kg となる[*1]。生成される中性子の数の平均値は 2.4 個である。核分裂反応が持続するためには，常に 1 個の熱中性子が $^{235}_{92}$U と衝突する状況を作り出す必要がある。図 11.8 に日本で最も多く用いられている沸騰水型軽水炉の模式図を示してある。図中の「制御棒」は中性子吸収材であり，これを核燃料中に差し込むことによって，中性子の炉内の密度を調整している。完全に差し込めば原子炉を停止させることができる。

温室効果ガスである二酸化炭素の排出規制の観点からは，図 11.6 に見るように火力よりも原子力発電のほうがはるかに望ましい。しかし，原子力発電そのものの安全性と，定常運転や廃炉に際して発生する核廃棄物の処分について，技術的な問題を解決することが最も重要な課題である。

[*1] 100 万 kW の発電所では，1 日に 3.7 kg の ^{235}U を燃やすが，これを石炭でまかなうと 12000 トンが必要である。（福島第 2 原子力発電所の出力は 1 基あたり，110 万 kW）

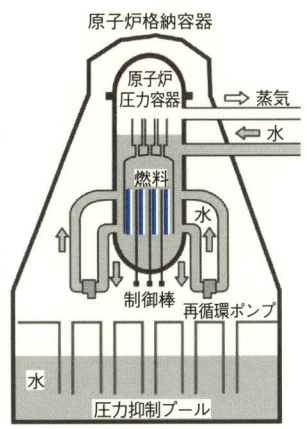

図 11.8　沸騰水型軽水炉 (BWR)

> **コラム　ベクレルとシーベルト**
>
> 福島原発事故以来，**ベクレル**と**シーベルト**という単位をよく聞くようになった。事故による土壌汚染に関して，数万ベクレル $/\text{m}^2$ というような大きな数値が現れる一方で，大気中の放射線量の報告などでは，マイクロシーベルト / h といった微少な値が使われる。
>
> **ベクレル (Bq)** は「放射性物質の崩壊に際して 1 秒あたり崩壊する原子の個数」を示しており，土壌や廃棄物が 1 秒間にどれほどの放射線を出すかを知る目安になる。通常物質 1 kg 当たりの値を示すことが多い。一方**シーベルト (Sv)** は，放出された放射線が人に与える影響の大きさを示す値である。すなわち放射線が生体 1kg 当たりにどれほどのエネルギーを与えるかを示している。1 時間あるいは 1 年間に与える影響として値を示す。こちらは地上 1 m での放射線量率や，人の被爆許容量を示すときに用いられることが多い。単位の名称はともに人名に由来している。
>
> ベクレルは，放射性原子の個数にかかわるので，大きな値になることが多い。たとえば汚染土壌 1kg 当たり 10000 Bq といわれるとその大きさに驚くが，放射性 ^{137}Cs の量にしてみると[*2]，3×10^{-9} g が 1 kg の土壌中に入っていることに相当する。ちなみに，生命体は体内に放射性の ^{40}K を含んでいるので，ホウレンソウは 200 Bq/kg の放射線を出し，体重 60 kg の人は平均的に 7000 Bq/kg の放射性物質を体内に抱えていることになる。
>
> 一方，シーベルトは放射線が生態に与える影響をマクロなエネルギー (J) として換算するので，小さな値となる。たとえば ^{137}Cs によって 10000 Bq の放射線が出ている場合に，そのすべてが生体 1 kg に吸収されたとすると，約 3.1 μSv/h の影響を受けることになる。年間に直すと 2.7 mSv/ 年である。ちなみに，世界平均の年間の**自然放射能被爆**は 2.4 mSv/ 年，胃の X 線検診 1 回当たりの被爆量は 0.6 mSv である。人間の健康に被害が出る可能性のあるレベルは 100 mSv といわれている。

[*2] 原発事故でたびたび放出される ^{137}Cs は，30.1 年の半減期で β 線を出して ^{137}Ba に崩壊していく。

11.3.4 再生可能資源による発電

火力と原子力発電はいずれも化石燃料やウラン鉱石などの地下資源を使用しているので，50年あるいは100年で枯渇する可能性が高い。これに対して太陽から地球に降り注ぐ太陽光や地熱を利用する発電は，数万～数億年の単位で安定に利用できるはずである。

太陽光は，直接光を用いる**太陽光発電**以外に，水の蒸発を促して**水力発電**を可能にし，空気を暖めて流動させることで，**風力発電**の元になり，燃料を生成できる植物を育てることで**バイオマス燃料**の供給を可能にする。これとは別に，重力(万有引力)による海水の潮汐を用いた**海洋発電**も再生可能資源の仲間である。

これらの発電は，直接 CO_2 を放出することがないので地球温暖化を増進させず，また放射性廃棄物を生み出すこともない。このような利点から，地球温暖化が国際的な問題として採り上げられた1990年代以降，再生可能資源による発電には世界の国々が投資して，図11.9 に見るように，急速に発電量を増やしているが，まだまだ，化石燃料による発電に比べると利便性が少なく，発電全体に占める割合は増えていない。図からもわかるように，その主力は太陽光発電と風力発電である。上図には大規模水力発電への投資は入っていない。

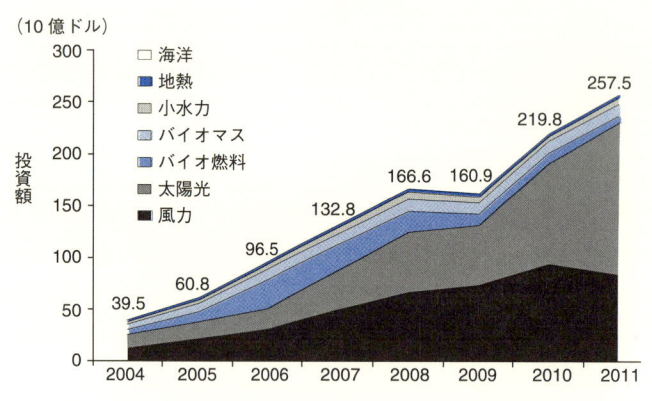

図 11.9 世界の再生可能エネルギーへの投資額の推移（NEDO 再生可能エネルギー技術白書 2013 より引用）

風力発電

ドイツや北欧を旅行すると巨大な3本翼のプロペラが丘の上でゆっくりと回っているのを見る。風力発電機である。日本でも北海道や東北ではよく見かけるようになった。ゆっくりと回っているがこれで1～2 MW の出力がある。欧米での主流は次第に5 MW 級に移りつつあり，プロペラ径も100 m を超える。現在中国の風力発電が急速に伸びており，全世界の風力発電の29%を占めて1位であり，アメリカ，ドイツ，スペイン，インド，英国がこれに続く。日本は全体の0.8%でしかないが，これは風の強い地方が北に偏しているためである。現在は，国産発電機の製造技術の確立と，陸上発電から洋上発電への移行をもくろんでいる。

世界的には，風力発電が再生可能エネルギーの主力になりそうであるが，これは図11.10に示したように，kW 当たりの発電価格が10円程度に抑えられ，他のエネルギー源と比べて経済性がよいためである。

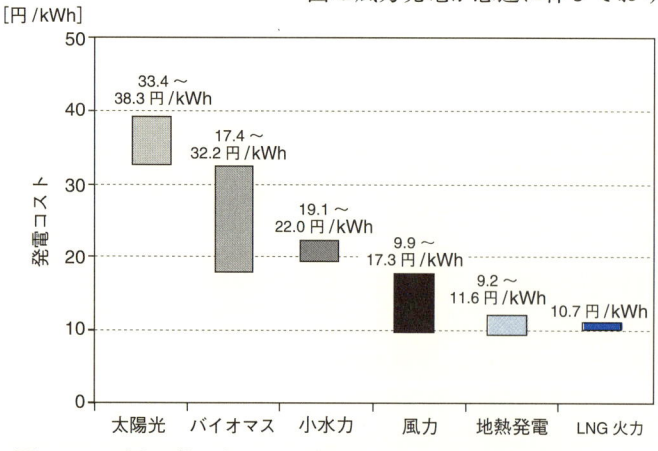

図 11.10 再生可能エネルギー発電の，1 kW 当たりの発電コスト比較（NEDO ホームページ）

太陽光発電[*1]

　太陽光のエネルギーを電気エネルギーに変換する物理電池を太陽電池（光起電力セル）という。太陽光エネルギーはほぼ無尽蔵であることや二酸化炭素を生成しないこと，使用する場所を選ばないので宇宙空間や海上でも利用できることなどが特徴である。腕時計，電卓，道路標識，携帯電話の充電器など広く用いられている。エネルギーの変換効率は，現在 12〜20% 程度であるが。より高い変換効率を得るために開発が進んでいる。代表的なものは単結晶あるいは多結晶の p 型シリコンと n 型シリコンを交互に積み重ねて作られる。世界的には図 11.11 のような発電量になっているが，日本もかなりのシェアをもっている。2008 年に余剰電力買取制度がはじまってから，家庭用太陽光パネルの設置が急速に広まってきた（図 11.12）。また，各企業によって，1000 kW 以上の発電能力をもつ大規模太陽光発電所（**メガソーラー**）が，日本各地に建設されている。

[*1] 太陽光発電の動作原理については第 13 章 13.2 節を参照のこと。

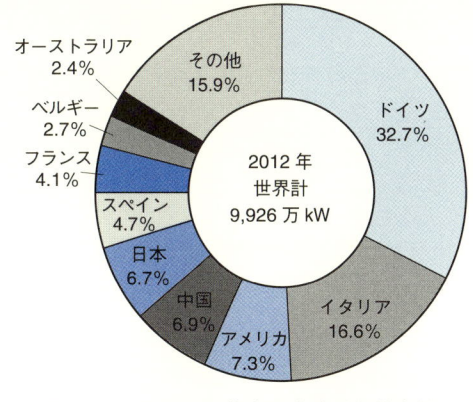

図 11.11　世界の累積太陽光発電設備容量

地熱発電

　日本は火山国であり地熱発電に関しては，アメリカ，インドネシアに続く世界 3 位の潜在資源量を有している。そのため早くから技術開発が進み，地下からの水蒸気を直接用いて発電用タービンを回す「フラッシュ方式」では世界で 70% のシェアをもっている。しかし，実際の発電量においては，世界で 8 位の 535 MW であり，世界シェアの 5% にすぎない。また，この 20 年ほどは新しい開発がなされていない。今後は，世界の火山国を中心として，高温岩盤に直接水を圧入して蒸気を取り出す EGS とよばれる手法が発展して，発電量が増えると考えられている。

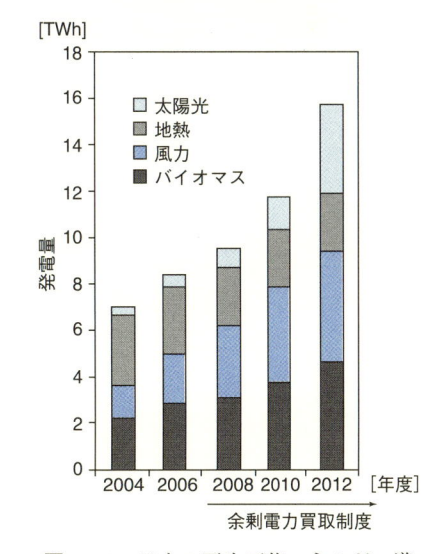

図 11.12　日本の再生可能エネルギー導入割合の推移

11.4　電　池

　電池とは，化学反応で放出されるエネルギーもしくは物質の物理変化に伴う放射エネルギーなどを直接電気エネルギーに変換する装置をさす[*2]。化学エネルギーを電気エネルギーに変える**化学電池**は，携帯電話やパソコン，ゲーム機器といった電子機器，電化製品，自動車などに広く使われている。**燃料電池**も化学反応を利用するので化学電池の一種である。一方，**物理電池**は光エネルギーを電気エネルギーに変える太陽電池などがある。表 11.3 に代表的な電池をいくつか示す。

[*2] 電池の詳しい原理については，第 6 章 6.5.3 節を参照のこと。

11.4.1　化学電池

　電池は放電し続けると起電力が低下し，回復させることができない。このような電池を**一次電池**という。よく用いられるアルカリ乾電池やリチウム電池は一次電池である。アルカリ乾電池の構造を図 11.13 に示す。乾電池の構造は複雑に

*1 ここで示した電池の構成は一例である。電極素材や電解質はメーカーによって多少異なる場合がある。また、電極反応もすべてが解明されているわけではない。

表 11.3 電池の種類と起電力[*1]

電池の種類			負極	電解質	正極	起電力 /V
化学電池	一次電池					
		マンガン乾電池	Zn	$ZnCl_2$, NH_4Cl	MnO_2	1.5
		アルカリマンガン乾電池（アルカリ乾電池）	Zn	KOH, ZnO	MnO_2	1.5
		リチウム電池	Li	$LiClO_4$	MnO_2	3.0
		酸化銀電池	Zn	KOH	Ag_2O	1.55
	二次電池					
		鉛蓄電池	Pb	H_2SO_4	PbO_2	2.0
		ニカド電池	Cd	KOH	NiO(OH)	1.2
		ニッケル水素電池	H_2	KOH	NiO(OH)	1.2
		リチウムイオン電池	Li	$LiClO_4$	$LiCoO_2$	3.7
物理電池	燃料電池					
	太陽電池					
	原子力電池					

なっているが、基本的な構造は**ダニエル電池**と同じである。一方、鉛蓄電池やリチウムイオン電池は、充電によって起電力を回復することができる。このような電池を二次電池という。

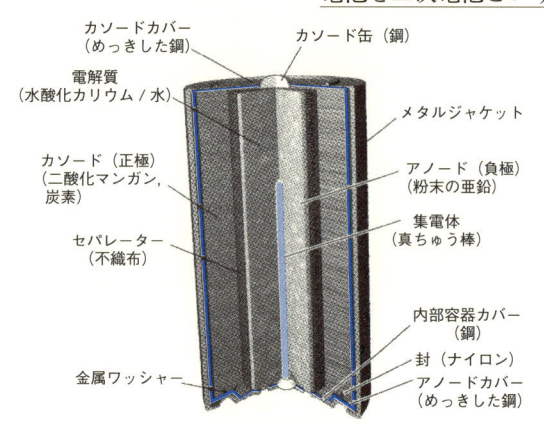

図 11.13 アルカリ乾電池の構造。出典：「実感する化学」米国化学会、廣瀬千秋訳、NTS、2006 年。

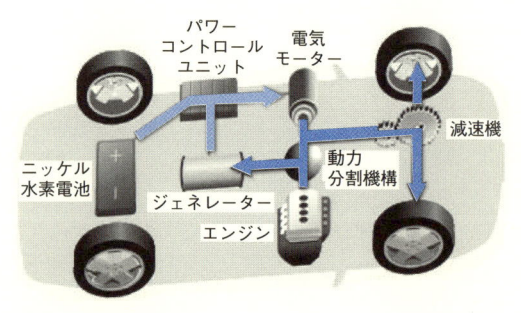

図 11.14 ハイブリッドシステム（トヨタ HP より）

近年、ガソリンエンジンとモーターで駆動することのできるハイブリッドカーが人気を博している（図 11.14）。エンジンの不得手な状況ではモーターで動力をアシストするので、燃費も向上し、排出する二酸化炭素量もおよそ半分になる。発電機も搭載されているので、外部から充電をする必要がない。このモーターを駆動するのに**ニッケル水素電池**が用いられている。

負極：$MH + OH^- \rightarrow M + H_2O + e^-$
M：金属または合金
正極：$NiO(OH) + H_2O + e^- \rightarrow Ni(OH)_2 + OH^-$

ニッケル水素電池と比べると**リチウムイオン電池**の方が容量が多く、より小型化することができ、充放電を繰り返すなかでの寿命も長いことが知られている。リチウムイオン電池は、携帯電話やパソコンの電源として広く使われている。ハイブリッドカーや電気自動車の電池も、将来的にリチウムイオン電池が主流になるであろう。

11.4.2 燃料電池

燃料電池は、水の電気分解と逆の反応を用いて電気エネルギーを取り出す化学電池である。反応物は外部から常に供給され、生成物は系から除去されるタイプ

の電池である（図 11.15）。白金触媒を含む多孔質炭素が電極として用いられる。水素は電極中の触媒により水素イオンになり，電解質中を移動し，正極で酸素と反応して水を生成する。起電力はおよそ 1.2 V である。

> $(-)$ Pt·H$_2$ | H$_3$PO$_4$ aq | O$_2$·Pt $(+)$
> 負極：$2H_2 \rightarrow 4H^+ + 4e^-$
> 正極：$O_2 + 4H^+ + 4e^- \rightarrow 2H_2O$
> 全体の反応：$2H_2 + O_2 \rightarrow 2H_2O$

燃料電池車では，燃料の水素を高圧ガスボンベに封入し搭載する必要がある。安全性の面から水素の貯蔵方法として**水素吸蔵合金**が検討されている。しかし，車載するには合金の重量の問題解決が必要である。

燃料電池に用いられる水素のおもな原料は天然ガスの主成分であるメタンである。水素は，メタンの水蒸気改質で作られている。

$$CH_4 (g) + 2H_2O (g) \rightarrow 4H_2 (g) + CO_2 (g) \qquad \Delta H = 165 \text{ kJ mol}^{-1}$$

水素の代わりにメタノールやメタンを使う燃料電池も開発されている。

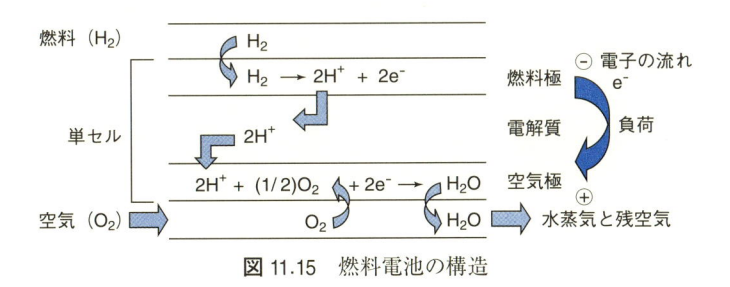

図 11.15 燃料電池の構造

11 章　章末問題

基礎的問題

11.1 メタンのエネルギー密度を求めよ。

11.2 一個の $^{235}_{92}$U 原子が核分裂することによって発生するエネルギーを 200 MeV とすると，$^{235}_{92}$U 1 g の核分裂によって得られるエネルギーは，ガソリン何 kg の燃焼によって生成するエネルギーと等しいか。

11.3 問 11.2 で発生するエネルギーで，0℃の水何 t を沸騰させることができるか。

11.4 地球上のカリウムはその大部分を 2 種類の安定同位体 ^{39}K と ^{41}K が占め，ごくわずかに約 0.0117% を放射性同位体 ^{40}K（カリウム 40）が占める。カリウム 40 はベータ線（高速の電子）やガンマ線（高エネルギーの電磁波）を放出しながら，およそ 9 割が ^{40}Ca へ，1 割が ^{40}Ar へと壊変する。人の体内中のカリウムの総量は，摂取と排出が平衡し，体重の 0.20% 程度に保たれている。カリウムは動植物にとって必要不可欠な元素だが，微量に含まれるカリウム 40 は体内被爆の要因の一つとなっている。カリウム 40 の半減期は 12.5 億年であり，カリウム 40 の量が 1 兆分の 1 だけ減少するのに 15.8 時間かかる。

（ア）体重 60 kg の人の体内には何 mol のカリウムが存在するか。

（イ）体重 60 kg の人の体内に存在するカリウム 40 は何個か。

（ウ）体重 60 kg の人の体内で壊変するカリウム 40 の数は 1 秒間に何個か。

12 環境と化学

オゾン層破壊，酸性雨，温暖化といった環境問題は，人類が直面している緊急かつ最重要課題である．また，エアロゾルであるPM2.5や光化学オキシダント，また越境大気汚染など近年環境に関する話題が新聞やテレビといった報道を賑わしている．これらの問題解決には，原因を究明することはもちろんのこと，原因物質が空間的，時間的にどのように変化していくかを詳細に調べることが必要である．ここでは，地球環境に関するいくつかのトピックスについて考えてみよう．

表12.1 乾燥空気の組成比

気体	組成比 (mol/mol)
窒素 N_2	0.78
酸素 O_2	0.21
アルゴン Ar	9.3×10^{-3}
二酸化炭素 CO_2	3.7×10^{-4}
ネオン Ne	1.8×10^{-5}
オゾン O_3	$(0.01 \sim 10) \times 10^{-6}$
ヘリウム He	5.2×10^{-6}
メタン CH_4	1.7×10^{-6}
クリプトン Kr	1.1×10^{-6}
水素 H_2	5.0×10^{-7}
一酸化二窒素 N_2O	3.1×10^{-7}

12.1 地球大気

環境問題を論ずる前に，地球の大気組成について考えてみよう．地球大気の組成で最も多い成分は窒素であり，全分子中の78%を占めている．次に多い成分は酸素21%とアルゴン0.93%である．乾燥空気ではこれらの成分が大部分を占める．表12.1に乾燥空気の組成比を示す．実際の大気中には水蒸気 H_2O が存在するが，その比率は $10^{-6} \sim 10^{-2}$ と大きく変動する．水蒸気が存在することによって地球の平均気温は約15℃に保たれており，また雲となって太陽光をさえぎる．したがって，水蒸気量は天候のみならず地球環境を左右する最も大きな要因である．

大気組成の微量成分として，二酸化炭素，ネオン，オゾン，ヘリウム，メタンなどがある．二酸化炭素，メタンは温暖化にかかわる気体であるし，オゾンは地表に降り注ぐ紫外線を吸収する重要な役割を担っている．これらの大気成分は，微量であるにもかかわらず地球環境に影響を及ぼしている（10章3(a)も参照の

> **コラム　エルニーニョ・南方振動 (ENSO)**
>
> エルニーニョ現象とは，東太平洋赤道付近から南米ペルー沿岸にかけた広い海域で海面水温が平年に比べて高くなり，その状態が1年程度続く現象を指す．逆に，同じ海域で海面水温が平年より低い状態が続く現象はラニーニャ現象と呼ばれる．このエルニーニョ／ラニーニャ現象という海洋状態の変動は，大気の状態の変動と連動していることが近年明らかになってきた．南米ペルー沖の海面気圧が平年より高いときは，西太平洋インドネシア付近で平年より低く，南米ペルーの沖で平年より低いときは，インドネシア付近で平年より高くなるという変動をしている．これを南方振動と呼ぶ．南方振動は，貿易風の強弱に関わり，エルニーニョ／ラニーニャ現象と連動して変動している．このため，南方振動とエルニーニョ／ラニーニャ現象を大気と海洋の一連の変動として考え，エルニーニョ・南方振動（El Niñ-Southern Oscillation, ENSO）と呼んでいる．

12.2 地球温暖化

2007年のノーベル平和賞は，気候変動問題に関する活動によりゴア元アメリカ副大統領と**気候変動に関する政府間パネル（IPCC）**[*1]に授与され，地球温暖化

*1 IPCC
(Intergovernmental Panel on Climate Change)

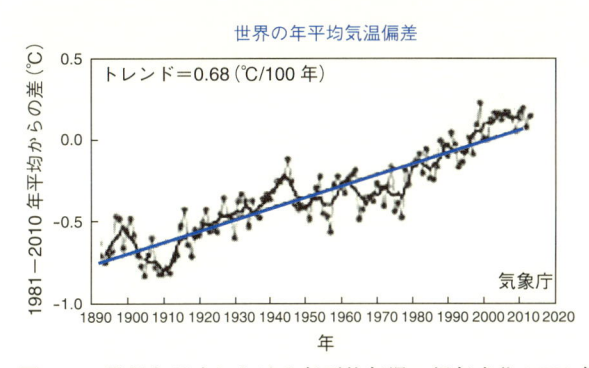

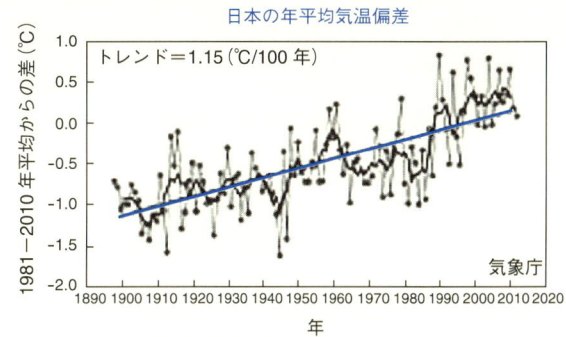

図12.1 世界と日本における年平均気温の経年変化 (1898年～2010年)。細線は基準値からの偏差の平均，太線は偏差の5年移動平均，直線は変化傾向を示している。基準値は1981年から2010年までの平均である。IPCC気候変動監視レポート2012より引用

の危険性が広く認識されるようになった。また，2012年IPCCによって，「気候変動への適応推進に向けた極端現象および災害のリスク管理に関する特別報告書」が公開された。暑い日や大雨などの極端な現象の頻度が増加している可能性が高く，地球温暖化によってさらに頻度が増加する可能性があると指摘している。また，ここ50年間で日本の桜の開花日が数日早くなっていることが統計的に示されている。ここでは，地球温暖化について考えてみよう。

図12.1は，世界と日本における**年平均気温の経年変化**を表している。世界の年平均気温は様々な変動を繰り返しながら徐々に上昇している。日本においても同様の傾向である。上昇率は100年あたり0.68℃，日本では1.15℃である。45億年という長い地球の歴史から見ると1世紀でも一瞬である。気温が短期的に変動しているだけととらえられるかもしれないが，これほどの上昇傾向は歴史上なかったと主張する科学者も多い。その原因として指摘されているのが，人間活動に起因する二酸化炭素濃度の増加である。大気中の**二酸化炭素濃度の年変化**を図12.2に示す。産業革命が起きた1800年前後までの1万年間の

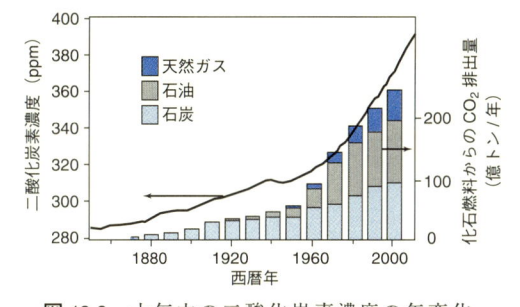

図12.2 大気中の二酸化炭素濃度の年変化。1958年までは氷床のデータ，それ以降はマウナロア（ハワイ）他各地の観測点の平均。
出典 http://data.giss.nasa.gov/

二酸化炭素濃度は多少の上下はあるもののほぼ一定であったが，産業革命以降の増加量はこれまでにないほど大きい。1860年では290 ppmであった二酸化炭素濃度が2011年では391 ppmまで40％も上昇し，さらに年2.0 ppmずつ増加し続けている。2014年4月には遂に400 ppmを超えたことが報告された。それと符合するように平均気温が上昇している。

二酸化炭素は光合成によって糖の合成に使われ，また呼吸によってその糖が分解され空気中に放出される（図12.3）。**全地球的にみた炭素の循環**を図12.4に示す。図中の数字は1年間で系の中を移動する炭素の量を表している。1 Gt（ギガトン）は10億トンである。生命活動に伴う炭素の移動量は，60 Gtと極めて多いが呼吸と光合成のバランスは比較的とれている。しかし，産業革命以降，人類は化石燃料として蓄えられてきた炭素を二酸化炭素に変換して大気中に放出してきた。その量は炭素換算で6 Gt/年と無視できないくらいの物質移動量である。また，森林破壊による放出もある。近年の二酸化炭素濃度の上昇は，人間活動によるものであることは間違いないであろう。海洋に吸収される二酸化炭素も炭素換算で92 Gt/年と多いが，これによって海水の酸性化が問題となってくる。また，温暖化にともなって海水温の上昇も起きている。海水温の上昇とともに海洋から大気中への二酸化炭素放出も懸念される。

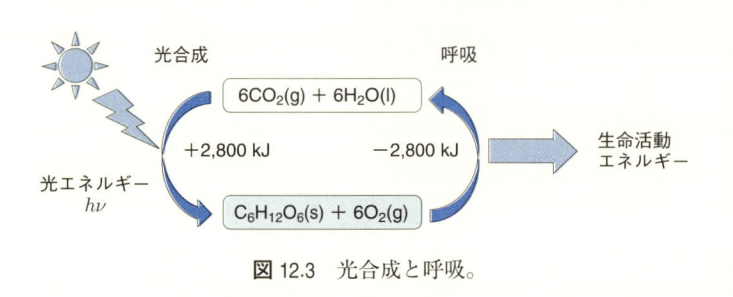

図12.3 光合成と呼吸。

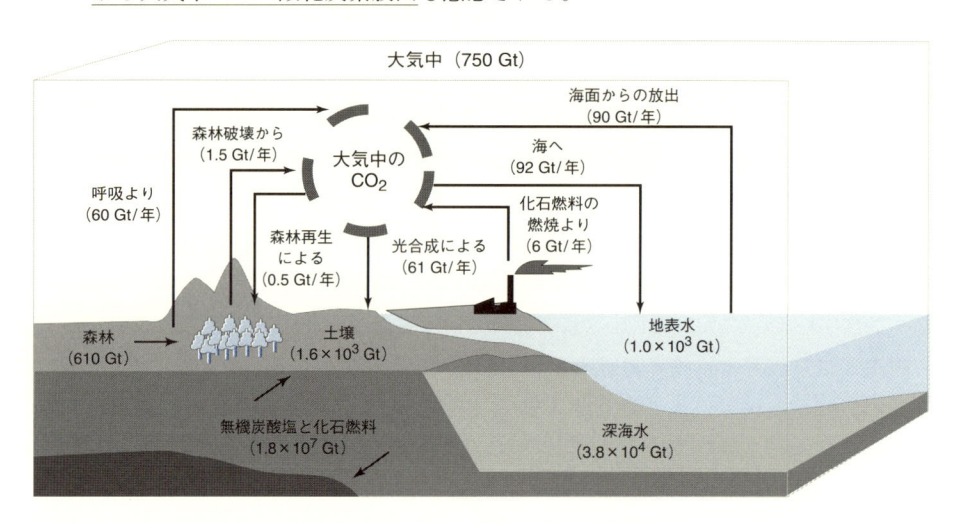

図12.4 全地球的にみた炭素の循環。1 Gt（ギガトン）は10億トン。出典：「実感する化学」米国化学会，廣瀬千秋訳，NTS，2006年。

地球温暖化の二酸化炭素原因説の根拠について考えてみよう。それには，**地球におけるエネルギー収支**について知らなくてはならない。地球が得るエネルギーとして，太陽光エネルギー，地球内部の放射性物質の崩壊に伴って発生する熱エネルギーなどによる地熱エネルギー，他の天体（太陽や月）との引力によって生じる潮汐エネルギーがある。このうち太陽からのエネルギーが99.9％以上を占める。地球は太陽から平均して約340 W/m^{2}のエネルギーを受けている。このエネルギーを100として，地球のエネルギーバランスを考えてみよう（図12.5）。雲や地表面，エアロゾルなどによって30％は反射される。20％は大気やエアロゾル，雲によって吸収，50％は陸地と海洋に吸収され暖めている。また，地球は吸

12.3 エアロゾル

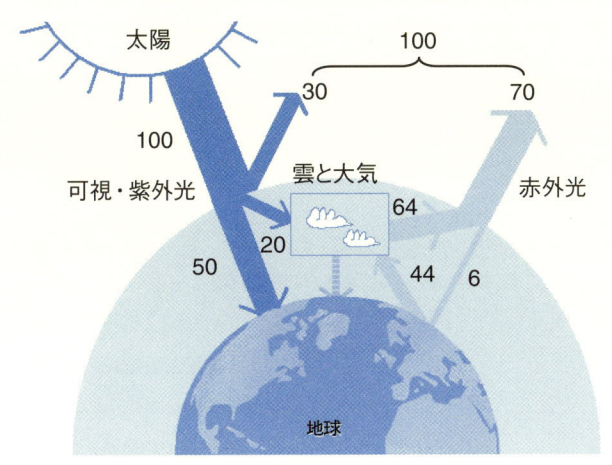

図 12.5 地球のエネルギーバランス。大気による赤外光の吸収（破線のプロセス）の増加により温暖化が起こる。

収したエネルギーの一部を赤外線として宇宙へ放射している。地球が受ける太陽からのエネルギーと，それによって暖められた地球が放射するエネルギーとが等しく，平衡状態にあると考えると，地球の平均温度は約 $-15°C$ になる。現在の地球の平均温度が約 $+15°C$ であることを考えると，その差は $+30°C$ である。これは，宇宙空間へ放出されるエネルギーのうち，その一部が大気成分によって吸収されているためである（**温室効果**）。このような効果を示す気体として，水蒸気，二酸化炭素，メタン，オゾン，一酸化二窒素などがある。それらの赤外吸収における寄与を図 12.6 に示した。水蒸気の吸収が最も大きいが，これは人間の活動によって増えるわけではない。人為的な地球温暖化を引き起こす**温室効果ガス**の中で，特に温暖化への寄与が大きいものは図からも解るように二酸化炭素である。二酸化炭素の主な赤外吸収は 4.3 および 15 μm の波長（2350 cm^{-1} と 666 cm^{-1}）に観測される。これらは，4 つの基準振動（対称伸縮振動，反対称伸縮振動，変角振動が 2 種類）のうち赤外活性の反対称伸縮振動と変角振動にあたる（3.3.2 節参照）。二酸化炭素が増えると，地球からの**熱放射の窓**（青矢印）からの赤外放射が妨げられて，温暖化が起こることになる。

12.3 エアロゾル

地球環境を考える上で，大気の気体成分だけでなく粒子状の物質，**大気エアロゾル**も重要である。エアロゾルによる**太陽光の吸収や散乱**も**地球温暖化**を加速または抑制

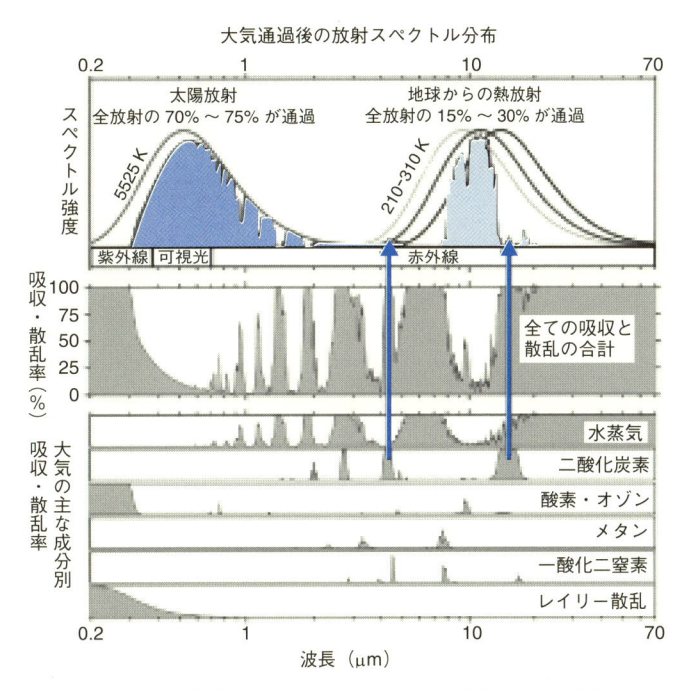

図 12.6 温室効果ガスの吸収スペクトルと温室効果への寄与（Wikipedia の「温室効果」の図より引用）

コラム　日本人が見つけたオゾンホール

オゾンホールとは，南極上空のオゾン量が極端に少なくなる現象である。南半球の春にあたる8～9月頃に現れ，11～12月頃に消滅するという季節変動をする。まるでオゾン層に穴の開いたような状態になることからその名がつけられた。忠鉢博士（当時気象研究所）は，1982年2月から1983年1月まで南極昭和基地上空のオゾン量の観測を行っていたところ，9月になって極端にオゾン量が減少した。最初は観測機器の故障かと疑うくらいの驚きだったそうである。この観測結果を精査し，1984年ギリシャで行われた国際オゾンシンポジウムにおいて世界で初めて報告した。気象衛星 TOMS で観測した2003年9月の南極上空の成層圏オゾンのようすを図12.7に示す。オゾンホールの面積は2,870万 km² にも広がり，最も薄いところは 111 DU ほどしかない[*1]。

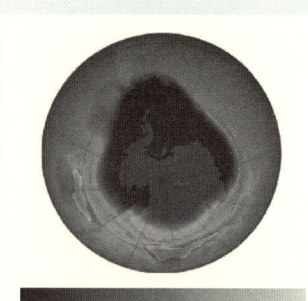

図12.7　気象衛星から見た南極上空の成層圏オゾン（2012年9月22日撮影）NASA Ozone Watch。

成層圏オゾンが減少し地表に降り注ぐ紫外線量が増加すると，人間の皮膚がん罹患率が上昇する傾向があり，また生態系に与える影響が大きいことから，**成層圏のオゾン減少**は大きな問題となり，その原因が探索された。その結果，冷蔵庫やエアコンの冷媒として，またスプレー缶のガス，半導体の洗浄などに用いられてきたフレオン（クロロフルオロカーボン類）が成層圏に達すると，短波長の光によって分解されて塩素が放出され，ClO_x 機構によりオゾンを破壊することが判明した。1985年ウィーン条約，1987年モントリオール議定書が採択され，日本では1988年「特定物質の規制等によるオゾン層の保護に関する法律」が公布，施行された。これによって，原因物質とされている特定フロン，ハロン，四塩化炭素などの規制が強化され，拡大し続けていたオゾンホールは，2000年以降ほぼ止まり，横這いか減少に転じ始めている（図12.8）。しかし，長期的な視点で今後も注視していかなくてはならない。

なお，オゾン層の形成およびオゾンホールの生成機構については，第10章3(b)節を参照してほしい。

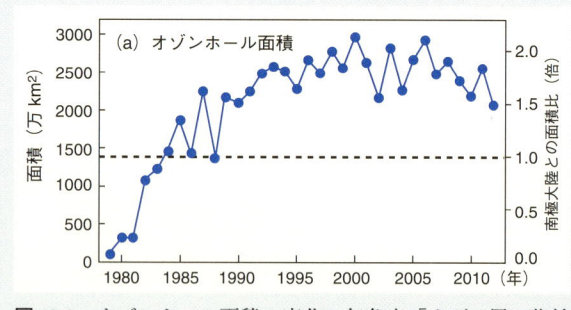

図12.8　オゾンホール面積の変化。気象庁「オゾン層・紫外線の年のまとめ（2012年）」より引用。

[*1] 地表から大気圏上端までの気柱に含まれるすべてのオゾンを積算した量をオゾン全量という。大気中のすべてのオゾンを地表に集め，0℃，1気圧の標準状態でその厚みをセンチメートル単位で計り，この数値を1000倍して表す。その単位は m atm・cm （ミリアトムセンチメートル）または DU（ドブソン単位）である。地球全体の平均的なオゾン層の厚みは約 300 DU であり，3 mm の厚さになる。オゾン全量が 220 DU 以下となる領域をオゾンホールの広がりの目安としている。

する可能性がある。さらに，核として雲の形成に関与することにより，間接的に太陽光の反射に関与する。したがって，エアロゾルは地球環境を左右する重要な因子となりうる。さらに，**酸性雨**や**オゾン層破壊**などにおけるエアロゾルの役割なども注目されている。

エアロゾルは半径が 1 nm から 20 μm 程度の大きさで大気中に存在する粒子を

さす。大気中での滞留時間はその粒径に依存する。1 μm 以上の大きな粒子は，重力で地表に落下する。最も長い滞留時間をもつ粒子は，地表から 10 km までの対流圏で 1 週間程度，それよりも高いところにあるものは数ヶ月から数年ほどである。したがって，火山の大噴火が起きると，その煤煙は成層圏にまで到達しその影響は長く続く。降水量，降水頻度にも依存するので，対流圏の滞留時間は地域によって異なる。

エアロゾルの起源と発生量を表 12.2 に示す。**一次エアロゾル**は，主に粒子状態で大気中に放出されたものであり，**二次エアロゾル**は大気中で気体から生成した粒子をいう。一次エアロゾルとして，土壌粒子，海水の飛沫から生じた海塩，火山噴火からの粒子，森林火災からの粒子，微生物などがあげられる。二次エアロゾルには自然界や燃焼過程で発生した硫黄酸化物や窒素酸化物などの気体成分が光化学反応によって粒子となったものがある。たとえば，硫酸塩や硝酸塩，排気ガス中のススのような黒色炭素や多環芳香族炭化水素といった様々な有機化合物などである。またその成分の種類によって，無機エアロゾルと有機エアロゾルに分類される。

最近よく耳にする PM2.5 は，粒径 2.5 μm 以下のエアロゾルをさす。人間の髪の毛の太さの 1/30 程度の大きさであるため，人間の肺の奥にまで到達しやすいとされており，健康被害が懸念されている。PM2.5 の濃度は一般に 1 m^3 の空気中に含まれる粒子の質量で表す。環境基準は，1 年平均値が 15 μg/m^3 以下であり，かつ，1 日平均値が 35 μg/m^3 以下であることとなっているが，突然発生したものではなく，自然界には以前から存在していたものである。人間活動により発生量が増加している。また，粒径が小さいため，越境大気汚染を起こしやすい。

表 12.2　大気中のエアロゾルの発生量（IPCC, 1996）

起源	地球全体での発生量 (10^{12} g/年)
自然発生源	
一次エアロゾル	
土壌	1,500
海塩	1,300
生物破砕物	50
火山塵	33
二次エアロゾル	
硫酸塩	55
硝酸塩	22
人為起源	
一次エアロゾル	
産業活動による塵など	100
化石燃料などからの炭素	8
バイオマス燃焼などからの有機炭素	5
二次エアロゾル	
硫酸塩	140
バイオマス燃焼	80
硝酸塩	36

12.4　公害と環境汚染物質

我々は，多くの化学物質とくにプラスチック・合成繊維や医薬品のおかげで快適な生活を営むことができるようになったが，一方でそれらの製造過程で生み出される化学物質や最終生成物が人間や環境に悪影響を及ぼす場合があることに注意しなければならない。そのような化学の負の側面についても以下にまとめておこう。

12.4.1　公　　害

公害の第 1 号とされるのは，1902 年**田中正造**による天皇直訴事件で広く知られるようになった足尾銅山鉱毒事件であろう。当時，日本第一の銅鉱山であった足尾銅山での銅の精錬過程で大気中に排出される SO_2 と河川に放流される重金属類によって，周囲の山から緑が失せ，農作物はできなくなった。谷中村遊水池が作られるなどの対策が考えられたが，抜本的な解決はできず，1973 年に閉山されるまで公害が続いた。

1950〜60 年代は日本の工業が急速に発展した時代であり，企業は生産に付随する有毒廃棄物の処理には無頓着であったために，日本国中が大気汚染・土壌汚

表 12.3　我が国の主な公害事件

事件名	時期	状況	原因
足尾銅山鉱毒事件	1880–	農業・林業破壊	SO₂、重金属汚染
安中公害訴訟	1937–	イタイイタイ病	Zn 精錬に伴う Cd 汚染
イタイイタイ病訴訟	1910–	骨がもろくなる	同上（神岡）
水俣病（熊本）	1956–	神経障害	メチル水銀廃液
第二水俣病（新潟）	1965–	神経障害	メチル水銀廃液
四日市ぜんそく	1960–	ぜんそく	大気汚染・煤煙
カネミ油症事件	1968–	皮膚・肝臓疾患	PCB 混入
光化学スモッグ	1970 年代	目・呼吸器障害	車の NO$_X$ 排出
スパイクタイヤ粉塵	1970–1980	呼吸器疾患	スパイクがアスファルトを削る
アスベスト被害	1960–1975	肺ガン	アスベスト粉塵の吸入

染・水質汚濁にまみれた．代表的なものは「**四大公害病訴訟**」と言われる，イタイイタイ病・水俣病・第二水俣病，四日市ぜんそくであった．政府も手をこまねいていることはできず，1970 年には公害対策関連 14 法案が成立した．この年の国会はよく「公害国会」とよばれる．その後も公害は散発したが，次第に環境は浄化されていった．

12.4.2　残留性有機汚染物質（POPs）

日本の高度経済成長期には，農業生産も盛んになり，害虫駆除のために多くの農薬が使われた．しかし，これらの農薬が，農作物に残留し，あるいは河川に放流された後に食物連鎖によって人体にも蓄積される可能性があることが判明し，法律で規制されるようになった．農薬以外にも環境に残留する汚染物質が見つかっており，これらをまとめて**残留性有機汚染物質**（Persistent Organic Pollutants, POPs）とよぶ．代表的な POPs を図 12.9 に示してある．POPs の多くは，塩素系有機化合物であり，①毒性　②難分解性　③生物蓄積性　④長距離移動性といった特性をもっている．このため 2001 年に**残留性有機汚染物質に関するストックホルム条約**が採択され，2004 年に締結国が 50 を超えたことにより発効した．当初 12 の塩素系農薬が指定されていたが，次第に数が増えている．我が国では「化学物質の審査および製造等の規制に関する法律」（**化審法** 1973 年）中で**第一種特定化学物質**として規制されている．土壌中の POPs の経年変化は常にモニタリングされており，40 年前と比べて大幅に減少しているが，未だに輸入食品の中に検出されることがある．

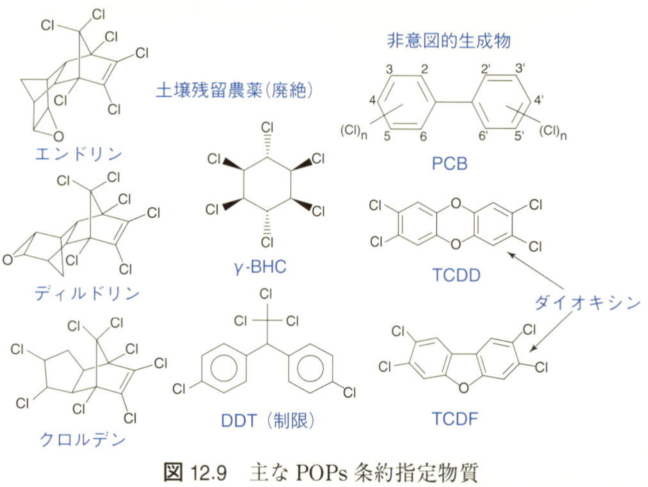

図 12.9　主な POPs 条約指定物質

12.4.3 PRTR制度（化学物質排出移動量届出制度）

より広く，環境や人間に有害となる可能性のある化学物質の管理については，「特定化学物質の環境への排出量の把握等および管理の改善の促進に関する法律」（**化管法**1999年）が制定されており，PRTR制度（Pollutant Release and Transfer Register）がその中核をなしている．すなわち，決められた指定化合物について，事業所から環境（大気，水，土壌）への排出量および廃棄物に含まれての事業所以外への移動量を，事業者が自ら把握し国に対して届け出るとともに，国は届出データや推計に基づき，排出量・移動量を集計し，公表する制度である．指定されている**第1種指定化学物質**は2014年現在462種あり，表12.4に代表的な区分を示してある．特に発ガン性の疑われる12品目は，**特定第1種指定化学物質**として，詳しくモニタリングされる．砒素，ベンゼン，石綿，六価クロム，ダイオキシンなどがこれに当たる．集計結果は環境省ホームページ（下記アドレス）に公表されている．

http://www.env.go.jp/chemi/prtr/result/todokedegaiH24/kihon.html

表12.4 PRTR法における第1種指定化学物質

揮発性炭化水素	ベンゼン，トルエン，キシレン等
有機塩素系化合物	ダイオキシン類，トリクロロエチレン等
農薬	臭化メチル，フェニトロチオン，クロルピリホス等
金属化合物	鉛およびその化合物，有機スズ化合物等
オゾン層破壊物質	CFC，HCFC等
その他	石綿等

参 考 文 献

さらに勉強を進めたい学生のための参考書

「実感する化学」米国化学会，廣瀬千秋訳，NTS，2006。
「対流圏大気の化学と地球環境」秋元肇 他編，学会出版センター。
「大気化学入門」ダニエル・ジェイコブ著，近藤 豊訳，東京大学出版会。
「Chemistry of the Upper and Lower Atmosphere」B. J. Pitts and J. N. Pitts, Jr. 著，Academic Press, California, 2000。

12章　章末問題

基礎的問題

12.1 地球全体の平均的なオゾン層の厚みは，標準状態換算で約300 DU（3 mm）である．1 m^2 あたり何分子のオゾンが存在しているか．

12.2 植物は光合成によって1年当たり6.1 Gtの二酸化炭素を固定している．この二酸化炭素がすべて糖（$C_6H_{12}O_6$）に変換されたとすると，生成した糖の質量および酸素の物質量はいくらか．また，糖の生成によって蓄えられたエネルギーはいくらか．

12.3 地球が太陽から受け取る平均エネルギーがおよそ340 W/m^2 だとすると，問12-2で蓄えられるエネルギーは太陽から受け取るエネルギーの何％か．ただし，地球は半径6400 kmの球と考えよ．

13 材料の化学

この章では，第1部〜第3部で学んできたことを元にして，どのような物質が材料として社会に役立てられていくかを見ていくことにしよう。

13.1 高分子材料

我々の生活の中でもっとも大きな役割を担っているのは高分子材料であろう。衣類やペットボトル，車のダッシュボードやタイヤなど，高分子が目に触れないところはない。高分子材料のうちで人工的に作られたものを**人工高分子**という（図13.1）。繊維状をしている**合成繊維**と，構造体を作る**合成樹脂（プラスチック）**に分けることができる。人工の繊維は1880年代にセルロースを溶かして紡糸するレーヨンが開発されたが，本格的な合成繊維が生まれたのは1930年代であった。

一方，生ゴムに硫黄を混ぜることによって実用的なゴム製品ができたのは1840年代であり，大量の加硫によってエボナイトという堅い樹脂ができたのは1850年代である。1930-40年にかけて，今もよく使われる塩ビやPETが実用化された。

図 13.1

13.1.1 合成樹脂

人工的に合成された有機高分子材料を一般的に**合成樹脂**とよぶ。有機高分子化合物は，分子内の構造がフレキシブルで変化しやすく，また高分子鎖どうしが絡まりやすいために乱れた構造をとりやすく，結晶にはなりにくい。結晶性樹脂とよばれている材料でも固体のある程度が結晶化しているだけで，完全な結晶になっているわけではない。**結晶性樹脂**では，分子どうしが密に配列していて隙間がほとんど存在しないので，溶剤分子が固体内部に侵入しにくく，有機溶剤に対する耐性が強くなる。また，高分子の配列方向が揃っているため，分子が配列している方向には非常に強い引っ張り強度を示すが，分子どうしは弱い分子間力で結びついているだけなので，簡単に裂ける材料もある（例：梱包用のポリプロピレンひも）。一方，**非晶性樹脂**は分子の構造が乱れており，分子の隙間に溶剤分子が侵入しやすいため一般に有機溶剤に弱いが，透明性が高いものが多く，窓材や内部を視認する必要のある容器等に用いられている（例：弁当や総菜を入れる食品トレーの蓋に使われているポリスチレン樹脂）。合成樹脂は熱に対する性質から，次に示すように**熱硬化性樹脂**と**熱可塑性樹脂**に分類されることもある。

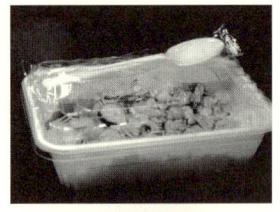

図 13.2 （上）：食品トレーに用いられているポリスチレン樹脂。（下）：PETボトル。ボトル本体はPET（ポリエチレンテレフタラート），蓋はポリプロピレン製。いずれも非晶性の熱可塑性樹脂。

熱硬化性樹脂

合成樹脂は原料となる小さな分子を重合反応させて巨大分子とすることで合

成されるが，加熱によって重合が進み，網目状の分子構造が発達して硬化する合成樹脂のことを熱硬化性樹脂という。熱硬化性樹脂は，流動性や柔軟性を失わない程度に重合させた比較的短い重合体（オリゴマー）を型に入れたり溶剤に溶かして必要な場所に流し込んだりした後，加熱することで重合を進めて硬化させて用いられる。耐熱性が高いため，高温で使用される材料（電子基板に用いられているフェノール樹脂など）や，硬化性そのものを利用した接着剤（エポキシ樹脂）などに使われている。

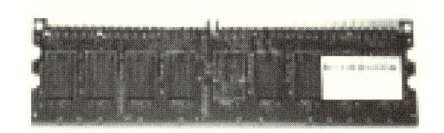

図 13.3 電子部品の基盤に用いられている熱硬化性樹脂
（図はパソコン用のメモリー）

熱可塑性樹脂

非晶質の物質は明確な融点を持たず，代わりに**軟化点**をもつ。軟化点よりも十分に低い温度では樹脂は堅い固体であるが，軟化点付近で柔らかくなり，さらに高い温度では流動性をもつ液体や，ゴム状態とよばれる弾性に富んだ固体になる。この性質により，加熱によって**可塑性**（力を加えることで変形させることのできる性質）を示す合成樹脂を熱可塑性樹脂とよぶ。熱可塑性樹脂は摩擦熱によって軟化してしまうため一般的に機械加工はしにくく，温度を上げて軟化させた樹脂に圧力をかけて型に注入して成型する**射出成型**が用いられている。

13.1.2 機能性高分子材料

高分子材料が本来もっている成型のしやすさや，軽量性，堅牢性，弾性などの性質以外に，従来にはなかった機能性を持たせた高分子材料を総称して機能性高分子材料という。代表的な機能性高分子を表 13.1 にまとめた。

エンジニアリングプラスチック（エンプラ）

合成樹脂の中で，引っ張り強度 50MPa 以上，100℃以上で連続使用できる物を汎用エンジニアリングプラスチック（**汎用エンプラ**），さらに耐熱性が150℃以上あるものはスーパーエンジニアリングプラスチック（**スーパーエンプラ**）とよばれる。軽くて成形も容易であるので，金属の代替品として広く使われるようになった。ギヤーやベアリング，航空機の部品，コンプレッサーやポンプ部品にも使われる。PEEK（ポリエーテルエーテルケトン）は240℃で連続使用できる代表的なスーパーエンプラである。

分 離 膜

市販の天然水は地下水を殺菌せずに**限外濾過膜**で細菌を濾し分けている。また，海水から淡水を製造する**逆浸透法**では，数 nm 径の細孔

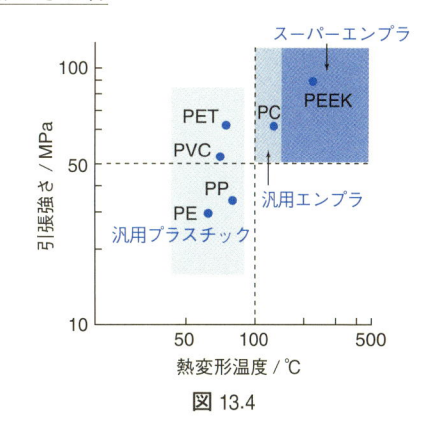

図 13.4

> **コラム　重合反応**
>
> 単分子から高分子を合成する反応を重合反応という。重合反応は大まかにいうと，縮合重合と付加重合に分けられる。
>
> - 縮合重合：2分子間で H_2O のような小分子が脱離することで分子が繋がっていく（脱水縮合）。下図はエステル結合の例。
>
> $$R_1-\underset{R_3}{\overset{R_2}{C}}-OH \quad HO-\underset{O}{\overset{\parallel}{C}}-R_4 \xrightarrow{-H_2O} R_1-\underset{R_3}{\overset{R_2}{C}}-O-\underset{O}{\overset{\parallel}{C}}-R_4 \quad \text{エステル結合}$$
>
> - 付加重合：二重結合をもった2つの分子から新しい単結合を生成する。下図はプロピレンの重合の例。
>
> $$X\cdot \rightarrow CH_2=\underset{CH_3}{CH} \cdots CH_2=\underset{CH_3}{CH} \cdots CH_2=\underset{CH_3}{CH} \rightarrow X-CH_2-\underset{CH_3}{CH}-CH_2-\underset{CH_3}{CH}-CH_2-\underset{CH_3}{CH}-$$

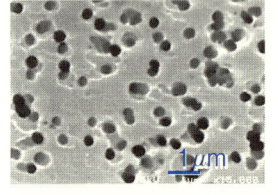

図 13.5　孔径 0.4 μm のポリカーボネート膜（日本ミリポア）

図 13.6　メチルメタクリレート (MMA)

のあいた逆浸透膜に 5MPa 程度の高圧をかけて塩水を通す。逆浸透膜を用いた純水製造プラントは世界各国で稼働し始めている。また，分離膜としては，人工透析に用いられる**透析膜**も重要な役割を担っている。（浸透圧に関しては 7 章 2(c) を参照）。

光学用プラスチック

透明度のよいプラスチックが MMA の重合によって作られ，50m 以下の短距離用**光ファイバー**として家庭内や自動車内の光そのものや情報の伝達に用いられている。

また，従来のガラスに代わって**眼鏡やコンタクトレンズ**の素材として多く使われている。最近は白内障治療用の代替眼球としても用いられる。

13.2　無機材料

13.2.1　伝統的ガラスと機能性ガラス

ガラスは二酸化ケイ素を主成分とする**非晶質固体（アモルファス）**で，その透明度の高さや化学的・熱的な安定性，溶融成型のしやすさなどの特徴により，非常に古くから有用な材料として人間に利用されてきた。ガラスの最大の特徴は結晶ではないことであり，明確な融点を示さない。ガラスの温度を上げていくと**軟化点**を経て溶融液体となる。軟化点は融点と違って一定の値をとるわけではなく，加熱条件等によって変化する温度である。ガラスは過冷却液体ではなく，熱力学的には安定な状態ではない。このため，非常に長い年月をかけて徐々に結晶化していくと考えられている。

このような特徴のほかに，特別な機能をもつ様々な新しいガラスが開発されている。このような特殊なガラスを**機能性ガラス**とよぶ。表 13.2 に機能性ガラスの一覧を示してあるが，他にも紫外線を通しにくい紫外線カットガラス，赤外線

13.2 無機材料

表 13.1 種々の機能性高分子材料

	特徴	用途（開発中を含む）	構造（例）
イオン交換樹脂	イオンとして電離する官能基をもち，水溶液中のイオンを交換する。陽イオン交換樹脂と陰イオン交換樹脂に大別される。	ボイラー水の軟水化 脱イオン水製造 希少金属回収など	
イオン伝導性高分子	水素イオンなどのイオンをキャリアとして伝導性を示す。固体電解質の一種。電子を通さずイオンだけを通すので，電池などの電気化学用途に利用される	固体高分子型燃料電池 その他電気化学セル	
導電性高分子	電気伝導性を有する高分子化合物。金属よりも軽量な導電材料。2000 年に導電性ポリアセチレンの研究で白川秀樹博士がノーベル賞を受賞。	携帯電話等のバッテリー材料など	
高吸水性ポリマー	フレキシブルな網目構造と親水基を多くもち，その重量の数百倍から数千倍もの水を吸収することのできる高分子化合物。	紙おむつ，ソフトコンタクトレンズなど	
生分解性プラスチック	セルロースなどの天然高分子化合物に化学的処理を施したものや，乳酸のような天然物由来の化合物を原料として重合した，微生物や生体内の酵素によって分解されやすいプラスチック材料。	釣り糸，漁網 手術用縫合糸 育苗ポットなど	

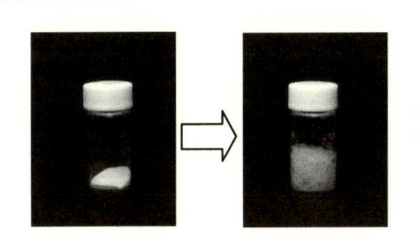

高吸水性ポリマー：左は乾燥粉末，右は左の粉末に水を加えて膨潤させたゲル状態。ポリマーの乾燥重量の数十倍の水を吸収することができる。

を通しにくい赤外線カットガラス，機械加工を容易にしたマシナブルガラスなどがある。

13.2.2 半導体光材料

8.3 節で学んだように，半導体と金属の違いはバンドギャップの有無によって特徴づけられる。このため，**バンドギャップ以上のエネルギーをもつ光は半導体に吸収されて，価電子帯にある電子を伝導帯に励起させる**（図 13.7）。逆に，伝導帯にある電子が価電子帯に戻るときに，そのエネルギー差に相当する光を発することもある。このような性質を利用して様々な光素子が開発されている。

表 13.2　種々の機能性ガラス

	特徴	用途(開発中を含む)
合成石英ガラス	透明度が高く，紫外線透過率も高い 耐熱性が高い	光ファイバー等 光学ガラス
ゼロ膨張ガラス	膨張率が極めて小さく熱ショックに強い 機械的強度に優れる	電子レンジの窓材 調理器具の天板
結晶化ガラス	ガラス中に微結晶を生じさせたもの 反射率が高い	建材
イオン伝導性ガラス	水素イオン，リチウムイオンなどの伝導性が高い	電池材料
蓄光ガラス	蛍光材料	夜間照明 光記録材料

価電子帯に電子が不足した状態にある **p型半導体** と，伝導帯に電子が余分に存在している **n型半導体**[*1] を接合すると，その接合面付近では2つの半導体間で電子のやり取りが行われて過不足が解消される。このため，接合面付近では電気を運ぶキャリアがほとんどなくなってしまい，**欠乏層** とよばれる部分ができる（図 13.8）。一方，n型半導体からp型半導体に電子が移動したことによってn型半導体はプラスに，p型半導体はマイナスに帯電し電位差を生じる。欠乏層に光を入射すると価電子帯の電子が伝導帯に励起され，**伝導電子** と **正孔** が生じる（図 13.9(a)）。生じた伝導電子と正孔は，半導体内の電位差に引っ張られて伝導電子はn型半導体に，正孔はp型半導体に移動する。図 13.9(b) のように導線で半導体のそれぞれの末端を繋いでやれば，n型半導体の電子が導線を通じてp型半導体に流れ込み，正孔と結合して消滅するので，光を当て続けてやれば常に電気が取り出せるということになる。これがソーラー発電に使われている **光電池の原理** である。光電池の構造自体は，もっとも簡単な半導体素子であるダイオードと同じものであるが，欠乏層まで光が届かないと発電ができないので，上部にあるn

*1　8.3.2項(b)を参照。シリコンに不純物を入れることによってp型あるいはn型半導体を作る。いずれも物質全体の電荷自体には過不足があるわけではない。n型半導体では不純物のドナー準位が⊕に，p型半導体では⊖になって中性を保っている。

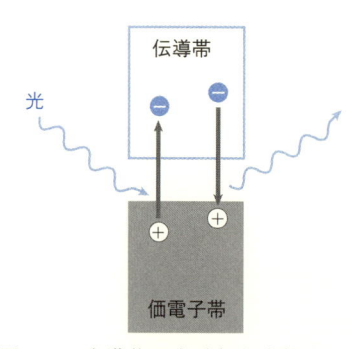

図 13.7　半導体の光励起と光放出。バンドギャップ以上のエネルギーに相当する波長の光を照射すると，伝導帯の電子が価電子帯に励起されて伝導電子になり，伝導帯中の電子の抜けた後は正孔として電気伝導に寄与する。逆に伝導帯の伝導電子が価電子帯中の正孔と結合する（伝導帯から価電子帯に戻る）ときにその差のエネルギーを放出する。

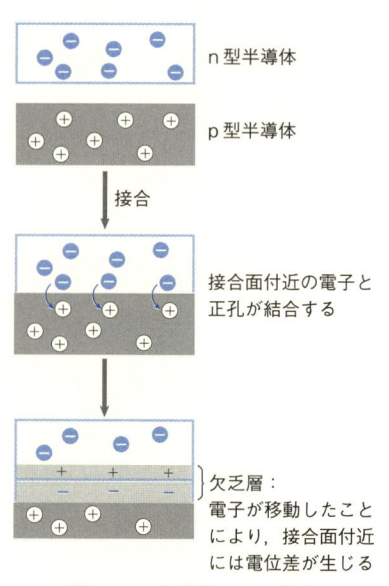

図 13.8　半導体の pn 接合

型半導体を極めて薄くしてあり，また十分な電気を取り出すために通常のダイオードよりもはるかに大きな面積をもつ素子になっている。

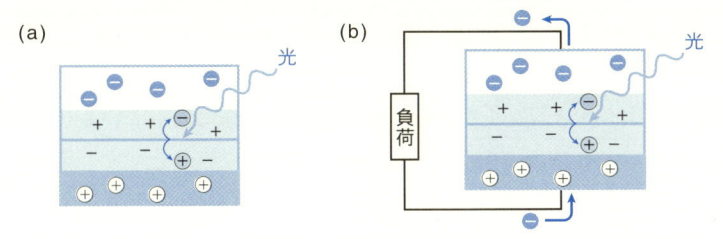

図 13.9 (a) pn 接合した半導体の欠乏層に光を入射すると，電子と正孔が対生成し，それぞれ n 型半導体と p 型半導体に移動する。(b) 半導体の両端を電気的に繋いで回路にしてある場合，光によって生じた n 型半導体中の伝導電子は，回路を通じて p 型半導体に流れ込み，正孔と結合して消滅する。このため，光を当てている間，常に電気は流れ続けることになる。

一方，pn 接合した半導体（ダイオード）に逆に外部から n 型半導体側が負極，p 型半導体側が正極になるように電源を接続して電流を流すと，n 型半導体に電子が流れ込み，p 型半導体からは電子が奪われて正孔が生じる。電子と正孔はそれぞれ電圧によって接合部方向へ押しやられ，接合部付近で再結合してエネルギーを放出する。この時に光としてエネルギーを放出するダイオードを**発光ダイオード** light emission diode (LED) という（多くの場合は熱としてエネルギーを放出してしまうので，ダイオードであれば何でも光るというわけではない）。

LED は信号機など長寿命を必要とする照明に用いられており，最近はエネルギー効率の高さから職場や家庭用の照明として蛍光灯の代わりにも使われている。また，特殊な LED 素子として**レーザーダイオード**（半導体レーザー，ダイオードレーザーともいう）があり，CD や DVD メディアなどの光記憶材料への読み書き，レーザーポインターなどに使われている。LED の放出する光の波長は，使用する半導体の物質によって決まっており，自由に色の制御をすることはできない。白色ダイオードは青色ダイオードに黄色の蛍光物質を組み合わせることで疑似的に白色を表現している（赤，緑，青色の三色のダイオードを組み合わせて白色を表現するダイオードも製品化されている）[*1]。通常，LED は無機半導体材料を用いた発光素子だが，近年では有機化合物を用いた**有機 EL** の製品化も進んでいる（図 13.11）。有機 EL は軽量で柔軟性をもつことや，蒸着法で簡便に作ることができることから様々な大きさや形に成型することが容易であり，携帯電話などのモバイル機器のディスプレイや壁面全体を光らせることのできる大型照明として期待されている。

光素子ではないが，半導体の性質を利用して透明な導電体も実用化されている。金属は光を強く散乱・反射してしまうので透明にすることはできないが，半導体はバンドギャップよりも低いエネルギーをもつ光とはほとんど相互作用しない。このため，目に見える光のもつエネルギーよりも大きなバンドギャップをもつ半導体には，透明度の高いほぼ無色のものが存在している。**酸化インジウムスズ** indium tin oxide (ITO) はこのような物質の一つで，液晶ディスプレイの配

図 13.10 白色 LED を使った懐中電灯

[*1] 2014 年のノーベル物理学賞は青色発光ダイオードを発明した赤崎勇，天野浩，中村修二の 3 氏に授与された。

図 13.11 有機 EL に用いられる発光材料の例。Alq は低分子錯体，PPV は高分子材料である。

線などに利用されている。

13.2.3 多孔性材料

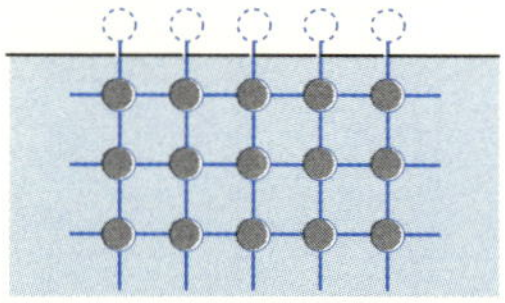

図 13.12 に示すように，固体の表面は結合の手が余った状態になっており，様々な分子を吸着しやすく，反応性に富んだ環境になっている。（多くの場合には空気中の酸素や水と反応して酸化物や水酸化物の形になっているが，この場合にも極性をもつことになるので，やはり様々な分子を吸着しやすい環境にあるといえる。）このため，表面積の大きな固体はたくさんの分子を吸着することができ，吸着材や触媒として広く利用されている。固体中に小さな孔を無数にあけてスポンジ状にしてやれば，非常に大きな表面積をもつ固体物質を作ることができる。このような固体のことを**多孔性固体**とよぶ。特にナノサイズの孔をもつ物質は**細孔性材料（マイクロポーラスマテリアル）**とよばれる。

図 13.12 固体表面の模式図。円は固体を構成する原子，太い直線は結合を表す。表面に存在する原子は，外側の原子が無く手が余った状態となる。

身近な多孔性固体としてシリカゲルや活性炭が挙げられる。**シリカゲル**は，ケイ酸ナトリウム Na_2SiO_3 の水溶液（濃厚溶液は水ガラスとよばれる）に塩酸を加えると沈殿するゲル状のケイ酸水和物 $H_2SiO_3 \cdot nH_2O$ を乾燥することで得られる。親水性が高く安全で取り扱いが容易であることから乾燥剤として多く用いられている。吸着した水は加熱することで蒸発するので，繰り返し使用が可能である。シリカゲルは非結晶性の固体で，表面積は製造法によって大きく変化するが，大きなものでは 1 g あたり数百 m^2（テニスコート 2 面分くらい）にも達する。細孔の大きさは直径数 nm から数十 nm までの範囲で広く分布している。

活性炭はヤシ殻や石炭などを蒸し焼きにして炭化し，さらに水蒸気や空気，二酸化炭素とともに 1000℃ 近い高温で反応させる方法や，木質材料に化学的な処理を施して 600℃ 程度で炭化する方法で製造されている。活性炭は親水性が低く，有機分子をより強く吸着する性質をもつので，脱臭剤として広く利用されている。活性炭の細孔はもとになる材質や製法，焼成温度などで大きく変わってくるが，1 nm〜20 nm 程度の範囲に広く分布している。

シリカゲルや活性炭は非晶質で細孔サイズも一定ではないが，結晶性の多孔性材料も存在している。**ゼオライト（沸石）**は火山灰質の土壌中に見られる鉱物の一種で，多量の水分を含んでおり，加熱するとあたかも沸騰するように激しく水蒸気を吐き出すことからギリシア語の「沸騰する」という単語と「石」という単語を合成して命名された物質である（日本語名の沸石はその直訳）。ゼオライトはケイ素とアルミニウムが酸素原子を介して共有結合でつながったアルミノケイ酸塩の一種で，規則的な結晶構造を有している。ゼオライトの構造は生成条件や組成によって変化し，天然に存在するものと人工のものを合わせて 190 種類以上の構造が知られている。また，ゼオライトはシリカゲルや活性炭とは異なり，決まったサイズの細孔のみをもつため，この孔のサイズにフィットする大きさの分子を選択的に強く吸着することができる。このため，ゼオライトは**モレキュラーシーブ（分子ふるい）**とよばれることもある。たとえばこの性質を利用して，適当なゼオライトを入れた容器に空気を導入し，圧縮と減圧を繰り返すことで，室温近い温度で簡単に濃縮酸素をつくりだすことができる。また，ゼオライトは細

孔内に交換性の陽イオンが存在しており，陽イオン交換が可能で，放射性物質に汚染された水から放射性セシウムを吸着除去するのにも用いられている。さらにゼオライトは高い触媒活性をもっており，工業用触媒としても活躍している。

近年では，金属錯体を利用してゼオライト様の細孔性材料を合成する試みもなされており，メタンガスや二酸化炭素などを多量に吸着できる材料の開発が進められている。このような材料が実用化されれば，頑丈な高圧ボンベや冷却による液化の必要がなく，安全で軽量なメタン貯蔵容器の実現や，工場や火力発電所から排出される二酸化炭素を安定に封じ込める技術の実現も夢ではない。

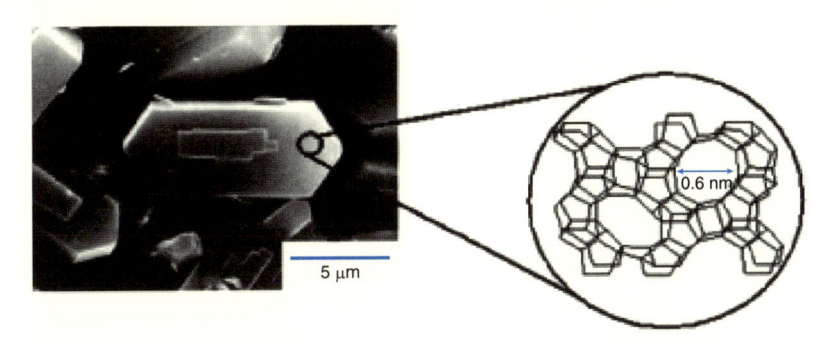

図 13.13　MFI とよばれる構造をもつゼオライトの一種の電子顕微鏡写真。右は骨格の模式図。多面体の各頂点はケイ素またはアルミニウム原子が占めており，その間をつなぐように酸素原子が結合している。矢印で示されている部分はその直径が大きいところで約 0.6 nm の空間であり，様々な分子やイオンを取り込むことができる。
(*Copyright* © ゼオライト学会)

13.2.4　金属および合金

人類が本格的に金属を使い始めたのは，恐らく紀元前 3000 年頃の青銅からであると考えられる。これは銅と錫の合金である青銅の融点が 850℃ 付近であり，加工しやすかったためと見られる。メソポタミアで始まり急速に広がった。この時代は**青銅器時代**とよばれる。その後 BC1500 年頃にヒッタイト人が鉄器を使用し始め，人類は**鉄器時代**に入った。現在でも最も多く使われる金属は鉄であり，これは表 13.3 にも見るように，鉄鉱石が他の金属鉱石に比べて圧倒的に地表付近での分布が多いことによる（表 13.3 のクラーク数参照）。

鉄鉱石は炭素（コークス）による還元を用いて精錬されるので，粗鋼の鉄の中には多少の炭素が含まれている。幸いなことに，鉄に炭素が少量はいることによって鉄の物性は向上する。炭素含有量が 2.14% より大きい**鋳鉄**は融点が低くて鋳造しやすいが，脆い。これに対して，炭素量 0.0218〜2.14% のものは**鋼**（はがね）とよばれ，引っ張り強さや伸びが大きくなる。ただし，熱処理の方法によって性質は大きく異なってくる（図 13.14 の鉄と炭素の相図を参照）。

鉄に 10.5% 以上の Cr を含むものを**ステンレス**という。さらに Ni を加えることが多い。表面に Cr の酸化膜ができて不動態となるため錆びないという利点がある。非磁性のオーステナイト系（Cr 16〜20% を含む）が中心であるが，強磁性のフェライト系や磁性をもつマルテンサイト系などがある。最もよく使われる

表 13.3 主要金属の物性

金属		融点 °C	密度 g cm^{-1}	硬度 モース	引張強さ kgf/mm^2	電導度 Cu = 100	クラーク数[*1] %
銅	Cu	1083	8.92	3	22	100	0.01
亜鉛	Zn	419	7.14	2.5	13	29	0.004
スズ	Sn	232	7.31	1.8	2	15.3	0.004
鉄	Fe	1535	7.87	4.5	25	17.3	4.70
金	Au	1063	19.3	2.5	10	74.9	5×10^{-7}
銀	Ag	961	10.5	2.7	18	106.1	1×10^{-5}
鉛	Pb	327	11.3	1.5	9	8.4	0.0015
水銀	Hg	−38	13.6	—	—	1.8	2×10^{-5}
ニッケル	Ni	1455	8.91	4.0	39	25	0.01

[*1] クラーク数とは地表部付近から水面下 16km までの元素の分布を概算したものである。アメリカの地球科学者クラークのデータに基づく。

オーステナイト系の SUS316 には 10～14% の Ni が含まれている。日本は世界のステンレス粗鋼の 9% を生産しているため (2012 年)，Ni と Cr の輸入量が多い。

高速度鋼とよばれる合金は，高速回転しながら金属を削り出すドリルやエンドミルに使われるもので，高温での硬度が高く強度も大きい。鉄に Cr，Mo，W，V などを添加している。また，靱性では劣るが，さらに高温での硬度が大きい**超硬合金**が切削などに用いられる。炭化タングステン (WC) を結合材の Co とともに焼結したものである。

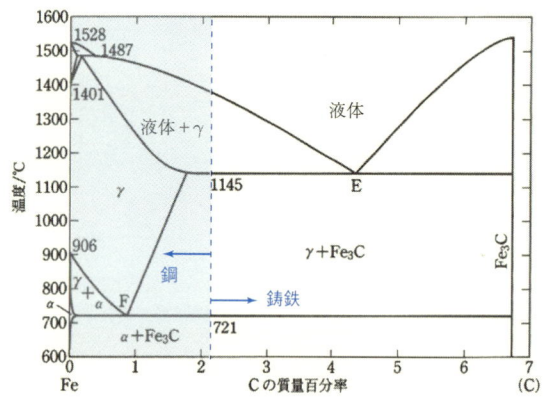

これらの合金に欠かせない金属材料である Ni，Cr，W，Co，Mo，Mn，V などは**レアメタル**とよばれ，輸入に頼らざるをえない重要な金属資源である。日本ではこれらの備蓄を行っているが，平均備蓄日数は 22 日でしかない。また最近は，IT 関連機器に欠かせないインジウム，ガリウム，イッテルビウム，ユウロピウム，テルビウム，ランタン，セリウムや，強磁石に欠かせないネオジム，サマリウム，プラセオジム，ジスプロシウム，テルビウムなどの**レアアース**が国際的な資源争奪に巻き込まれて高騰している。これらの資源の安定供給の方策を考えるとともに，代替資源を研究することが重要な課題になっている。

図 13.6 鉄と炭素の相図
α：フェライト，γ：オーステナイト，Fe$_3$C：セメンタイト

ランタノイド	$_{57}$La ランタン 138.9	$_{58}$Ce セリウム 140.1	$_{59}$Pr プラセオジム 140.9	$_{60}$Nd ネオジム 144.2	$_{61}$Pm プロメチウム (145)	$_{62}$Sm サマリウム 150.4	$_{63}$Eu ユウロピウム 152.0	$_{64}$Gd ガドリニウム 157.3	$_{65}$TB テルビウム 158.9	$_{66}$Dy ジスプロシウム 162.5	$_{67}$Ho ホルミウム 164.9	$_{68}$Er エルビウム 167.3	$_{69}$Tm ツリウム 168.9	$_{70}$Yb イッテルビウム 173.0	$_{71}$Lu ルテチウム 174.9

参考文献

1. 「白川博士と導電性高分子」赤木和夫・田中一義編，別冊科学，化学同人 (2001)。
2. 「分子ナノテクノロジー」松重和美・田中一義編，化学フロンティア 6，化学同人 (2002)。
3. 「ナノマテリアル最前線」平尾一之編，化学フロンティア 7，化学同人 (2002)。
4. 「驚異のソフトマテリアル」日本化学会編，CSJ Current Review 01，化学同人 (2010)。
5. 「革新的な多孔質材料」日本化学会編，CSJ Current Review 03，化学同人 (2010)。

13章 章末問題

基礎的問題

13.1 表 13.1 に示されている水素イオン伝導性高分子の微粉末 10.00 g を純水中に分散し，0.1000 mol L^{-1} の NaOH 水溶液で滴定したところ，17.52 mL を滴下したところで中和点に達した。この高分子の構造式中に示されている $(-CF_2-CF_2-)$ の繰り返し数 m の値を求めよ。

13.2 あるダイオードが 450 nm の光を発するとする。このダイオードに用いられている半導体材料のバンドギャップの大きさを求めよ。

13.3 ある多孔性錯体は 298 K, 3.5 MPa で 9.5×10^{-3} mol g^{-1} のメタンを吸蔵できる。この錯体の密度が 0.5 g cm^{-3} であるとすると，同じ温度・圧力・体積におけるメタンの気体の何倍のメタン分子を吸蔵できることになるか。ただし，メタンの気体は理想気体として考えよ。

13.4 厚さ 50 μm のイオン伝導性高分子膜に直径 1 cm の円盤状平行電極を貼り付けて抵抗値を測定したところ，2.12 Ω であった。電気伝導を担うキャリアがイオンのみであったとして，この高分子材料のイオン伝導率を求めよ。

14 生命科学

我々人類をはじめとして，生命体はすべて物質から構成されている。そこでは数えきれないくらい多くの分子が相互作用しあい，また様々な化学反応を起こすことによって生命活動を維持している。その反応にかかわる分子の構造を理解して，はじめて生体内の反応を理解することができるであろう。本章では，生命の根幹となる物質～**タンパク質，アミノ酸，核酸**～に焦点を当て，構造と機能について考えてみよう。

14.1 タンパク質とアミノ酸

タンパク質 (protein) は細胞の主要な成分であり，水に次いで多く含まれる。その種類と機能は多岐にわたる。脊椎動物の胃液中に含まれタンパク質を分解するペプシンのように化学反応にかかわる酵素，ミオシンのように運動をつかさどる**モータータンパク質**，コラーゲンのように組織を形成する構造タンパク質，網膜にあるロドプシンのような受容体タンパク質，細胞間の情報を伝達するシグナルタンパク質，遺伝子調整タンパク質など様々である。これらの機能を理解するためには，タンパク質分子の構造に関する情報を知ることが非常に重要である。タンパク質分子の三次元構造は，X線結晶解析法，電子線や中性子線結晶解析法，NMR法などの実験から，すでに数千種類が決定されている。しかし，これらのタンパク質を構成しているのはたった20種類のアミノ酸である。

アミノ酸は日常よく耳にする言葉である。スポーツドリンク，栄養剤，健康食品や化粧品にも含まれている。アミノ酸（α-アミノ酸）は，カルボキシル基（-COOH）が結合した炭素（α炭素, C_α）にアミノ基（-NH$_2$）が結合しており（図14.1），側鎖Rの種類によって多様な化学的性質を示す。これらアミノ酸は水に溶解する**両性電解質**であり，中性付近ではカルボキシル基が脱プロトン化（-COO$^-$）し，アミノ基がプロトン化（-NH$_3^+$）している。このような1分子中に正負の電荷を合わせもつイオンを**双性イオン**（両性イオン）とよぶ（図14.2）。

タンパク質を構成する20種類のアミノ酸を表14.1にまとめた。側鎖の性質に

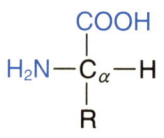

図14.1 アミノ酸の基本骨格

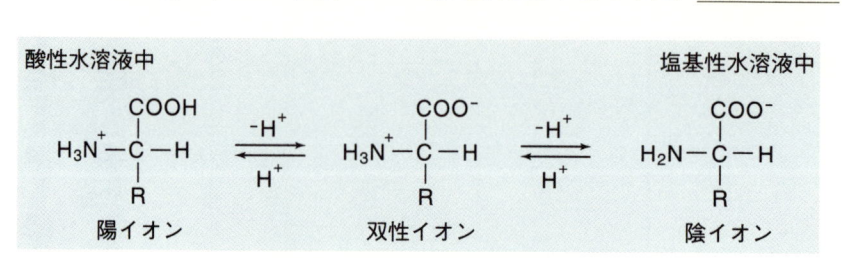

図14.2 アミノ酸の電離平衡
（酸性水溶液中：陽イオン ⇄ 双性イオン ⇄ 陰イオン：塩基性水溶液中）

14.1 タンパク質とアミノ酸

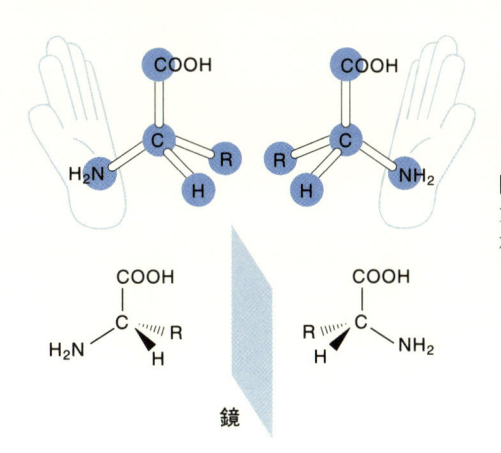

図 14.3 アミノ酸分子の不斉性（左：L体，右：D体）。太いくさびで示した結合は紙面の手前，破線のくさびで示した結合は紙面の向こう側にあることを表わす。

表 14.1 20種類のアミノ酸の構造（Rのみ示す）と表記および等電点

塩基性

リシン	アルギニン	ヒスチジン
Lys (**K**)　9.74	Arg (**R**)　10.76	His (**H**)　7.59
—(CH$_2$)$_4$—NH$_2$	—(CH$_2$)$_3$—NH—C(NH$_2$)=NH	—CH$_2$—(imidazole)

酸性

アスパラギン酸	グルタミン酸
Asp (**D**)　2.77	Glu (**E**)　3.22
—CH$_2$—C(=O)—OH	—(CH$_2$)$_2$—C(=O)—OH

非荷電極性

アスパラギン	グルタミン	セリン
Asn (**N**)　5.41	Gln (**Q**)　5.65	Ser (**S**)　5.68
—CH$_2$—C(=O)—NH$_2$	—(CH$_2$)$_2$—C(=O)—NH$_2$	—CH$_2$—OH

トレオニン	チロシン
Thr (**T**)　6.16	Tyr (**Y**)　5.66
—CH(OH)—CH$_3$	—CH$_2$—(C$_6$H$_4$)—OH

非極性（疎水性）

アラニン	バリン	ロイシン	イソロイシン
Ala (**A**)　6.00	Val (**V**)　5.96	Leu (**L**)　5.98	Ile (**I**)　6.02
—CH$_3$	—CH(CH$_3$)—CH$_3$	—CH$_2$—CH(CH$_3$)—CH$_3$	—CH(CH$_3$)—CH$_2$—CH$_3$

プロリン	フェニルアラニン	メチオニン	トリプトファン
Pro (**P**)　6.30	Phe (**F**)　5.48	Met (**M**)　5.74	Trp (**W**)　5.89
(pyrrolidine-COOH)	—CH$_2$—(C$_6$H$_5$)	—(CH$_2$)$_2$—S—CH$_3$	—CH$_2$—(indole)

グリシン	システイン
Gly (**G**)　5.97	Cys (**C**)　5.07
—H	—CH$_2$—SH

（注）カッコ内の文字は，各アミノ酸の1文字略号を示す。

よって、酸性、塩基性、非荷電極性、非極性（疎水性）アミノ酸に分類できる。ある特定のpHの水溶液中では、分子内の正負の電荷がつりあって分子全体として電気的に中性となる。このときのpHを**等電点**(isoelectric point)といい、アミノ酸の種類に固有の値をとる。たとえば、アスパラギン酸は水溶液中で酸性を示し、その等電点は2.77であるのに対し、リシンは塩基性であり等電点は9.74である。いくつものアミノ酸が水溶液中に共存しているとき、正味の電荷に応じて陽極または陰極にアミノ酸が移動する。**電気泳動**(electrophoresis)はこの性質を利用したものであり、アミノ酸を分離・分析することができる。

側鎖がHであるグリシンをのぞき、α炭素が**不斉炭素原子**[*1]であるため、アミノ酸は**キラル**(chiral)な分子である。立体配置の異なるL体またはD体の2種類の構造があり（図14.3）、この二つの分子は重ね合わせることができない。これら二つの分子はちょうど右手と左手の関係と同じであり、互いに鏡に映して得られるかたちである（鏡像関係）。このような分子を**キラル分子**といい、鏡像の関係にある異性体を鏡像異性体（エナンチオマー）または鏡像体とよぶ。鏡像異性体どうし、またはその溶液の物理的、化学的性質はほとんど同じだが、**旋光性**が異なり、光の偏光面を互いに逆方向に同じ角度回転させる（**光学活性**）[*2]。また、においや味といった生理作用が異なる[*3]。図14.4に示すようにH原子から$C_α$をみて、時計回りにCORNの順になっている方がL体であり、反時計回りがD体である。タンパク質を構成するアミノ酸はすべてL体であることがわかっている。進化の過程で、D体ではなくL体だけが選択されたことは大変興味深い。また、近年タンパク質分子中に微量ながらD体のアミノ酸が存在していることがわかり、その存在量と老化との関連性が議論されている。

タンパク質分子は、いくつものアミノ酸がペプチド結合（図14.5）でつながり、長い鎖を形成しているので、ポリペプチドともよばれる。特に厳密な定義はされていないが、分子量1万以上のものをタンパク質とよび、それよりも小さいものを**ペプチド**(peptide)とよぶ。この鎖の端はアミノ基とカルボキシル基であり、それぞれN末端、C末端という。英単語の文字の配列が違えば違う単語になるように、タンパク質もアミノ酸の配列が異なることによって、異なる構造をもつタンパク質分子となり様々な機能を発揮することができるのである。タンパク質を構成しているアミノ酸の配列順序は**一次構造**とよばれる。

図14.5 アミノ酸どうしは脱水縮合してペプチド結合（−CO−NH−）を形成する。アミノ酸が二つ結合したものをジペプチド、三つをトリペプチドとよぶ。

タンパク質は一本の長いポリペプチド鎖であるが、主鎖内の隣り合わないN−H基とC=O基の間に**水素結合**が形成されると、らせん構造（**αヘリックス**）やひだ折り状（**βシート**）という規則正しい折り畳みパターンができる（図14.6）。これを**二次構造**という。αヘリックスは1回転あたり3.6個のアミノ酸残

[*1] 不斉炭素原子とは、互いに異なる4つの原子または原子団と結合している炭素原子をさす。

[*2] 光の進行方向に対向する方向から見て、偏光面を右に回転するものが右旋性、左に回転するものが左旋性であり、それぞれ+と−の記号をつけて示す。偏光面を回転させる角度を旋光度といい、旋光度$α°$は物質の濃度C g/mL（溶液1 mL中に溶けている溶質のグラム数）に比例する。

$$α° = [α]_λ^t C l$$

ここで、lは光路長dm、$[α]_λ^t$は温度t、測定する光の波長$λ$における比旋光度であり光学活性物質に特有の値である。

[*3] うま味成分として知られているグルタミン酸ナトリウムはL体であり化学調味料として使用されているが、D体ではうま味を感じない。

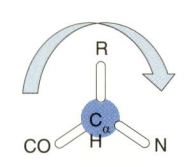

図14.4 L体とD体の見分け方。水素原子からα炭素を見たとき、時計回りにCORNの順番になるものがL体である。

14.1 タンパク質とアミノ酸

基があり，その長さは 0.54 nm である。αヘリックスは皮膚や毛髪にある繊維状タンパク質に多く見られ，βシートは絹糸にあるフィブロイン中に発見された。

側鎖 R にある官能基を含む水素結合，イオン結合，ファンデルワールス力，ジスルフィド結合（システインどうしの結合，–S–S–），疎水性相互作用が加わって，特有の立体構造（**三次構造**）が形成される。また，血液中で酸素を運搬するヘモグロビンのように，いくつかのタンパク質分子が組み合わさってできている場合もあり，これを**四次構造**という（図 14.7）。二次構造以上を高次構造とよぶ。立体構造と機能の研究から，タンパク質分子中には密に折りたたまれたいくつかの独立した領域が存在することがわかってきた。この領域を**ドメイン**とよぶ。

タンパク質分子はアミノ酸配列で決まる特有の三次元構造をもつが，その折りたたまれた構造は自由エネルギー G が最小になるようなコンフォメーション（立体構造）である。そこに尿素など構造を壊す**変性剤**を加えると，タンパク質分子はほどけて柔軟になる。しかし，その変性剤を取り除くと，また本来の立体構造が再生される（**フォールディング**という。図 14.8）。このことは，タンパク質分子の立体構造はアミノ酸配列によって決定されていることを意味している。この折りたたみ構造を間違ってしまうとタンパク質分子どうしが凝集体となり，アルツハイマー病，クロイツフェルト・ヤコブ病や牛海綿状脳症 (BSE) などの病気を引き起こす原因となる。

一次構造　........KVFGRCELAAAMKRHGLDNYRGYSLGNWVC.........

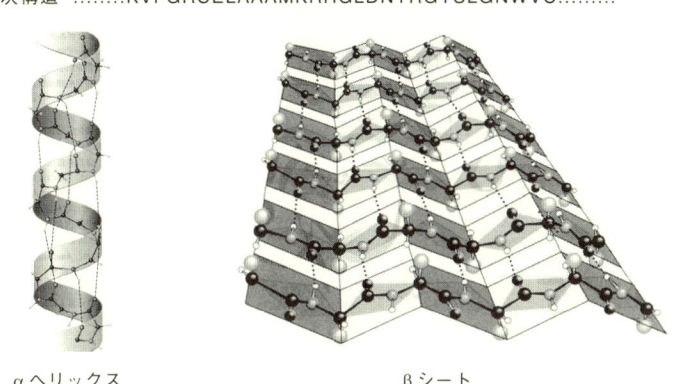

αヘリックス　　　　　　　　βシート

図 14.6 タンパク質分子の一次構造と二次構造。破線は水素結合を表す。

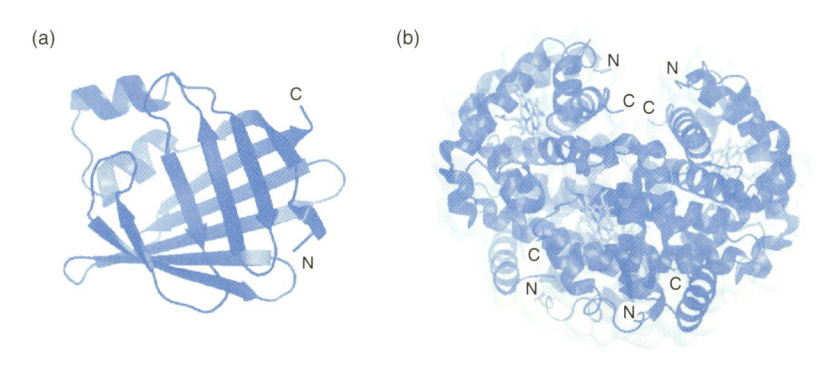

(a)　　　　　　　　(b)

図 14.7 タンパク質分子の (a) 三次構造と (b) 四次構造

タンパク質はアミノ酸から構成されていることはすでに述べたが，そのためタンパク質分子自体も電荷を帯びている。いくつかのタンパク質を含む溶液に電場をかけると，その分子自身の大きさと正味の電荷に対応した速度で一方向へと移動する。この方法を**ゲル電気泳動**といい，タンパク質の分離に利用されている。

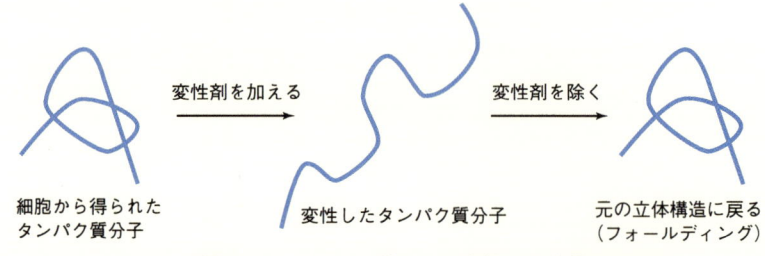

図 14.8　タンパク質分子の変性と立体構造の再生

14.2　酵素と酵素反応

前節ではタンパク質分子の構造について述べてきたが，ここでは酵素反応について考えてみよう。生体内の反応には，酵素が関与している。酵素の主たる部分はタンパク質からなり，生体内反応において触媒としてはたらく。現在3千種類以上の酵素が確認されており，一般的な触媒と比べて特異性が著しく，触媒効率が高いのが特徴である。

酵素の特異性には，**基質特異性**と**反応特異性**がある。酵素は特定の反応物（これを基質という）にのみ活性をもつ[*1]。これを基質特異性という。アミラーゼはデンプンを分解する酵素であるが，タンパク質（ペプチド）を分解することはできない。また，一つの化学反応しか触媒しない性質をもち，これを反応特異性という。酵素は特定の基質だけが収まるポケットのような活性部位をもち，そこで反応が進む。ちょうど鍵と鍵穴の関係である（図 14.9）。酵素は触媒なので，反

*1　酵素の一般名は，通常，基質と触媒する反応の組み合わせになっていることが多い。たとえば，アルコールデヒドロゲナーゼはアルコールの脱水素（酸化）反応を触媒する酵素である。ペプシン，トリプシン，リゾチームなどは，19世紀末の命名に関する取り決めが広く受け入れられる以前に発見され，命名されたものである。

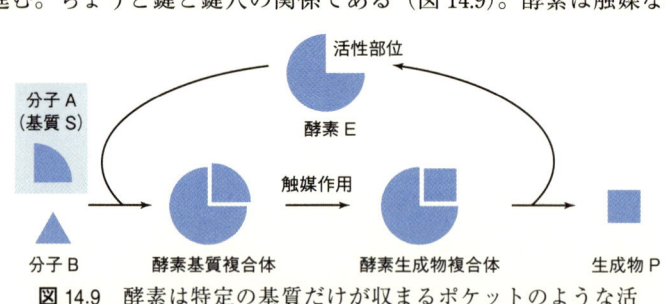

図 14.9　酵素は特定の基質だけが収まるポケットのような活性部位をもち，そこで反応が進む。ちょうど鍵と鍵穴の関係である。酵素Eは分子Aとのみ複合体を形成することができる。

応の速度を大きくするが，エネルギー的に不利な反応を起こすことはできない。もう一つの特徴は，酵素反応の速さが最大になる**最適温度**があることである。多くの酵素の最適温度は，35〜40℃である。化学反応は，一般的に温度が高いほど反応速度は大きくなる。酵素反応も室温付近までは温度の上昇とともに反応速度は大きくなるが，最適温度以上になるとタンパク質が変性し，その活性を失ってしまうために反応速度は急激に減少する（図 14.10）。また，反応溶液のpHに

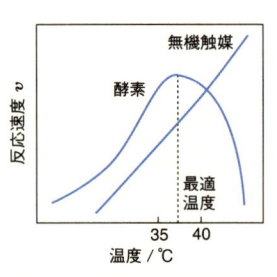

図 14.10　酵素と無機触媒の反応速度の温度依存性

よっても活性が影響を受ける。多くの酵素は pH 7 付近で活性が高いが，胃液に含まれるペプシンの最適 pH は 2 である。

酵素の反応は，**ミカエリス−メンテンの機構**で説明される[*1]。酵素（タンパク質）の機能を調整する仕組みについて考えてみよう。酵素は他のタンパク分子や小分子と相互作用しその活性が制御されている。たとえば，酵素反応が進むと生成物濃度が上昇する。この生成物が酵素の活性を抑える役割を担ったりする。いわゆる**フィードバック阻害**である。これは負の制御であるが，また正の制御もある。酵素の特定の部位がリン酸化されることによって，初めて活性がオフからオンになるものもある。いくつもの化学反応が整然と制御され，生体内の秩序を保つ機構は実に見事である。しかし，我々はまだその解明の端緒についたばかりである。

[*1] 詳細は第 10 章 2 を参照のこと。

14.3 DNA 二重らせんと水素結合

核酸はどの生物の細胞にも存在し，遺伝情報の保存・伝承や生命活動に欠かせない役割を担っている。核酸には，**デオキシリボ核酸 DNA** と**リボ核酸 RNA** の 2 種類がある。いずれも，核酸塩基，糖，およびリン酸からなる構造単位が鎖状に重合したものである。この構造単位を**ヌクレオチド**とよぶ（図 14.11）。DNA の塩基には，グアニン (G)，アデニン (A)，チミン (T)，シトシン (C) の 4 種類があり，糖はデオキシリボースである（図 14.12）。また，RNA の核酸塩基も 4 種類であるが，チミンの代わりにウラシルが使われ，糖はリボースである。例として，DNA の 4 個のヌクレオチドが結合しているようすを図 14.13 に示す。

DNA は細胞の核内に存在し，遺伝情報を蓄える。2 本のヌクレオチド鎖が互

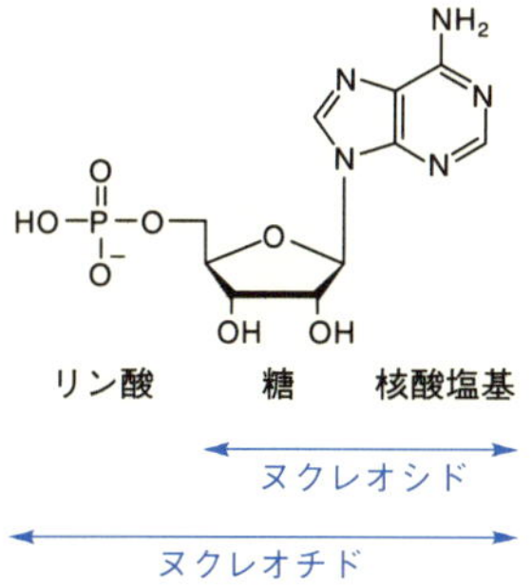

図 14.11 アデノシン−リン酸の分子構造

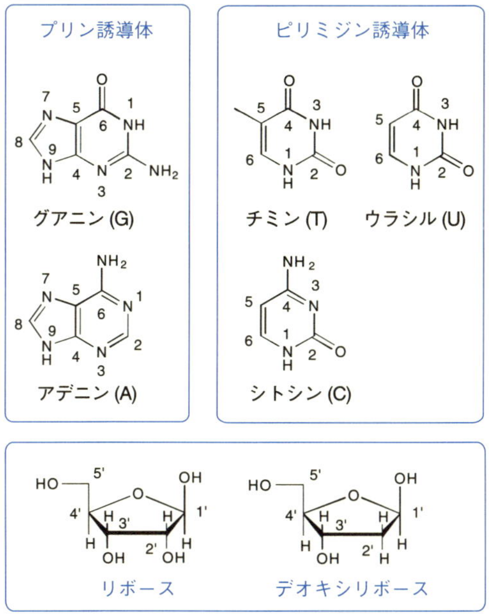

図 14.12 核酸塩基と糖の構造

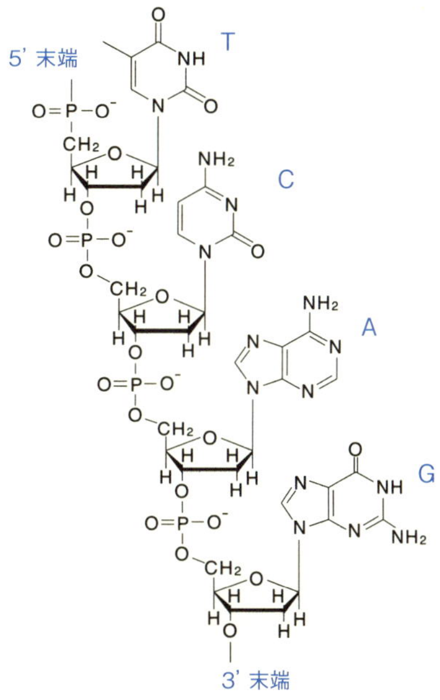

図 14.13 4 つのヌクレオチドの結合

*1 RNAにはmRNA, rRNA, tRNAや低分子のRNAがある。DNAから転写されたばかりのRNAはmRNA前駆体と呼ばれる。真核生物のmRNA前駆体では，遺伝情報がコードされている部分（エキソン）が，されていない部分（イントロン）で分断されている。イントロンを取り除きエキソンをつなぎ合わせたものがmRNAとして核外に出る。この加工をRNAスプライシングという。低分子RNAがこの作用を担う。mRNA以外のRNAは細胞の構造体成分や酵素としても作用するが，遺伝情報をタンパク質に翻訳する場で重要な働きをする。

*2 タンパク質とrRNAから成る20～30 nmの球状粒子であり，すべての細胞に存在する。タンパク質の合成の場。

*3 DNAの二重らせんはヒストンとよばれるタンパク質に巻きつき，複合体（クロマチン）を形成している。広げると糸に通したビーズのような形である。このクロマチンが何重にも折りたたまれ狭い空間に収まっている。細胞の分裂期には凝集が起こり，顕微鏡で観察できる。これを染色体とよぶ。

いに巻きあって，**二重らせん構造**をとっている（図14.14）。らせんが1回転する長さは，3.4 nmであり，そこには2種類の溝ができている。広い溝を主溝，狭い溝を副溝という。この二重らせん中では一方の鎖の核酸塩基と他方の鎖の核酸塩基が水素結合を形成している。このとき，AはTと，GはCとのみ水素結合する。この関係を相補性という。水素結合しているようすを図14.15に示す。

DNAからタンパク質が合成される経路を見てみよう（図14.16）。メッセンジャーRNA（**mRNA**）[*1]がDNAの塩基配列を転写する。**リボソーム**[*2]において，mRNAの情報に基づいてトランスファーRNA（**tRNA**）[*1]が細胞質内のアミノ酸を運搬する。3つの塩基の配列は**コドン**とよばれ，ひとつのアミノ酸に対応している。たとえば，AUGの配列はアミノ酸のメチオニンに，AAGはリシンに対応している。アミノ酸どうしは，ペプチド結合によって結合しタンパク質となる。すなわち，DNAの情報はタンパク質の設計図といってもよい。このように遺伝情報はDNA→mRNA→タンパク質へと流れていく。これは細菌から人にいたるまですべての細胞で普遍的に起こる。この根本原理を分子生物学の**セントラルドグマ**とよぶ。細胞中のほとんどのDNAは**染色体**上にあり，染色体の数や形状は生物によって決まっている。人の細胞1個には染色体[*3]が46本（常染色体22

> **コラム　DNAとRNAの構造**
>
> 1953年ワトソンとクリックはAとT, GとCの物質量が等しいという塩基組成，およびX線結晶構造解析の結果を元にDNAの二重らせん構造を明らかにした。この研究により，ワトソンとクリックは1962年ノーベル生理学・医学賞を受賞した。しかし，実際に結晶構造解析を行っていたのはロザリンド・フランクリンという女性研究者であった。実験結果をめぐって当時のフランクリンとワトソン，クリック，ウィルキンズの研究に対する姿勢や人間模様についてはドラマがあり，それについて数多くの書物が出版されている。
>
> DNAの構造には，フーグスティーン型塩基対など従来のワトソン−クリック型とは異なるものも知られている。また，DNAの2重鎖だけでなく，3重鎖や4重鎖といった構造をとることもある。
>
> 一方，RNAは一本鎖であるが，タンパク質と同様に塩基対配列によって決まる立体構造を有している。ここでも部分的にA−U, G−Cの塩基対が形成されている。
>
> フーグスティーン型塩基対　　ワトソン−クリック型塩基対

14.3 DNA二重らせんと水素結合

本×2＋性染色体2本）ある。それに含まれる塩基の数は約60億個，二重らせんの長さはおよそ2 m にもなる。

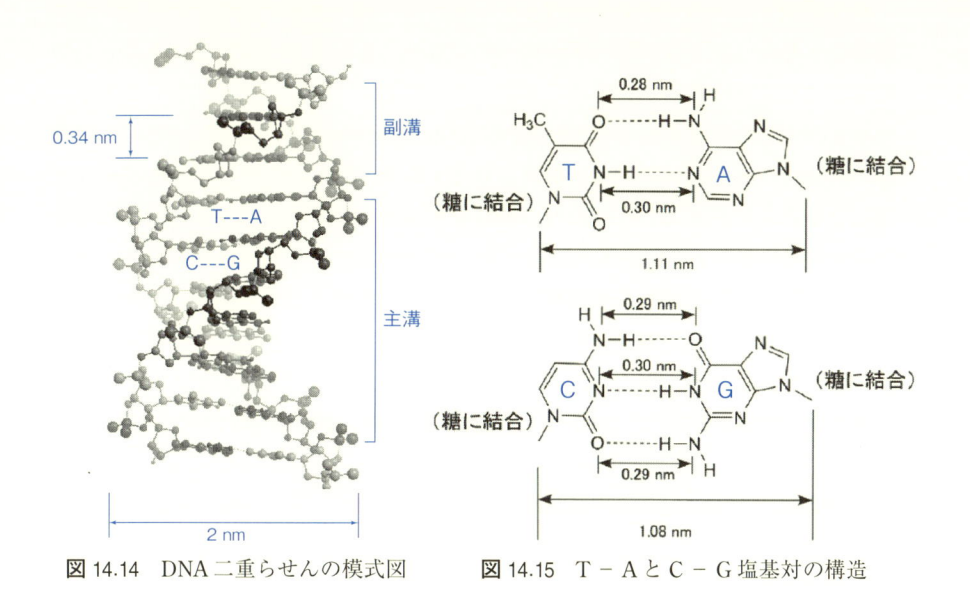

図 14.14　DNA二重らせんの模式図

図 14.15　T－A と C－G 塩基対の構造

図 14.16　DNA の情報からタンパク質の合成へ

*1 ここに記した内容は，おもに京都大学 iPS 細胞研究所による情報をもとに記述している。詳しくはこちらのサイトを参照のこと。
http://www.cira.kyoto-u.ac.jp/

14.4 再生医療── iPS 細胞[*1]

再生医療とは，病気や怪我などで失った体の一部（臓器や組織）を再生する医療のことをいう。トカゲは尻尾が切られてもそれを再生させる能力があるし，川や池にすむ 1 cm ほどの小動物であるプラナリアは，体を二分されても 2 匹のプラナリアとして再生することが知られている。われわれ哺乳類においては，受精胚の未分化な細胞は体の様々な細胞に分化する能力をもっているが，生後の体細胞はいったん分化するとそれ以外の細胞を生み出すことはできないし，その細胞分裂の回数も数十回と限られている。そこで，何度でも分裂が可能で人体のどのような細胞にも分化できる**幹細胞**を人工的に作り出すことができれば，再生医療への道が開ける。幹細胞は細胞分裂して，幹細胞自身と他の細胞に分化する細胞を同時に作ることができる（図 14.17）。

人工的な幹細胞の作製方法として，**ES（胚性幹）細胞**が検討されてきた。受精後 6，7 日目の初期胚から細胞を取り出し，それを培養することによって ES 細胞は作製される。この細胞はまだ未分化な状態で，適当な処理を施すことによって様々な生体組織になる可能性がある。しかし，胚を必要とするので倫理的な問題が残る。そこで，京都大学の山中伸弥らは，成人の皮膚などの細胞に 4 種類の遺伝子を導入するだけで**人工多能性幹 (iPS) 細胞**を作成することに成功した（図 14.18）。2012 年「成熟細胞が初期化され多能性をもつことの発見」によりノーベル生理学・医学賞が授与された。患者の細胞から iPS 細胞を作り，病気の発症機序や原因解明をしたり，様々な薬剤との反応から新しい薬剤の探索や毒性試験などに用いたりすることが考えられている。

これらの技術開発によって，再生医学の分野は今後飛躍的に伸びることが期待される。また，このような研究結果から受精卵から，体ができる仕組みや細胞が分化していく機構についても，新たな知見が得られていくであろう。

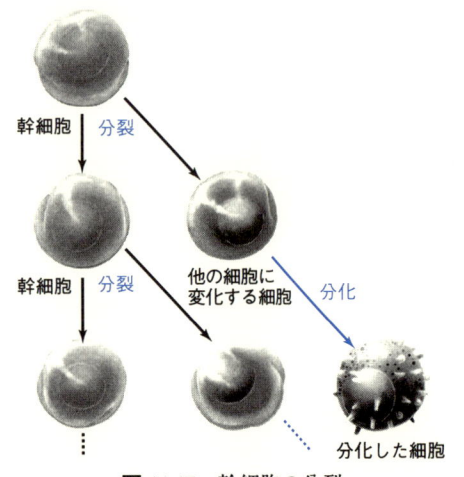

図 14.17 幹細胞の分裂

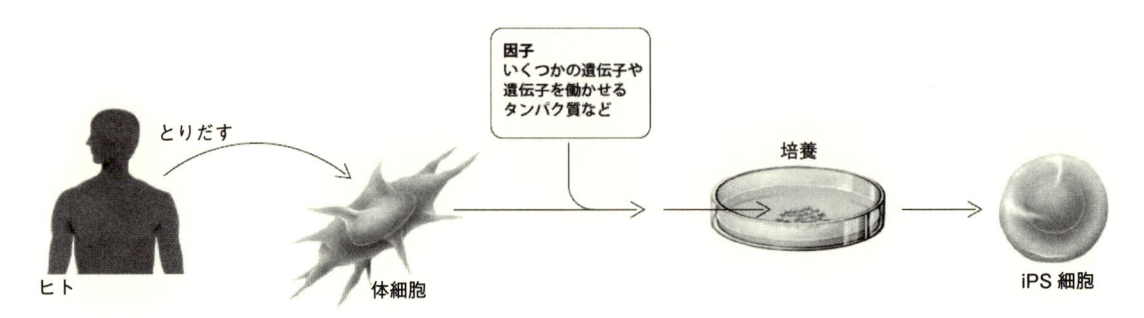

図 14.18 iPS 細胞の作製方法

参考文献

さらに勉強を進めたい学生のための参考書

「ヴォート 生化学第 4 版」D. Voet 他著,田宮信雄 他訳,東京化学同人。

「ストライヤー生化学 第 7 版」J. M. Berg 他著,入村達郎 他訳,東京化学同人。

「Essential 細胞生物学 第 3 版」B. Alberts 他著,中村桂子 他訳,南江堂。

14 章 章末問題

基礎的問題

14.1 A, T, C, G の 4 塩基からなる配列は,何通りあるか。

14.2 $CH_2(OH)$-$CH(OH)$-$CH(OH)$-CHO で表される糖には,何種類の立体異性体があるか。その中で,鏡像異性体の関係にあるものを示せ。

14.3 酒石酸 $HOOC$-$CH(OH)$-$CH(OH)$-$COOH$ には,何種類の立体異性体があるか。その中で,鏡像異性体の関係にあるものを示せ。

14.4 (+)-2-メチル-1-ブタノールの 0.1 g/mL の溶液の旋光度を測定したところ 0.58° であった。比旋光度を求めよ。但し,光路長は 1 dm (10 cm) とする。

14.5 (−)-2-メチル-1-ブタノールの 0.05 g/mL の溶液の旋光度を求めよ。但し,光路長は 1 dm とする。

14.6 (+)と(−)の光学異性体を等量含む(ラセミ体という)溶液の旋光度はどれくらいか。

14.7 (+)と(−)の光学異性体の総量 $(x(+)+x(-))$ に対する (+) と (−) の光学異性体量の差 $(x(+)-x(-))$ の比の値をエナンチオマー過剰率(e.e. (%) = $100 \times (x(+) - x(-))/(x(+)+x(-))$)という。エナンチオマー過剰率が 50% の溶液における (+) と (−) の光学異性体の量の比を求めよ。

14.8 リン酸緩衝溶液(pH 7.4)中におけるヒスチジンの構造式を記せ。

14.9 問 14.8 において,イミダゾール環である側鎖にプロトン付加した化学種は,何 % 存在するか。

14.10 疎水性側鎖をもつアミノ酸残基を多く含むタンパク質は,水溶液中でどのような構造をとると考えられるか。

付録A　数学基礎

　この付録では，本書を読むに当たって必要な数学的道具を紹介する。さらに複雑な事柄については，Web を参照して欲しい。ここで紹介する主な内容は，指数・対数関数，三角関数，極座標，微分・積分，偏微分などである。

1. 対数関数 (logarithmic function)

　この関数は物理化学ではよく使われる。非常に大きな変化，たとえば 10 倍，100 倍，1000 倍という具合に現象が変化するような場合には，通常の数値よりは対数で表した方が見通しがよい。**常用対数** (common logarithm)

$$y = \log_{10} x$$

を用いると，$x=10$ のとき 1，100 で 2，1000 で 3 となり，大きな変化を容易に表すことができる。このときの底は 10 であるので，変数 x が 10 の何乗であるかという値が対数として得られる。一方，**自然対数** (natural logarithm) は

$$y = \ln x$$

と表記され，底は e （$= 2.71828\cdots$）である。後で述べるように，$1/x$ を積分すると対数関数が得られるが，この時の対数は自然対数であり，その底は e となっている。

底 (base) **の変換公式**を使えば，

$$\ln x = \log_{10} x / \log_{10} e \approx 2.303 \log_{10} x$$

となるので，常用対数を 2.303 倍すれば自然対数の値を得る。

　図 A.1 の最上段に $\ln x$ のグラフを示してある。$x=1$ で 0 となり，x が増加するほど y の増加率が減っていることがわかる。なお，**x は正の値しかとれない**（x > 0）。

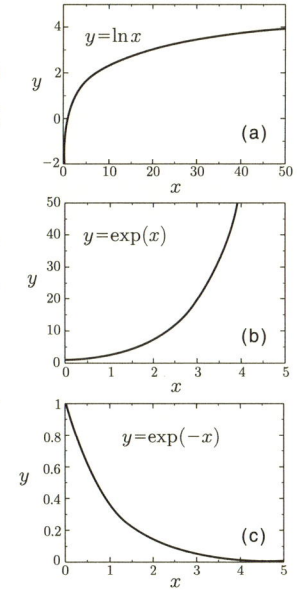

図 A.1　指数関数と対数関数

2. 指数関数 (exponential function)

指数関数

$$y = \exp(x) = e^x$$

は，対数関数と「逆関数」の関係にあり，図 A.1 中段にあるような変化を示す。対数とは異なり，x の変化につれて急速に増え，どんな n に対しても x^n よりは速い速度で増加し，発散する関数である。

　これに対して，図 A.1 の最下段にある

$$y = \exp(-x)$$

は，$x=0$ で 1 の値を取り，x の増加に伴いゼロに漸近する関数である。原子構造の章で出てくる水素原子の s 軌道の波動関数は，このような形をしている。また，化学反応速度の温度変化を考えるときにもよく用いられる関数形である。指

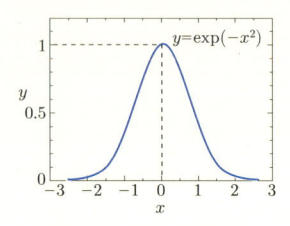

図 A.2 ガウス関数

数と対数の性質として

$$(e^x)^a = e^{ax}$$
$$a \ln x = \ln x^a$$
$$\ln x + \ln y = \ln xy$$

などの関係も思い出しておこう。

指数関数の中で，冪が負で二乗の形になった関数は**ガウス (Gauss) 型の関数** (Gaussian function) とよばれる。

$$y = \exp(-x^2)$$

この関数は図 A.2 に示すように，$x=0$ で最大値 1 をもち，左右対称に釣鐘型に減衰する偶関数である。分子の構造を量子力学的に推測するための有名なプログラムである「Gaussian」は，原子内における電子の分布を表すのに，上記の Gauss 型関数を用いていることからこのように命名されている。また，1 次元方向の分子の速度分布は，このガウス関数の形をしている。実験的には，高い分解能で測定したスペクトル線の巾を議論するときに，この関数が用いられる。

【例題 A.1】 図 A.1(c) で，変数 x が時間を表す場合，y の値が $x=0$ のときの半分の値になる時間を半減期，$1/e$ になる時間を緩和時間という。関数の形が $y = A\exp(-at)$ と表されるときの，半減期と緩和時間を求めよ。

【解答】 $t=0$ のとき $y=A$ であるから，$A/2 = A\exp(-at)$ より t を求めると $t = (\ln 2)/a$ となり，これが半減期である。一方，$A/e = A\exp(-at)$ より t を求めると
$t = (\ln e)/a = 1/a$ となるので，緩和時間は $1/a$ である。いずれの場合も A とは無関係で，a のみの関数で表されることを憶えておきたい。

【例題 A.2】 図 A.2 で，y の値が $x=0$ の値の半分になるときの，x 方向の巾を「半値幅 (half width)」あるいは「半値全幅 (full width at half maximum, FWHM)」とよぶ。関数が

$$y = \frac{1}{\sqrt{2\pi}\sigma}\exp\left(-\frac{x^2}{2\sigma^2}\right)$$

と表されるとき，FWHM はいくらになるか。

【解答】 この関数の最大値は $x=0$ のときであって，その値は $(2\pi\sigma)^{-1/2}$ である。したがって，これが半分になる x の値を求めると，

$$\frac{1}{2}\frac{1}{\sqrt{2\pi}\sigma} = \frac{1}{\sqrt{2\pi}\sigma}\exp\left(-\frac{x^2}{2\sigma^2}\right)$$

より，$x = \pm\sqrt{2\ln 2}\,\sigma$ となるので，FWHM $= 2\sqrt{2\ln 2}\,\sigma = 2.355\sigma$ である。上記の関数は，実験値の誤差の分布を表す関数としても使われており，真の値が $x=0$ であるときに観測値がその周りにばらつくようすを表している。そのばらつきを表すパラメータが σ であり，標準偏差とよばれている。

3. 三角関数 (trigonometric function)

　量子論を扱うときには，粒子も波の性質をもっているという議論が展開される。そのときに波として sin 関数や cos 関数を組み合わせて用いることが多い。その準備として，三角関数の復習をしておこう。

　sin 関数は図 A.3 に示すような関数で，円運動を 1 次元的に眺めた場合の距離の変化，単振動における平衡点からのずれの時間変化，そして 1.3.2 で述べるように，1 次元的に進行する波動を表す場合に使われる。

　ここでは，x 方向に進行する波を考える。波の**波長** (wavelength) を λ，**振動数** (frequency) を ν と表すと，**進行波**の式は，

$$y(t, x) = \sin\left(\frac{2\pi}{\lambda}x - 2\pi\nu t\right)$$

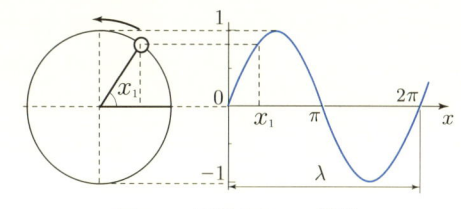

図 A.3 円運動と sin 関数

と書ける。時間を止めた（$t=0$）**定在波**を考えると，図 A.3 のように波長 λ の波が x の関数として得られる。一方，x を固定して観測すると，単位時間当たり ν 回，1 と -1 の間を振動する関数となる。ν は振動数とよばれる。光の波の場合には，1 秒間に進む距離が c であるので，$\nu = c/\lambda$ の関係がある。また，

$$y(x) = \sin\left(\frac{2\pi}{\lambda}x\right) = \sin kx$$

と書くと，$k(=2\pi/\lambda)$ は，$x=0 \sim 2\pi$ の間に入る波の数を表しているので，「波数」とよばれる。

　さてここで，三角関数の公式を復習しておこう。多くの関係式は**加法定理**から導くことができる。

$$\sin(\alpha+\beta) = \sin\alpha\cos\beta + \cos\alpha\sin\beta$$
$$\cos(\alpha+\beta) = \cos\alpha\cos\beta - \sin\alpha\sin\beta$$

$\alpha = \beta$ とおいて**倍角・半角の定理**が導かれる。また，$\beta = -\beta$ とおいて差の公式を得，これと和の公式を加減することにより，積と和の公式を得る。三角関数の微分積分，については後に述べる。

【例題 A.3】 $\sin^2\alpha$ および $\cos^2\alpha$ を $\cos 2\alpha$ で表す式を導いて見よ。

【解答】 cos の和の公式において $\alpha = \beta$ とおくと，
$$\cos 2\alpha = \cos^2\alpha - \sin^2\alpha$$
を得る。この式と $\cos^2\alpha + \sin^2\alpha = 1$ から，
$$\cos 2\alpha = \cos^2\alpha - \sin^2\alpha = 1 - 2\sin^2\alpha = 2\cos^2\alpha - 1$$
したがって，
$$\sin^2\alpha = \frac{1}{2}(1-\cos 2\alpha), \quad \cos^2\alpha = \frac{1}{2}(1+\cos 2\alpha)$$

4. 極座標 (polar coordinate)

　分子の飛行などは，x, y, z の**直交座標**（Cartesian coordinate，デカルト座標）で扱うのが便利であるが，円運動や分子の回転のように角度が変わる運動では，極座標を用いると，問題を考えやすい。たとえば，球を直交座標で表すと $x^2+y^2+z^2=c^2$ と書かねばならないが，極座標では，$r=c$ と簡単に書ける。ちなみに，直交座標と極座標の間には（図 A.4 からわかるように）

$$z = r\cos\theta, \quad y = r\sin\theta\sin\phi, \quad x = r\sin\theta\cos\phi$$

の関係があるから，

$$\begin{aligned}c^2 &= x^2 + y^2 + z^2 \\ &= r^2\sin^2\theta\,(\cos^2\phi + \sin^2\phi) + r^2\cos^2\theta \\ &= r^2 \quad (\text{ただし，}r>0)\end{aligned}$$

図 A.4 直交座標と極座標

全空間にわたっての積分は，直交座標では

$$\int_{-\infty}^{\infty}\int_{-\infty}^{\infty}\int_{-\infty}^{\infty} f(x,y,z)\,\mathrm{d}x\mathrm{d}y\mathrm{d}z$$

であるが，極座標で書くと

$$\int_0^{\infty}\int_0^{\pi}\int_0^{2\pi} f(r,\theta,\phi)\,r^2\sin\theta\,\mathrm{d}r\mathrm{d}\theta\mathrm{d}\phi$$

となる。積分の体積要素 (volume element) は，直交座標では $\mathrm{d}x\,\mathrm{d}y\,\mathrm{d}z$ であるが，極座標では図 A.5 からわかるように，$r^2\sin\theta\,\mathrm{d}r\,\mathrm{d}\theta\,\mathrm{d}\phi$ である。

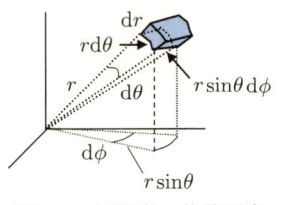

図 A.5 極座表の体積要素

【例題 A.4】 半径 r の球の体積 V を求めよ。

【解答】 極座標では，全空間の積分では r の積分範囲が $0\sim\infty$ であったが，半径 r の球の場合には，$0\sim r$ で積分すればよい。すなわち，

$$\begin{aligned}V &= \int_0^r\int_0^{\pi}\int_0^{2\pi} r^2\sin\theta\,\mathrm{d}r\,\mathrm{d}\theta\,\mathrm{d}\phi = \int_0^r r^2\,\mathrm{d}r\int_0^{\pi}\sin\theta\,\mathrm{d}\theta\int_0^{2\pi}\mathrm{d}\phi \\ &= \left[\frac{r^3}{3}\right]_0^r[-\cos\theta]_0^{\pi}[\phi]_0^{2\pi} = \frac{r^3}{3}\cdot 2\cdot 2\pi = \frac{4}{3}\pi r^3\end{aligned}$$

である。

　体積要素のうちの r 方向（動径方向ともいう）を除いて角度だけを考えると，$\sin\theta\,\mathrm{d}\theta\,\mathrm{d}\phi$ であるが，これは半径 1 の球において中心から図 A.5 の体積要素の部分を眺めた角度域にあたる。この角度領域を**立体角**とよび，$\mathrm{d}\Omega$ と書く。立体角の総和が 4π となることは積分から明らかである。平面でいえば，円周が 2π になることに相当している。

　量子力学の基本式では，空間座標についての 2 次微分がよく使われる。直交座標については，

$$\frac{\partial^2 f}{\partial x^2}+\frac{\partial^2 f}{\partial y^2}+\frac{\partial^2 f}{\partial z^2}$$

となることは直ぐにわかる。極座標については，r, θ, ϕ 方向について，

$$\frac{1}{r^2}\frac{\partial}{\partial r}\left(r^2\frac{\partial f}{\partial r}\right)+\frac{1}{r^2\sin\theta}\frac{\partial}{\partial\theta}\left(\sin\theta\frac{\partial f}{\partial\theta}\right)+\frac{1}{r^2\sin^2\theta}\frac{\partial^2 f}{\partial\phi^2}$$

となる．ここでは証明はしないので，専門レベルの数学の本を見て欲しい．

5. 微分と積分 (differentiation and integration)

物理化学では，自然現象を定量的に扱うために関数で表すことが多い．そして，その現象の変化を考えるときには関数の微分を用いる．また，現象の平均的な姿を知るために関数の積分を用いることも多い．ここでは微分と積分の復習をしておこう．

図 A.6(a) に示すように，微分は変数 x が微少量変化したときに，関数 y がどの程度変化するかを示すものであって，関数の**勾配** (slope) にあたる．

一方，積分は図 A.6(b) のように，関数 y の値を x_1 から x_2 まで足し合わせたもので，図示した**面積**にあたる．たとえばこの面積を (x_2-x_1) で割ると，この範囲での y の平均値が求まる．範囲を決めて関数を積分したものを**定積分** (definite integral)，単に積分によって関数 y の形がどのように変わるかを示したものを**不定積分** (indefinite integral, antiderivative) という．

関数の積の微分，変数変換した関数の微分，部分積分の式もよく使われる．1 番目の式の両辺を積分すると部分積分の式が得られる．

$$\frac{d(f(x)g(x))}{dx}=\frac{df(x)}{dx}g(x)+f(x)\frac{dg(x)}{dx}$$

$$\frac{df(t(x))}{dx}=\frac{df(t)}{dt}\frac{dt(x)}{dx}$$

$$\int\left(\frac{df(x)}{dx}g(x)\right)dx=f(x)g(x)-\int\left(f(x)\frac{dg(x)}{dx}\right)dx$$

なお，表 A.1 には代表的な解析関数の微分と積分を挙げてある．

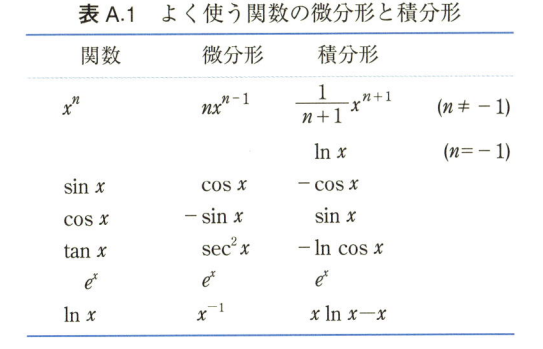

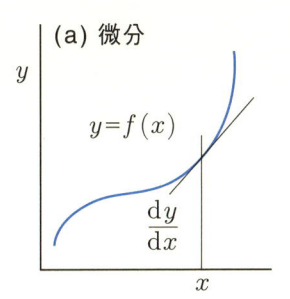

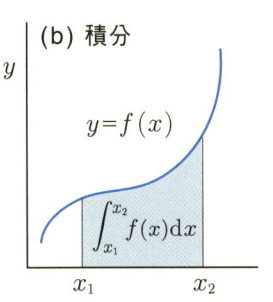

図 A.6 1 変数関数の微分と積分

表 A.1 よく使う関数の微分形と積分形

関数	微分形	積分形	
x^n	nx^{n-1}	$\frac{1}{n+1}x^{n+1}$	$(n\neq-1)$
		$\ln x$	$(n=-1)$
$\sin x$	$\cos x$	$-\cos x$	
$\cos x$	$-\sin x$	$\sin x$	
$\tan x$	$\sec^2 x$	$-\ln\cos x$	
e^x	e^x	e^x	
$\ln x$	x^{-1}	$x\ln x - x$	

6. 熱力学のための偏微分入門

1変数の関数 $y=f(x)$ の微分は次のように定義される。

$$\frac{dy}{dx} = \lim_{\Delta x \to 0}\frac{f(x+\Delta x)-f(x)}{\Delta x}$$

微分を平たくいうと，図A.6(a)に示したように関数 $y=f(x)$ の勾配である。では，2変数関数では勾配はどの様に定義されるであろうか。2変数関数，

$$z=f(x, y)$$

の場合には図A.7に示すように，2つの独立した勾配が定義できる。

$$\left(\frac{\partial z}{\partial x}\right)_y = \lim_{\Delta x \to 0}\frac{f(x+\Delta x, y)-f(x, y)}{\Delta x}$$
$$\left(\frac{\partial z}{\partial y}\right)_x = \lim_{\Delta y \to 0}\frac{f(x, y+\Delta y)-f(x, y)}{\Delta y}$$

一方の変数を固定して，他方の変数について微分をとるので，この操作を「偏微分 (partial differentiation)」といい，$(\partial z/\partial x)$ のように表す。( )の右下に，固定されている変数を記す。$z=f(x, y)$ は (x, y, z) 空間内の曲面を表しているので，この曲面を zx ($y=y_0$) 平面で切ったときに現れる曲線の勾配が $(\partial z/\partial x)_y$ ということになる。

もっと一般的に，2つの変数が同時に変化するときの勾配を考える。

$$\Delta z = f(x+\Delta x, y+\Delta y)-f(x, y)$$

この式に $f(x, y+\Delta y)$ を足して引くと

$$\Delta z = [f(x+\Delta x, y+\Delta y)-f(x, y+\Delta y)] + [f(x, y+\Delta y)-f(x, y)]$$

$$= \frac{f(x+\Delta x, y+\Delta y)-f(x, y+\Delta y)}{\Delta x}\Delta x$$
$$+ \frac{f(x, y+\Delta y)-f(x, y)}{\Delta y}\Delta y$$

ここで，$\Delta x \to 0$，$\Delta y \to 0$ とすると

$$dz = \lim_{\Delta x \to 0}\left(\frac{f(x+\Delta x, y+\Delta y)-f(x, y+\Delta y)}{\Delta x}\right)\Delta x$$
$$+ \lim_{\Delta y \to 0}\left(\frac{f(x, y+\Delta y)-f(x, y)}{\Delta y}\right)\Delta y$$
$$= \left(\frac{\partial z}{\partial x}\right)_y dx + \left(\frac{\partial z}{\partial y}\right)_x dy \tag{A.5-1}$$

最後の式を z の**全微分** (total differentiation) という。

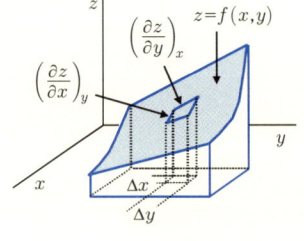

図 A.7 2変数関数の偏微分

では，具体的な例で考えてみよう。n モルの理想気体の圧力 P は，温度 T と体積 V の関数として

$$P = \frac{nRT}{V}$$

と表される。このとき偏微分は

$$\left(\frac{\partial P}{\partial V}\right)_T = -\frac{nRT}{V^2}, \quad \left(\frac{\partial P}{\partial T}\right)_V = \frac{nR}{V}$$

したがって全微分は

$$dP = \left(-\frac{P}{V}\right)dV + \left(\frac{nR}{V}\right)dT \quad \text{（第1項は } P = \frac{nRT}{V} \text{ の関係を使っている）}$$

また，2次微分の一つである交差微分をとると

$$\left[\frac{\partial}{\partial T}\left(\frac{\partial P}{\partial V}\right)_T\right]_V = -\frac{nR}{V^2}, \quad \left[\frac{\partial}{\partial V}\left(\frac{\partial P}{\partial T}\right)_V\right]_T = -\frac{nR}{V^2}$$

実際の表記法としては $\left(\frac{\partial^2 P}{\partial T \partial V}\right)$ のように記す。ここでわかることは，

$$\left(\frac{\partial^2 P}{\partial T \partial V}\right) = \left(\frac{\partial^2 P}{\partial V \partial T}\right)$$

が成り立っていることである。すなわち，交差2次微分は，微分の順序には関係がないことになる。一般的に意味のある2変数関数はこの要請を満たし，このとき，式 (A.5-1) は**完全微分** (exact differential) とよばれる。

dz が完全微分の場合には，

$$\int_1^2 dz = z_2 - z_1$$

となり，積分は1から2への経路には依存せず，最初と最後の位置のみに依存することがわかっている。

積分が経路に依存するときには dz は**不完全微分** (inexact differential) とよばれ，dz の代わりに δz と書く。熱や仕事の大きさは経路や操作によって異なるので，δq, δw などと表す。

【例題 A.5】 ファン・デル・ワールスの状態方程式に従う気体の圧力 P の変化が完全微分であることを示せ。

【解答】 6章 (6-7) 式にファン・デル・ワールスの状態方程式が

$$\left(P + a\frac{n^2}{V^2}\right)(V - nb) = nRT$$

と与えられているので，P について解くと，

$$P = \frac{nRT}{V - nb} - a\frac{n^2}{V^2}$$

となる。したがって，

$$\left(\frac{\partial P}{\partial T}\right)_V = \frac{nR}{V - nb}, \quad \left(\frac{\partial P}{\partial V}\right)_T = -\frac{nRT}{(V - nb)^2} + \frac{2an^2}{V^3}$$

交差項をとると，

$$\left[\frac{\partial}{\partial V}\left(\frac{\partial P}{\partial T}\right)_V\right]_T = -\frac{nR}{(V - nb)^2}, \quad \left[\frac{\partial}{\partial T}\left(\frac{\partial P}{\partial V}\right)_T\right]_V = -\frac{nR}{(V - nb)^2}$$

となり，等しいことが証明されるので，P は完全微分を与える。

付録 B　誤差と有効数字

測定誤差

　何かの物理量，たとえば，ある水酸化ナトリウム水溶液の濃度を測定し，濃度 $c = 0.102$ mol/L という結果を得たとする。「本当にその溶液の濃度が正確に 0.102 mol/L か」といえば，答えは No である。色々な要因により，物理量の測定値と真の値のあいだには，必ず差が生じる。この差を「誤差」とよぶ。測定には誤差は避けられない。そこで，何かの物理量を測定し，その結果を公表するなり利用する際には，①可能な限り，誤差の要因を取り除いた測定を行う，②誤差の大きさ(いい換えれば測定値の「不確かさ」)を見積もる，の2点が重要である。特に，②を行っていないまま提供された測定値，つまり不確かさの見積りを伴わない測定値には，価値がない。

誤差の要因

　測定値に含まれる誤差には「系統誤差」と「偶然誤差」の2種類がある。たとえば，上記の水酸化ナトリウム水溶液の濃度を測定するのに，ピペットで量り取った酸の標準溶液に対して，ビュレットを用いて水酸化ナトリウム水溶液を滴下していくという方法(酸・塩基滴定)を用いたとする。多数回の実験でビュレットの目盛りを読みとる際に，実際より大きく値を読み取ったり，小さく読み取ったりするので測定値にバラツキがでる。このような測定値のバラツキを**偶然誤差**(random error)という。測定値は，最も確からしい値(**最確値**という)の周りに，図 B.1(a) に示すようなバラツキの分布を作っている。さて，こうして得られた最確値が**真の値**かというと，必ずしもそうではない。もし，酸を量り取るホールピペットの容量が，表示されている値とわずかに異なっていたら，当然，誤差の要因になる。この場合，同じホールピペットを使う限り，測定を何度繰り返しても真の値に対して常に同じだけの誤差（かたより）を生む。このような誤差が**系統誤差** (systematic error) である。

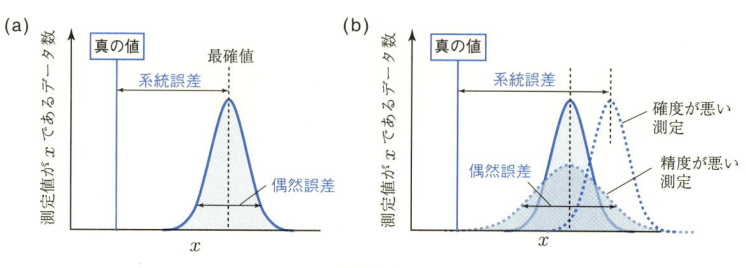

図 B.1

誤差の少ない測定を一般に「正確な測定」と読んでいるが，上記のように誤差に 2 種類あることに対応して，測定の「正確さ」の基準も 2 種類ある。<u>系統誤差の少なさを「**確度** (accuracy)」，偶然誤差の少なさを「**精度** (precision)」とよぶ</u>，確度のよい測定を"accurateな"測定，精度のよい測定を"preciseな"測定とよぶ。図 B.1(b) にこの関係を，ある物理量 x を繰り返し測定したときの分布を例にとって示す。

系統誤差を取り除くことは原理的には可能である。たとえば上記の「ピペットの容量の不正確さ」に対しては，別の実験で，そのピペットの真の容量を測定することで対処できる。この操作を**較正** (calibration) とよぶ。もちろん，較正そのものも 1 つの測定なので，誤差の発生は避けられないが，較正を行わない場合に比べれば，誤差の大きさはずっと小さくなる。

偶然誤差は，ある程度減らすことは可能でも，取り除くことはできない。しかし，同じ測定を何度も繰り返し，測定ごとの値のバラツキ具合に<u>**統計処理**をすることによって，偶然誤差の大きさを見積ることができる</u>。具体的な統計処理の方法については，そのための専門書を参照して欲しい。

較正の結果，系統誤差が非常に小さくなったとすると，測定で得られた最確値のごく近くに真の値があると考えられる。複数の最確値が，真の値を中心とした誤差分布に対応していると考えると，求めた最確値のもつ偶然誤差（不確かさ）が評価できる。

不確かさの表現と有効数字

上記のように，測定値の不確かさは，偶然誤差に対する統計的処理により見積られる。数回の滴定で，「溶液の濃度の最確値は，0.102 mol/L，不確かさは 0.003 mol/L である」という結果が得られたとする。これはいい換えれば，「真の値は 0.099 mol/L と 0.105 mol/L の間のどこかにある」ということである。これを，「濃度 $c = 0.102 \pm 0.003$ mol/L」あるいは，「濃度 $c = 0.102(3)$ mol/L」と表現する。

実際には，上の例でいうと，濃度の推定値である 0.102 mol/L という値よりも，不確かさの推定値である 0.003 mol/L という値の方が，得るのに手間がかかることが多い。また色々な理由から，不確かさの詳しい見積が困難な場合がある。そのように，不確かさをはっきりと「± 0.003 mol/L」のようには示せないが，もっと大雑把には見積れる，という場合に「有効数字」という方法がとられる。「濃度 $c = 0.102$ mol/L」と書いた場合，「不確かさの大きさは厳密には見積もれないけれど，最小桁（この場合は 0.001 mol/L の桁）の数倍程度と推定できる」と解釈する。これをもしも「濃度 $c = 0.1020$ mol/L」と書いた場合は，「不確かさの大きさは 0.0001 mol/L の数倍程度」となり，1 桁精度のよい測定結果ということになる。$c = 0.102$ mol/L と書いた場合は有効数字は 3 桁，$c = 0.1020$ mol/L と書いた場合は，有効数字は 4 桁である。

もしも仮に，ある物質の質量を測定し，3500 g という結果を得て，さらに，不確かさが数十 g あると推定されたとする。その場合は，「質量 $m = 3500$ g」と書くと誤りである。なぜなら，この書き方では不確かさが最小桁である 1 g の数

倍程度，という意味になってしまう。「不確かさが数十g」ということを表現するには「質量 $m = 3.50 \times 10^3$ g」あるいは「質量 $m = 3.50$ kg」と表記する必要がある。この場合は，有効数字は3桁である。

有効数字の扱い

　測定された物理量を用いて計算を行う際は，元になる数値の不確かさを計算結果にも反映させる必要がある。不確かさがたとえば「± 0.003 mol/L」のような具体的な値ではなく，有効数字の形で与えられている場合は，算術結果の有効数字は次のようになる。

- 加算・減算の結果の有効数字は，元の数値の有効数字に共通する桁数になる。たとえば，14.21 mLと12.3 mLの差を求める場合，一方の有効数字が0.01 mLの桁まであるのに対し，もう一方の有効数字は0.1 mLの桁までである。ということは，答の値も0.1 mLの桁に不確かさを含んでいるはずなので，単純に 14.21 mL − 12.3 mL = 1.91 mL としても意味は無い。有効数字を考慮すると，14.21 mL − 12.3 mL = 1.9 mL が答である。
- 乗算・除算の結果の有効数字の桁数は，元の数値の有効数字の桁数の小さい方に合わせる。たとえば，「濃度0.102 mol/Lの溶液12 mL中に含まれる溶質の物質量」を求める際，単純に計算すれば 0.102 mol/L × 0.012 L = 1.224 × 10^{-3} mol となるが，有効数字は濃度が3桁，体積が2桁なので，答の有効数字は両者の内の小さい方である2桁となる。よって，有効数字を考慮すると，0.102 mol/L × 0.012 L = 1.2 × 10^{-3} mol が答である。
- 乗算・除算で注意すべき点は，定数の扱いである。たとえば，水素と酸素から水を得る反応において，酸素1.23 molと過不足無く反応する水素の物質量を求める計算式は，1.23 mol × 2 である。この計算において，1.23 molは0.01 molの桁に不確かさを含んでいて，有効数字は3桁である。一方，2という値は正確に2倍を表していて不確かさを含まないので，有効数字は1桁ではなく無限大の桁をもつ。よって答は 1.23 mol × 2 = 2.46 mol である。
- 物理定数の中にも，一見，有効数字が有限のように見えて，無限の桁の有効数字をもつものがある。光速がそれである。SI基本単位の「メートル」の定義を見ればわかるように，SI単位系では，光速を299792458 m/sと定義している。つまり，この値は不確かさを含んでおらず，有効数字は9桁ではなく，桁は無限大である。

付録 C 熱力学データ集

$\Delta_f H°$：標準生成エンタルピー
$S°$：標準エントロピー
$\Delta_f G°$：標準生成ギブズエネルギー

種々の物質の熱力学データ (298.15 K, 1.0×10^5 Pa)

物質	化学式	$\Delta_f H°/\text{kJ mol}^{-1}$	$S°/\text{J K}^{-1}\text{ mol}^{-1}$	$\Delta_f G°/\text{kJ mol}^{-1}$
単体				
水素原子（気）	H	217.97	114.71	203.25
水素（気）	H_2	0	130.684	0
ヘリウム（気）	He	0	126.15	0
炭素原子（気）	C	716.68	158.10	671.26
炭素（固，グラファイト）	C	0	5.740	0
窒素原子（気）	N	472.70	153.30	455.56
窒素（気）	N_2	0	191.61	0
酸素原子（気）	O	249.17	161.06	231.73
酸素（気）	O_2	0	205.138	0
フッ素原子（気）	F	78.99	158.75	61.91
フッ素（気）	F_2	0	202.78	0
ネオン（気）	Ne	0	146.33	0
ナトリウム（気）	Na	107.32	153.71	76.76
ナトリウム（固）	Na	0	51.21	0
マグネシウム原子（気）	Mg	147.70	148.65	113.10
マグネシウム（固）	Mg	0	32.68	0
アルミニウム原子（気）	Al	326.4	164.54	285.7
アルミニウム（固）	Al	0	28.33	0
ケイ素原子（気）	Si	455.6	167.97	411.3
ケイ素（固）	Si	0	18.83	0
リン原子（気）	P	314.64	163.19	278.25
リン（固，黄リン）	P	0	41.09	0
硫黄原子（気）	S	278.81	167.82	238.25
硫黄（固，斜方）	S_8	0	31.80	0
硫黄（固，単斜）	S_8	0.33	32.6	0.1
塩素原子（気）	Cl	121.68	165.20	105.68
塩素（気）	Cl_2	0	223.07	0
アルゴン（気）	Ar	0	154.84	0

物質	化学式	$\Delta_f H°$/kJ mol^{-1}	$S°$/J K^{-1} mol^{-1}	$\Delta_f G°$/kJ mol^{-1}
臭素原子（気）	Br	111.88	175.02	82.396
臭素（気）	Br$_2$	30.907	245.46	3.110
臭素（液）	Br$_2$	0	152.23	0
ヨウ素原子（気）	I	106.84	180.79	70.25
ヨウ素（気）	I$_2$	62.44	260.69	19.33
ヨウ素（固）	I$_2$	0	116.135	0
有機化合物				
メタン（気）	CH$_4$	-74.81	186.26	-50.72
アセチレン（気）	C$_2$H$_2$	226.73	200.94	209.20
エチレン（気）	C$_2$H$_4$	52.26	219.56	68.15
エタン（気）	C$_2$H$_6$	-84.68	229.60	-32.82
シクロプロパン（気）†	C$_3$H$_6$	53.30	237.55	104.45
プロパン（気）†	C$_3$H$_8$	-103.85	269.91	-23.49
ブタン（気）†	C$_4$H$_{10}$	-126.15	310.23	-17.03
n-ペンタン（液）†	C$_5$H$_{12}$	-173.1		
ベンゼン（液）†	C$_6$H$_6$	49.0	173.3	124.3
シクロヘキサン（液）†	C$_6$H$_{12}$	-156		26.8
n-ヘキサン（液）†	C$_6$H$_{14}$	-198.7	204.3	
n-ヘプタン（液）†	C$_7$H$_{16}$	-224.4	328.6	1.0
n-オクタン（液）†	C$_8$H$_{18}$	-249.9	361.1	6.4
メタノール（液）	CH$_3$OH	-238.66	126.8	-166.27
エタノール（液）	C$_2$H$_5$OH	-277.69	160.7	-174.78
無機化合物				
水（液）	H$_2$O	-285.83	69.91	-237.13
水（気）	H$_2$O	-241.82	188.83	-228.57
一酸化炭素（気）	CO	-110.53	197.67	-137.17
二酸化炭素（気）	CO$_2$	-393.51	213.74	-394.36
炭酸（水溶液）	H$_2$CO$_3$	-699.65	187.4	-623.08
一酸化窒素（気）	NO	90.25	210.76	86.55
二酸化窒素（気）	NO$_2$	33.18	239.95	51.29
四酸化二窒素（気）	N$_2$O$_4$	9.16	304.29	97.89
塩化水素（気）	HCl	-92.31	186.91	-95.30
アンモニア（気）	NH$_3$	-46.11	192.45	-16.45
アンモニア（水溶液）	NH$_3$	-80.29	111.3	-26.50
塩化アンモニウム（固）	NH$_4$Cl	-314.43	94.6	-202.87
水酸化ナトリウム（固）	NaOH	-425.61	64.46	-379.49
塩化ナトリウム（固）	NaCl	-411.15	72.13	-384.14
水酸化カリウム（固）	KOH	-424.76	78.9	-379.08
硫酸（液）	H$_2$SO$_4$	-813.90	156.90	-690.00
二酸化ケイ素（固，石英）	SiO$_2$	-910.94	41.84	-856.64

水溶液中のイオンの熱力学データ (298.15 K, 1.0×10^5 Pa)

物質	化学式	$\Delta_f H°$/kJ mol^{-1}	$S°$/J K^{-1} mol^{-1}	$\Delta_f G°$/kJ mol^{-1}
水素イオン	H^+	0	0	0
リチウムイオン	Li^+	−278.49	13.4	−293.31
ナトリウムイオン	Na^+	−240.12	59.0	−261.91
カリウムイオン	K^+	−252.38	102.5	−283.27
マグネシウムイオン	Mg^{2+}	−466.85	−138.1	−454.8
カルシウムイオン	Ca^{2+}	−542.83	−53.1	−553.58
アンモニウムイオン	NH_4^+	−132.51	113.4	−79.31
塩化物イオン	Cl^-	−167.16	56.5	−131.23
臭化物イオン	Br^-	−121.55	82.4	−103.96
ヨウ化物イオン	I^-	−55.19	111.3	−51.57
炭酸イオン	CO_3^{2-}	−677.14	−56.9	−527.81
炭酸水素イオン	HCO_3^-	−691.99	91.2	−586.77
硝酸イオン	NO_3^-	−205.0	146.4	−108.74
水酸化物イオン	OH^-	−229.99	−10.75	−157.24
硫酸イオン	SO_4^{2-}	−909.27	20.1	−744.53
硫酸水素イオン	HSO_4^-	−887.34	131.8	−755.91

出典: †以外 "NBS tables of chemical thermodynamic properties", published as J. Phys. and Chem. Reference Data, 11, Supplement 2 (1982).
†J. B. Pedly, J. D. Naylor, S. P. Kirby, "Thermodynamical data of organic compounds", Chapman & Hall, London (1986).

付録 D

原子の第 1 イオン化エネルギー (E_i)

原子番号	元素記号	E_i/eV	原子番号	元素記号	E_i/eV
1	H	13.598	31	Ga	5.999
2	He	24.587	32	Ge	7.899
3	Li	5.392	33	As	9.81
4	Be	9.322	34	Se	9.752
5	B	8.298	35	Br	11.814
6	C	11.26	36	Kr	13.999
7	N	14.534	37	Rb	4.177
8	O	13.618	38	Sr	5.695
9	F	17.422	39	Y	6.38
10	Ne	21.564	40	Zr	6.84
11	Na	5.139	41	Nb	6.88
12	Mg	7.646	42	Mo	7.099
13	Al	5.986	43	Tc	7.28
14	Si	8.152	44	Ru	7.37
15	P	10.486	45	Rh	7.46
16	S	10.36	46	Pd	8.34
17	Cl	12.967	47	Ag	7.576
18	Ar	15.76	48	Cd	8.993
19	K	4.341	49	In	5.786
20	Ca	6.113	50	Sn	7.344
21	Sc	6.54	51	Sb	8.641
22	Ti	6.82	52	Te	9.009
23	V	6.74	53	I	10.451
24	Cr	6.766	54	Xe	12.13
25	Mn	7.435	55	Cs	3.894
26	Fe	7.87	56	Ba	5.212
27	Co	7.864	57	La	5.577
28	Ni	7.635	58	Ce	5.539
29	Cu	7.726	59	Pr	5.464
30	Zn	9.394	60	Nd	5.525

出典：化学便覧　基礎編　改訂 5 版

章末問題の答え

序 章

(1) 高分子の分子量には幅があり,「決まった数の原子が結合してできている集団」という分子の条件を満たさない。

(2) メートル,アンペア,カンデラの3種。

(3) 原子量の有効数字の桁数には存在比の有効数字（4桁程度）も関係する。

(4) 核融合（核力のポテンシャルエネルギー）→太陽光→植物→食物→あなた。ランニング→身体,空気,脚で蹴った地面を暖める→輻射→宇宙空間。

(5) 「隅から隅まで探す」「必ず見つかる」
$$\int_{-\infty}^{+\infty} |\psi(x)|^2 \, dx = 1$$

(6) 左右2個ずつになる確率は $\left(\frac{1}{2}\right)^4 \frac{4!}{2!\,2!} = \frac{3}{8}$ →そうならない確率は 5/8。

第1章

1.1 $\lambda = 250$ nm の光 $\nu = 1.20 \times 10^{15}$ s^{-1}, $E = 7.95 \times 10^{-19}$ J
   $\lambda = 500$ nm の光 $\nu = 6.00 \times 10^{14}$ s^{-1}, $E = 3.97 \times 10^{-19}$ J
   $\lambda = 4$ μm の光 $\nu = 7.50 \times 10^{13}$ s^{-1}, $E = 4.97 \times 10^{-20}$ J

1.2 1.75 倍

1.3 3.33 ns ($= 3.33 \times 10^{-9}$ s)

1.4 $KE = 2.88 \times 10^{-20}$ J

1.5 $\lambda = 7.28 \times 10^{-4}$ m

1.6 2番目 486 nm, 3番目 434 nm

1.7 $t = 0$ のとき, $y = \sin(-2\pi x/\lambda) = -\sin(2\pi x/\lambda)$,
   $t = \tau$ のときは, $y = \sin 2\pi(1 - x/\lambda) = \sin(2\pi - 2\pi x/\lambda) = -\sin(2\pi x/\lambda)$ となって波形は同じになる。

1.8 $E_2 = 8.0 \times 10^{-23}$ J, $E_3 = 1.8 \times 10^{-22}$ J

1.9 $n = 10$

1.10 $W = 3.65 \times 10^{-19}$ J

1.11 $m = 6.63 \times 10^{-25}$ kg

1.12

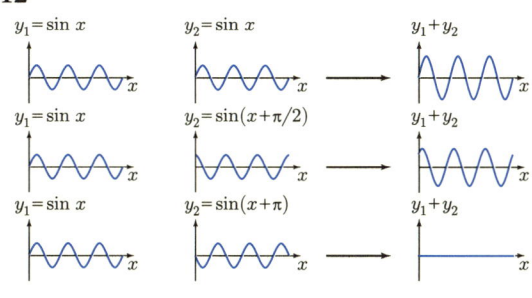

$y_1 = \sin x$	$y_2 = \sin x$	$y_1 + y_2$
$y_1 = \sin x$	$y_2 = \sin(x + \pi/2)$	$y_1 + y_2$
$y_1 = \sin x$	$y_2 = \sin(x + \pi)$	$y_1 + y_2$

1.13 $\lambda = 122$ nm, 5.40 倍

1.14 順に $n = 3, 4, 5$

1.15 $\dfrac{L}{\sqrt{2}}$

1.16 (1-10) 式の固有関数を (1-12) 式に代入して積分を計算し, 1 になることを確かめればよい。

1.17 $n = 1, m = 2$ として (1-10) 式の固有関数を (1-13) 式に代入し, 積分して0になることを確かめればよい。

1.18 $n = 1, 2$ 準位ともに $\langle x \rangle = \dfrac{L}{2}$

第2章

2.1 442 m

2.2 $R = \dfrac{m_e e^4}{8\varepsilon_0^2 h^3 c}$

2.3 2.18×10^{-18} J

2.4 3.03×10^{-19} J

2.5 $n = 3, \ell = 2$

2.6 $\ell = 4, m_\ell = 4, 3, 2, 1, 0, -1, -2, -3, -4$

2.7 $n = 3, \ell = 1$

2.8 Na 1s ↑↓ 2s ↑↓ 2p ↑↓ ↑↓ ↑↓ 3s ↑↓ 3p — — —

2.9 P 1s ↑↓ 2s ↑↓ 2p ↑↓ ↑↓ ↑↓ 3s ↑↓ 3p ↑ ↑ ↑

2.10 陽子と電子の間の換算質量は $\mu = 9.104 \times 10^{-31}$ kg となり, 電子の質量とほぼ同じである。

2.11 $r = \sqrt{x^2 + y^2 + z^2}$,
   $\cos\theta = \dfrac{z}{\sqrt{x^2 + y^2 + z^2}}$, $\sin\phi = \dfrac{y}{\sqrt{x^2 + y^2}}$

2.12 $r = 2a_0$

2.13 $r = 0.764 a_0, 5.236 a_0$

2.14 動径分布関数は積分すると1になるので, 分布の幅が広がるほど分布の最大値は小さくなる。

2.15 近似式を用いた結果は 536.8 kJ mol^{-1} であり, 実測値と比較的近い。

2.16 Li。Li$^+$ は閉殻になるので, さらに電子を1つ取り去るために必要なエネルギーが非常に大きくなる。

第3章

3.1 :F̈–F̈:   H–F̈:   :N≡N:

3.2 B原子を中心とした平面正三角形

3.3 非共有電子対 (図: NH₃ 四面体構造)

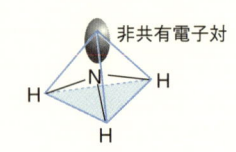

3.4 プロペン：二重結合，プロピン：三重結合

3.5 部分電荷 1.96×10^{-20} C，イオン性 12.2%

3.6 光子のエネルギー（239 kJ mol^{-1}）の方が結合エネルギーよりも大きいので，解離が起きる。

3.7 4.26 μm

3.8 300 dm^3 mol^{-1} cm^{-1}

3.9 -6.19×10^{-3} kJ mol^{-1}

3.10 大きくなる

3.11 $\overset{sp^2}{CH_2} = \overset{sp^2}{CH} - \overset{sp^3}{CH_3}$

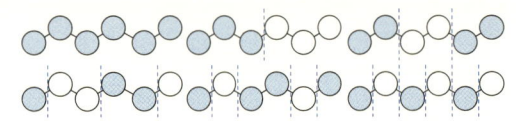

3.12 $\overset{sp^2}{CH_2} = \overset{sp}{C} = \overset{sp^2}{CH_2}$

3.13 (図)

3.14 $E_1 = 1.95 \times 10^{-19}$ J, $E_2 = 7.80 \times 10^{-19}$ J, $E_3 = 1.75 \times 10^{-18}$ J, $E_4 = 3.12 \times 10^{-18}$ J

3.15 5.28×10^{-30} C m

3.16 NF$_3$ は三角錐構造であり，3つの NF 結合の双極子モーメントのベクトル和は0にならないが，BF$_3$ は平面正三角形構造なので，3つの BF 結合の双極子モーメントのベクトル和が0になる。

3.17 4.2×10^{-4} mol dm^{-3}

3.18 3.14 の E_3, E_2 から遷移エネルギーを計算すると 9.70×10^{-19} J となり，実測値に近い値が得られる。

3.19 $dV(r)/dr = 0$ となる r が r_0 である。(3-3) 式を用いて r_0 を求め，$V(r_0)$ を計算すればよい。

第4章

4.1 52.35 kJ

4.2 (a) 40 K (b) 4.2 kg

4.3 $\Delta H \approx \Delta U = 13.95$ J

4.4 (a) 0 J (b) 1247 J (c) 1247 J (d) 2078 J

4.5 (a) -831.4 J (b) 2079 J (c) 1247 J (d) 2079 J

4.6 1573 J

4.7 (a) $w = -P_2(V_2 - V_1)$, $\Delta U = q + w = w = -P_2(V_2 - V_1)$
(b) $\Delta U = q = C_V(T_2 - T_1)$
(c) $T_2 = \frac{2}{5}\left(\frac{3}{2} + \frac{P_2}{P_1}\right)T_1 = 175$ K, $V_2 = \frac{nRT_2}{P_2} = 14.5$ L

4.8 $\Delta_f H(\text{C}_2\text{H}_6, \text{g}) = -84.51$ kJ mol^{-1},
$\Delta_f H(\text{C}_2\text{H}_4, \text{g}) = 52.32$ kJ mol^{-1},
$\Delta_f H(\text{C}_2\text{H}_2, \text{g}) = 227.15$ kJ mol^{-1}

4.9 $q = -\Delta U = 895.3$ kJ mol^{-1}

4.10 -74.85 kJ mol^{-1}

4.11 -55.84 kJ mol^{-1}, -100.34 kJ mol^{-1}

4.12 2.329 kJ

4.13 (a) 1.135×10^5 Pa (b) 2.271×10^5 Pa (c) Web にて (d) 1580 J

4.14 $\Delta H = 115$ kJ

4.15 $-w = 1651.5$ kJ mol^{-1}

4.16 $\Delta U = 6.01$ kJ

4.17 37.56 kJ mol^{-1}

4.18 -176.01 kJ mol^{-1}, -52.22 kJ mol^{-1}

4.19 (a) $T_B = 3T_0$, $T_C = 9T_0$, $T_D = 3T_0$
(b) A → B : $3RT_0$, B → C : $15RT_0$, C → D : $-9RT_0$, D → A : $q = -5RT_0$ (c) $-W = 4RT_0$

4.20 (a) 415.84 kJ mol^{-1}
(b) $\Delta H(\text{C}-\text{C}) = 330.82$ kJ mol^{-1},
$\Delta H(\text{C}=\text{C}) = 589.61$ kJ mol^{-1},
$\Delta H(\text{C}\equiv\text{C}) = 810.89$ kJ mol^{-1},
$\Delta H(\text{C}-\text{C}, \text{benzene}) = 510.34$ kJ mol^{-1}

4.21 16.86 kg

第5章

5.1 6

5.2 $S = k \ln 6$

5.3 $\Delta S = 13.4$ J K^{-1}

5.4 $\Delta S = \int_{T_1}^{T_2} C_P \, d(\ln T) = C_P \ln \frac{T_2}{T_1}$

5.5 (a) 16.8 J K^{-1} (b) 9.23 J K^{-1}
(c) 9.01×10^{-7} J K^{-1}

5.6
$\Delta_r G°\left(\text{C}_2\text{H}_6 + \frac{7}{2}\text{O}_2 \rightarrow 2\text{CO}_2 + 3\text{H}_2\text{O}\right) = -1467.3$ kJ mol^{-1}
$\Delta_r G°(\text{C}_2\text{H}_4 + 3\text{O}_2 \rightarrow 2\text{CO}_2 + 2\text{H}_2\text{O}) = -1331.1$ kJ mol^{-1}
$\Delta_r G°\left(\text{C}_2\text{H}_2 + \frac{5}{2}\text{O}_2 \rightarrow 2\text{CO}_2 + \text{H}_2\text{O}\right) = -1235.1$ kJ mol^{-1}

5.7
$\Delta_s G°(\text{NaCl(s)} \rightarrow \text{Na}^+(\text{aq}) + \text{Cl}^-(\text{aq})) = -9.0$ kJ mol^{-1}
$\Delta_s G°(\text{HCl(g)} \rightarrow \text{H}^+(\text{aq}) + \text{Cl}^-(\text{aq})) = -35.93$ kJ mol^{-1}
$\Delta_s G°(\text{NaOH(s)} \rightarrow \text{Na}^+(\text{aq}) + \text{OH}^-(\text{aq})) = -39.66$ kJ mol^{-1}

5.8 $\Delta G = 1730$ J

5.9 $\Delta S = R \ln 2 = 5.76$ J K^{-1} mol^{-1}, $\Delta H = 2.51$ kJ mol^{-1}

5.10 Web で解説

5.11 Web で解説

5.12 理想気体の等温変化によるエントロピー変化の式 (5-2) と，同じ変化に対する外界から系が受け取る熱 q_{rev} を温度 T で割ったものが等しいことを示せばよい。

5.13 Web で解説

5.14 68.14 kW

5.15 (a) $W = {}_N C_n = \frac{N!}{(N-n)!n!}$
(b) $\Delta S = k \ln W = k\{\ln N! - \ln(N-n)! - \ln n!\}$
(c) $\Delta G = nE_f - kT\{\ln N! - \ln(N-n)! - \ln n!\}$

5.16 (a) $\Delta G = -4.18 \times 10^{-14}$ J < 0
　　　(b) $\Delta G = 1.68 \times 10^{-13}$ J > 0

第6章

6.1　64.1Å^3，2.48Å

6.2　およそ 30 cm

6.3　ヘリウムに限らず，分子自身の体積が無視できなくなる高圧の極限で圧縮因子は右上がりの直線を描くが，その傾きは温度が高くなるほど緩やかになる

6.4　40.9 kJ mol^{-1}

6.5　97.0 ℃

6.6　融解曲線の傾きは-135 bar K^{-1}，20 bar の圧力で融点は 0.15 ℃下がる。

6.7　表の数値を用いて $1/T$ (K^{-1}) に対して $\ln K_P$ をプロットすると，その勾配から，$\Delta_r G^\circ = 437$ kJ mol^{-1} が得られる。

6.8　(a) pH = 11.0　(b) pH = 1.3　(c) pH = 9.0

6.9　(a) 0.342 V，-65.9 kJ mol^{-1}
　　　(b) 0.222 V，-21.5 kJ mol^{-1}　(c) 0.029 V，-2.8 kJ mol^{-1}

6.10　$\Delta H^\circ = 17.12$ kJ mol^{-1}，$\Delta S^\circ = 40.02$ J K^{-1} mol^{-1}，$\Delta G^\circ = -22.90$ kJ mol^{-1}

第7章

7.1　ベンゼン 0.829，トルエン 0.171（モル分率）

7.2　重量比 1 : 1

7.3　分子量 518，分子式 Al$_2$Br$_6$

7.4　1000 ℃，2 bar の水蒸気の解離度は 1.9×10^{-5}

7.5　0.003 mg

7.6　分子量 20500，重合度 60

7.7　25℃におけるナフタレンの理想溶液中のモル分率は 0.297

7.8　(a) 189　(b) 0.0975 ℃　(c) 4.47 bar

7.9　(a) 2.373 S m^{-2} mol^{-1}　(b) 2.481 S m^{-2} mol^{-1}
　　　(c) 2.739 S m^{-2} mol^{-1}　(d) 0.931 S m^{-2} mol^{-1}
　　　(e) 1.534 S m^{-2} mol^{-1}

第8章

8.1

単位格子（略記号）	化合物名（化学式）	原子・イオン1（個数）	原子・イオン2（個数）
(a) 体心立方格子 (bcc)	セシウム (Cs)	Cs (2個)	—
(b) CsCl 型	塩化セシウム (CsCl)	Cs$^+$ (1個)	Cl$^-$ (1個)
(c) 面心立方格子 (fcc)	アルゴン (Ar)	Ar (4個)	—
(d) NaCl 型	塩化カリウム (KCl)	Cs$^+$ (4個)	Cl$^-$ (4個)
(e) CaF$_2$ 型	フッ化カルシウム (CaF$_2$)	Ca^{2+} (4個)	F$^-$ (8個)
(f) ダイヤモンド型	ダイヤモンド (C)	C (8個)	—
(g) 六方最密格子 (hcp)	マグネシウム (Mg)	Mg (2個)	—
(f) —	グラファイト (C)	C (4個)	—

8.2　Web 参照（下図はヒント）

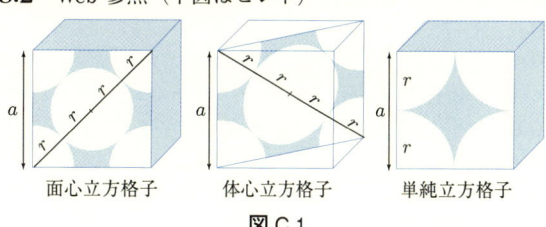

図 C.1　面心立方格子　体心立方格子　単純立方格子

8.3　単位格子の質量は 3.89×10^{-22} g，体積は $a^3 = (5.63 \times 10^{-8}\text{cm})^3 = 1.785 \times 10^{-22}$ cm^3
なので，密度 = 2.18 g cm^{-3}.

8.4　Web 参照。下図はヒント。

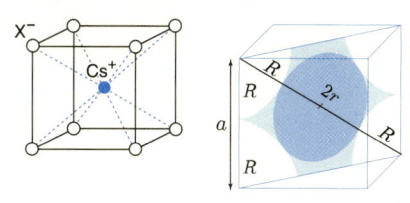

図 C.2

8.5　0.154 nm

8.6　34.6 日

8.7　表面吸着 5.3×10^{-8} L，固体吸蔵 2.7 L

8.8

金属	電気抵抗率 (Ωm)
Ag 銀	1.59×10^{-8}
Cu 銅	1.68×10^{-8}
Au 金	2.21×10^{-8}
Al アルミニウム	2.65×10^{-8}
Mg マグネシウム	4.42×10^{-8}
W タングステン	5.29×10^{-8}
Zn 亜鉛	6.02×10^{-8}
K カリウム	7.19×10^{-8}
Fe 鉄	1.00×10^{-7}

	電気抵抗率 (Ωm)	
Pt 白金	1.04×10^{-7}	
Na ナトリウム	4.77×10^{-7}	金属
Hg 水銀	9.62×10^{-7}	
Bi ビスマス	1.29×10^{-6}	導体
C グラファイト	1.64×10^{-5}	
Ge ゲルマニウム	6.90×10^{-1}	半導体
Si ケイ素	3.97×10^{3}	
P リン	$\sim 10^{9}$	絶縁体
SiO$_2$ 石英	$\sim 10^{17}$	

第9章

9.1　5×10^8 dm^3 mol^{-1} s^{-1}

9.2 4.95×10^8 dm^{3}mol^{-1}s^{-1}

9.3 5.25×10^{-5} mol dm^{-3} = 3.16×10^{16} molecule cm^{-3}

9.4 $k = 9.32 \times 10^7$ dm^{3}mol^{-1}s^{-1},
rate = 8.22×10^{-4} mol dm^{-3} s^{-1}

9.5 a. 1 次反応, b. 約 7.3×10^{-5} s^{-1}

9.6 $A = 5.7 \times 10^{11}$ dm^{3}mol^{-1}s^{-1}, $E_a = 24.5$ kJ mol^{-1}

9.7 1 atm: 9.4×10^{-5} mm, 1 torr: 0.0717 mm,
10^{-3} torr: 7.17 cm, 10^{-6} torr: 71.7 m

9.8 最小二乗法については Web を参照せよ.
$A = 9.33 \times 10^9$ dm^{3}mol^{-1}s^{-1}, $E_a = 36.2$ kJ mol^{-1}

9.9 相対速度は 686.3 m s^{-1}, 反応断面積が 9.92Å^2

9.10 Web 参照.

9.11 a. アレニウスプロット.
b. *tert*-butyl radical の方が *iso*-butyl radical より安定であることが遷移状態の安定性にも影響して, 前者の方が活性化エネルギーが小さい.
c. $A = 1.6 \times 10^{-10}$ cm^3 molecule^{-1} s^{-1}, $E_a = 30$ kJ mol^{-1}

9.12 反応熱は化学平衡を示し, 活性化エネルギーは反応速度に関係するので, 異なる物理量であるが, 並行関係が成り立っている場合が多い (polanyi 則という). しかし, 反応熱がマイナス (発熱反応) の場合でも活性化エネルギーは正の値を取る.

第10章

10.1 9.81×10^{-10} m^{2}s^{-1}

10.2 イオンに水が付くことを水和, そのイオンを水和イオンという. 一般に, イオンが小さいほど, 電荷の集中 (電荷密度) が大きいので沢山の水が水和する. したがって, 水和イオンの大きさが大きくなって, 拡散速度が小さくなる.

10.3 1.30×10^{-19} J molecule^{-1} = 78.2 kJ mol^{-1}

10.4 Li$^+$: 8.32×10^{-19} J molecule^{-1} = 501 kJ mol^{-1}
Cs$^+$: 3.33×10^{-19} J molecule^{-1} = 200 kJ mol^{-1}

10.5 1.98×10^{-3} mol dm^{-3}min^{-1} および
1.83×10^{-2} mol dm^{-3}min^{-1}

10.6 (10-4) 式を用いると始原系の安定化エネルギーは 438 J mol^{-1}, 遷移状態 15800 J mol^{-1} となる. したがって, 遷移状態の方が 15.4 kJ mol^{-1} 安定なので, 活性化エネルギーは 14.6 kJ mol^{-1} に低下する.

10.7

	$\Delta_r H^0$/kJ mol^{-1}	(ν/c)cm^{-1}	λ/nm	
1. NO$_2 \to$ NO+O*	496.1	41470	241	成層圏
2. NO$_2 \to$ NO+O	306.2	25580	391	対流圏
3. O$_3 \to$ O$_2$+O*	296.3	24770	404	対流圏
4. O$_3 \to$ O$_2$+O	106.5	8860	1129	対流圏
5. O$_2 \to$ O+O*	688.2	57530	174	成層圏

第11章

11.1 55.5 kJ mol^{-1}

11.2 1.82×10^3 kg

11.3 196 t

11.4 (ア) 3.1 mol (イ) 2.2×10^{20} 個
(ウ) 3.8×10^3 sec^{-1} (約 4000 Bq)

第12章

12.1 8.0×10^{22} 個

12.2 生成する糖の質量は 4.2 Gt, 酸素の物質量は 1.4×10^{14} mol, 蓄えられたエネルギーは 6.5×10^{16} kJ.

12.3 地球が1年間に受け取るエネルギーは 2.8×10^{24} J/y なので, 2.3×10^{-3} %.

第13章

13.1 53

13.2 4.41×10^{-19} J = 2.76 eV

13.3 3.4 倍

13.4 0.30 S m^{-1}

第14章

14.1 $4^4 = 256$ 通り

14.2 4 種類 (下図)

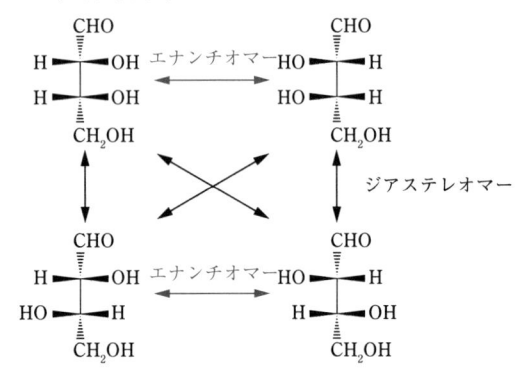

[構造式: 4種類の糖の立体配置図。CHO/CH$_2$OH を両末端に持つフィッシャー投影式4つ。上段2つはエナンチオマー関係、下段2つもエナンチオマー関係、上下はジアステレオマー関係。]

14.3 3 種類 (下図).

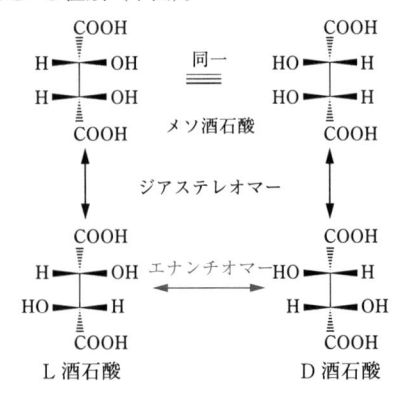

[構造式: 酒石酸の立体異性体。上段2つは同一 (メソ酒石酸)、下段は L酒石酸と D酒石酸 (エナンチオマー)、上下はジアステレオマー関係。]

14.4 5.8°

14.5 $a = -0.29°$

14.6 旋光性を示さない.

14.7 $x(+):x(-) = 3:1$

14.8

[Histidine tautomer equilibrium: imidazole ring with HN–N (τ-tautomer) ⇌ N–NH (π-tautomer), both with –CH₂–CH(NH₃⁺)–COO⁻]

14.9 4.2%

[Histidine protonation: neutral imidazole form + H⁺ ⇌ protonated imidazolium form (both nitrogens protonated, ring bearing +), with –CH₂–CH(NH₃⁺)–COO⁻, −H⁺ in reverse]

14.10 疎水性側鎖をもつアミノ酸残基はタンパク質の内側に集まり，水との親和性の高いアミノ酸残基が外側に向くような構造をとることによって，水溶液中で安定に存在することができる。

索引

欧文

Chapman の機構　156
ClO$_x$ サイクル　156
CO 伸縮振動　57, 60
CO$_2$ 排出量　166
DNA　195
d 軌道　39
D 体　191
ES（胚性）幹細胞　198
HO$_x$ サイクル　156
IPCC　173
iPS 細胞　198
K 核　44
L 殻　44
L 体　192
LED　185
MMA　182
mRNA　196
M 殻　44
NaCl　151
　——結晶構造　125
　——水への溶解　151
NO$_x$ サイクル　156
N 殻　44
n 型シリコン　169
n 型半導体　134, 184
OH 伸縮振動　61
OH ラジカル　157
PET　180
PM2.5　177
PN 接合　135
PRTR 制度　179
p 型シリコン　169
p 型半導体　134, 184
p 軌道　38, 53
RNA　195
RNA スプライシング　196
SI 基本単位　8
SI 組立単位　8
SI 接頭語　10
SI 単位系　8
Smolchowski　151
$S°$：標準エントロピー　211
sp 混成　55
sp^2 混成　55
sp^3 混成　55
s 軌道　38

tRNA　196
X 線回析　126
X 線結晶構造解析法　62
α-アミノ酸　190
$\Delta_f G°$：標準生成ギブズエネルギー　211
$\Delta_f H°$：標準生成エンタルピー　211
π 軌道　54, 55
π 結合　54
π 電子　124
σ 軌道　54
σ 結合　54

あ行

アイリング　148
アインシュタイン　22
　——の式　167
アクセプター　134
　——準位　134
足尾銅山鉱毒事件　177
アセチレン　54
アセトン　60
圧縮因子　94
圧平衡定数　102
圧力　91
アニオン　126
アノード　105
アボガドロ数　6
アボガドロ定数　6
アミノ酸　118, 190
アルカリ乾電池　169
アルカリ金属　44
アルカリ土類金属　44
アレニウスの式　147
アレニウスプロット　147
　——酸素原子との反応　146
鞍点　148

イオン　5
イオン化エネルギー　45
イオン結合　50, 193
イオン交換樹脂　183
イオン-双極子相互作用　64
イオン伝導性ガラス　184
イオン伝導性高分子　183
イオンの独立移動の法則　116
イオン半径比　126

異核 2 原子分子　62
異性化反応　139
位相　29
イソオクタン　164
一次エアロゾル　177
一次エネルギー　163
1 次元箱の中の粒子　28
一次構造　192
一次電池　106, 169
一次反応　140
井戸型ポテンシャル　132
異方性　130
陰イオン　5, 115
引力的相互作用　65

宇宙塵　119
ウラン 235　3
運動エネルギー　12, 71

エアロゾル　176
液晶　130
液相　97
液体　90
エチレン　54
エネルギー　11, 12, 162
　——源の埋蔵量　163
　——収支　174
　——準位　26, 29
　——消費量　163
　——等分配則　92
　——の相互変換　162
　——バンド　133
　——密度　164
エマルション　118
エルニーニョ　172
円運動　203
塩化ナトリウム型　125
塩橋　106
エンタルピー　76
エントロピー　81, 83
　——増大の法則　87
　混合——　84, 102
　第三法則——　85
円偏光　130

オーステナイト系　187
オービタル　40

221

オームの法則 115	ガラス 182	金属結合半径 127
オクテット則 46	火力発電 165	金属結晶 124
オゾン層 156	幹細胞 198	
——破壊 176	換算質量 143	偶然誤差 208
オゾンホール 156, 176	干渉縞 14	クーロン相互作用 12
折りたたみ構造 193	緩衝溶液 105	クーロン反発 50
温室効果 60, 175	完全解離 105	クラーク数 188
——ガス 175	完全微分 207	クラウジウス-クラペイロンの式 100
	官能基 60	
か 行	緩和時間 202	クラジウスの不等式 85
海塩粒子 119		グラファイト 124
外界 70	気圧 10	グラフェン 129
外殻電子 132	擬一次反応 141	クラペイロンの式 100
回折 22	記憶素子 135	クリック 196
回転運動 58	規格化条件 29	クロロフィル 60
界面 121	基質 152, 194	
界面活性剤 118	基質特異性 152, 194	系 70
海洋発電 168	輝線スペクトル 25	系統誤差 208
解離 121	気相 97	経路関数 74
解離定数 103, 104	気体 90	結合エネルギー 53
解離度 104, 116	気体分子運動論 91	結合性軌道 52, 133
ガウス関数 202	基底状態 42	結合電子対 49
化学エネルギー 162	起電力 106	結晶 122
化学式 5	機能性ガラス 182	結晶化ガラス 184
化学進化 142	機能性高分子 181	結晶系 123
化学電池 169	ギブズエネルギー 87	結晶格子 125
化学物質排出移動量届出制度 179	ギブズの相律 99	結晶性樹脂 180
化学平衡 101	逆関数 201	結晶成長 125
化学変化 96	逆起電力 115	結晶面 125
化管法 179	逆浸透法 181	欠乏層 135, 184
可逆的 85	逆バイアス 135	ゲル電気泳動 194
核エネルギー 162	逆反応 101	限外濾過膜 181
拡散 150	逆ミセル 118	原子 2
拡散係数 150	吸光度 59	原子イオン 5
拡散律速反応 151	吸収分光法 59	原子軌道 36, 38
核スピン 42	吸着 121	原子の第1イオン化エネルギー 214
確度 209	吸着サイト 121	
角度部分 38	吸着平衡 121	原子番号 2
確率 82	吸熱 77	原子量 4
確率密度 29	吸熱反応 103	原子力発電 165
化合物 4	凝固 96	元素 3
化審法 178	凝固点降下 113	
価数 2	強酸 104	コイントス 81
化石燃料 163	凝縮 96	公害 177
カソード 105	鏡像異性体（エナンチオマー） 192	公害国会 178
可塑性 181	強電解質 115	光化学オゾン 156
カチオン 126	共役 56	光化学スモッグ 157
活性化エネルギー 144, 145, 151	共役塩基 105	光化学反応 154
——の溶媒による安定化 151	共役ポリエン 56	光学活性 130, 192
活性化状態 147	共有結合 49	高吸水性ポリマー 183
活性炭 186	共有電子対 49	光合成 60
活性部位 194	局在化 132	光酸化反応 156
価電子 132	極座標 38, 204	高次構造 118
価電子帯 134	極性 63	格子振動エネルギー 71
加法定理 203	キラル分子 192	較正 209

索　引

合成樹脂　180
合成石英ガラス　184
合成繊維　180
高速度鋼　188
酵素の回転数　154
酵素反応　152, 153
光電効果　22
硬度　188
氷　66
コールラウシュブリッジ　115
国際単位系　8
固相　97
固体　90
　──の電気的性質　132
古典力学　13
コドン　196
固有関数　29
　──の節　30
固有値　29
孤立電子対　49
コレステリック相　130
コロイド　117
　──溶液　117
　──粒子　117
混合物　6
混晶　124
混成軌道　54
コンバインド方式　166
コンプトン効果　26
コンプトン散乱　26
根平均二乗速度　91

さ　行

サーモトロピック液晶　130
最外殻電子　49
細孔性材料（マイクロポーラスマテリアル）　186
最高被占軌道（HOMO）　57
再生医療　198
再生可能資源　168
最低空軌道（LUMO）　57
最適温度　194
最密充填構造　124
酸化インジウムスズ　185
三角関数　203
　──積と和の公式　203
　──倍角・半角の定理　203
三次構造　192
三重結合　54
三重点　96, 99
酸性雨　176
酸の価数　104
残余エントロピー　85
残留性有機汚染物質　178

シーベルト　167
ジーメンス　115
シェールオイル　165
シェールガス　165
しきい波長　22
式量　5
磁気量子数　37
始原系　145
仕事　71
仕事関数　23
脂質二重層　118
指数関数　201
ジスルフィド結合　192
自然エネルギー　163
自然対数　201
自然放射能被爆　167
実在気体　93
　──の状態方程式　93
質量欠損　167
質量作用の法則　101
質量数　2
質量パーセント　112
質量モル濃度　112
自発変化　82
弱塩基　104
弱酸　104
弱電解質　115
射出成型　181
遮蔽効果　41
シャルルの法則　90
周期構造　122
周期表　43
集積回路　135
自由電子　132
　──模型　132
充填率　124
自由度　92
柔軟性結晶　131
ジュール　74
縮合重合　182
縮重　38
寿命　140
主量子数　26, 37
シュレーディンガー方程式　14, 28, 37
純物質　6
昇華　96, 98
昇華曲線　96
蒸気圧曲線　96, 100
状態関数　74
状態図　96
状態変数　74
衝突数　142, 143
衝突断面積　143
衝突頻度　142, 143

蒸発　95
蒸発エンタルピー　113
蒸発曲線　96
常用対数　201
触媒活性　187
シリカゲル　186
シリコン　134
真空準位　132
人工高分子　180
人工多能性幹（iPS）細胞　197
進行波　203
親水基　117
親水性　186
浸透圧　114
振動エネルギー　71
振動数　203
振動モード　57
真の値　208

水素イオン指数　104
水素イオン濃度　104
水素吸蔵合金　171
水素結合　66, 193
水素原子　37
　──の発光スペクトル　24
水素分子　51
水溶液中のイオンの熱力学データ　213
水力発電　165, 168
水和　112
水和熱　112
ステンレス　187
ストックホルム条約　178
スーパーエンプラ　181
スピン　41
スピン磁気量子数　41
スピン量子数　41
スメクチック相　130

制御棒　167
正孔　134, 184
生成系　145
成層圏　155, 156
　──のオゾン　176
静電エネルギー　12
精度　209
正のずれ　110
正反応　101
生分解性プラスチック　183
整流作用　135
精錬　187
ゼオライト　186
赤外吸収スペクトル　60
積分　205
積分の体積要素　204

石油　164
節 (node)　40
絶縁体　124, 134
節面　53
ゼロ膨張ガラス　184
閃亜鉛鉱型　125
全圧　109
遷移　25, 60
遷移元素　45
遷移状態　145, 147
　——理論　148
線形結合　52
旋光性　131, 192
旋光度　191
前指数因子　147
染色体　196
セントラルドグマ　196
全微分　206

相　97
双極子モーメント　152
走査型トンネル顕微鏡　32
相図　96
双性イオン　190
相対原子質量　2
相対速度　143
相平衡状態　98
ソーラー発電　184
族　43
束一的性質　112
測定誤差　10, 208
測定値　208
疎水基　117
疎水性相互作用　193
組成式　5
素反応　142

た　行

第一電子励起状態　57
第一種指定化学物質　178, 179
ダイオード　135
大気エアロゾル　175
大気化学反応　154
大気組成　172
大規模集積回路　135
対称性　125
体心立方格子　123
対数関数　201
ダイヤモンド　124
太陽光発電　168, 169
太陽電池　169
太陽表面の温度　154
対流圏　155
楕円偏光　130
多孔性固体　186

多孔性材料　186
多重結合　54
脱臭剤　186
脱離　121
多電子原子　41
田中正造　177
ダニエル電池　105, 170
単位　7
単位構造　122
単結合　49
単純立方格子　123
炭素14　3
炭素の循環　174
単体　4, 78
タンパク質　118, 190
単分子反応　139

力　13
地球温暖化　60, 164, 173, 175
　——係数　164
地球のエネルギーバランス　175
蓄光ガラス　184
逐次反応　141
地熱発電　169
中央演算装置　135
中性子　2
鋳鉄　187
超硬合金　188
超臨界流体　99
直線偏光　130
直交座標　204
直交条件　30

定圧熱容量　76
定圧変化　75
抵抗　115
定在波　203
定常状態　141
定積分　205
定積変化　75
底の変換公式　201
デオキシリボ核酸　195
電位差　115
電荷移行反応　152
電解質　115
　——溶液　114
電気陰性度　63
電気泳動　192
電気エネルギー　162
電気双極子　63
電気伝導性　124
典型元素　44
電子　2
電子エネルギー　37
電子基底状態　57

電子式　48
電子状態　37, 56
電子親和力　45
電子スピン　42
電子配置　41, 42, 56
電子励起状態　57
伝導帯　133, 134
伝導電子　134, 184
伝導度　115
天然ガス　164
　——発電　165
電離　114
電離平衡　104
電流　115

同位体　3
等温変化　75, 84
等核2原子分子　61
透過光強度　59
透過率　59
統計処理　209
統計熱力学　92
動径部分　38
動径分布関数　39
透析膜　182
同素体　4, 129
導電性高分子　183
等電点　192
等方的　91, 131
ドーピング　135
特定第1種指定化学物質　179
独立系　70
閉じた系　70
土壌粒子　119
ドナー　134
ドナー準位　134
ド・ブロイ　24
　——波長　24
ドメイン　193
ドラッグデリバリー　118
トランジスタ　135
トランスファーRNA　196
トンネル現象　30, 34
トンネル電流　32

な　行

内殻電子　132
内部エネルギー　70
ナノチューブ　129
鉛蓄電池　106, 170
波と粒子の二重性　23
軟化点　181, 182
南方振動　172
難溶性塩　117

二酸化炭素　175
　　——濃度の年変化　173
二次エアロゾル　177
二次エネルギー　163
二次構造　192
二次電池　106, 170
二次反応　138
二重結合　54
二重スリット　13
二重らせん構造　67, 196
ニッケル水素電池　170
入射光強度　59
ニュートンの運動方程式　14

ヌクレオシド　195
ヌクレオチド　195

熱　71, 73
熱運動　71
熱エネルギー　71, 162
熱硬化性樹脂　180
ネットワーク構造　66
熱の仕事当量　74
熱平衡状態　92
熱力学的標準状態　106
熱力学の第一法則　71
熱力学の第二法則　16, 85
熱力学の第三法則　85
ネマチック相　130
ネルンストの式　106
燃焼エンタルピー　77
燃焼熱　76
燃料電池　106, 169, 170

は 行

場合の数　83
配位結合　50
配位数　127
バイオマス燃料　168
配向　130
配向の回転　130
排除体積　94
パウリの原理　42
パウリの排他原理　42
パウリの排他則　56
鋼　187
波長　203
白金触媒　171
発光スペクトル　25
発光ダイオード　185
パッシェン系列　27
発電　164
発熱　77
発熱反応　103
波動関数　14

波動関数のしみだし　31
バルマー系列　27
ハロゲン　44
反結合性軌道　52, 133
半減期　140
半値全幅　202
半値幅　202
バンド　133
半導体　134
　　——光材料　183
半透膜　113
バンドギャップ　134, 183
バンド構造　133
反応エンタルピー　77
反応確率　144, 145
反応系　145
反応座標　148
反応進行度　102
反応速度　101
反応速度定数　101, 138, 146
　　——の温度依存性　146
反応速度の測定法　157
反応特異性　153, 194
反応熱　145
反応のギブズエネルギー変化　101
反発的相互作用　65
半反応　106
汎用エンプラ　181

非SI単位　9
光エネルギー　162
光解離　155
光散乱　117
光電池の原理　184
光の吸収と放出　59
光ファイバー　182
非共有電子対　49
非局在化　132
非結合性軌道　133
非晶質固体　182
非晶性樹脂　180
ヒ素　134
ひだ折り状（βシート）　192
引っ張り強度　181
比抵抗　115
微分　205
比誘電率　151
標準圧力　78
標準還元電位　106, 107
標準ギブズエネルギー　102, 211
標準水素電極　106
標準生成エンタルピー　78, 211
標準反応エンタルピー　78
表面積　186
表面張力　118

表面被覆率　121
開いた系　70
非理想溶液　110
ピリミジン誘導体　195
頻度因子　146, 147

ファラデー定数　106
ファン・デル・ワールス定数　94
ファン・デル・ワールスの状態方程式　93
ファン・デル・ワールス半径　127
ファン・デル・ワールス力　193
ファント・ホッフの式　114
フィードバック阻害　195
フィックの法則　150
風力発電　168
フェライト系　187
フェルミ準位　133
フォールディング　193
不確定性原理　30, 31
付加重合　182
不完全微分　207
複合反応　142
フーグスティーン型塩基対　196
不斉炭素原子　191
不純物　134
不純物準位　134
不確かさの表現　209
物質の三態　90
物質波　14, 24
物質量　6, 7
沸点上昇　113
沸騰　95
沸騰水型軽水炉　167
物理電池　169
物理変化　96
不定積分　205
負のずれ　110
部分積分の式　205
部分電荷　63
浮遊粒子状物質　119
フラーレン　129
ブラヴェ格子　123
プラスチック　180
プランク定数　22
プランクの量子仮説　22
フランクリン　197
プリン誘導体　195
フレオン　156
プロパノール　61
分圧　109
分極　62
分光器　59
分光素子　25
分散　117

分散相互作用　65
分散媒　117
分散力　65
分子　5
分子イオン　5
分子間引力　93
分子間相互作用　64
分子軌道　51
分子軌道法　133, 147
分子振動　57
分子性結晶　128
分子内ポテンシャルエネルギー　71
分子の電気的性質　61
分子配向　112
分子量　5
フントの規則　42

平均自由行程　143
平均速度　143
平衡定数　101
並進運動　58
ベクレル　167
ヘスの法則　77
ペプチド結合　118, 192
変角振動　57
変換効率　162
偏光　130
偏光面　130
変性　118
変性剤　193
ベンゼン　59
偏微分　206
ヘンリー係数　110
ヘンリーの法則　110

ボイルの法則　90
方位量子数　37
放射圧　26
放射性同位体　3
ホウ素　134
ボーア半径　39
ポーリングの電気陰性度　63
ホール　134
ホタル石型　125
ポテンシャルエネルギー　12
　　——曲面　147
ボルタ電池　105
ボルツマン因子　92
ボルツマン統計　92

ま 行

マクスウェル-ボルツマン分布　95
マクロ　15
マルテンサイト系　187

ミカエリス　154
ミカエリス定数　153
ミカエリス-メンテンの機構　195
ミカエリス-メンテンの式　154
ミクロ　13
水のイオン積　103
水の蒸発熱　100
ミセル　117

無機エアロゾル　177
無極性分子　65
無限希釈モル伝導度　116

メガソーラー　169
メタン　164
メッセンジャー RNA　196
メンシュトキン反応　152
面心立方格子　123
メンデレーエフ　46
メンテン　154

モル　6
モルイオン伝導度　116
モル吸光係数　59
モル凝固点降下　113
モル質量　6
モル伝導度　115
モル濃度　112
モル沸点上昇　113
モル分率　109, 112
モレキュラーシーブ　186

や 行

山中伸弥　198

融解　95
融解エンタルピー　113
融解曲線　96
有機エアロゾル　177
有機 EL　185
誘起電気双極子　65
有効核電荷　41
有効数字　209, 210
　　算術結果の——　210

陽イオン　5, 115
溶解エンタルピー　111
溶解エントロピー　111
溶解度　111
溶解度積　117
陽子　2
溶質　111
溶媒　111
溶媒効果　152
四次構造　192

四大公害病訴訟　178

ら 行

ライニッツアー　130
ライマン系列　27
ラウールの法則　109
らせん構造（α ヘリックス）　192
ラニーニャ現象　172
乱雑さ　83
ラングミュアの吸着等温式　122
ランベルト・ベールの法則　59

リオトロピック液晶　130
力学　162
理想気体の式　16
理想気体の状態方程式　90, 92
理想溶液　109
リチウムイオン電池　170
リチウム電池　169
立体角　204
立体構造　193
立方格子　122
立方最密充塡　124
リボ核酸　195
リボソーム　118, 196
流通法　157
リュードベリ定数　26
量子数　29
量子力学　13, 28
両親媒性分子　117
両性電解質　190
臨界圧力　96
臨界温度　96
臨界定数　99
臨界点　96, 99
臨界ミセル濃度　117
リン脂質　118

ルイス構造　48
ルイ・パスツール　131
ル・シャトリエの原理　103

レアアース　188
レアメタル　188
レーザーフラッシュフォトリシス　157
レナード・ジョーンズポテンシャル　65
連鎖反応　156

六方最密充塡　124
ロンドン力　65

わ 行

ワトソン　196

編 者

梶本興亜（かじもと　おきつぐ）
    1965 年　京都大学工学部合成化学科卒業
    1967 年　京都大学工学研究科修士課程修了
    現　在　京都大学名誉教授（理学研究科化学専攻）　工学博士

著 者

石川春樹（いしかわ　はるき）　　　　　　　　　　＜ 1, 2, 3 章＞
    1988 年　東京大学教養学部基礎科学科第一卒業
    1993 年　京都大学大学院理学研究科博士後期課程修了
    現　在　北里大学理学部教授　博士（理学）

石丸臣一（いしまる　しんいち）　　　　　　　　　＜ 4, 5, 13 章, 付録 C ＞
    1988 年　大阪大学理学部化学科卒業
    1993 年　大阪大学大学院理学研究科博士後期課程修了
    現　在　東京電機大学工学部教授　博士（理学）

江川　徹（えがわ　とおる）　　　　　　　　　　　＜序章, 付録 B ＞
    1982 年　東京大学理学部化学科卒業
    1986 年　東京大学大学院理学系研究科博士課程中途退学
    現　在　北里大学一般教育部教授　理学博士（東京大学）

梶本興亜（かじもと　おきつぐ）　　　　　　　　　＜ 9, 10 章, 付録 A ＞

鈴木　正（すずき　ただし）　　　　　　　　　　　＜ 11, 12, 14 章＞
    1987 年　東京工業大学理学部化学科卒業
    1992 年　東京工業大学大学院理工学研究科博士課程修了
    現　在　青山学院大学理工学部教授　博士（理学）

若林知成（わかばやし　ともなり）　　　　　　　　＜ 6, 7, 8 章＞
    1991 年　東京都立大学理学部化学科卒業
    1995 年　東京都立大学大学院理学研究科博士課程修了
    現　在　近畿大学理工学部教授　博士（理学）

Ⓒ 梶本興亜　2015

2015 年 4 月 30 日　初 版 発 行
2022 年 10 月 11 日　初版第 6 刷発行

Step-up 基 礎 化 学

編　者　梶　本　興　亜
発行者　山　本　　　格

発 行 所　株式会社　培 風 館
東京都千代田区九段南4-3-12・郵便番号 102-8260
電　話 (03)3262-5256(代表)・振替 00140-7-44725

平文社印刷・牧 製本

PRINTED IN JAPAN

ISBN978-4-563-04621-7　C3043

元素の周期

族周期	1 (1A)	2 (2A)	3 (3A)	4 (4A)	5 (5A)	6 (6A)	7 (7A)	8	9 (8)
1	₁H 水素 1.008								
2	₃Li リチウム 6.941*	₄Be ベリリウム 9.012							
3	₁₁Na ナトリウム 22.99	₁₂Mg マグネシウム 24.31							
4	₁₉K カリウム 39.10	₂₀Ca カルシウム 40.08	₂₁Sc スカンジウム 44.96	₂₂Ti チタン 47.87	₂₃V バナジウム 50.94	₂₄Cr クロム 52.00	₂₅Mn マンガン 54.94	₂₆Fe 鉄 55.85	₂₇Co コバルト 58.93
5	₃₇Rb ルビジウム 85.47	₃₈Sr ストロンチウム 87.62	₃₉Y イットリウム 88.91	₄₀Zr ジルコニウム 91.22	₄₁Nb ニオブ 92.91	₄₂Mo モリブデン 95.94	₄₃Tc テクネチウム (99)	₄₄Ru ルテニウム 101.1	₄₅Rh ロジウム 102.9
6	₅₅Cs セシウム 132.9	₅₆Ba バリウム 137.3	57〜71 La-Lu	₇₂Hf ハフニウム 178.5	₇₃Ta タンタル 180.9	₇₄W タングステン 183.8	₇₅Re レニウム 186.2	₇₆Os オスミウム 190.2	₇₇Ir イリジウム 192.2
7	₈₇Fr フランシウム (223)	₈₈Ra ラジウム (226)	89〜103 Ac-Lr	₁₀₄Rf ラザホージウム (261)	₁₀₅Db ドブニウム (268)	₁₀₆Sg シーボギウム (271)	₁₀₇Bh ボーリウム (272)	₁₀₈Hs ハッシウム (277)	₁₀₉Mt マイトネリウム (276)
6			ランタノイド	₅₇La ランタン 138.9	₅₈Ce セリウム 140.1	₅₉Pr プラセオジム 140.9	₆₀Nd ネオジム 144.2	₆₁Pm プロメチウム (145)	₆₂Sm サマリウム 150.4
7			アクチノイド	₈₉Ac アクチニウム (227)	₉₀Th トリウム 232.0	₉₁Pa プロトアクチニウム 231.0	₉₂U ウラン 238.0	₉₃Np ネプツニウム (237)	₉₄Pu プルトニウム (239)

(注) 本表の原子量値の信頼度は，有効数字の4桁目で±1以内であるが，*を付したものは±2以内，†を付したものは 射線同位体の中から1種を選んでその質量数を（ ）の中に表示してある（したがってその値を他の元素の原子量と